审协湖北中心专利审查丛书

专利审查中的检索规则与实例

PATENT

国家知识产权局专利局专利审查协作湖北中心

组织编写

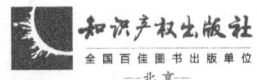

图书在版编目（CIP）数据

专利审查中的检索规则与实例 / 国家知识产权局专利局专利审查协作湖北中心组织编写. —北京：知识产权出版社，2021.8
ISBN 978-7-5130-7620-3

Ⅰ.①专… Ⅱ.①国… Ⅲ.①专利—情报检索—研究 Ⅳ.①G306

中国版本图书馆 CIP 数据核字（2021）第 145058 号

内容提要

本书重点介绍了世界各主要知识产权局与检索相关的基础知识、基本规则及信息获取途径，并以实际审查案例为载体，归纳总结各类检索对象的检索方式特点及有效做法。本书可作为科研人员、技术转移机构工作人员、专利代理师、律师等提升检索技能的参考用书。

责任编辑：许 波　　　　　　　责任印制：孙婷婷

专利审查中的检索规则与实例
ZHUANLI SHENCHA ZHONG DE JIANSUO GUIZE YU SHILI

国家知识产权局专利局专利审查协作湖北中心　组织编写

出版发行：知识产权出版社有限责任公司	网　址：http://www.ipph.cn
电　话：010-82004826	http://www.laichushu.com
社　址：北京市海淀区气象路 50 号院	邮　编：100081
责编电话：010-82000860 转 8380	责编邮箱：xubo@cnipr.com
发行电话：010-82000860 转 8101	发行传真：010-82000893
印　刷：北京虎彩文化传播有限公司	经　销：各大网上书店、新华书店及相关专业书店
开　本：720mm×1000mm　1/16	印　张：26.5
版　次：2021 年 8 月第 1 版	印　次：2021 年 8 月第 1 次印刷
字　数：428 千字	定　价：120.00 元
ISBN 978-7-5130-7620-3	

出版权专有　侵权必究
如有印装质量问题，本社负责调换。

前 言
PREVIOUS REMARKS

2020年3月30日,中共中央、国务院印发了《关于构建更加完善的要素市场化配置体制机制的意见》,将数据与土地、劳动力、资本、技术并列为重要的生产要素。数据要素是促进产业转型升级,孕育新产业、新业态、新模式的重要资源,对于推动经济高质量发展起着至关重要的作用。

专利文献是一种数据资源,同时,它还承载了技术信息,是技术要素的重要载体。据世界知识产权组织统计,专利文献中记载了人类90%的新技术,可见专利文献具有技术和数据要素的双重属性,对市场主体的经营活动而言,专利文献具有独特的价值。然而专利文献正以每年数百万的速度增长,只有具备一定的检索手段和技能,才能从海量的专利文献中获取有用的信息,发挥其作为技术和数据要素的价值,为生产经营活动提供帮助。例如:在技术研发中,需要通过检索获得相关技术,选择恰当的研发路线,规避知识产权风险;在企业初创及转型时期,可通过检索获取所需引进的技术,寻找合作伙伴;在专利确权维权的过程中,检索是获取无效证据及现有技术抗辩证据的重要手段。因此,检索技能是运用专利文献资源的核心技能。

专利检索是一项专业性较强的工作,由于专利文献数量巨大、领域繁多、撰写方式特殊,再加上外国文献语言障碍的限制,对于非专业人员来说,要熟练掌握专利文献的检索技巧,并非一日之功。虽然随着人工智能的发展,目前已出现了一些智能化的检索手段,但这些智能检索多是基于语义比对,这种智能化的检索方式对于著作权、计算机程序等以表达方式为主要特点的对象具有较高的精度，而专利文献的核心是技术构思，具有相同或类似构思的专利文献未必具有非常相似的语言表达方式。高精度的专利检索仍然要以依赖人类逻辑的理解、分析和比对为基础，智能检索在准确性方面还很难达到经过专业训练的人员的水平，只能作为辅助的检索手段。而上述的技术研发、创业转型、确权维权过程中的信息收集与取证过程，由于牵涉企业的核心利益，对检索的精度要求非常高，必须由具备专业技能的人员来进行人工检索。

中国国家知识产权局、美国专利商标局、欧洲专利局、日本特许厅、韩国特许厅五大知识产权局（本书为了便于实际业务工作的使用，五大知识产权局在后续行文中简称为中、美、欧、日、韩或"五局"）是全球专利申请量居前五位的专利审查机构，五局承担了大量专利申请的检索和审查工作。为确保审查质量，五局均在检索方面制定了相应的流程及规则，五局审查员在审查过程中也积累了丰富的检索经验。对于希望掌握专利文献检索技能的人士而言，借鉴五局专利检索的相关规则与实践经验，将有助于提升检索技能，掌握获取有用专利信息的手段。本书将从服务于检索能力提升的角度出发点，介绍与五局检索实践相关的基础知识、基本规则，以及有助于检索的各类信息的获取途径，同时结合实际案例，介绍各种类型专利的有效检索方式。

本书分两个部分，即基础篇和实践篇。其中，基础篇介绍各局与检索相关的基础知识、基本规则及信息获取途径，包括各局检索流程设置、审查指南规定的检索规则、各主要分类体系知识、检索报告等实用信息的获取途径等。实践篇将以实际审查案例为载体，由互联网获取的检索报告、检索策略记录等信息，归纳总结各类检索对象的检索方式特点及有效做法。

参加本书撰写的有夏蕾（第四章、第六章第6.3节、第十章第10.1.1节），冯晓伟（第八章第8.1节），卜冬泉（第五章、第七章、第九章第9.1节），江少琳（第六章第6.2节、第九章第9.2.1节），牛力（第一章、第八章第8.2节），陈兢（第二章），罗永霞（第十章第10.1.2节），陈杰（第十章第10.2节），高昶（第三章），薛浩（第六章第6.1节），聂林（第九章第9.2.2节）。

希望通过本书，为需要运用到检索技能的各届人士，如科研人员、技术转移机构工作人员、专利代理师、律师等提升检索技能提供参考，为有效利用专利信息资源，促进技术创新和经济高质量发展起到积极作用。由于编者水平有限，本书难免存在疏漏之处，恳请广大读者批评指正。

目 录
CONTENTS

第1章 CNIPA 检索规则 ... 1
    1.1 CNIPA 概况 ... 3
    1.2 CNIPA 检索流程介绍 ... 5
    1.3 CNIPA 检索策略 ... 15

第2章 USPTO 检索规则 ... 23
    2.1 USPTO 概况 ... 25
    2.2 USPTO 检索流程介绍 ... 27
    2.3 USPTO 检索策略 ... 34

第3章 JPO 检索规则 ... 39
    3.1 JPO 概况 ... 41
    3.2 JPO 检索流程介绍 ... 43
    3.3 JPO 检索策略 ... 50

第4章 EPO 检索规则 ... 55
    4.1 EPO 概况 ... 57
    4.2 EPO 检索流程介绍 ... 61
    4.3 EPO 检索策略 ... 66

第 5 章　KIPO 检索规则……69

　5.1　KIPO 概况……71

　5.2　KIPO 检索流程介绍……74

　5.3　KIPO 检索策略……81

第 6 章　主要专利分类体系……83

　6.1　IPC 分类……85

　6.2　CPC 分类……101

　6.3　FI/F-TERM 分类体系基本介绍……112

第 7 章　检索相关信息获取途径……127

　7.1　各国审查文档及检索报告获取途径……129

　7.2　各局对检索有用的信息介绍……139

第 8 章　机械领域典型检索案例……143

　8.1　产品类权利要求……145

　8.2　方法类权利要求……203

第 9 章　电学领域典型检索案例……239

　9.1　产品类权利要求……241

　9.2　方法类权利要求……271

第 10 章　化学领域典型检索案例……339

　10.1　产品类权利要求……341

　10.2　方法类权利要求……392

参考文献……417

第1章

CNIPA 检索规则

1.1　CNIPA 概况

CNIPA 是中国国家知识产权局的简称，是国家市场监督管理总局管理的国家局，其前身是 1980 年国务院批准成立的中华人民共和国专利局（中国专利局）。1998 年国务院机构改革时，中国专利局更名为国家知识产权局，成为国务院的直属机构，主管专利工作和统筹协调涉外知识产权事宜。2018 年 3 月 21 日，中共中央印发《深化党和国家机构改革方案》，将国家知识产权局的职责、国家工商行政管理总局的商标管理职责、国家质量监督检验检疫总局的原产地地理标志管理职责整合，重新组建国家知识产权局，由国家市场监督管理总局管理。其主要职责：拟订和组织实施国家知识产权战略，保护知识产权，促进知识产权运用，知识产权的审查、注册、登记和行政裁决，建立知识产权公共服务体系，统筹协调涉外知识产权事宜等。

国家知识产权局下设局机关、专利局、商标局、7 个局直属单位和 2 个局直属社会团体。专利局下设的机械、电学、通信、医药生物、化学、光电技术、材料工程 7 个发明审查部，以及位于北京、江苏、广东、河南、湖北、天津、四川的 7 个专利审查协作中心，是负责发明专利审查和 PCT 国际申请的国际检索和国际初步审查的主要机构，其中北京中心还下设福建分中心。实用新型的初步审查由实用新型审查部、专利审查协作北京中心、专利审查协作河南中心和专利审查协作天津中心承担。外观设计的初步审查由外观设计审查部和专利审查协作北京中心承担。

中国发明专利的审批程序包括受理、初步审查、公布、实质审查及授权或驳回五个阶段。在受理阶段，专利局受理处或专利局代办处收到专利申请后，对符合受理条件的申请，确定申请日，给予申请号，发出受理通知书。在初步审查阶段，审查员按照《中华人民共和国专利法实施细则》（简称《专利法实施细则》）第四十四条的规定对专利申请进行初步审查。在公布阶段，发明专利申请经初步审查合格，自申请日（优先权日）起满18个月进行公布。申请人可以请求提前公开以加快审查流程。在实质审查阶段，实质审查程序依据申请人提出的实质审查请求而启动。申请人可在发明专利申请自申请日（优先权日）起3年内提出实质审查请求；申请人无正当理由逾期不请求实质审查的，本申请便被视为撤回。如国家知识产权局认为必要，也可以自行对发明专利申请进行实质审查。在授权或驳回阶段，如果审查员最终认为该发明专利申请符合授予专利权的条件，则发出授予专利权的通知，申请人应当自收到通知之日起2个月内办理登记手续。申请人按期办理登记手续后，将获得专利权证书，且该专利会被授权公告。期满未办理登记手续的，视为放弃取得专利权的权利。如果审查员最终认为该发明专利申请不符合授予专利权的条件，则发出驳回决定。发明专利申请授权后，自公告授予专利权之日起，任何单位或者个人认为该专利权的授予不符合专利法有关规定的，可以请求专利复审和无效审理部宣告该专利权无效。对专利复审和无效审理部宣告专利权无效或者维持专利权的决定不服的，可以自收到通知之日起3个月内向人民法院起诉。专利申请人对驳回申请的决定不服的，可以自收到通知之日起3个月内，向专利复审和无效审理部请求复审。专利复审和无效审理部复审后，作出决定，并通知专利申请人。专利申请人对专利复审和无效审理部的复审决定不服的，可以自收到通知之日起3个月内向人民法院起诉。

2019年，国家知识产权局共受理发明专利申请140.1万件，受理PCT国际专利申请6.1万件，同比增长9.4%。共审结发明专利申请102.3万件，授权发明专利45.3万件。

1.2 CNIPA 检索流程介绍

1.2.1 检索机构

每一件发明专利申请在被授予专利权之前都应当进行检索,在实质审查程序中,国家知识产权局专利局负责所有发明专利申请的检索及审查。具体而言,发明专利申请审查过程中的检索是由 7 个审查部及各审查协作中心承担的。

1.2.2 检索工具

国家知识产权局专利局审查员主要使用专利检索与服务系统(Patent Search and Service System of CNIPA,简称"S 系统")进行中外文专利文献的检索。S 系统主要包括检索准备、检索、浏览、生成检索报告等功能。其中,检索子系统具有自动检索、界面检索、智能检索、核心检索、导引检索、METALIB 集成检索、药物专利集成检索、互联网资源检索平台等模块,浏览子系统具有快速概要浏览及快速详细浏览等功能。检索中支持使用算符,包括逻辑算符 and、or、not;临近算符 W、D、nw、nd、=nw、=nd;同在算符 S、P、L、F;关系算符 =、<、>、≤、≥、、Low、High;频率算符 frec;截词符?、#、+ 等。CNIPA 面向公众免费开放的检索工具为中国专利检索系统,简称 PSS 系统(网址为 http://pss-system.cnipa.gov.cn/)。公众使用该系统进行检索时,须先进行注册。其支持中文、英语、法语、葡萄牙语、俄语、西班牙语、阿拉伯语和日语等多种语言。其数据范围为 103 个国家、地区和组织的专利数据,以及引文、同族、法律状态等数据信息,包括中国、美国、日本、韩国、英国、法国、德国、瑞士、俄罗斯、欧洲专利局和世界知识产权组织等。PSS 系统与 S 系统具有相同的检索算符及类似的检索入口。下面就其常用的常规检索与高级检索界面进行简要介绍。

(1)常规检索。网站的首页是常规检索入口(图 1-1),常规检索可以根据输入的内容自动匹配入口进行检索。检索字段包括检索要素、申请号、公开（公告）号、申请（专利权）人、发明人和发明名称等。其支持逻辑运算符and、or，默认运算符为and。

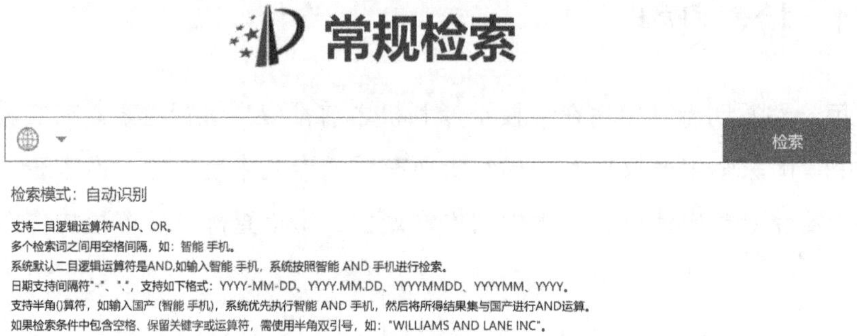

图 1-1 中国专利检索系统常规检索界面

（2）高级检索。高级检索页面包括检索历史、数据库范围筛选区、高级检索字段入口和检索式编辑区（图1-2）。其中，页面上方自动显示系统保存的检索式历史；同时，系统还支持对历史检索式的浏览、编辑和检索式运算。检索式运算时，不能对不同数据库的检索式进行运算。页面左侧是数据库筛选区，可以同时选择一个或多个数据库。在未选择数据库的情况下，系统默认在全部数据库下进行检索。页面主体部分是检索字段入口，将鼠标移至检索表格项区域即可查看检索字段的应用说明信息，帮助了解各字段的填写格式。如果还需要更多的字段入口，可以点击右上角的"配置"，根据需求选择想要的检索入口。页面下方为检索式编辑区，当熟悉了检索字段和算符之后，可以直接通过输入检索式的方式进行检索，这样对于检索式的编辑和修改更加快捷和方便。如果不熟悉检索字段也可以首先在表格区域输入相应的字段，再通过点击"生成检索式"来让系统生成检索式，最后对检索式进行编辑。

1.2.3 检索数据库

CNIPA审查员检索使用的数据库主要包括中外文摘要库、中外文全文库和各类非专利文献数据库。根据专利审查指南的规定，在没有获得对比文件而决定中止检索时，应当至少在最低限度数据库内进行检索。最低限度数据库一

图 1-2 中国专利检索系统高级检索界面

一般情况下应当包括中国专利文摘类数据库、中国专利全文类数据库、外文专利文摘类数据库、英文专利全文类数据库及中国期刊全文数据库。对于特定领域的申请，还应当包括该领域专用数据库（如化学结构数据库）。必要时可根据领域特点，调整英文全文数据库的范围或增加其他非专利文献数据库，如标准/协议等。

1.2.4 检索前的准备

检索是发明专利申请实质审查程序中的关键步骤，其目的在于找出与申请的主题密切相关或者相关的现有技术中的对比文件，或者找出抵触申请文件和防止重复授权的文件，从而判断申请的主题是否具备新颖性和创造性，以及是否存在重复授权的问题。在实际检索之前，至少应充分理解发明，把握发明构思，分析权利要求，明确检索的对象。此外，还应为实施检索做好必要的准备，包括确定基本检索要素及确定检索的技术领域等。以下将详细介绍检索前的准备内容。

1. 阅读申请文件及有关文件

准确站位本领域技术人员及充分理解发明是实施检索的基础，为了做好以上两项准备，需要阅读申请文件及有关文件。申请文件记载了理解和实现发明所需的信息。通过阅读申请文件，能够明确本申请所属的技术领域，知晓申请人认为的与发明密切相关的背景技术，定位申请所要解决的技术问题以及解决所述技术问题而采用的技术方案，同时，还能了解实现发明的具体实施方式。以上内容都有助于审查员熟悉背景技术知识，趋近本领域技术人员，并对发明作出初步理解。因此，检索前应重视申请文件的阅读理解。

此外，申请人在申请文件中可能还会引证其他文件，如作为申请主题的基础的文件，与发明所要解决的技术问题相关的背景技术文件，以及有助于正确理解申请的主题的文件等。申请人一般会在申请文件中对引证文件内容进行简要介绍。如果上述文件包含了理解发明及准确站位本领域技术人员所必需的信息，则除了阅读申请文件中对上述引证文件的介绍内容，还有必要直接阅读相关引证文件；对于说明书中所引证的明显与申请的主题没有直接关系的引证文件，可不必考虑。

对于 PCT 申请及有国外同族的专利申请，除阅读前述的申请文件及引证文件外，还应关注国际检索报告及国外审查过程中提供的检索报告。一方面，从检索报告中获得的部分对比文件可能直接作为评价新颖性和创造性的对比文件；另一方面，阅读检索报告中列举的相关文献也有助于进一步站位本领域技术人员，加深对发明的理解，从而更高效地进行检索。

在该检索准备阶段，重点是通过阅读相关文件准确把握发明构思。所谓发明构思，就是发明人为解决技术问题所提出的思路或想法，该思路通常通过若干技术手段来实现。发明构思是申请人对现有技术的贡献所在，也是决定发明是否能够授权的关键因素。在理解发明的过程中，不能只关注技术方案，还应重视技术领域、技术问题和技术效果等较为隐性的因素。只有站位本领域技术人员，选取恰当的背景技术，明确本申请相对于背景技术所要解决的技术问题以及解决该技术问题而使用的关键技术手段，才能为下一步的分析和检索工作打下良好的基础。

2. 确定检索的技术领域

技术领域是贯穿检索的主线，检索应当首先在申请的主题所属的技术领域中进行，必要时还应扩展到功能类似或应用类似的领域。在申请所属的领域进行检索，是因为只有在同一技术领域，才最有可能检索到与申请使用了相同的技术手段且解决相同的技术问题的对比文件。扩展到功能类似或应用类似的领域进行检索，是由于基于本领域技术人员的定义。如果所要解决的技术问题能够促使其在其他领域寻找技术手段，它也应具有从该其他技术领域获取现有技术等信息的能力，而功能类似或应用类似的技术领域是最有可能获取上述现有技术的领域。因此，当在所属的技术领域未检索到密切相关的对比文件时，还应当将检索扩展到功能类似或应用类似的技术领域。

什么是检索的技术领域呢？无论从《专利审查指南2010》第二部分第七章第5.3节"审查员确定的表示发明信息的分类号，就是申请的主题所属的技术领域"这一表述，还是从该节5.3.1和5.3.2确定检索的技术领域的方法实际就是确定分类号的方法，都传递出一个明确的信号，那就是检索的技术领域与分类号是密不可分的。因为只有分类号才能较好地限定检索的技术领域，避免关键词等其他检索入口可能引入的噪声。因此，确定检索的技术领域的过程，就是确定与发明相关的分类号的过程。在检索准备的该阶段，有必要将与申请的主题相关的分类号一一列出，包括发明所属领域的分类号，以及当前所知的功能类似或应用类似的技术领域的分类号。

确定检索的技术领域通常有两种方式。一是用与申请密切相关的关键词等进行检索，再对分类号进行统计分析，从中筛选与本申请密切相关的分类号。此种方式一般用于审查员不太熟悉的技术主题，对于审查员所熟悉的技术主题，通常采用第二种方式确定检索的技术领域。二是通过查阅分类表获取检索的技术领域，这里要用到本书第 6 章介绍的分类知识，同时也依赖在相关领域长期的审查经验的积累。对于长期从事固定领域检索的人士而言，推荐使用第二种方式作为确定检索的技术领域的主要手段。

3. 分析权利要求，确定基本检索要素

在阅读了申请文件及相关文件、充分理解发明并确定了检索的技术领域后，还应当分析权利要求，确定基本检索要素，做好检索前的最后准备，即对权利要求书中的所有权利要求进行整体分析，并找出独立权利要求中保护范围最宽的一项作为检索对象，分析该权利要求并确定基本检索要素。在申请仅包含一组权利要求的情况下，可直接针对唯一的独立权利要求进行检索。

为何要在检索之前确定基本检索要素呢？我们知道检索的对象是权利要求，为了能够在数据库中检索出与所要检索的权利要求密切相关的对比文件，直接在检索系统中输入所要检索的权利要求的文字内容，不会获得准确、全面的检索结果，这就需要经过分析，采用可在检索系统中操作的检索手段。基本检索要素就是指引审查员构建这一系列检索手段的有力工具。

基本检索要素是体现技术方案的基本构思的可检索的要素，所谓技术方案的基本构思，与前文介绍的发明构思类似，是指权利要求的技术方案所能体现出的技术构思，具体为权利要求为解决其技术问题而采用的关键技术手段的集合。在确定基本检索要素的时候，应在充分了解背景技术的基础上，从权利要求所要解决的技术问题出发，定位对现有技术作出贡献的关键技术手段，这与理解发明阶段对申请文件的把握是类似的。因此，也可以说，理解发明是准确确定基本检索要素的前提。

在确定基本检索要素时，需要综合考虑技术领域、技术问题、技术手段、技术效果等方面。第一步是从发明所属的技术领域确定一个或多个基本检索要素，该检索要素既体现了发明所属的技术领域，也是后续的其他要素得以解决相应技术问题的基础；第二步是从发明对现有技术作出贡献的技术特征中确定一个或多个基本检索要素，这里的一个或多个基本检索要素也就是权利要求中的关键特征，其集合足以解决该权利要求相对于背景技术所能够解决的技术问题。由此可见，除主题名称外，权利要求中记载的、属于现有技术的、与解决

技术问题无关的技术手段，不应确定为基本检索要素，而只有那些解决技术问题的关键技术手段，才能被列为基本检索要素。

判断基本检索要素的标准是，如果检索到的对比文件能够单独影响所要求保护技术方案的新颖性或创造性，那么该对比文件应该具备全部基本检索要素。在检索准备阶段，应当尽量准确地确定基本检索要素，避免多确定或少确定基本检索要素。例如，遗漏权利要求中解决技术问题的关键技术特征，或是将仅在说明书中记载而未在权利要求中限定的技术特征作为基本检索要素等。在检索进行中，可以根据对申请和现有技术的理解，对基本检索要素进行调整。

在确定了基本检索要素之后，就可以确定这些基本检索要素中每个要素在计算机检索系统中的表达形式，通过关键词、分类号等方式表达基本检索要素，并对检索要素进行逻辑运算从而构建检索式，组织检索过程。为了便于检索的组织和调整，推荐使用表 1-1 的基本检索要素表来列举和表达基本检索要素。

表 1-1　基本检索要素表

项目	基本检索要素 1	基本检索要素 2	基本检索要素 3
关键词（中文）			
关键词（英文）			
IPC 分类号			
CPC 分类号			
FI 分类号			

1.2.5　检索过程

通常根据申请的特点，按照初步检索、常规检索和扩展检索的顺序进行检索，浏览检索结果并对新颖性和创造性进行判断，直到符合中止检索的条件。

1. 初步检索

初步检索的目标是快速找到对申请主题的新颖性、创造性有影响的对比文件。具体可利用申请人、发明人、优先权等信息检索申请的同族申请、母案/分案申请、申请人或发明人提交的与申请的主题所属相同或相近技术领域的其他申请。另外，还可以使用如 S 系统、索意互动 Patentics、智慧芽等检索系统的智能语义检索功能，快速获取相关的对比文件。初步检索可以用较少的精力命中可能存在的较为明显的对比文件，是开始常规检索前必经的步骤。

2. 常规检索

常规检索是在申请的主题所属的技术领域进行的检索。在确定基本检索要素的时候，已经由发明所属的技术领域确定一个或多个基本检索要素（简称"第一检索要素"）。在常规检索阶段，通常先使用检索准备阶段确定的体现申请的主题的所属领域的分类号表达第一检索要素，同时与其他检索要素的分类号或关键词表达进行逻辑运算，从而构建检索式。在采用上述检索要素的分类号表达没有命中相关对比文件的情况下，还应采用关键词表达第一检索要素并构建检索式。

3. 扩展检索

常规检索未检索到合适的对比文件时，还应该进行扩展检索。扩展检索与常规检索相对应，只不过要将检索和浏览的范围扩展至功能类似或应用类似的领域。具体而言，就是用所需扩展领域的分类号和关键词来表达第一检索要素，再与其他检索要素的表达方式组合而构建检索式。这些所需扩展的功能或应用类似的领域，一方面来源于检索准备阶段预期的需要扩展的功能类似或应用类似的领域，另一方面也可以由检索过程中获得，如通过检索到的中间文件获取需要扩展的分类号。从检索的整个过程来看，应遵循由所属领域到扩展领域的顺序，把握好技术领域这条主线，才能保持清晰的检索思路，高效、全面地进行检索。

4. 终止检索

在未检索到足以影响全部权利要求新颖性或创造性的对比文件的情况下，

为了避免漏检，理论上应当穷尽所有的检索方式。然而，由于每个检索要素的表达方式存在多种可能，不同检索要素之间的组合方式繁多，而浏览量随着表达方式的扩展也会逐步增多，且其中会含有大量不可避免的噪声文件，使有些检索方式没有实际意义。对于以专利审查为目的的检索而言，要适当考虑时间成本，将检索限定在一定的限度内。审查员会根据检索到的文件的数量和质量，以及预期付出的时间、精力成本与可能获得的结果相对比的情况，适时决定终止检索。在终止检索前，应当确保在所需检索的数据库中进行过上述的初步检索、常规检索和扩展检索。

1.2.6 检索报告

当审查员决定终止检索后，会将检索结果记录到检索报告中。因此，检索报告是获取与申请相关的对比文件及检索信息的有效途径。检索报告中包含的信息主要有案件基本信息，如申请号、申请日、申请人、权利要求项数和说明书段数等，检索到的文件的类型、文件号、公开日期、IPC分类号和涉及权利要求等信息。

检索报告采用下列符号表示对比文件与权利要求的关系类型：

X：单独影响权利要求的新颖性或创造性的文献；

Y：与检索报告中其他Y类文件组合后影响权利要求的创造性的文件；

A：背景技术文件，即反映权利要求的部分技术特征或者有关的现有技术的文件；

R：任何单位或个人在申请日向专利局提交的、属于同样的发明创造的专利或专利申请文件；

P：中间文件，其公开日在申请的申请日与所要求的优先权日之间的文件，或者会导致需要核实该申请优先权的文件；

E：单独影响权利要求新颖性的抵触申请文件。

上述类型的文件中，符号X、Y和A表示对比文件与申请的权利要求在内容上的相关程度；符号R和E同时表示对比文件与申请在时间上的关系和在内容上的相关程度；而符号P表示对比文件与申请在时间上的关系，其后应附带标明文件内容相关程度的符号 X、Y、E 或 A，它属于在未核实优先权的情况下所作的标记。图 1-3 给出了 CNIPA 专利检索报告的一个示例。

国家知识产权局

检索报告

申请号：	申请日：	首次检索
申请人：	最早的优先权日：	
权利要求项数：11	说明书段数：141+3	

审查员确定的 IPC 分类号：B01J 29/03,B01J 35/02,B01J 35/08,B01J 35/10,B01J 37/02,C07C 5/333,C07C 11/06

检索记录信息：

相 关 专 利 文 献

类型	国别以及代码[11] 给出的文献号	代码[43]或[45] 给出的日期	IPC 分类号	相关的段落 和/或图号	涉及的权利要求
Y	CN104248968A	20141231	B01J29/035	说明书第 0027-0032 段	1-11
Y	CN106622377A	20170510	B01J31/26	说明书第 0003-0067 段	1-11
A	CN105582979A	20160518	B01J29/44	全文	1-11

相 关 非 专 利 文 献

类型	期刊或文摘名称（包括卷号和期号）	发行日期	作者姓名和文章标题	相关页数	涉及的权利要求

类型	书名（包括版本号和卷号）	出版日期	作者姓名和出版社	相关页数	涉及的权利要求

表格填写说明事项：
1. 审查员实际检索领域的 IPC 分类号应当填写到大组和/或小组所在的分类位置。
2. 期刊或其它定期出版物的名称可以使用符合一般公认的国际惯例的缩写名称。
3. 相关文件的类型说明：
   X：一篇文件影响新颖性或创造性；
   Y：与本报告中的另外的 Y 类文件组合而影响创造性；
   A：背景技术文件；
   R：任何单位或个人在申请日向专利局提交的、属于同样的发明创造的专利或专利申请文件。
   P：中间文件，其公开日在申请的申请日与所要求的优先权日之间的文件；
   E：抵触申请。

图 1-3 国家知识产权局专利检索报告示例

1.3　CNIPA 检索策略

前一节介绍了检索的基本流程，但仅知晓这些流程不足以进行有效的检索。由于检索是一项高度复杂的脑力劳动，在检索过程的每一个步骤，都面临着多种选择。如果仅机械地执行预定的各检索步骤，而缺乏明确的检索目标及检索策略，那么整个检索过程将流于形式，不仅费时费力，也无法得到好的结果。所谓检索策略，就是在明确了检索的目标后，为了获得所需的对比文件而采取的手段的集合，具体表现为检索中一系列的操作原则。审查员检索的目的，是找出与申请的主题密切相关或者相关的现有技术中的对比文件，或者找出抵触申请文件和防止重复授权的文件。作为检索的总的原则，应当首先采用最有可能命中目标文件的检索手段进行检索，再逐步扩展到其他有可能命中目标文件的检索手段，直到满足终止检索的时机。《专利审查指南 2010 版（2019 年修订）》第二部分第七章第 6.3 节对检索策略进行了阐述，主要包括数据库的选择、检索要素的表达、检索式的构建、检索策略的调整等。

1.3.1　选择检索数据库

检索用数据库包括专利数据库和非专利数据库、摘要数据库和全文数据库、中文数据库和外文数据库等。由于受检索系统、语言、检索入口等条件的限制，不会同时在所有数据库中进行检索。同时，按照一定的优先级顺次检索各数据库，也有利于减少噪声，降低浏览量，从而提高检索效率，因此检索中首先面临着数据库的选择问题。

一般而言，应按照先专利库后非专利库，先中文库后外文库，先摘要库后全文库的顺序选择检索用数据库。这是因为，相对于非专利数据库，专利数据库有固定的文档格式和著录项目信息，且经过分类、摘要改写等人工处理，数据更加规整；各类检索工具针对专利数据库也提供了多样的检索入口、便捷的浏览工具、便于提高浏览效率的高亮标记等辅助功能，使检索手段和浏览方式更加丰富，有利于检索效率的提升；此外，专利文献要满足充分公开发明的要求，且要记载实现发明的具体实施例，对技术问题、技术方案、技术效果的披露更为完整和具体，使专利文献更适合作为评价新颖性、创造性的对比文件。而相对于全文数据库，摘要数据库中的摘要更能体现文献的关键信息，有利于减少关键词检索引入的噪声。对于 CNIPA 审查员而言，首先在中文库中进行检索，有利于克服关键词选择和对比文件筛选方面的语言障碍，减少漏检的可能。尽管如此，检索中也不应拘泥于这一顺序，还要根据检索对象的具体情况，按照"首先在最有可能命中目标文件的数据库中进行检索，再逐步扩展到其他可能命中对比文件的数据库"的原则，确定数据库的使用顺序，既寻求尽早命中对比文件，又防止因遗漏数据库而导致漏检。同时，应注意，实际检索过程中，并不要求在一个数据库中穷尽所有检索手段，再转到下一个数据库进行检索，而是可以根据检索的实际进程随时变换检索用数据库。在选择数据库时主要的考虑因素有以下四方面。

（1）申请的主题所属的技术领域。在检索准备阶段，我们已经确定了申请的主题所属的技术领域，并知晓应当在申请的主题所属的技术领域中进行检索，必要时扩展到功能或应用类似的技术领域。而在选择数据时，则应当在充分了解各数据库收录文献的特点的基础上，基于检索的目标文件的技术领域，选择合适的数据库。例如，中药领域的对比文件优先在中文数据库中进行检索；生物科技、新材料等较为前沿的技术领域，需要在披露最新研究成果及时的期刊数据库中进行检索；建筑、化工等发展较为成熟的领域，可在教科书、工具书中检索披露了惯用手段的证据；对于存在主流行业标准的领域，如通信、电子等，需要注重标准数据库的检索；当检索的主题涉及具体的技术细节时，如钢铁的组分及元素含量，则需要在全文数据库中进行检索。

（2）预期要检索文件的国别和年代。不同数据库收录的文献的国别和起止年代是不同的，在选择数据库之前，应对所要选择的数据库收录文献的国别和年代有一定的认识，以避免因数据库选择不当而造成漏检。例如，通过申请人检索国外来华申请的相关文件时，需要选择包含申请人所在国的专利文献的数据库，而不应仅在中文库中进行检索；当需要检索年代较早的对比文件的时候，如当时苏联的专利文献，则应当选择收录了相应国家及年代专利文献的数据库。

（3）检索时拟采用的检索字段和检索系统/数据库能够提供的功能。各检索系统和数据库除基本的检索功能和检索入口外，还提供了一些特色的检索功能。如 S 系统、Patentics、智慧芽等检索工具具有语义检索功能，能够利用文献号、文字段落等信息，自动检索语义相似度较高的对比文件，比较适合进行初步检索。德温特数据库中特有的 CPY 字段将同一申请人的不同名称表达统一标引为一个代码，能够提高申请人检索的便利程度。这些特定的检索方式和功能，都只能在特定的数据库中实现，如果想要利用这些功能提高检索效率，降低漏检概率，就需要选择相应的数据库。

（4）申请人、发明人的特点。例如，申请人为企业时，可主要在专利数据库中进行检索，因为企业为了确保自身商业利益，会在专利布局上投入较大精力，从而形成了较为丰富的专利文献资源。申请人为高校、科研院所或发明人为高校师生时，则一般需要检索期刊、学位论文数据库等。

1.3.2 表达基本检索要素

基本检索要素是体现发明构思的可检索的要素，其中可检索性就体现在可以用分类号和关键词等方式进行表达，继而构建检索式并在检索系统中进行检索。表达基本检索要素的原则：首先用最有可能命中目标文件的表达方式进行检索，再逐步扩展其他可能命中对比文件的表达方式。

专利分类的一个主要目的就是用于检索，检索中之所以能够用分类号表达基本检索要素，是因为全球大部分的专利文献都进行过专利分类，也就是按照一定的原则，用分类表中的分类号进行标引。因此，在检索中，就能够采用分类号命中由分类号标引过的专利文献，并从中筛选所需的对比文件。分类号为我们提供了一个高效、便捷的检索手段，是在当今专利文献数量急剧增长的情况下，提高检索效率的有效工具。为了用好分类号这一检索工具，就需要了解各主要分类体系的特点及分类原则，本书第 6 章将对相关的分类知识进行详细介绍。

目前，常用的专利分类体系有国际专利分类（IPC）、联合专利分类（CPC）、日本专利分类（FI/F-TERM）等。在用分类号表达检索要素的时候，首先应当基于要检索的主题的特点选择合适的分类体系。一般而言，应以IPC作为表达基本检索要素的主要分类体系，其他分类体系中如果有更准确和下位的分类条目，则可作为提高检索效率的优先表达方式；但在未检索到对比文件且需要终止检索之前，应确保已对检索要素的IPC分类表达进行了充分的扩展。

分类号表达的优点是噪声小、不受语言障碍限制等，但由于分类体系中的条目是固定的，可能难以找到准确表达某一基本检索要素的分类号，因此选择能够提高检索效率的分类号表达基本检索要素是检索的关键。在某一分类体系内，应当首先用最能准确表达基本检索要素的、最下位的分类号进行检索，再逐步扩展到其他分类号；但如果多个分类号均与要表达的要素密切相关，则可同时用这几个分类号进行检索。例如，在IPC分类体系中，F25D11/00类名为"家用冰箱"，其下位的1点组F25D11/02类名为"具有不同温度的冷藏空间的冰箱"，如果要检索的对象涉及具有多个不同温区的冷藏空间的冰箱，则F25D11/02是应当首先使用的表达方式；如果要检索的对象是冰箱，不涉及是否有多个不同温度的储藏室，则可同时使用F25D11/00和F25D11/02优先进行检索。分类号的获取通常有查阅分类表、查阅中间文件的分类信息、对简单检索结果进行分类统计等方法。对于常年在同一领域进行检索的审查员而言，一般对所属领域分类体系和分类习惯较为熟悉，多采用查阅分类表的方式获取分类号。

在用关键词表达检索要素的时候，既要兼顾准确性，又要防止引入过多噪声给对比文件的浏览和筛选带来困难。一般应当使用最基本、最准确的关键词表达基本检索要素，这类关键词具备与要表达的要素对应性较好且涵盖的无关内容较少的特征，如表述某一特征的专用术语等，此类专业性较强的关键词与目标特征重合度较高，在命中目标文件的同时，也不会像通用术语那样引入过多噪声。例如，在表达户室中央空调系统的时候，"多联机"是较为准确的关键词，其相对于"中央空调"更能准确体现要表达的基本检索要素，且不会引入记载非户式的中央空调的文件。但在用专用术语没有命中对比文件的情况下，还应当考虑基本检索要素在目标文件中表述方式的多样性。如在前述的例子中，可能存在记载了户式中央空调的目标文件，但在其摘要及全文文本中均未使用"多联机"这一术语,而是采用另外的"一拖多"表述方式。为了避免语言表述的多样性而造成的漏检,在用关键词表达基本检索要素时,除了使用基本的、准确的关键词,还应注意从多角度扩展关键词。

一般而言,某一检索要素是先用分类号表达还是用关键词表达,没有一定的次序,但是对于体现申请的主题的检索要素,应当优先用分类号进行表达。这是因为,一方面,技术领域是检索的主线,在检索前的准备阶段,要确定检索的技术领域,在检索过程中,主要进行的也是在发明所属技术领域的常规检索,以及在功能或应用类似的领域的扩展检索。在基本检索要素中,体现技术领域的是第一检索要素,进行常规检索和扩展检索的过程,就是用能够体现发明所属技术领域和功能或应用类似的领域的表达方式来表达第一检索要素的过程。另一方面,IPC 分类中最重要的分类原则是整体分类原则,也就是要将待分类的主题作为一个整体,给出分类号。该分类号正好体现了文献的技术领域,用能够体现申请的主题的分类号表达第一检索要素,理论上能够命中所有因属于同一领域而给出该整体分类的文件。正是基于检索和分类这一相匹配的特点,应当尽量用分类号来表达第一检索要素,从而将检索限定在恰当的技术领域内。

应注意,并非所有的检索要素都适于用分类号和关键词进行表达。对于有的检索要素,如产品中的特殊形状、方法中较为复杂的步骤,当用分类号和关键词均不能较好地表达时,也可以用部分要素初步获得对比文件的集合,再通过附图或文字浏览筛选包含该未表达的检索要素的对比文件。

1.3.3 构建检索式

构建检索式,就是要对基本检索要素的表达方式进行逻辑运算,从数据库中获取包含检索式中表达方式的文献集合,为后续浏览及筛选目标文件提供基础。《专利审查指南 2010》中推荐用块检索的方式构建检索式,即将同一基本检索要素的不同表达方式构造成块,再用逻辑运算符对块进行组合而构建检索式。组合的方式主要包括块内的组合及块间的组合。分类号和关键词均可用于表达基本检索要素,但单个分类号或关键词往往难以准确和全面地表达一个基本检索要素，这就需要在构建块的时候使用不同关键词和分类号的组合。例如，若某一基本检索要素存在多个密切相关的分类号，则可将每个分类号相与构建成块；又如若某一分类号虽然能够表达基本检索要素，但较为上位，该分类号下也没有进一步的细分小组，则可以通过分类号与关键词相与的方式，将块对应的文献量限定到与基本检索要素相适应的范围。在进行块间组合的时候，应当按照全要素、部分要素、单要素的顺序逐步推进，一般在块与块之间采用与运算进行连接。

块检索是一种便于梳理和调整检索思路的检索方式，但也只是检索组织形式之一，决定检索式质量的关键，还在于是否能够用检索式体现检索意图并高效命中目标文件。这是建立在对发明的深入理解和对目标文件的明确预期的基础上的，不是靠简单机械地执行块检索的各步骤就能实现的。如果在实操中只注重形式，忽略检索目标和检索实效，将会陷入机械化、形式化的境地，也很难命中所需的目标文件。相较于《专利审查指南2010》第二部分第七章第6.3节的内容，2019年修订版指南在该节删除了限定较为具体的检索式构建顺序及步骤，转而以更加上位的方式进行阐述，这也有利于摆脱形式上的束缚，更加聚焦具体案情及检索实际。

1.3.4 调整检索策略

通常情况下，检索难以一击中的，仅用一两个检索式就能命中目标文件的情况并不常见。为了避免漏检，就需要根据检索结果不断调整检索策略。此外，对新颖性和创造性评价方向的预期也是调整检索策略时所要考虑的主要因素。所谓新颖性和创造性评价方向的预期，就是预期什么样的对比文件能够评价申请的权利要求的新颖性或创造性。审查员检索的目标是获得能够评价权利要求新颖性或创造性的对比文件，检索策略的调整，始终应围绕这一预期目标展开。

（1）调整基本检索要素的选择。基本检索要素是新颖性和创造性评价预期的直观体现，理论上说，包含全部基本检索要素的对比文件应该能够单篇评价权利要求的新颖性或创造性，包含部分检索要素的多篇对比文件可能用于结合评价权利要求的创造性。在常规检索中，首先应进行全要素检索，以期检索到包含全部基本检索要素的对比文件。随着检索的进行，如果发现之前确定的检索要素需要调整，可能是因为对背景技术了解不够全面，将主题名称中已经隐含的技术手段或不体现发明构思的常规手段作为了基本检索要素；也有可能是对发明的理解不够准确，未列入解决技术问题的关键要素。此时，需要对基本检索要素进行删减、增加或调整，以使基本检索要素与新颖性和创造性的评价预期相一致。当发现想要检到一篇包含所有基本检索要素的对比文件较为困难，或检索过程中获得了公开部分基本检索要素的对比文件，只需要再结合另一篇包含部分基本检索的对比文件就可以评价权利要求的创造性时，可以调整基本检索要素的选择，采用部分要素构建检索式，以期命中期望的对比文件。

（2）调整检索系统/数据库。如果在某一数据库中通过常规检索和扩展检索均没有获得预期的对比文件，则需要调整数据库进行检索以避免漏检。此外，检索中还可以根据需求主动调整检索系统和数据库，以实现高效检索。如果在中文库中检索到一篇密切相关的对比文件，通过其同族获得一个相关的 FI 分类号，则可转到包含日文文献的外文专利库中，用该 FI 分类号进行检索。当需要针对权利要求中较为细节的特征进行检索时，可由摘要库转到全文库中进行检索。

（3）调整基本检索要素的表达。由于检索要素的表达方式多样，在进行表达方式调整的时候面临的选择方向较多，为了提高效率并保持清晰的检索思路，一般应遵循逐步扩展的原则。一方面，应当使用最准确的表达方式表达基本检索要素，如用分类号表达时，优先使用最准确、最下位的组；在用关键词表达时，优先使用最基本、最准确的关键词，这样能够保证在检索开始阶段浏览的均是最相关的文献，更有利于高效获取目标文件。另一方面，检索过程中如果发现更能准确表达基本检索要素的方式，如浏览中间文件时获取的更相关的分类号或关键词，应当用其代替原有的表达方式。此外，当采用准确的表达方式未能获得目标文件的情况下，考虑到对比文件表述习惯、分类习惯不同而导致漏检的可能，还应当调整和扩展基本检索要素的其他表达方式，如将分类号扩展到上位组、大组直至小类，从形式、意义、角度等方面扩展关键词等。基本检索要素的调整要循序渐进，不能因多次调整较为烦琐而将所有可能的表达方式一次性构造成块。这种做法会使待浏览的文献量过大，同时也掩盖了准确表达方式所能发挥的高效检索的作用，看似减少了构建检索式的工作量，但在实操中往往因为浏览量较大，还需要进一步缩限等原因，耗费了较多的浏览时间，增加了漏检的可能，从而降低了检索的效率。

第 2 章

USPTO 检索规则

2.1 USPTO 概况

USPTO 是美国专利商标局的简称，是授予美国专利和注册商标的联邦机构，隶属于美国商务部。其职责包括就知识产权政策、保护和执行向美国总统、商务部长和美国政府机构提供咨询意见，并在世界范围内促进更强有力和更有效的知识产权保护，以及通过与其他机构合作，确保在自由贸易和其他国际协议中有强有力的知识产权条款，进一步为全球的美国创新者和企业家提供有效的知识产权保护。它还提供培训、教育和能力建设计划，旨在促进对知识产权的尊重，鼓励美国贸易伙伴制定强有力的知识产权执法制度。

1790 年，美国国会通过了首部专利法，成立了第一个专利委员会来决定是否授予专利或驳回申请。1802 年，该职能被转移给新成立的美国专利局，承担专利相关事务。19 世纪初，商标事务被纳入专利局的管辖权范围。1975 年，经国会批准，美国专利局更名为美国专利商标局。2000 年 11 月，根据《美国发明人保护法》，美国专利商标局被确立为商务部下属的绩效单位，以更加商业化的方式运作，在人事、采办、预算及其他行政职能上享有实质性的自治管理权。

美国专利商标局局长由主管知识产权工作的商务部副部长兼任，专利公共咨询委员会和商标公共咨询委员会向局长提供建议。美国专利商标局由专利业务线和商标业务线组成，包括专利审查部、商标审查部、专利审判和上诉委员会、商标审判和上诉委员会政策与国际事务办公室。美国专利商标局还有其他几个支持单位，包括信息技术、人力资源、金融、法律和行政服务、平等就业机会和沟通等部门。美国专利商标局除了位于弗吉尼亚州亚历山大市的总部外，还包括4个地区办事处：分别为位于得克萨斯州达拉斯市的德州地区办事处（TXRO），位于科罗拉多州丹佛市的落基山地区办事处（RMRO），位于密歇根州底特律市的以利亚麦考伊中西部地区办事处（MWRO），以及位于加利福尼亚州圣何塞市的西海岸地区办事处（WCRO）。

美国发明专利的审批程序与中国发明专利的审批程序基本相同，同样包括受理、初步审查、公布、实质审查及授权或驳回五个阶段。此处仅对美、中两国发明专利审批程序的显著区别进行介绍。在受理阶段，美国发明专利与中国发明专利审批上的最大不同在于其存在临时申请制度。临时申请在某种含义上可称之为国内优先权，临时申请不可直接获得授权，但可自申请日之日起12个月内变更为正式申请或者在12个月内申请正式申请时主张该临时申请的优先权。在公布阶段，对于并未在实施18个月公开制度的国家，以及不准备在实施18个月公开制度的国家提交的申请，如果申请人要求则可以不必公布，直到专利授权后才进行授权公告。在实质审查阶段，不需要提交实质审查请求以启动实质审查，所有美国专利申请在申请时即默认请求实质审查；审查员只会发出两次审查意见通知书，即非最终驳回意见（Non-Final Rejection）和最终驳回意见（Final Rejection）。在收到两次通知书之后，申请人需要选择是提出继续审查请求、提出继续申请，还是提出上诉。

美国专利商标局的专利审查部下设有按照技术领域划分的9个专利技术中心负责专利的审查。截至2019年年底，美国专利商标局共有12 652名联邦雇员，其中专利审查员有9614名，商标审查员701名。2019年，美国专利商标局共受理专利申请665 231件，共审查专利申请682 134，共授权专利406 678件，专利申请量较2018年增长3.20%，专利授权量较2018年增长10.24%。

2.2 USPTO 检索流程介绍

2.2.1 检索机构

美国专利商标局设有 9 个技术中心负责专利的审查，其中 8 个负责发明专利的审查，分别涵盖生物技术与有机化合物，化工与材料工程，计算机体系结构软件与信息安全，计算机网络、多路复用、电缆和密码/安全，通信，半导体、电气和光学系统及元器件，运输、电子商务、建筑、农业、许可和审查，机械工程、产品制造这 8 个领域。另外一个专利技术中心负责外观设计的审查。美国专利的审查和检索通常由同一个审查员完成。

2.2.2 检索工具

美国专利商标局的审查员使用的专利检索工具主要包括审查员自动检索工具（EAST），以及基于网络的审查员检索工具（WEST）。审查员自动检索工具和基于网络的审查员检索工具提供了对 2001 年以来公开的美国专利申请全文文本、1970 年以来美国授权专利全文文本及 1920—1970 年美国授权专利全文文本的光学扫描件的访问。这两个系统还提供了当前的专利分类信息及所有已公开的美国专利申请或授权的美国专利的图像。采用审查员自动检索工具还可以查看外国专利文本的图像，而且其中许多自 1978 年以来公开的外国专利文本还提供英文摘要。审查员自动检索工具和基于网络的审查员检索工具包含的数据库相同，操作指令也相同，不同之处在于操作界面。上述两个系统提供了大量的检索途径，除了常规的申请文件基本著录项目信息，还提供代理师、审查员、相关申请、引用文献等入口进行检索。通过"相关申请"可以查询到与在审申请相关的案件审查状况，通过"引用文献"字段，可以追踪查询所检索到的文献在审查阶段所引用的文献情况。两个系统还具有强大逻辑运算能力，除设置了基本的布尔运算符逻辑与 AND、逻辑或 OR、逻辑非 NOT、逻辑异或 XOR 之外，该系统还支持丰富的截词符、临近算符、同在算符、比较算符运算。临近算符"ADJn"可以检索在同一句子中两个检索词按照指定顺序间隔 n 个词语的结果;"NEATn"则返回在同一个句子中两个检索词按照任意顺序间隔 n 个词语的结果;同在算符"WITH"返回两个检索词在同一个句子中的检索结果;"SAME"返回两个检索词在同一个段落中的结果;通过截词符"$n",可以在术语的开始、中间或结尾部分的任何位置进行任意长度的截取。通过在 @ 符号后加上数据字段名和大于、小于、等于号,可以实现任意字段内数值范围的检索。

2.2.3 检索数据库

美国专利商标局的审查员使用的专利数据库包括预授权公开数据库(US-PGPUB)、美国专利数据库(USPAT)、美国光学字符识别数据库(USOCR)、欧洲专利局数据库(EPO)、日本专利局数据库(JPO)、德温特数据库及外国专利检索系统数据库(FRPS)。其中,预授权公开数据库包括 2001 年 3 月 15 日以来公开的美国专利申请的全文文本。美国专利数据库,包括 1971 年以来公开的美国专利全文文本及 1790 年以来的美国专利的少量著录项目信息。美国光学字符识别数据库包括 1920—1970 年的美国专利的光学字符识别文本以及美国专利数据库中缺失的 1971—1976 年的部分美国专利。欧洲专利局数据库包括欧洲专利局提供的,选定欧成员国为瑞士、德国、法国、英国和世界知识产权组织的公开文本,包括英文摘要。日本专利局数据库包括自 1976 年以来未审查的日本专利申请的英文摘要。德温特数据库包括 1961 年 8 月 1 日以来的超过 40 个国家的专利。外国专利文献数据库包含包括中、日、韩、欧、德、英等多个国家在内的专利文献的英文摘要。所有数据库总共收录了大约 4200 万篇专利文献。美国专利商标局还提供大量的电子或纸质书籍、学术期刊等非专利数据库,如 STN、ProQuest Dialog、LexisNexis、ABSS 数据库、Questel。除此之外,审查员也可以通过互联网进行检索。

2.2.4 检索前的准备

1. 申请文件的阅读理解

在检索前,审查员需要对申请文件进行阅读理解。对于一些不能很好理解的案件,审查员需要进行检索以充分理解发明,避免意见反复。

2. 权利要求分析

在理解了申请文件的内容后,审查员还需要对权利要求进行分析,以充分理解权利要求的保护范围。一般从以下三个方面进行分析。

(1) 权利要求范围内的各种实施方式。由于权利要求往往是对说明书公开内容的概括,因此权利要求的保护范围通常包括一种或多种申请文件中没有记载的实施方式。权利要求必须被分析以便于在检索中可以将这些实施方式分辨出来。对于能够进行这种处理的权利要求(如机械或装置),可以对权利要求所限定的主题用简图或框图进行表示,以便清楚地界定权利要求的边界。多个由说明书实施例变形而来,但仍在权利要求保护范围内的实施方式的简图将有助于审查员确定权利要求的保护范围。但是,不应要求申请人提交这些权利要求的简图。

(2) 等同手段。此外,还应当考虑所有与权利要求中的技术特征等同但不相同的技术特征,除非从权利要求的记载中可以明确地排除该等同特征。

(3) 类比技术。不仅需要检索权利要求保护的主题所属的分类位置,还要检索与权利要求保护的主题相似的现有技术,无论这些现有技术如何分类。但是,判断哪些主题与权利要求保护的主题相似往往是困难的。这取决于权利要求所保护的主题的本质功能或效果,而不取决于申请人所给出的主题名称。例如,在检索中,茶的混合装置和水泥的混合装置可能都被认为属于混合装置领域,这是因为混合装置两者的本质功能相同。类似地,切砖机和切饼干机也可能被认为具有相同的本质功能。

2.2.5 检索过程

美国《专利审查指南》(MPEP)对审查员的检索仅给出了原则性的规定,并没有具体规定检索的步骤。而在美国专利商标局官网给出了其倡导的专利文献检索方式，即专利检索七步法。美国专利商标局认为，由于关键词检索必须预测专利的常用技术术语，所以更适合作为分类检索的补充。因此，专利分类检索是七步法的重点。专利检索的第一步需要对发明申请的技术方案进行简短而精准的描述，提取技术方案的灵魂或发明的核心点。通过这一步骤，确定后续检索步骤可能用到的关键词及分类号。第二步需要查找联合专利分类（CPC）分类表，确定合适的 CPC 分类号。第三步需要查看选定的 CPC 分类号的分类定义，获取对检索有用的信息。第四步需要采用选定的分类号在美国专利库中进行检索和浏览。第五步需要通过对摘要和附图等信息的深入阅读筛选对比文件。第六步需要采用选定的分类号在美国公开库中进行检索和浏览。第七步需要进行扩展检索，扩展检索可以采用关键词、美国专利分类号（USPC）在美国专利库或公开库中进行检索，也可以在外国专利文献数据库或者非专利文献数据库中进行检索。

除了上述检索步骤外，审查员检索的最初阶段还会对发明人或申请人在外国和本国的在先专利和申请及引证文献、在先发表的文章进行检索，以便了解背景技术和寻找对比文件。

审查员在完成检索后，还要对检索结果进行分析。如果检索到的对比文件与申请完全不相近，则应当与部门的检索顾问、专业检索员、相关技术领域的资深审查员或自己的上级领导进行讨论，听取他们的指导意见。

2.2.6　检索报告

美国专利商标局不会出具与国家知识产权局或欧洲专利局类似的检索报告，但是审查员完成检索后会形成如图 2-1～图 2-4 所示的三份与检索相关的文件，分别是检索记录表、引用文献通知书和检索历史清单。检索记录表完整准确地记录了审查员所检索的内容，表格被分为三部分，分别是"Searched"部分、"Search Notes"部分和"Interference Search"部分。"Searched"部分记录了审查员检索过的 CPC 分类号，CPC 组合码（C-Sets），以及美国专利分类号。"Search Notes"部分概括了记录审查员的检索内容，如发明人检索、分类号检

第 2 章 // USPTO 检索规则

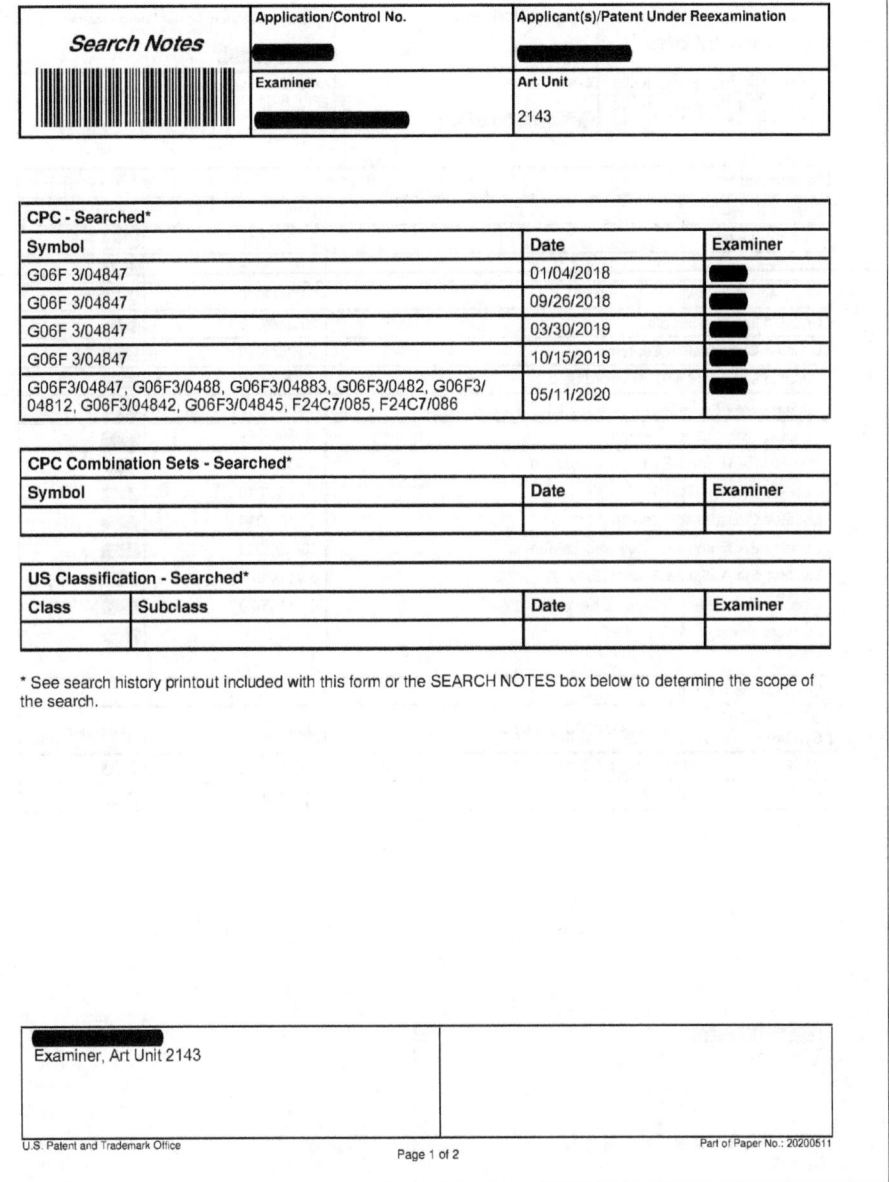

图 2-1 USPTO 检索记录表（第 1 页）

索、在 EAST 或 WEST 系统中采用关键词检索、非专利检索、非电子出版物检索等。"Interference Search"部分记录了审查员准备授权前在"US-PGPUB"数据库中进行的检索。三个部分中的每一条检索信息都包含检索的时间和审查

Search Notes	Application/Control No.	Applicant(s)/Patent Under Reexamination
	Examiner	Art Unit 2143

Search Notes

Search Notes	Date	Examiner
Inventor Search	01/04/2018	
Classification Search	01/04/2018	
EAST and NPL Keyword Search	01/04/2018	
Updated Inventor Search	09/26/2018	
Updated Classification Search	09/26/2018	
Updated EAST and NPL Keyword Search	09/26/2018	
Updated Inventor Search	03/30/2019	
Updated Classification Search	03/30/2019	
Updated EAST and NPL Keyword Search	03/30/2019	
Updated Inventor Search	10/15/2019	
Updated Classification Search	10/15/2019	
Updated EAST and NPL Keyword Search	10/15/2019	
Inventor and Assignee Search (EAST)	05/11/2020	
Classification Search limited by Keywords (EAST)	05/11/2020	
Keyword Search (EAST and NPL)	05/11/2020	

Interference Search

US Class/CPC Symbol	US Subclass/CPC Group	Date	Examiner
G06F3	04847, 0488, 04883, 0482, 04812, 04842, 04845,	05/11/2020	
F24C7	085, 086	05/11/2020	

Examiner, Art Unit 2143

U.S. Patent and Trademark Office

图 2-2 USPTO 检索记录表（第 2 页）

员姓名。引用文献通知书记录了审查员在通知书中引用的文献，包括美国专利文献、外国专利文献和非专利文献三个部分。与中国的检索报告不同的是，美国的引用文献通知书在记录文献时不会记录文献的类型和涉及的权利要求，其

图 2-3　USPTO 引用文献记录表

有可能是评述权利要求新颖性或创造性的文献，也可能只是背景技术文献，具体的文献类型只能通过审查意见通知书的内容进行判断。检索历史清单是审查员检索过程的原始记录，包括审查员采用的检索式、检索式的命中文献数量、检索式针对的数据库和检索时间等。

EAST Search History

EAST Search History (Prior Art)

Ref #	Hits	Search Query	DBs	Default Operator	Plurals	Time Stamp
S114	208057	samsung.as.	US-PGPUB; USPAT; USOCR	OR	OFF	2020/05/07 15:18
S115	133	samsung.as. and temperature with timer	US-PGPUB; USPAT; USOCR	OR	OFF	2020/05/07 15:18
S116	499	samsung.as. and temperature with angle	US-PGPUB; USPAT; USOCR	OR	OFF	2020/05/07 15:18
S117	5	samsung.as. and temperature with angle and timer	US-PGPUB; USPAT; USOCR	OR	OFF	2020/05/07 15:18
S118	52	samsung.as. and temperature with angle and oven	US-PGPUB; USPAT; USOCR	OR	OFF	2020/05/07 15:18
S119	25	((("LEE") near3 ("Chunkwok")).INV.	US-PGPUB; USPAT; USOCR	OR	OFF	2020/05/07 15:18
S120	3672	reference adj point with angle with distance	US-PGPUB; USPAT; USOCR	OR	ON	2020/05/07 15:41
S121	45	reference adj point with angle with distance and oven	US-PGPUB; USPAT; USOCR	OR	ON	2020/05/07 15:41

图 2-4　USPTO 检索历史清单

2.3　USPTO 检索策略

前面一节已经介绍了"美国专利审查指南"中关于检索的原则性规定，但是仅依据这些原则性规定仍旧不能实施有效的检索，因此美国专利商标局提出了专利检索七步法。虽然专利检索七步法是美国专利商标局为申请人在对自己的专利申请进行查新时的指导性方法，但是我们仍然可以从专利七步法和美国专利审查指南关于检索的规定中看出美国专利商标局倡导的检索策略。

2.3.1 检索要素的确定

与中国专利局检索要素的确定方式不同，专利检索七步法中确定检索要素的方式是对专利申请的技术方案进行简短而精准的描述，提取技术方案的灵魂或发明的核心点。可以通过一些问题来帮助归纳，如发明的目的是什么，是装置还是方法，由什么组成，如何使用，哪些关键词或术语可以描述发明实质。然后，对用于描述专利申请的词语利用技术词典、手册、百科全书进行充分扩展，最终确定合适的检索要素及其关键词表达。

2.3.2 检索领域的选择

在确定检索领域时，需要确定申请要解决的技术问题、解决该技术问题的技术方案及其技术特征，从而确定检索的领域，即确定必须检索的体现检索领域的分类号和关键词。确定分类号需要注意多种不同的分类体系（如CPC或USPC），同时还要参考由外国局、其他审查员或分类员给出的分类号。在确定检索领域时，必须考虑三类检索资源：国内专利（包括已公开的专利申请）、外国专利文献和非专利文献（NPL）。除非审查员有充足的理由确定其中某个检索源不能进一步检索到对比文件，否则不应当排除任何一个检索源。除需要对权利要求保护的主题进行检索外，还要对那些很有可能被加入权利要求中的内容进行检索。检索的领域需要按照优先级进行排序，并从最可能检索到对比文件的领域开始检索。为了确保检索的充分性，不仅要在发明要求保护的领域进行检索，还应当在相近领域进行检索。

2.3.3 检索数据库的选择

审查员可以采用的专利和非专利数据库众多，选择合适的检索数据库是确保找到最相关的现有技术的关键。审查员需要考虑待审查案件的领域,并基于适用于该领域的检索数据库的数据覆盖范围和优缺点来选择合适的检索数据库。例如,某个检索数据库仅涵盖了外国专利,但如果这个数据范围不能满足检索的需要,审查员就需要考虑用其他检索数据库来弥补这个不足。检索数据库的选取原则可以按照图 2-5 所示的流程进行。

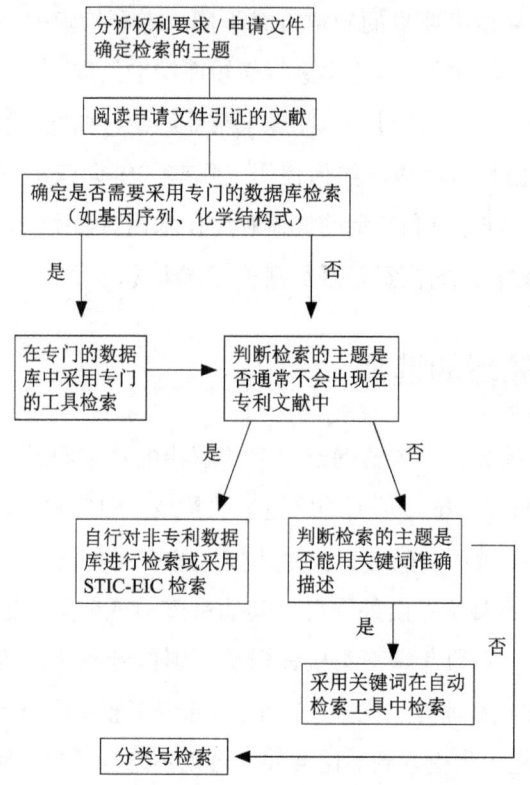

图 2-5　USPTO 检索数据库的选取流程

互联网也是官方认可的检索工具之一,但是由于互联网检索无法保证检索信息的保密性和安全性,因此对未公开的专利申请采用互联网检索时可能会导致信息的泄露。通过采用因特网进行检索时,不能采用会暴露特定专利内容的检索式,除非能够采用安全链接以确保信息的保密。

对于检索采用的专利数据库,美国专利局一般推荐优先在美国专利数据库(USPAT)进行检索。如果没有检索到合适的对比文件,再在预授权公开数据库（US-PGPUB）进行检索；如果仍没有检索到合适的对比文件，可到外国专利数据库中进行检索。

2.3.4 分类号的确定

对于获取分类号，美国专利商标局目前首选的分类体系为 CPC 分类。首先需要通过本章第 2.3.1 节中确定的检索要素检索 CPC 分类表以确定需要检索的 CPC 分类号。如果找不到合适的 CPC 分类号，还需要查找 IPC 分类表以获得合适的 IPC 分类号。查找分类号时需要对分类号的分类定义进行浏览，以确定最准确的分类位置。

2.3.5 检索式构建

美国专利商标局认为采用关键词检索会导致一系列问题，如专利文献中的技术术语通常是含糊的或者不同专利文献采用的技术术语不相同；技术术语会随着时间发生变化，相同的技术术语在不同的领域会有完全不用的含义；表达相同含义的技术术语的同义词过多等。由于关键词检索存在这些问题，美国专利商标局倡导以分类号检索为主、关键词作为补充的检索方式。

基于上述原则，审查员在构建检索式通常首先会仅以分类号构建检索式，如采用单个分类号进行检索或采用多个分类号相与的方式进行检索，其次逐步扩展到以"分类号+关键词"构建检索式，最后采用纯关键词构建检索式。在采用关键词表达检索要素时，美国专利商标局审查员更加注重通过同在算符和临近算符体现各个关键词之间的逻辑层次，使关键词能够更清晰地表达出检索要素，避免大量的噪声。

2.3.6 扩展检索

在常规的检索完成后，如果没有检索到对比文件，还需要对检索进行扩展，以完成全面的检索。扩展的一般方式：①采用纯关键词进行扩展检索。在检索过程中，可以发现某些错误分类的文献及漏掉的 CPC 分类号，进而调整检索的分类号。②采用美国专利分类进行扩展检索。虽然美国专利分类已经不再使用，但是其仍可以用于检索以前的美国专利文献。在采用CPC检索的过程中，也可以通过阅读文献发现合适的USPC分类号。③采用非专利数据库进行扩展检索。某些发明可能在非专利文献中有记载，可以通过检索书籍、杂志、论文寻找对比文件。

第 3 章

JPO 检索规则

3.1 JPO 概况

3.1.1 职能

JPO 是日本特许厅的简称，其前身是 1885 年设立的"专卖特许所"，现为隶属于经济产业省的政府机构。日本特许厅负责工业财产权制度的管理，工业财产权制度的建立是为了保护和利用发明、设计、商标等智慧创造的成果，促进产业发展。其主要工作：①工业财产权的受理、审查、授权或注册；②工业财产权政策的制定；③协调国际制度、协助发展中国家；④工业财产权制度的修正；⑤对中小企业和大学进行支持；⑥完善工业财产权信息服务，促进本国工业的发展。2019 年，日本特许厅共受理发明专利申请 307 969 件，包括 PCT 申请 66 968 件；实用新型专利申请 5241 件，包括 PCT 申请 191 件，图案设计专利申请 31 489 件。

3.1.2 组织图

日本特许厅由 7 个部门组成：总务部、审查业务部、专利审查第一部至第四部、审判部（图 3-1）。其中专利审查第一审查部至第四审查部为实审部门，主要负责各个领域（物理、光学、机械、化学、生物、材料、电学）的专利审查。

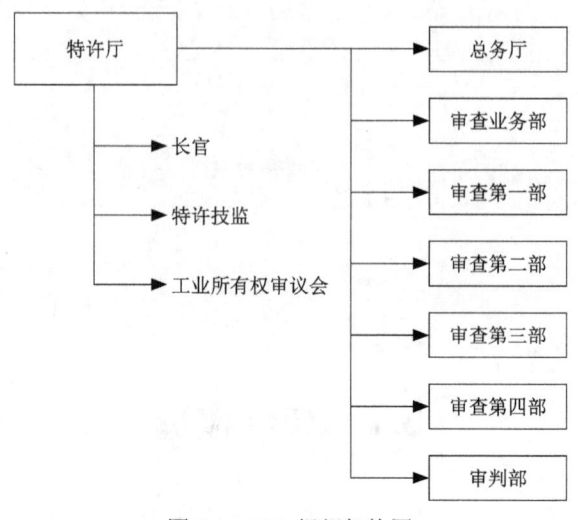

图 3-1　JPO 组织架构图

3.1.3　审查流程

　　日本特许厅的审查流程与中国非常类似，专利申请自申请日起满 18 个月即行公布，也可以根据申请人的请求早日公布（图 3-2）。专利申请自申请日起 3 年内，可以根据申请人随时提出的请求，对其申请进行实质审查；申请人无正当理由逾期不请求实质审查的，该申请即被撤回。特许厅对专利申请进行实质审查后，认为不符合专利法规定的，通知申请人要求其在指定的期限内陈述意见或者进行修改。经申请人陈述意见或者进行修改后，继续审查，没有发现驳回理由的可以作出授权决定；如果发现仍然不符合专利法规定，应当予以驳回；对驳回决定不服的，可以在收到通知书 3 个月内，提交复审请求，复审阶段可作出授权或驳回决定；对于复审作出的驳回决定，申请人仍然不服的，可以向知识产权高等法院起诉。对于授予的专利权，在登记公告后有 6 个月的异议期，这是中国没有的。异议期容许第三方向特许厅提出对授权专利的异议，如果异议成功，可以撤回专利或者以修改形式维持。异议审查须由书面审查形式进行。此外，任何单位或个人可提出无效审查申请，对于无效审查决定不服的，可以向知识产权高等法院起诉。

第 3 章 // JPO 检索规则

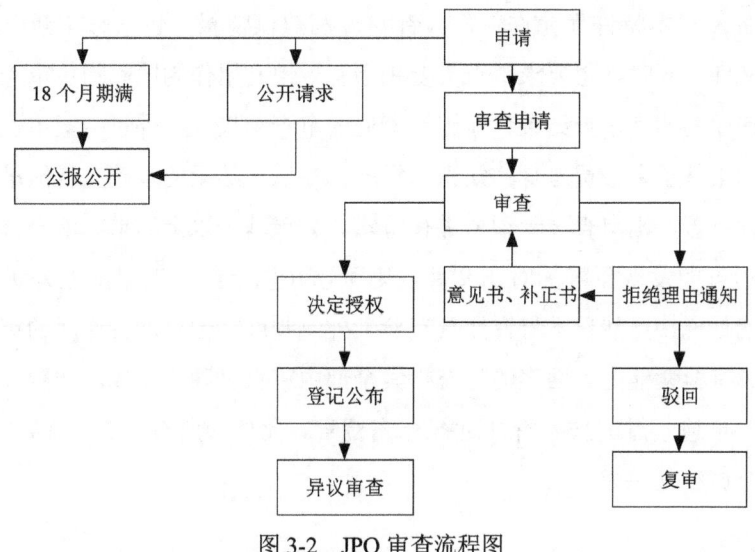

图 3-2　JPO 审查流程图

3.2　JPO 检索流程介绍

3.2.1　检索机构

  为了提高审查效率，日本特许厅会将现有技术文件检索的一部分工作外包给叫作"登录调查机关"的检索单位。这种外包检索单位必须具备法律规定的相应资质。关于外包检索单位的检索范围，大部分案件需要检索国内专利文件和英文专利文件，一部分案件还需要检索中韩专利文件或其他小语种文件。并且，一部分领域需要采用 STN 检索非专利文件。外包检索单位会制作现有技术文件检索报告，由检索者与审查员直接面谈，口头讨论本案的技术内容、检索方式、检索结果及疑似文件的技术内容，也可以采用网络会议系统或电视会议系统进行线上面谈。审查员可对检索报告进行评价，评价结果会反馈给各个外包检索单位。

此外，日本特许厅允许任何人针对专利提供情报，包括影响新颖性和创造性的文件；同时，也要求审查员要积极有效地利用作为国际初步审查单位的日本特许厅的初步审查结果、他国专利局的审查结果或者外包检索单位的检索结果。如果基于审查员自身的知识和经验，在以上结果的基础上就能准确且高效地进行审查，则审查员无须再进行检索。如果基于以上结果，审查员判断还有很高的可能发现更好的对比文件，则可以在以上结果的范围之外进一步检索。也就是说，虽然日本特许厅具有检索外包制度，但日本特许厅的审查员自身同样具有检索能力。回案的补充检索全部由审查员独立完成，一般仅针对新增加的、未检索过的技术特征进行补充检索。此外，所有 PCT 申请的检索也均由审查员独立完成。

3.2.2 检索工具

日本特许厅检索数据库包括专利库和非专利库，非专利文献检索嵌入 JPO 检索系统。日本特许厅使用其自主开发的 JPO CLUSTER 系统进行检索，该系统界面类似于中国局的 S 系统核心检索界面。审查员在检索时通常输入 FI/F-term 分类号，也可使用 IPC、CPC 分类号进行检索。JPO CLUSTER 系统整合了常用日文和外文专利数据库，检索时一般无须选择数据库，直接用分类号和日文/英文关键词进行限定。该系统还内嵌有同义词系统，输入关键词后，相关同义词将自动出现在检索式中，无须审查员手动输入，同义词来自本领域工具书辞典。同时，JPO 的检索系统可以使用机器翻译系统将 US、EP、KR、CN、WO、DE 和 FR 的专利文献翻译成日文，翻译效果与谷歌翻译类似。对于非专利文献，目前尚未实现这种翻译功能。日本特许厅检索数据库中的非专利文献一般是将各领域常用特定网站上的非专利数据，经清理、加工、标引后，以代码化形式嵌入 JPO 检索系统中。

3.2.3 分类体系

为了弥补 IPC 分类不够详细的缺陷，日本特许厅建立了自己的专利分类体系，主要包括 FI 和 F-term 两种分类体系，方便归类文献和检索。JPO

CLUSTER 系统结合这一成熟的分类体系，十分注重 FI/F-term 的使用。

FI 分类号建立在 IPC 分类号基础上，其覆盖了 IPC 全部技术领域并进一步细分，由 IPC 的 70 000 个分类号扩展为 FI 目前的大约 210 000 个。F-term 一般是对应用、功能进行多角度精细分类，在 IPC 和 FI 的基础上进行再分类或细分类。一个 F-term 分类号由 5 位字符主题码（Theme Code）＋2 位字母视点符（Viewpoint）＋2 位数字位符（Figure）构成。其中 5 位字符主题码表征技术领域，2 位字母视点符表征材料、方法和结构等，最后 2 位数字位符是对视点符表征的技术特征的进一步细化。由于 FI 分类号建立在 IPC 分类号的基础上，因而覆盖了全部的技术领域，但 F-Term 分类号只覆盖其中大约 70% 的技术领域。因为日本特许厅认为，对于某些技术领域，F-term 对加快检索没有帮助，因此没有进行 F-term 分类。从分类号的特点而言，FI 分类号只对权利要求分类，也即主要反映发明点；F-Term 分类号则对全文的所有技术细节分类，因而更加有利于计算机检索，特别是从技术角度对全文进行检索。从修订周期而言，FI 分类号每年修订两次，F-Term 分类号每年修订一次，修订后均对专利文献进行再分类。原始申请提交的分类号一般由外包检索单位 IPCC 进行分类，日本特许厅的实审审查员审查专利申请文件时，若认为有更合适的 FI、F-term 分类号，需提交分类号修改申请。日本特许厅的调整课（Administrative Affairs Division）有专门负责专利分类的政策计划室（Patent Classification Policy Planning Section），该室内有分类号项目管理者（Classification Project Coordinator），其专门负责该分类号的修改工作，如 FI 两年一次、F-term 一年一次的统一修改。此外，根据需要，该分类号项目管理者也同样在审查部负责审查工作，以保证对专利申请的整个审查流程有深入了解和掌握，更好地对分类号进行管理。对于该日本特许厅分类号项目管理者，负责的分类号管理工作根据实际工作安排、轮岗等会有所不同，如在 FI、F-term 的分类号管理与 IPC 分类号项目管理进行切换，并对具有国外同族的申请文件，需要与其他局的相应部门进行交流、讨论，达到对该分类号修改意见的统一。

因为现有 IPC、FI 和 CPC 等分类体系与物联网技术跨领域性不相适应，物联网还没有完整收集该类申请数据的专利分类，知识产权机构和产业部门都亟需新的基于物联网技术的分类体系。2016年11月，日本特许厅建立新的交叉分类体系Facet ZIT，可全面检索所有物联网技术，并开始对日本的专利文件进行分类。2017年4月，JPO从用途上将Facet ZIT划分为12个子类，以便进一步提高用户友好性 。JPO不仅针对日本推广ZIT，亦向五局会议提交了基于ZIT修改IPC的建议，积极鼓励各国使用ZIT分类，意在增强JPO在IPC分类方面的参与度和话语权。

3.2.4 检索数据库

日本特许厅审查员使用的检索数据库包括专利库和非专利库，其中专利库主要包括使用CLUSTER系统进行检索，该系统通常输入FI/F-term分类号，也可使用IPC、ECLA、CPC进行检索；还包括使用Derwent Innovation数据库、JapioGPG/FX等数据库进行检索。对于非专利数据库，其包括使用STN、JDream III等商业数据库，以及一些特定领域数据库和建立在Internet的免费数据库。其中，CLUSTER系统为日本特许厅主要的文献检索系统，可实现对国内专利文献数据库、国外专利文献数据库和非专利文献数据库的跨库检索。该检索系统可以使用机器翻译系统将国外的专利文献翻译成日文。

3.2.5 检索前的准备

在第一次审查时，审查员要在权利要求所述的所有发明中，根据《专利·实用新型审查手册》"第Ⅱ部第3章 发明单一性"的4.组所示的要求将作为审查对象的范围作为检索主题。在第二次及以后的审查时，根据"第Ⅱ部第3章 发明单一性"及"第Ⅳ部第3章 变更发明特别技术特征的补正"的3.组所示的要求将作为审查对象的范围作为检索主题。在决定检索主题时，还需要考虑：①所要求保护的发明的具体实施例；②审查的效率性，通常可以增加合理预期修改后的内容作为现有技术检索的主题。

需要注意的是，对于权利要求中笔误或者轻微的不完善导致发明存在不需要检索或检索需要被限制的情况，如果审查员能够基于发明详述、附图记载或申请中记载的技术常识能够把握不属于上述情形的发明，那么审查员也应该基于这部分有把握的发明进行现有技术的检索。对于存在有上述情形的发明，如果能够合理地预测通过补正变更发明的领域或在表达上轻微补正，就会成为不属于上述情形的发明，审查员也应基于预测的发明进行现有技术的检索。

3.2.6 检索过程

（1）审查员应当针对各权利要求的发明，检索与之关联的技术领域的所有文献，包括国内外的专利文件（包括国际公开）及国内外的非专利文件。从检索的经济角度出发，审查员可基于自身的知识和经验，判断出最有可能发现与权利要求的发明相关联的现有技术文件范围进行检索。

（2）审查员应当优先检索最有可能发现与权利要求的发明相关联的现有技术文件的技术领域。通常，最先开始检索与发明详述记载的实施例最密切关联的技术领域，然后可以扩到到关联性较低的技术领域。

（3）审查员是否需要从高度关联性的技术领域扩展到低关联的技术领域，需要在考虑已经得到的检索结果后再决定。如果在高度关联性的技术领域没有发现能足够评价权利要求的发明的新颖性或创造性的现有技术文件，而在较低关联性的技术领域高度可能存在能够评价权利要求的发明的新颖性或创造性的现有技术文件的情况下，审查员应当扩大检索的技术领域。

（4）在刚开始检索时作为检索主题的内容，在检索过程中，可能会发现其无须作为检索主题。因此，审查员可以随时审视检索主题，必要情况下，可修正检索主题。

（5）在利用分类号检索方面，虽然日本特许厅的 CLUSTER 系统也支持 CPC、IPC 等分类号，但实践中日本审查员主要用 FI、F-term 进行检索。且一般先用 FI 检索，再用 F-term 检索，最后才考虑关键词，一般很少用纯关键词进行检索，因为噪声太大。而且，检索时，一般分快速检索新颖性对比文件的第一阶段和详细检索创造性对比文件的第二阶段。

（6）日本特许厅将很大一部分检索外包给 IPCC，回案后的补充检索，则一般由审查员自己完成。如权利要求中补充了新增加的、未检索过的特征。对于外包给 IPCC 的检索，如果审查员认为检索不准确或不充分，可要求检索人员重新进行检索，或者 JPO 审查员自己会进行补检，尤其检索结果为全 A 案件。对于由 IPCC 完成检索的案件，如果出现漏检，则仍然由审查员承担相应责任。因此，审查员对所有审查的案件必须保证检索的完整性、正确性。

3.2.7 终止检索的情形

当审查员在考虑了权利要求记载的发明和合理预期可能通过补正修改的内容后进行现有技术的检索，且已经得到了足够多的特别相关的现有技术文献，或者发现进一步相关的现有技术的可能性变得非常低时，也可以终止现有技术的检索。另外，当发现一篇文献就可以否定所要求的发明及该发明详述中公开的一个对应实施例的新颖性和创造性时，可以结束现有技术的检索。然而，在不花费过多劳动就可以检索其他实施例的情况下，需要继续进行进一步的检索。

需要注意的是，当通过马库什形式表示的化学物质的权利要求特别宽且具有不同的实施例，同时在不增加过大的检索负担的情况下检索到所有的检索主题非常困难时，只要落入下文①或②假设的，不需要过多检索所有检索范围，即可终止检索。此种情况下，没有检索所有的检索主题和检索范围而结束检索的报告应当在"现有技术检索结果的记录"中说明。假设：①对于至少一种由权利要求公开的可选方案所表示的化学物质包括由实施方案公开的化学物质（由对应实施方案的特定的可选方案表示的一组化学物质），发现了至少一篇否定其新颖性或创造性等的现有技术文件。②已经检索了由对应于上述实施方案的特定可选方案表示的所有化学物质，且通过检索下述可选方案之外的方案发现至少一篇否定要求保护的发明新颖性或创造性的现有技术文件。

3.2.8 现有技术文件检索结果的记录

日本特许厅不制作检索报告，但是会有"现有技术文件检索结果的记录"。审查员在最初进行了现有技术的检索后，给出拒绝理由通知时，会在现有技术文件检索结果的记录里面记录现有技术检索的技术领域（图 3-3），审查员可用国际专利分类号表示技术领域。并且，在发出非拒绝理由的通知书时，可以记录一些方便申请人补正时参考的现有技术，或者会被申请人认为有用的现有技术文件。

```
                          拒絶理由通知書
特許出願の番号        特願〇〇〇〇-〇〇〇〇〇〇
起案日               令和〇〇年 〇月 〇日
特許庁審査官         〇〇 〇〇            〇〇〇〇 〇〇
特許出願人代理人     〇〇 〇〇
適用条文             第29条第1項

  この出願は、次の理由によって拒絶をすべきものです。これについて意見がありましたら、こ
の通知書の発送の日から60日以内に意見書を提出してください。

                              理由

  （新規性）この出願の下記の請求項に係る発明は、その出願前に日本国内又は外国において、
頒布された下記の刊行物に記載された発明又は電気通信回線を通じて公衆に利用可能となった
発明であるから、特許法第29条第1項第3号に該当し、特許を受けることができない。

        記     （引用文献等については引用文献等一覧参照）

・請求項       1
・引用文献等   1
・備考
         ・・・・・・・・・・・
                        ＜引用文献等一覧＞
1. 特開昭〇〇-〇〇〇〇〇〇号公報
─────────────────────────────────────
                  ＜先行技術文献調査結果の記録＞

・調査した分野    IPC    B43K 8/00 ～ 8/24
                 DB名
・先行技術文献    特開平〇〇-〇〇〇〇〇〇号公報
                 （本願明細書、段落〇〇〇〇，第〇行に記載されている「B」の点について
                 は、本文献第〇頁、第〇欄、第〇行に記載されている。）

・出願人への要請
  引用文献1は、本願出願時に公開されており、本願と出願人又は発明者が共通する文献であ
って、本願の一以上の請求項について、当該引用文献のみで新規性又は進歩性を否定するもの
です。
  このような文献に基づいて、事前に発明を適切に評価することは、出願人による適切な請求
項の作成に役立つとともに、迅速かつ的確な審査にも資するものと考えられます。出願・審査
請求の際には、このような文献を出願人が知っている先行技術文献として明細書中に開示する
とともに、特許を受けようとする発明が、このような文献に基づき特許性を有するものである
か否かについて適切な評価を行っていただくようお願いします。

  この先行技術文献調査結果の記録は、拒絶理由を構成するものではありません。

  この拒絶理由通知の内容に関するお問合せ又は面接のご希望がありましたら次の連絡先まで
ご連絡ください。電子メール等で補正案等の送付を希望される場合は、その旨を電話でお知ら
せください。

審査第〇部〇〇  氏名
TEL.03-3581-1101   内線
FAX:03-
```

图 3-3　JPO 拒绝理由通知附带的现有技术文件检索结果记录

3.3 JPO 检索策略

3.3.1 检索策略的具体步骤

JPO 审查员或检索员在阅读了申请文件后，决定检索主题时，会将权利要求拆分为若干个可供检索的技术特征。这种拆分与一般的检索要素不同，其不省略权利要求中的任何一个技术特征，通常采用字母编号表示，如 a、b、c、d 等，将这些字母编号的特征组合在一起构成完整的权利要求内容。从属权利要求也会仿照独立权利要求用字母接续编号。这种拆分方式一方面是为了便于检索，另一方面是为了评述时可以对照特征。在检索前，必须对申请人或发明人进行追踪，获得相关的对比文件，这一步骤不可或缺。

JPO 审查员或检索员检索时，通常会在检索前查找到与本申请相关的 F-term 主题码和下面相关的观点符、数字符，以及与本申请相关的 FI 分类号。在检索时，优先使用分类号，由于 FI/F-term 针对应用、功能进行多角度精细分类，JPO 审查员或检索员在检索时常常使用 FI/F-term 进行精准的应用（领域）限定。JPO 审查员或检索员对于 FI/F-term 分类号的掌握程度高，对跨领域的分类号也相当熟悉，能够有效扩展到多个分类号。这种检索策略效率较高，能快速命中同领域内或相近领域内很接近的对比文件。在分类号的使用上，多个分类号相与，如 FI 分类号相与、F-term 分类号相与、FI 分类号和 F-term 分类号相与都是常见的检索方式。采用分类号没有检索到对比文件时，JPO 审查员或检索员才会使用关键词。在关键词的使用上，JPO 审查员或检索员会从各种角度进行有效扩展，利用同在算符同时使用多个关键词准确表达出发明点。检索顺序首先是分类号和关键词联合使用，然后才是纯关键词的使用。对于一些关键词难于表达的发明点，JPO 审查员或检索员也会控制关键词的使用，通过浏览筛选的方式获得对比文件。

JPO 重点检索日文文献。对于日本技术领先的领域，日文文献及同族涵盖技术内容十分全面。因此，重点检索日文文献也能满足基本要求。对于外文的检索，JPO 审查员或检索员依赖 CPC 和 IPC 分类号，关键词的表达与之前使用的基本相同，检索过程并不多，通常不依赖外文检索获得有效对比文件。对于某些领域，JPO 的外文文献检索略显不足，容易漏检。

JPO 审查员或检索员的检索思路是非常固定的，有一套标准化的流程，首先采用最准确的 FI、F-term 分类号检索，其次采用次准确的分类号检索，最后采用跨领域的分类号。也就是说，检索员优先使用纯分类号检索，且在分类号的使用上也十分注重优先级。JPO 审查员或检索员的检索特点在于，分类号找得多、找得准，与日本特许厅的多角度检索的观点十分相符。FI 分类号和 F-term 分类号较大地扩展或重新组织了 IPC，在检索时可以当作关键词来使用，且比关键词的表达更准确，这一点从日本特许厅的检索过程中可以看出来。对于外文的检索，日本特许厅检索员的检索思路仍然是依赖准确的分类号细分。

3.3.2 检索记录

JPO 会制作检索记录表，包括权利要求的拆分情况，如图 3-4 所示。检索记录中还包括审查员的检索式的具体构造，以及每一条检索式的检索结果的数量，如图 3-5 所示。此外，还制作相关对比文件的汇总表，包括对比文件公开号及其文件类型、从哪一条检索式获得等信息，可以方便查询（图 3-6），其功能相当于检索报告，但没有检索报告完整。

```
1. Characteristics of Present Invention
[No. of the drawings showing the feature of the invention]: Five Figure

<Features of the claimed invention>

[Claim 1]A+b+c+d+e+f+g+h

[Claim 2]Claim 1 +i+j+k

[Claim 3]Claim 1 +m

[Claim 4]Claim 1 +n
```

图 3-4　权利要求的特征拆分

[No.]	[Claim No.]	[Theme code]	[Search query]	[Total number of results]
1	1-5	3L0603L260	F24F11/02@S*FC15*FC16	191
2	1-5	3L260	[CA01+CA02+CA03+CA04]*FC15*FC16-\01	64
3	1-5	3L0603L0613L2603L0803L081	([-- the up-and-down + right and left + -- vertical, + horizontal --]*[-- the change + turning + -- a wind direction -- + louver + flap]*[-- swing + swing + swing + swing + *** + winding -- *]* [eco-+ power-saving + energy-saving + power-saving + save])/TX* (person + user + user) -- 10N, a (detection + detection + perception + sensor + existence + absence) / TX-\01-\02	339
4	1-5	Foreign country	(F24F11/02+F24F11/02B)/EC*([user+human]*sensor*[area+areas+divided]*[blade+frap+louver])/TX+(F24F11/02+F24F11/022)/CP* ([]user+human]*sensor*[area+areas+divided]*[blade+frap+louver])/TX	48
5	1-5	Foreign country	(F24F11/02+F24F11/02B) / EC*(person * sensor * [region + division] * [louver + blade])/TX+ (F24F11/02+F24F11/022) / CP*(person * sensor * [region + division] * [louver + blade])/TX-\04	0

图 3-5 检索式记录

[No.]	[The kind of Presented document]	[Classification of interactive addition document]	[Documents considered to be relevant]	[Typical category]	[Search query No.]
1	Patent document		JP 2010-025520A	A	1
2	Patent document		JP 2008-215762A	Y	1
3	Patent document		JP 2008-101879A	Y	1
4	Patent document		JP 2013-053784A	Y	3
5	Patent document		International Publication No. WO2008/066311	A	4

图 3-6 相关对比文件的汇总表

3.3.3 JPO 检索式运算符及检索字段

为便于阅读检索式,下面对检索式中常见的运算符和检索字段进行简单介绍，运算符包括布尔算符和关系算符，如图3-7所示。需要注意的是，其采用"*"表达"and"，采用"+"表达"or"。常见的检索字段介绍如下：FI的检索字段FI，F-term的检索字段FT，IPC的检索字段IP，CPC的检索字段CP，公开日的检索字段PD，申请日的检索字段AD，全文的检索字段TX，摘要的检索字段AB，发明人的检索字段IN，申请人的检索字段AP。

布尔算符	含义	用法	表达
"*"	"and"	关键词A and 关键词B	A*B
"+"	"or"	关键词A or 关键词B	A+B
"-"	"not"	关键词A not 关键词B	A-B
"?"	代表0-1个字母	color，colour	"colo?r"
"*"	代表任意个字母	drill，drilled，drill+ 等	"drill*"
关系算符	含义	用法	表达
":"	区间	2015年1月1日至2016年12月31日之间的时间	20150101：20161231

图3-7　JPO检索式运算符

第 4 章

EPO 检索规则

4.1　EPO 概况

EPO 是欧洲专利局的简称,是根据"欧洲专利公约"于 1977 年 10 月 7 日正式成立的一个政府间组织,其主要职能是负责欧洲地区的专利审批工作。

欧洲专利组织下设行政管理委员会和 EPO。行政管理委员会为"欧洲专利公约"组织的立法机构,主要职能是批准 EPO 局长提出的预算及其执行草案,修改与收费有关的实施条例和细则。欧盟有权以观察员身份参加行政管理委员会会议。

1. 职能

EPO 是欧洲专利组织的执行机构,负责各成员国申请人提交的欧洲专利申请的审批工作,其建立以欧洲专利同盟为法律基础,活动受行政管理委员会监督。EPO 的建立是欧洲经济和政治一体化的产物,其宗旨是维护成员国的利益,促进创新、竞争和经济增长。

EPO 可为发明人提供在 44 个国家寻求专利保护的统一的申请程序。截至 2021 年 1 月,EPO 共有 38 个成员国,其授权专利还可在 2 个延伸国和 4 个生效国得到承认。

表 4-1　EPO 成员国一览表

国家	国别代码	加入日期	国家	国别代码	加入日期
奥地利	AT	1979 年	冰岛	IS	2004 年

续表

国家	国别代码	加入日期	国家	国别代码	加入日期
比利时	BE	1977年	意大利	IT	1978年
保加利亚	BG	2002年	列支敦士登	LI	1977年
瑞士	CH	1977年	立陶宛	LT	2004年
塞浦路斯	CY	1998年	卢森堡	LU	1977年
捷克	CZ	2002年	拉脱维亚	LV	2005年
德国	DE	1977年	摩纳哥	MC	1991年
丹麦	DK	1990年	马耳他	MT	2007年
爱沙尼亚	EE	2002年	荷兰	NL	1977年
西班牙	ES	1986年	波兰	PL	2004年
芬兰	FI	1996年	挪威	NO	2008年
法国	FR	1977年	葡萄牙	PT	1992年
英国	GB	1977年	罗马尼亚	RO	2002年
希腊	GR	1986年	瑞典	SE	1978年
匈牙利	HU	2003年	斯洛文尼亚	SI	2002年
克罗地亚	HR	2008年	斯洛伐克	SK	2002年
爱尔兰	IE	1992年	土耳其	TR	2000年
北马其顿	MK	2009年	圣马力诺	SM	2009年
阿尔巴尼亚	AL	2010年	塞尔维亚	RS	2010年

2. 机构设置

EPO位于德国慕尼黑，第一总部设在荷兰海牙，其余4个总部位于慕尼黑，柏林和维也纳均设有分部。

EPO的机构设置为局、总部、部、处和科5级管理框架；设有局长1人，副局长5人。2004年年底，EPO完成对机构设置的重组工作：所有的审查业务整合纳入审查业务部；对审查工作提供业务支持的质量管理、培训、文献和自动化等部门整合纳入业务支持部。上述改革措施有助于形成各部门职责分明、相互支持的高效运作机制。目前，EPO共设有5个总部，各总部部长由5位副局长兼任。具体情况如下：

（1）审查业务总部，下设检索、实审和异议部；

（2）业务支持总部，下设专利管理、质量管理和信息管理部；

（3）上诉总部，下设各上诉委员会，2005年10月，EPO增设化学和电学两个技术上诉委员会，自此，EPO共拥有24个技术上诉委员会；

（4）行政管理总部，下设财务、人事、规划管理、专利信息和语言服务部；

（5）法律/国际事务总部，下设欧洲/国际事务、国际法律事务/专利法、法律服务和欧洲专利学院。

3. 审查流程

欧洲专利组织为其成员国提供依照统一的程序和实体标准申请专利并获得专利授权的途径。申请人可指定一个、几个或全部成员国，一旦该申请被授予专利权，即可在所有指定国生效，在各指定国拥有依照本国专利法授权的专利的同等效力。

欧洲专利的有效期为自申请日起20年。EPO仅负责欧洲专利的审查、授权和异议，对于欧洲专利的维持（专利年费50%上交EPO）、行使、保护，以及他人请求宣告欧洲专利无效，均由各指定国依照本国专利法进行。

欧洲专利的申请程序一般包括以下步骤：

（1）提出申请和对专利申请的形式审查。申请人可用英、法、德3种官方语言之一向EPO提出申请。专利申请文件内容与中国专利申请文件一致，包括说明书、权利要求书、摘要和摘要附图等。

（2）检索请求及检索报告的公布。在提交申请时，必须提出检索请求及缴纳检索费。对于主张外国优先权的申请，大约1年内可收到检索报告。自2005年7月1日起，EPO出具"扩展的欧洲检索报告"（Extended European Search Report，EESR），在报告中附加一份对该申请可专利性的初步意见书。该检索报告可帮助申请人预估授权前景，便于其适时作出修改或撤回申请案的决定。

（3）公布专利申请。欧洲专利局将于申请日起18个月内公布专利申请结果，并在公布前在离线网站上发布检索报告，以便申请人选择是否继续申请。对于通过《保护工业产权巴黎公约》（简称《巴黎公约》）途径提出的欧洲专利申请，EPO将于自优先权日起18个月内公布专利申请。对于通过PCT途径提出的欧洲专利申请，如果PCT公开的语言不属于EPO规定的官方语言，则该申请将以所提交的欧洲专利申请的语言公开；如果PCT公开的语言已属于EPO规定的官方语言，则该申请不需要重复公开。

（4）提出实质性审查请求。申请人应当自申请日或欧洲专利局的检索报告公布之日起6个月内提出实质审查申请，同时确定特定的成员国，缴纳固定的会费和考试费。在提交实质性审查后，进入实质性审查程序，并通常在提交实质性审查后1～3年内收到欧洲专利局的审查意见。对于通过《巴黎公约》途径提出的欧洲专利申请，申请人应在EPO检索报告公布日起6个月内提出实质审查请求，同时须从EPC缔约国中指定具体成员国，并交纳审查费和指定费。对于通过PCT途径提出的欧洲专利申请，申请人应在提交欧洲专利申请的同时提出实质审查请求，同时须从EPC缔约国中指定具体成员国，并缴纳审查费和指定费。如果缴纳7份指定费，EPC的全部缔约国都可被指定，但延伸国的指定费须单独交纳。

（5）实质性审查。在提出实质审查请求后进入实审程序，申请人通常在提出实审请求后1～3年内收到EPO的审查意见。对于每一份申请文件，实质审查部门中相关领域的审查员将组成三人审查小组，该小组由第一审查员、第二审查员和组长组成。第一审查员主要负责分析申请文件，撰写审查意见通知书，分析申请人的意见陈述和对申请文件所做的修改，提出建议授权或决定驳回的意见。第二审查员主要负责检查第一审查员提出的授权或驳回的建议，检验将被授权的最终文本的形式是否正确，作出同意授权或驳回的建议，或者将申请文件连同本人的意见一并返回给第一审查员。组长的主要职责和工作内容为检查第一审查员作出授权或驳回建议的法律依据和技术方面的理由，对申请文件的最终文本做详细检查，同意授权或驳回，或者将申请文件连同本人意见一并返回给第一审查员。

（6）授权、驳回和异议。经上述审查后，如果至少两名成员认为该申请符合 EPC 的要求，则该申请可被授权。申请人选择同意授权文本并允许本申请进入授权程序，或对文本或权利要求做一定的修改，同时付授权费并递交权利要求的其他两个语种的翻译译文。另外，须查询是否已经提交优先权证明文件的译文。上述工作完成后，欧洲专利被正式授权并发出授权证书。如果三人小组考虑驳回该申请，则须告知申请人该申请将被驳回。在答复审查意见时，申请人通常是根据审查员的意见进行辩驳或修改申请文件，也可要求启动口头听审程序，进行面对面的意见陈述。如果审查小组中至少两个成员仍然未被说服，则该申请将被驳回。授权决定作出后，异议期为自授权公告日起 9 个月。异议审查小组由三人组成，其中只有一人是原审查员。在欧洲专利被授权后，除专利权人以外的任何人可提出异议。在欧洲专利申请程序中，申请人可对受理处、审查部、异议部或法律部所作出的决定提出上诉。此外，在欧洲专利的授权公告日起 9 个月后，由生效国的专利局自行处理无效请求。

（7）生效。一般在收到授权通知后，申请人就必须决定在指定国名单中选择生效国。根据各生效国的规定，通常都需要将专利的全部内容翻译成该国的语言，并提交给该生效国。欧洲专利组织成员国需在授权公告起 3 个月内完成翻译工作并在各国生效。如果申请人未在期限内提交译文，则丧失在该国的专利权。

（8）维持。完成在不同国家生效的工作后，申请人则拥有不同国家的专利，他们相互独立，每一件都须缴纳年费。

4.2　EPO 检索流程介绍

4.2.1　检索机构

每一件欧洲发明专利申请从提出申请到授权（或驳回）都包括两个独立的阶段，检索和实质审查。检索的目的在于发现和确定与申请的主题密切相关的现有技术，该现有技术用来判断要求保护的发明的新颖性或创造性。检索由审查业务总部的检索部门完成，检索部门的成员通常也是该申请的审查部门的第一位成员。

4.2.2 检索工具

EPO 审查员内部使用的检索系统是运行在 OS/2 之上的 EPOQUE 系统，其包含 40 个以上的数据库及各种索引方式，涵盖了欧洲专利局、美国、日本等多个国家和地区的专利。其中，常用的数据库有 WPI、EPODOC、PAJ、TXTWO 等，且欧洲专利局编写了若干非常灵活方便的 PREPARATION 供审查员使用。面向公众的检索系统为 Espacenet 专利检索平台，其数据库有 Worldwide 数据库（世界）、WorldwideFR 数据库（法文）、WorldwideEN 数据库（英文）、WorldwideDE 数据库（德文）。Espacenet 专利检索平台可以提供 3 种检索方式，分别是智能检索、高级检索和分类检索。智能检索可以输入最多 20 个检索词，并以空格或者适当运算符隔开即可；高级检索提供 4 个检索集合，总集合是 100 多个国家已公开申请的完整集合，另外还提供英文、法文、德文的集合，用户选择不同集合，检索语言会发生相应变化；分类检索是按照 CPC 分类体系进行分类的，分类号将专利文献分为很多类，每一类中均为技术内容上相似或者相近的专利文献。

4.2.3 检索数据库

EPO 检索常用的数据库有 WPI、EPODOC、PAJ 等。其中，EPODOC 数据库的特点为分类较细致、准确；WPI 数据库的特点为其标题和摘要都进行了重新的改写，用词较为规范；而 PAJ 数据库收录的全部是日本专利。另外，EPO 对因特网公共资源的利用也比较多，如 USPTO 的 www.uspto.gov，GOOGLE 的 www.google.com，www.scholar.google.com，ALTAVISTA 的 www.altavista.com，www.clusty.com 及 www.archive.org。对通信领域，ETSI/IEEE/ITUT/IETF 也是比较常用的。

4.2.4 检索前的准备

1. 阅读和理解发明

当开始对一件申请进行检索时,审查员应当首先确定发明的主题。为了达到这个目的,审查员应当根据说明书和附图对权利要求进行分析。审查员应当充分考虑权利要求书、说明书和附图的内容以确定本发明所要解决的技术问题,形成技术方案的发明构思、权利要求中技术方案的必要技术特征和所达到的结果和效果。此外,即使权利要求中没有包含说明书中用于解决技术问题的技术方案的必要技术特征,在检索中也应当对这些必要技术特征进行检索。

如果申请中引用的文件可以作为发明的起点、现有技术的展示,或者给出解决技术问题的可选技术方案,或者作为正确理解本发明的必要内容,审查员应该对这些引用文件进行审查。然而,当这些引用明显仅是一些细节内容,并不直接与发明相关时,审查员可不予考虑。

2. 分析权利要求书,确定发明概念

①分析申请的权利要求书,绘制权利要求树形图(claims tree),以此表明各权利要求之间的相互关系。对于引用多项权利要求的多项从属权利要求,在画权利要求树时,仅需考虑保护范围最大的一种情况;对于类似于灯丝独立权利要求和灯泡独立权利要求并存的权利要求书,将灯泡独立权利要求视为灯丝独立权利要求的从属权利要求,这样做的理由在于既然灯泡独立权利要求包含了灯丝独立权利要求的全部技术特征,而且还对其作了进一步的限定,理所当然可以将灯泡独立权利要求视为灯丝独立权利要求的从属权利要求;②着手分析保护范围最宽的独立权利要求,从中确定关键的技术特征,并以可以检索的语言定义发明;③通过阅读全文理解申请的技术方案,标出权利要求中的必要技术特征,而不是细节特征,并通过必要技术特征将权利要求分解成若干个发明概念。其中,发明概念也可以称之为检索基本要素。

4.2.5 检索过程

将上述若干个发明概念分别进行独立检索,每一个发明概念内部的关键词和（或）分类号检索结果之间采用"OR"算符进行逻辑运算；将上述若干个发明概念的检索结果之间采用"AND"算符进行逻辑运算，获得检索结果并根据检索结果对检索策略进行相应的调整。通常需要进行两个阶段的检索，即"简要检索"（brief search）阶段和"建立方框图检索"（building blaks search）阶段。

1. 简要检索

将两三个关键词组合起来进行初步检索，或者将少量关键词与所熟知的分类号相结合进行初步检索。简要检索阶段仅仅是检索过程的初级阶段，其主要目的在于帮助我们更好地确定发明所属的技术领域。该阶段对于不熟悉的技术领域尤为重要，它可以使我们确切地知道发明所属的分类号，并通过该方式获取尽可能多的同义词或近义词表述形式，然后采用所确定的分类号和关键词来完善检索表。

2. 建立方框图检索

完善检索表后，通过建立方框图检索全面地检索出相关的对比文件。通过建立方框图进行检索的过程可具体表示如下：

概念 A（block A）=term A1 OR term A2 OR term A3……
概念 B（block B）=term B1 OR term B2 OR term B3……
概念 C（block C）=term C1 OR term C2 OR term C3……
概念 D（block D）=term D1 OR term D2 OR term D3……
最终检索结果=（概念 A）AND（概念 B）AND（概念 C）AND（概念 D）……

发明概念的数目取决于具体的权利要求的技术方案，并且可以根据最终的检索结果记录数来相应地调整上述检索结果运算式，从而进一步缩小或扩大检索范围，以获得适当数目的检索结果。

4.2.6 检索报告

检索报告的主页用于记录检索的重要信息，如申请号、申请的分类号、检索的技术领域、检索到的相关文献和进行检索的审查员的名字。对于检索可能的限制（如未缴纳权利要求附加费、缺乏单一性、无法进行有意义的检索或不完全检索等），应在附加页中标识。检索报告以申请过程中使用的语言撰写。所有在检索报告中引用的文档通过在引用文献的第一栏中填入特定的字母来区分，必要时也可以采用不同类型的标识字母的组合来表示。检索报告具体示例如图 4-1 所示。

图 4-1　EPO 检索报告

4.3 EPO 检索策略

EPO《专利审查指南》B 部分第Ⅳ章第 2 节对检索策略进行了阐述，主要包括检索主题和范围的确定、检索策略的制定、检索的进行与调整等。

4.3.1 检索主题和范围的确定

根据本书第四章第 4.2.1 节的介绍，确定发明的主题应当充分考虑权利要求书、说明书和附图的内容，以确定本发明所要解决的技术问题、形成技术方案的发明构思、权利要求中技术方案的必要技术特征和所达到的结果和效果。明确发明的主题后，可以从以下几个方面来确定检索的范围。

（1）审查员应当基于对本领域知识的掌握和检索系统可提供的信息，对审查过程的经济性作出判断，忽略掉那些基本上不能检出相关文献的文献资源部分，如在发明的技术领域开始发展之前的文献。另外，选择检索数据库时，审查员应该基于各数据库的特点和优劣，兼顾检索的全面性和有效性，选择合适的数据库。

（2）检索是在包括与发明相关的所有技术领域的文献集合或者数据库中进行的。检索策略确定的检索范围应包括所有直接相关的技术领域和可能扩展到的相似技术领域，但是否有必要对扩展的相似技术领域进行检索，需要审查员根据每个案件对直接相关的技术领域进行检索的结果来确定。在确定相似的技术领域时，审查员需要根据发明的主要技术贡献而不仅仅是申请中明确指出的特定功能来考虑。是否对申请中没有提及的技术领域进行检索应由审查员来确定。审查员不应从发明人的角度，而是要尽量考虑本发明的所有的可能的形式后再决定是否对其他技术领域进行检索。确定对相似技术领域进行扩展检索的重要原则为是否能在这些领域中检索到作为判断该申请缺乏创造性理由的依据。

（3）检索文献的基础部分由以适于检索的可系统地获取的专利文献的集合组成。此外，审查员也可检索期刊和其他科技出版物，这些非专利文献可通过内部和外部的数据库获得。欧洲检索也涵盖国际互联网的资源，包括在线的科技期刊、数据库和其他网站。对于国际互联网资源的检索程度需根据个案确定，但在某些技术领域，通常必须对国际互联网进行系统的检索，特别是在与信息技术或软件技术相关的领域，不对国际互联网资源进行检索将可能漏检相关的现有技术。

4.3.2 检索策略的制定

审查员应通过制定检索策略来执行检索过程，也就是制定一个用来将检索范围限制在一定范围内、由一系列表达检索主题的表达式组成的方案。在检索初始阶段，检索策略应包括一种或多种检索基本要素的组合来对文献集合进行排序和筛选，如关键词、分类号、引得码和文献引用关系等。

当使用分类号进行检索时，审查员应选取与发明直接相关和相似的技术领域的分类号进行检索。与发明相关领域分类号的选取应局限在：①从技术角度判断可以用于对摘要（概括）进行检索的更高级别的子分类；②平行的子分类，此时需要考虑这些领域可能会与本发明的技术领域不太相关。在选取技术领域的分类号时，首先应选取最能表达检索基本要素的分类号，再逐步扩展至其他分类号。除了常用的查阅分类表获取分类号，还可以通过使用关键词在EPODOC系统中确定相关的分类号。

在使用关键词进行检索时，审查员首先应该使用最能代表技术方案的技术术语，这类关键词应该恰当、准确，涵盖无关内容少。此外，为了检索的全面性，审查员还应当多角度扩展关键词，包括同义词、近义词、技术功能和技术效果等方面。

由于不可能单独使用某种检索要素就能检索出所有的对比文件，所以通过对检索要素的组合才能真正做到有效检索。为了达到这个效果，任何已知的检索策略都可以被组合使用（如基于一些相关内容的简要检索、由技术划分的块检索、缩小范围的检索或扩充检索等），具体的组合方式在第4章第4.2.5节中有详细介绍。

审查员通常可以应用多种检索策略，且审查员应当基于其对可使用的检索工具的了解和经验作出判断,选择更为适合的检索策略。审查员首先应使用的检索策略是将检索范围限制在有可能检索出对比文件的范围内。

4.3.3 检索的进行与调整

审查员可以根据初始制定的检索策略进行检索,检索的重心在于找到能够评价本申请新颖性或创造性的相关文献。整个检索过程应当是交互式并不断重复的,审查员应当根据检索返回信息的有效性调整其最初的检索式。审查员应不断地对其检索结果作出评估,并根据需要用其他形式表达检索主题。例如,检索的分类号的选择或检索顺序可根据在检索中获得的结果进行调整。当发现采用检索基本要素得到的文献较多时,需要回头审视一下对权利要求的提炼是否全面,有可能是检索基本要素未涵盖所有的必要技术特征,也有可能是关键词或分类号的表达过于上位,此时需要对检索基本要素进行重新表达和扩展。当发现采用检索基本要素得到的文献较少时,可以考虑采用部分检索基本要素进行检索,以获得两篇可以结合的文献来评价创造性。

在检索过程中的任何时候,审查员应根据得到的结果判断是否应对检索策略进行调整。具体来讲,当检索的过程中获得的相关文献的分类号或关键词并未出现在初始检索策略中时,需要将这些分类号或关键词增补到后续的检索策略中。此外,审查员也可以根据相关文献的国别来调整检索所用的数据库。

第 5 章

KIPO 检索规则

5.1　KIPO 概况

KIPO 是韩国特许厅的简称，其前身是 1946 年成立于韩国工商部下属的专利署。1977 年，更名为韩国专利管理局，转属韩国产业资源部。1988 年，再次更名为韩国工业产权局。2000 年 6 月，为了更好地反映该局的总体职能，韩国工业产权局更名为韩国特许厅。2004 年 3 月，KIPO 转属科技部。

KIPO 自 2006 年 5 月改制成韩国中央国家机关中首个自负盈亏的企业性机构以来，通过改革管理体系及完善知识产权法律体系等一系列措施，于 2006 年 12 月成功实现将发明专利的"一通"周期缩短至 9.8 个月；商标和外观设计的"一通"周期也缩短到 5.9 个月。此外，KIPO 还获得 ISO20000（信息技术服务管理国际标准）和 ISO27001（信息安全管理国际标准）两项国际认证，成为韩国首家同时获得该两项认证的中央政府机构。

5.1.1　机构

KIPO 总部目前设在大田市，1998 年之前设在汉城。KIPO 下设 5 个审查部和管理支持部、管理改革与公共关系部、工业产权政策部、信息政策部、客户支持部等，还设有审计监察部、知识产权裁判所（Intellectual Property Tribunal）、国际知识产权培训学院及首尔分局等下属机构。除此之外，为解决经济困难和偏远地区人群及中小企业等客户无力支付昂贵的专利代理费的问题，2005年4月1日成立了专利咨询中心，免费提供知识产权申请、注册以及审判等方面的咨询。

5.1.2 韩国特许厅组织架构

韩国特许厅的组织构架如图5-1所示，由运营支援课、企划调整局、知识产权政策局、知识产权保护合作局、信息与顾客局、商标与外观设计审查局、特许审查计划局、特许审查一局、特许审查二局、特许审查三局10个局（级别相当于司），以及特许审判院、知识产权研修院、首尔办公室3个直属单位组成。

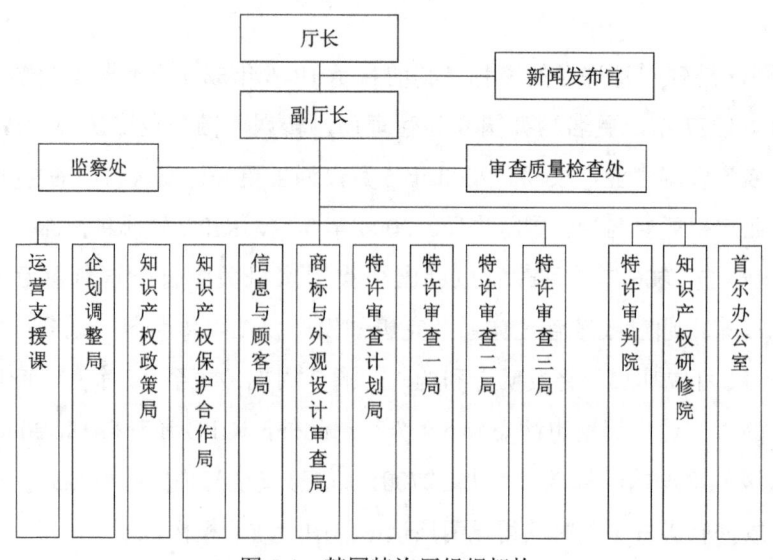

图5-1 韩国特许厅组织架构

韩国特许厅关于发明和实用新型专利的审查，是由特许审查计划局，特许审查一、二、三局来执行，与我国"一局七中心"的审查机构相类似。

但是，审查质量检查处作为审查质量评价的专门机构，其层级位置位于其他机构之上，可见韩国特许厅对审查质量高度重视。而在早些年，审查质量检查处会对每个审查员的案件进行抽检，直接对审查员个人作出质量评价，但近些年进行了调整，审查质量检查处对各审查部门的质量进行评价，而各审查部门再对审查员进行评价。

韩国特许厅的审查员招聘主要有 3 种渠道：第一种是通过国家公务员考试的 6 级公务员；第二种是通过公务员特别招聘，招聘博士毕业生（以 5 级公务员身份从事审查工作）、3 年以上工作经验的硕士毕业生、7 年以上工作经验的工程师或者具有专利代理资格证的人员（以 6 级公务员身份从事审查工作）；第三种是合同聘用制的审查员。其中，博士及公务员考试招聘比例比较大，工程师及代理师较少。

5.1.3 韩国发明专利申请审批和审查程序

韩国发明专利申请的审批流程如图 5-2 所示，包括提交申请、受理、形式审查、实质审查、专利注册等环节。在形式审查过程中，还分计算机形式审查和人工形式审查，且计算机形式审查和人工形式审查是由两个不同的科室分别负责的，一般会在 6 个工作日内完成。

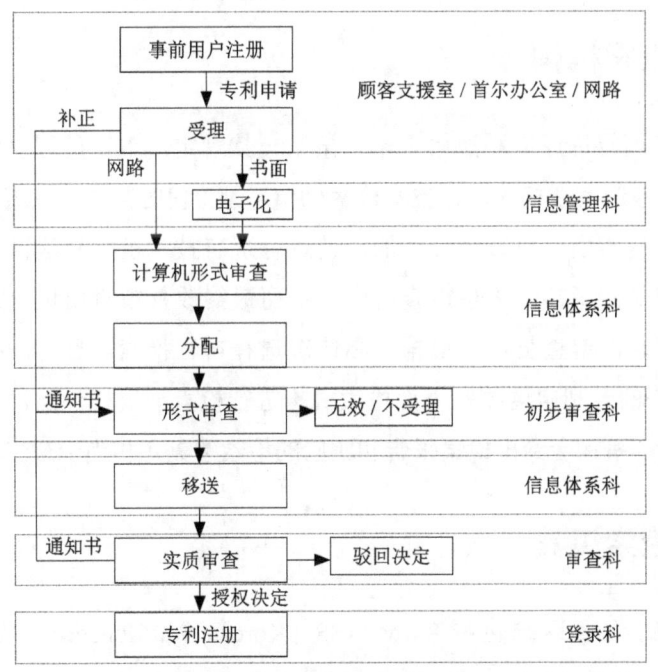

图 5-2　韩国发明专利申请审批流程

对于发明专利申请在作出驳回决定后的后审流程，韩国在 2009 年以前与我国类似，可以向特许审判院提出复审请求；自 2009 年后，为减轻复审压力，提出另一种途径：针对驳回权利要求进行了修改并请求再审查的案件，案件将直接回到原实审员手中继续审查，经审查如果克服了缺陷，可直接作出具有授权前景的审查意见或作出授权决定，如未克服缺陷则将再次作出驳回决定。这种方式节约了复审资源，增加了一次申请人与审查员交流的机会，有助于修改后有授权前景的案件早日获得权利。对于申请人不愿修改驳回权利要求的，可以向特许审判院请求复审。对复审结论不服的，可以向专利法院提起诉讼，对专利法院审判结果不服的可以向大法院（相当于最高院）继续提起诉讼。

5.2 KIPO 检索流程介绍

5.2.1 检索机构

根据韩国特许厅专利法第五十八条第一款规定，审查员可以将对现有技术的检索外包给有授权的现有技术检索机构。无论何时需要，审查员都可以要求特定的机构对由该审查员分配的申请进行现有技术检索。这样的设计有利于减轻审查员的负担，缩短审查时间，从而最终改善审查质量，保护申请人的热情。同时，审查员也可根据实际情况选择自行检索。目前，韩国特许厅 30%～40% 的专利申请委托外部检索机构进行检索。委托外部检索机构进行检索的申请，机构会给出检索报告和相应的检索意见，相当于初步审查意见。

5.2.2 检索工具

KIPO 的检索系统包括 KOMPASS（Korean Multifunctional Patent Search System）和 KIPRIS（Korea Intellectual Property Rights Information Service）。其中，KOMPASS 是 KIPO 的内部专利检索系统，是韩国审查员使用的检索系统，不对外开放。KOMPASS 类似于中国国家知识产权局的 S 系统。KOMPASS 系

统菜单主要包括专利检索、类似专利检索、非专利文件检索、全文检索、通知书检索、发明和实用新型检索。KOMPASS 系统支持韩文、日文和英文 3 种语言的检索，同时能够通过汇编字典等对关键词、分类号等进行自动扩展，而不需要审查员全面扩展。另外，它能够自动记录检索历史信息并支持步进式检索和机器翻译、仅显示附图（相当于 S 系统的附图概览模式）、双屏浏览等。

相比于中国专利局审查员使用的 S 系统，KOMPASS 具备如下的特点：

（1）非专利文献检索功能方面，KOMPASS 包括非专利文件检索系统模块（NPIS，Non-Patent Information System），直接内嵌集成在 KOMPASS 系统内部。相比较而言，CNIPA 审查员在使用内网检索非专利文献时，主要是通过互联网资源检索平台来实现。

（2）非专利检索资源方面，NPIS 涵盖的非专利检索资源较为丰富，包括标准技术文件入口、NDSL 入口、韩国国会图书馆入口、传统知识入口、IP-NAVI 入口。标准技术文件入口可检索 3GPP、TTA、ITU、ETSI、MPEG、JCTVC、JCT3V、JVET、JEDEC、IEFT、IEC、TIA&EIA、oneM2M。NDSL 入口可检索论文、杂志。韩国国会图书馆入口可检索学位论文、图书、学术杂志。传统知识入口可检索论文、药材、病症、处方。IP-NAVI 入口可检索专利纠纷、判例。

另外，KIPRIS 则是对公众开放的、免费的、基于互联网的检索系统，其是韩国特许厅下属的韩国工业产权信息服务中心，从 1998 年开始为本国和外国提供因特网在线免费专利信息检索。KIPRIS 检索系统收录了韩国自 1948 年以来公告的专利和实用新型数据，以及自 1983 年以来公开的专利和实用新型数据。正常情况下，每天对数据进行更新。

KIPRIS（http://www.kipris.or.kr/enghome/main.jsp）提供发明、实用新型、外观设计、商标和 KPA（韩国专利摘要，Korea Patent Abstract）、审判等信息的检索。KIPRIS 具备如下特点。

（1）非专利信息检索方面，该系统提供网络公报、获奖信息、标准技术信息等内容。

（2）定制化服务方面，该系统提供知识产权行政信息、句子检索、KIPRIS 新手检索、机器翻译、在线下载、邮件服务等内容，还包括其他信息，如网络杂志时事通讯、今日IP关键词、近期专利公布、辅助服务视频手册、使用向导等内容。其中，邮件服务可以保存用户的检索关键词，并通过邮件推送基于该关键词检索到的新专利信息，通过该功能用户可以免去再次检索的繁琐操作，可以自动地从系统获取刷新后的检索结果。

（3）翻译方面，该系统支持中文转韩文、日文转韩文、英文转韩文、韩文转英文等翻译模式。并且在智能检索页面勾选"Eng-Kor"选项可以激活跨语言检索功能，检索时能自动将韩语关键词翻译成英语或将英语关键词翻译成韩语，进行文献检索。

整体来讲，KIPRIS系统的界面十分友好，检索功能较为强大，且对于民众全面免费开放，同时宣传普及性比较好，有利于普通民众的使用。

此外，如前所述，KIPRIS检索系统包括韩文网页和英文网页，两者在具体检索功能上存在差异，其中，韩文网页具有更多的检索功能。下面以英文界面为示例，英文首页界面如图5-3所示。

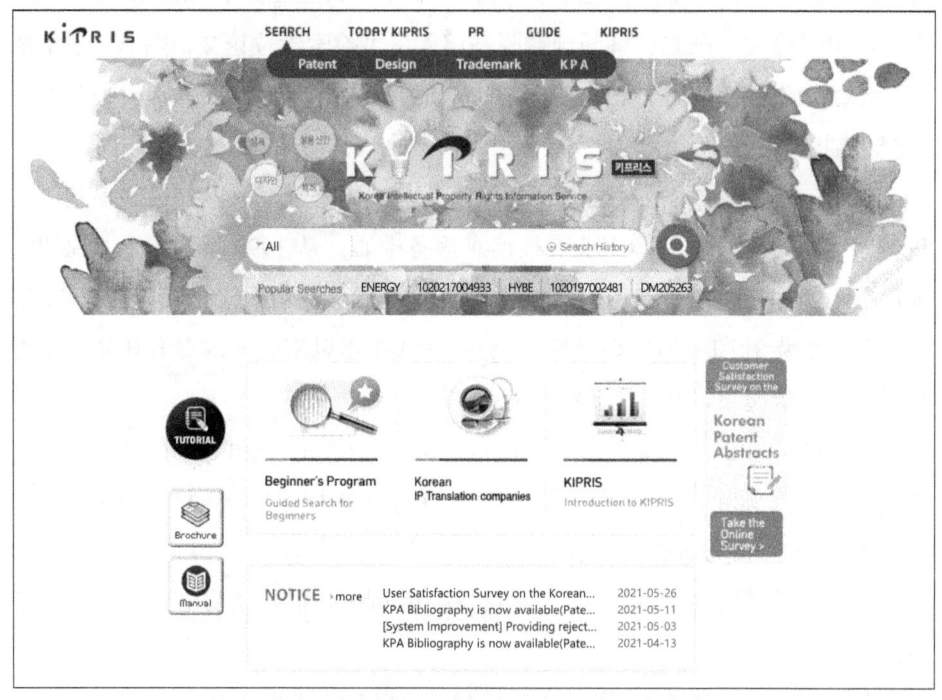

图5-3 KIPRIS检索系统英文网页界面

在 KIPRIS 网站英文主页上有发明/实用新型、外观设计、商标的专利和英文文摘（KPA）4 个检索入口。在前 3 个入口中有一般检索（General search）和高级检索（Advanced search），在 KPA 入口有快速检索和高级检索。在主页右上角上，有韩文主页、登记进入、注册、问/答等入口。KPA 仅包括用英文公布的韩国专利文摘，从 1997 年以来经审查专利公告和 2000 年以来未经审查公开的专利文献数据。KPA 所提供的英文法律状态信息是有限的，仅有 A、B1 两种文献种类代码。其中，发明专利检索页面如图 5-4 所示。

5.2.3 检索数据库

KIPO 检索主要是在检索用专利文献中进行，检索用专利文献主要包括电子形式、纸件形式及其他形式的专利文献，审查员除在专利文献中进行检索外，还应当查阅检索用非专利文献。KIPO 与我国相同，均是 PCT 国际检索单位，检索所涉及的文献范围至少应包括 PCT 实施细则第三十四条和第三十六条第一款第二项对公的最低限度文献。其中，最低限度数据库与 CNIPA 也极为相似，具体包括 5 局专利数据库（中国、日本、欧洲、美国、韩国）。对于非专利库一般选择检索 Google、Google patent、The lens、NPL 的药物检索、Pubchem 数据库、ChemSipder 数据库、Science Direct 数据库、ACS 数据库、SpringerLink 数据库、Wiley Online Library 数据库、默克（Merck）索引等数据库。对于特定领域的申请，其也包括检索该领域专用数据库（如化学结构数据库 STN）。

5.2.4 检索前的准备

KIPO 指南中认为检索可以分为以下 3 个步骤。

1. 分析申请

在寻找现有技术之前，审查员应分析本发明的技术主题。对现有技术的检索应基于发明所要求保护的权利要求，但是审查员应在必要时适当考虑发明的说明书和附图内容。这一点与我国相似，都认为检索应当以权利要求为基

图 5-4　KIPRIS 发明专利检索界面

础，必要时考虑说明书和附图。

2. 查看申请中引用的文件

审查员应当审查申请中引用的任何文件，核对其是否可以作为发明的起点,或者表明了技术的现状,或者解释了拟解决任务的其他解决方案,或者为了更好地理解所要求保护的发明而进行描述。如果认为必要,审查员应参考文件作为检索的起点。另外,审查员认为一篇引用文件对于正确地理解发明是非常重要的,对于进行有意义的检索也是非常重要的,当这种文件既未公开审查员也不能获得时,审查员应当推迟检索并要求申请人提供该文件的复印件。

3. 参考其他组织的检索报告

如果外国专利局或检索机构已经对要求保护的发明进行了检索,审查员应审查检索结果,以确定它们是否可以当作相关的现有技术。审查员可以核对其他局的检索报告和审查结果,包括USPTO、EPO和JPO,并可以在检索过程中参考这些检索报告和审查结果,并通过内部数据库链接到其他局的检索报告查询。

从KIPO《专利审查指南》相关规定可以看出,KIPO与我国的检索前准备本质上很相似,均涉及对申请文件的理解、引用文件的核查,以及其他同族申请检索过程的核查,而这些都是正式检索前的必要准备工作。

5.2.5 检索过程

韩国特许厅专利审查员的检索过程与我国检索过程十分类似,均包括检索前的准备、表达基本检索要素、选择检索系统和数据库、组合基本检索要素构造检索式、浏览/筛选对比文件。具体来说,韩国特许厅专利审查员的检索方法有下面几种。

(1)自动检索:系统根据本申请的语义自动检索若干对比文件并进行相似度评分。当审查员输入了一个申请号,检索引擎基于自然语言进行处理,检索并根据与目标文件的相似度获取检索结果。通过快速地检索主要相关参考文件,有时可为审查员提供一个可更全面检索的合适的起始点。据韩国审查员反映,自动检索的检出率较高。

(2)著录项目检索:对申请人、发明人进行追踪检索。

(3)人工检索:利用关键词、分类号的结合进行检索。全文和关键词检索是KIPO内部检索引擎上的主要检索类型。审查员输入著录项目数据或从说明书和权利要求中得来的关键词，或所属的 IPC，USPC，ECLA，FI/ F-term 进行检索。

（4）非专利的检索：韩国特许厅的检索系统中集成了非专利文献的检索功能。

KIPO 规定的检索范围包括与发明的技术领域相关材料的文献集合或数据库，审查员应当决定哪部分的文献需要核对。在直接相关的技术领域的初始检索之后，审查员可能需要检查类似领域的其他文献。审查员应当对初始检索的结果逐个进行判断，如果审查员发现了能够明显地证明所要求的发明的全部主题都缺乏新颖性或创造性的文件，检索可以终止。

5.2.6 检索报告

审查员在作出授权或驳回决定之前要完成审查报告（ER）。该审查报告包括检索的相关信息，具体如检索历史，包括检索数据库、关键词、检索到的文献数量；现有技术的信息，包括引用文献的公开号、创造性评述中的关联性。具体检索的下列特征必须记录：①申请的基本信息（申请号、发明名称、IPC、申请的类型、申请人的姓名、审查员姓名等）；②检索的基本信息（访问的内部或外部数据库，检索的领域，这些检索领域的组合得到的多个命中结果，引用文件）。

ER 包括构成评价可专利性的特别相关的现有技术的主要文件，还可以包括阐明发明的主要原理或理论的文件。审查员应当明确地标明所有文献的类型，通过使用相关符号在引用页指明每一篇文件的相关性。具体地，X 是指一篇文件可表明所要求的发明缺少新颖性或创造性的情形。Y 是一篇文献与相同种类的一篇或多篇文献结合使所要求的发明不具备创造性。A 是如果文档不能分类为 X 或 Y，但能反映所要求发明的技术特征的现有技术。O 是代表口头公开披露，使用或展示公开的文件。P 代表中间文件，其公开日在国际申请日和优先权日之间的文件。E 代表其在国际申请日之前申请，在申请日之后公开的专利文件。T 代表揭示基本原理和理论的，但晚于优先权日或者申请日公布的发明或者文件。L 代表可能主张优先权或否定要求保护的发明或确定其他内容。

5.3 KIPO 检索策略

KIPO 专利审查指南中指出一般检索原则为以下四点。

（1）根据本发明的描述，检索将考虑采用与要求保护的发明的技术特征具有等效技术特征的现有技术。但是，这样的等效技术特征不仅仅限于在本发明的说明书中明确描述的技术特征的范围。例如，本发明涉及一种特征为多个部分的结构和功能的装置，权利要求描述部件是通过焊接组装在一起，除非明确指出本发明的技术特征仅与焊接有关，否则应解释为包括除焊接以外的其他类型的结合方式，如粘合、铆接等焊接方式。

（2）对于有助于独立权利要求的现有技术检索，审查员应对与独立权利要求相同分类内的所有从属权利要求进行现有技术检索。从属权利要求应解释为受其所引用的独立权利要求所有特征的限制。因此，当基于检索结果不能对独立权利要求的主题的可专利性提出质疑时，就不需要再对从属权利要求的主题进行进一步的检索。这与我国 CNIPA 的处理是一致的。

（3）当申请中包含不同类型的权利要求时，检索应该覆盖所有这些权利要求。但是，如果一项产品权利要求显然具有新颖性和非显而易见性，则不需要针对该产品的制造方法或使用方法进行特别检索。当申请仅包含一种类别的权利要求时，需要在检索中包括其他类型。

（4）对现有技术的检索应基于权利要求。然而，如果不需要额外的努力，审查员就可以基于该项发明说明书中所述但不包括在权利要求中的发明来进行现有技术的检索，以免申请人后续将说明书内容补入。

结合案件的检索流程，KIPO 的专利检索流程如图 5-5 所示。首先理解发明之后制定检索策略，随后要考虑专利申请是否具有同族，若有，核查是否需要附加检索，如果不需要就可以分析检索结果。若没有同族或者需要附加检索，则进一步查看申请人是个人还是大学、研究所。如果是个人，采用申请人/发明人检索，再确认是否为系列申请，如果是系列申请，则检索类似专利，后续再继续判断是否需要检索非专利，根据检索结果来进行调整和检索。

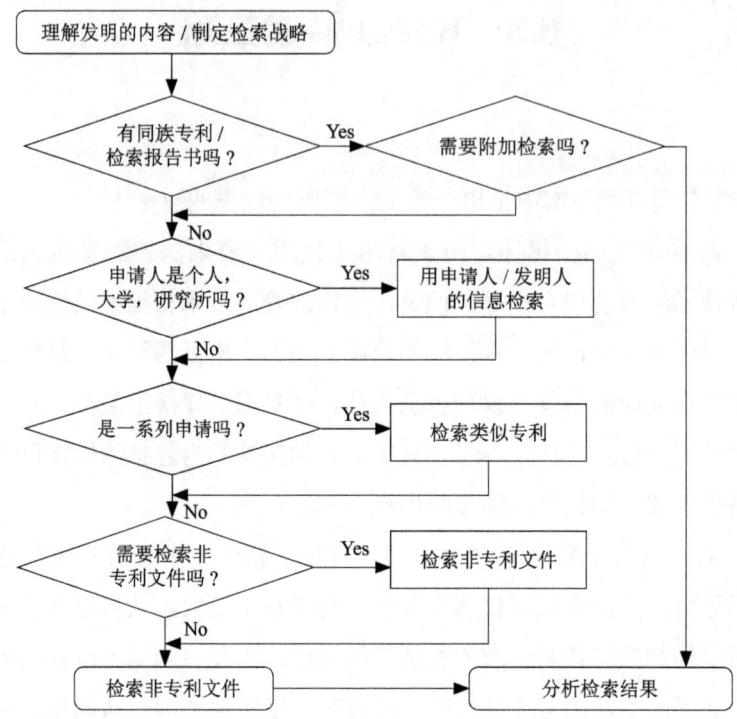

图 5-5　KIPO 的专利检索流程

第6章

主要专利分类体系

6.1 IPC 分类

6.1.1 IPC 分类体系基本介绍

6.1.1.1 IPC 分类体系简介

在 2010 年之前，世界主要专利分类体系包括国际专利分类（IPC）、欧洲专利分类（ECLA）、美国专利分类（USPC）和日本专利分类（FI/F-term）。其中，由世界知识产权组织（WIPO）负责管理的 IPC 是全球公认的专利分类标准，供全球用户使用；后三种分类体系各具特色，主要由相关局内部使用。2010 年 10 月，美欧两局宣布合作开发联合专利分类体系（Cooperative Patent Classification，CPC），美国专利商标局承诺将在 CPC 实施之后放弃其已有百年历史的 USPC。2013 年 1 月 1 日 CPC 正式启用，四大分类体系演变成三种，即 IPC、CPC 和 FI/F-term。

IPC 是目前国际通用的专利文献分类体系，国际上重要的专利数据库大都采用该分类系统对专利文献进行分类，是各专利局及其他使用者用于获取专利文献的高效检索工具，进而用于确定专利申请的新颖性、创造性（包括对技术先进性和实用价值作出评价）。

1954 年 12 月 19 日，法国、德国、英国、意大利、瑞士、荷兰、瑞典等欧洲理事会国家签订了《关于发明专利国际分类法的欧洲公约》。根据该公约制定的《发明专利的国际（欧洲）分类表》，于 1968 年 9 月 1 日出版。1971 年 3 月 24 日，《巴黎公约》联盟成员国在法国斯特拉斯堡召开全体会议，通过了《国际专利分类斯特拉斯堡协定》，《发明专利的国际（欧洲）分类表》同日起成为第 1 版 IPC 分类表。我国自 1985 年开始使用 IPC 进行分类，1996 年 6 月递交了《国际专利分类斯特拉斯堡协定》的加入书，于 1997 年 6 月正式加入《国际专利分类斯特拉斯堡协定》。IPC 分类表从第 1 版开始，按照每 5 年更新一次的频率，连续更新至第 7 版，各版本生效时间如下所示：

第 2 版 1974.7.1 — 1979.12.31

第 3 版 1980.1.1 — 1984.12.31

第 4 版 1985.1.1 — 1989.12.31

第 5 版 1990.1.1 — 1994.12.31

第 6 版 1995.1.1 — 1999.12.31

第 7 版 2000.1.1 — 2005.12.31

由于 IPC 的建立是基于纸件专利文献的管理与检索，在计算机、通讯网络等新技术快速发展的今天，它显现出一些不适应。为了让 IPC 名副其实地成为世界各国专利局及其他使用者在确定专利申请的新颖性、创造性时进行专利文献检索的一种有效检索工具，IPC 联盟大会成员国、WIPO 在 1999—2005 年对 IPC 分类表进行了改革，将第 8 版 IPC 分成基本版和高级版两级结构。第 8 版 IPC 分类表基本版约 20 000 条，包括部、大类、小类、大组和在某些技术领域的少量多点组的小组，方便中小型工业产权局和普通民众使用。第 8 版 IPC 分类表高级版约 70 000 条，包括基本版以及对基本版进一步细分的条目，高级版供属于 PCT 最低文献量的工业产权局和大的工业产权局使用，用来对大量专利文献进行分类。基本版的修订周期由原来的 5 年变成 3 年，高级版的修订周期则为 3 个月。从 2006 年 1 月 1 日起，第 8 版 IPC 分类表生效后，基本版和高级版两个独立的版本分别的进行修订和维护；此后 IPC 分类表的名称上也进行了一些调整，以后不再有"国际专利分类表第 9 版"这样的说法。其中基本版是按照其生效的年份进行命名，例如 IPC-2006，其生效时间为 2006 年 1 月 1 日至 2008 年 12 月 31 日；IPC-2009，其生效时间为 2009 年 1 月 1 日。而高级版则是根据其生效的年份和月份进行命名，如"IPC-2008.01"。

然而，考虑到维护两个不同版本 IPC 分类表的程序和周期所带来的不便，IPC 联盟在 2009 年作出决议，决定于 2011 年起，不再区分基本版和高级版，同时为了满足 IPC 基本版用户的需求，允许这些用户可以只将专利文献分类到高级版的大组。至此，IPC 分类表保持了原来高级版的修订周期，分类表的版本号用其生效的年份和月份来表示，如 IPC-2018.01、IPC-2019.01。

6.1.1.2　IPC 分类体系结构

IPC 分类的目的是便于技术主题的检索，该分类体系由 8 个部组成，其下设大类、小类、大组、小组等多个等级，细分条目现已接近 8 万个，按等级递降顺序划分技术领域。完整的分类号的构成如下：

| F | 24 | F | 1/00 | 大组 |
| 部 | 大类 | 小类 | 或 1/02 | 小组 |

以 F24F1/02 为例：

F··部

F24···大类

F24F···小类

F24F1/00（或 02）······························大组（或者）

IPC 是一种等级分类系统，低等级的内容是其所从属的较高等级的内容的细分，通常可以采用分类号的四级分割专利技术知识的整体：第一级是部、第二级是大类、第三级为小类、第四级为组，"组"既可以是大组，也可以是小组。

6.1.2　IPC 分类体系在检索中的应用

6.1.2.1　分类号的获取途径

《专利审查指南（2019）》第二部分第七章关于发明专利实质审查程序中有关检索的规定内容如下：

第 5.3 节中"确定检索的技术领域"指出，审查员确定的表示发明信息的分类号，就是申请的主题所述的技术领域。由此可见，确定合适的分类号，并使用分类号进行充分检索，是实现检索的"全"和"准"的有力手段。

在第 5.3.2 节中进一步指出,审查员可以按照如下步骤查阅国际专利分类表(IPC),确定检索的技术领域:

第一步:查阅国际专利分类表每个部开始部分的"部的内容"栏,按类名选择可能的分部和大类。

第二步:阅读所选定分部和大类下面的类名,从中选择最适合于覆盖检索的主题内容的小类。

在进行以上两步时,审查员应当注意分部类名和(或)大类、小类类名中的附注或者参见。这种附注或者参见可能影响小类的内容,指出小类之间可能的差别,并可能指示所期望的检索的主题所在的位置。如果选择的小类在高级版分类表的电子层信息中有分类定义,则应当注意其详细内容,因为分类定义对小类的范围给出了最准确的指示。另外,审查员还应当注意,当存在与检索主题的功能类似的功能性分类位置时,可能还存在与检索主题的功能相关的一个或多个应用性分类位置。在找不到检索主题的专门位置时,可以考虑将类名或者组名为"其他××""未列入 ×× 组的××"的这一类剩余分类位置的分类号作为检索的技术领域。

第三步:参看小类开始部分的"小类索引",阅读大组完整的类名及附注和参见,选择最适合于覆盖检索主题的大组。

第四步:阅读所选择的大组下面全部带一个圆点的小组,确定一个最适合覆盖检索主题的小组。如果该小组有附注和参见部分,则应当考虑其他分类位置,以便找到一个或者多个更适合于检索主题的分类位置。

第五步:选择带一个以上圆点的,但仍旧覆盖检索主题的小组。

通过以上五个步骤可以选定最适合于覆盖检索主题的小组。这个小组及其下的不明显排除检索主题的全部小组就是检索的技术领域。如果选定的小组有优先注释,那么由优先注释确定的小组及其下的不明显排除检索主题的全部小组也是检索的技术领域。此外,选定的小组上面的高一级小组直到大组都是检索的技术领域,因为在那里包含了检索主题及范围更宽的主题的文献资料。如果选定的小组处于按"最后位置规则"分类的小类中,那么除了对选定小组及其下不明显排除检索主题的小组进行检索外,还应当对与选定小组具有相同点数且相关的在后的小组及其下不明显排除检索主题的小组进行检索。此外,还应当对该选定小组的高一级相关的各小组直到大组进行检索。

第六步：用上述方法考虑同一小类中可能的其他大组或小组，以及通过上述第二步选择的其他小类。

在检索的过程中，通过上述步骤，根据检索所针对的技术主题确定合适的分类号，能够在合适的技术领域实现高效的检索。

6.1.2.2　IPC附注和参见对检索的影响

在确定分类号的过程中，一般通过查阅IPC分类表确定分类位置，除了阅读类名，确定分部、大类、小类、大组直至小组，还需要注意在此过程中"附注"或"参见"的内容。因为"附注"和"参见"会影响分类位置的范围，或指出不同分类位置之间的可能区别，这些内容和区别对于确定准确的分类位置至关重要。

"附注"可以与部、分部、大类、小类、导引标题或组相联合，用于定义或解释特定词汇、短语或分类位置的范围。如图6-1所示为与IPC分类表小类联合使用的"附注"。

在IPC小类F24D中，其附注的内容是对本小类的特殊词汇进行解释。例如，对"集中供热系统"进行解释，指出"集中供热系统"是一个中心热源处产生或贮存并通过流体传输装置将热量分配到要供热的地点或区域的系统。根据上述解释可知，在供热地点产生热量并供热不属于"集中供热系统"，能够指引检索人员区分本小类下各个大组覆盖专利文献的范围的不同。

> **F24D** 住宅供热系统或区域供热系统，例如集中供热系统；住宅热水供应系统；其所用部件或构件（防腐蚀入C23F；一般供水入E03；利用从蒸汽机装置抽出或排出的蒸汽或凝结水来供热入F01K 17/02；疏水器入F16T；家用炉或灶入F24B，F24C；具有热量产生装置的水加热器或空气加热器入F24H；供热和制冷的联合系统入F25B；热交换设备或部件入F28；排除水垢入F28G；电热元件或装置入H05B）。
>
> （附注）
> 本小类中，所使用的下列各词含义为：
> "集中供热系统"是指在一个中心热源处产生或贮存热并通过流体传输装置将热量分配到要供热的地点或区域的系统。〔5〕

图6-1　附注对特殊词汇、短语的定义或解释

如图 6-2 所示，附注中"空气增湿本身，例如室内增湿器包含在 F24F6/00 组内"，主要起到对分类范围进行解释的作用。由于该附注的存在，在检索时，如果要检索具有加湿功能的空调系统，则首先需要区分，检索的目标对象是"室内增湿器"还是空调系统中某一个空气处理的步骤包括空气增湿，从而选择最准确的分类位置进行检索。

> **F24F** 空气调节；空气增湿；通风；空气流作为屏蔽的应用（从尘、烟产生区消除尘、烟入 B08B 15/00；从建筑物中排除废气的竖向管道入 E04F17/02；，烟道末端入 F23L17/02）。
>
> 附注：
> 1.在本小类内：
> 作为空气调节辅助处理的空气增湿，即在设备中空气还要被冷却或加热包含在 F24F1/00 或 F24F3/14 组内。（3）
> 空气增湿本身，例如"室内增湿器"包含在 F24F6/00 组内。（3）

图 6-2　附注对分类范围的解释

另外，"附注"还有对分类规则进行解释说明的作用，同样也会对检索策略带来影响。如图 6-3 所示，在 F23B 小类中，其"附注"中记载了"本小类中，应用最先位置规则，即每一个等级上，若无相反指示，分类入最先适当位置"，由于该分类规则的存在，使在该小类下进行检索时，须优先检索在先相关分类位置，在未检索到理想结果的情况下，再检索在后相关分类位置。

"附注"对分类位置的其他影响和作用还包括 H01 基本电气元件的附注 1，"凡其他类目中存在的，只包括一个单一工艺如干燥、涂敷的加工工序分入有关该工艺的类目中"，通过附注指出有关技术主题如何分类，有利于

> **F23B** 只用固体燃料的燃烧方法或设备（用于燃烧室温下是固体，但以融化状态燃烧的燃料的燃烧，如蜡烛蜡入 C11C 5/00，F23C，F23D；使用悬浮在空气中的固体燃料的入 F23C，F23D 1/00；使用悬浮在液体中的固体燃料入 F23C，F23D 11/00；同时或交替使用固体和流体燃料或悬浮于空气中的固体燃料的入 F23C，F23D 17/00）。
>
> 附注：
> 1. 本小类仅包括燃料主体在燃烧过程中是基本静止的，或是由机械输送的，而不是气动输送或悬浮在空气中的燃烧方式。（8）
> 2. 本小类中，应用最先位置规则，即每一个等级上，若无相反指示，分类入最先适当位置。（8）
> 3. 本小类中方法被分在包含使用设备的各组中，与特定类型设备无关的方法被分在大组 F23B90/00 中。（8）
> 4. 本小类中，最好加注 F23B101/00 至 F23B103/00 组的引得码。（8）

图 6-3　附注对分类规则的解释

根据技术主题确定最相关的分类号进行检索；A23P 未被其他单一小类所完全包含的食料成型或加工的附注1，"除 A23 的其他小类外，注意与食料成型和加工有关的 A01J、A21C、A22C、A47J、B02C 小类"，通过附注提示了相关分类位置，有利于在检索过程中扩展相关分类号，从而保证检索的全面性；A01D34/00 割草机的附注1，"本组中，涉及割草机用途的，最好加上 A01D101/00 组的引得码"，通过附注指出引得码和强制补充分类的应用。在检索中，附注信息可提示检索者可以利用引得码相关技术主题，采用多个分类号进行检索从而提高检索效率。

"参见"是出现在大类、小类、大组、小组类名及附注括号中的短语，一般具有限定范围、指示优先和指引的作用。

如图 6-4 所示，在 F24F1/0007 分类位置具有"参见"，其指出"一体式空调入 F24F1/02"。由于该"参见"具有分类位置范围的限定作用，即使按照通常的理解，安装在室内的一体式空调也属于室内单元的范畴。但由于一体式空调已经被另外一个包含它的分类位置 F24F1/02 所占用，在检索的过程中，需要区分一般室内单元的空调机和一体式空调机的不同分类位置。

F24F 1/00 空气调节用房间单元，例如分体式或一体式装置，或接收来自集中式空调站一次空气的装置〔1，2006.01，2011.01〕.
F24F 1/01 · 二次空气是靠一次空气的引射器作用引入的（F24F 1/02 优先）〔3，2011.01〕.
F24F1/0003 · 以空调系统的部件分离式设置为特征，例如蒸发器和冷凝器被分开设置在不同的单元中〔2019.01〕.
F24F1/0007 · 室内单元，例如风机盘管（一体式空调入 F24F1/02）〔2019.01〕.
F24F1/0011 ·· 以空气出口为特征的〔2019.01〕.
F24F1/0014 ··· 具有两个或两个以上出风口〔2019.01〕.
F24F1/0018 ·· 以风扇为特征的（二次空气是靠一次空气的引射器作用引入的入 F24F1/01）〔2019.01〕.
F24F1/0022 ··· 离心式或径流式风扇〔2019.01〕.
F24F1/0025 ··· 横流式或贯流式风扇〔2019.01〕.
F24F1/0029 ··· 轴流式风扇〔2019.01〕.
F24F1/0033 ··· 具有两个或两个以上风扇〔2019.01〕.

图 6-4　IPC 中参见的限定范围作用

如图 6-5 所示，在 F24F1/01 分类位置具有"参见"，具有指示优先的作用，其中 F24F1/02 的类名为"一体式房间空调，即全部处理设备装在共同的外壳里"。由于该指示"参见"的存在，使一个"二次空气是靠一次空气的引射器作用引入的一体式房间空调"按照指示优先的规则，应该分类到 F24F1/02。也就是说，在检索的过程中，如果针对"二次空气是靠一次空气的引射器作用引入的一体式房间空调"的技术主题进行检索，也是优先检索 F24F1/02 一体式空调折叠式笼，再进行 F24F1/01 等分类位置的检索。

F24F 1/00 空气调节用房间单元，例如分体式或一体式装置，或接收来自集中式空调站一次空气的装置〔1，2006.01，2011.01〕.
F24F 1/01 · 二次空气是靠一次空气的引射器作用引入的（F24F 1/02 优先）〔3，2011.01〕.
F24F1/0003 · 以空调系统的部件分离式设置为特征，例如蒸发器和冷凝器被分开设置在不同的单元中〔2019.01〕.
F24F1/0007 · 室内单元，例如风机盘管（一体式空调入 F24F1/02）〔2019.01〕.
F24F1/0011 · 以空气出口为特征的〔2019.01〕.
F24F1/0014 · 具有两个或两个以上出风口〔2019.01〕.
F24F1/0018 · 以风扇为特征的（二次空气是靠一次空气的引射器作用引入的入 F24F1/01）〔2019.01〕.
F24F1/0022 · · 离心式或径流式风扇〔2019.01〕.
F24F1/0025 · · 横流式或贯流式风扇〔2019.01〕.
F24F1/0029 · · 轴流式风扇〔2019.01〕.
F24F1/0033 · · 具有两个或两个以上风扇〔2019.01〕.

图 6-5　IPC 中参见的指示优先作用

如图 6-6 所示，在 F24H3/00 大组中，本来"附有空气对流供暖装置的家用炉或灶"，不属于该大组"具有热发生装置的空气加热器"分类位置范围的技术主题，但是通过提示检索者，在这里通过"参见"的指引作用，指出"附有空气对流供暖装置的家用炉或灶"应该通过"F24B 或 F24C"进行检索。

F24H 3/00 具有热发生装置的空气加热器（F24H 7/00，F24H 8/00 优先；零部件入 F24H 9/00；附有空气对流供暖装置的家用炉或灶入 F24B，F24C）〔5〕.
F24H 3/02 · 用强制循环的（F24H 3/12 优先）.
F24H 3/04 · · 空气与加热介质直接接触的，例如电热元件.
F24H 3/06 · · 空气与加热介质分开的，例如用强制循环使空气流经散热器.
F24H 3/08 · · · 应用管道的.
F24H 3/10 · · · 应用平板的.
F24H 3/12 · · 带有附加加热装置的.

图 6-6　IPC 中参见的指引作用

综上可知，在通过查阅 IPC 分类表确定检索的技术领域的过程中，通过关注"附注"和"参见"等信息是准确、高效地确定合适分类号的重要辅助手段。

6.1.3　IPC 分类资源的获取及应用

6.1.3.1　IPC 分类表的获取

直接输入网址 http://www.wipo.int 进入 WIPO 的主页，如图 6-7 所示。

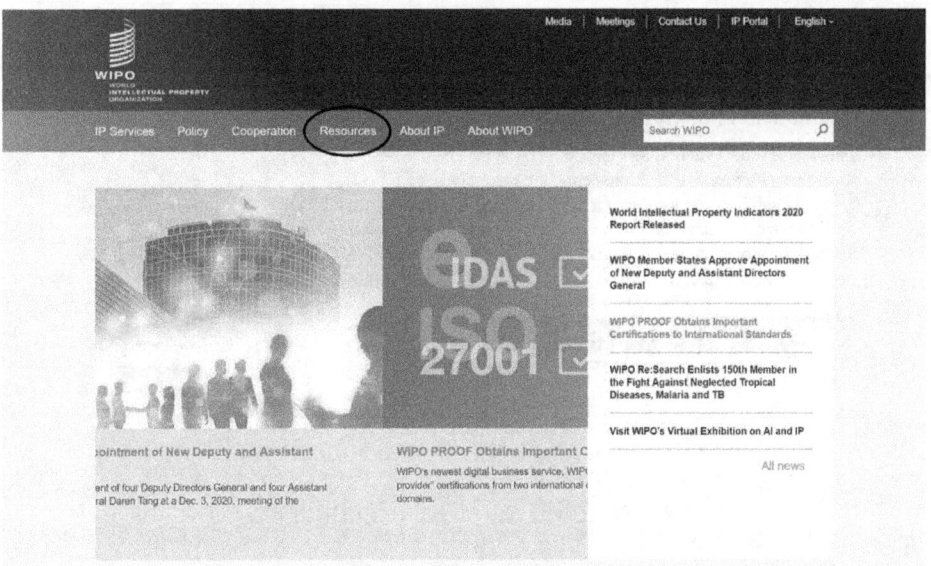

图 6-7　WIPO 主页示意图

用鼠标点击 Resources，在下一级网页中，找到并用鼠标点击 International Patent Classification 跳转至下一级网页中，如图 6-8 所示。点击 International Patent Classification（IPC），进入 IPC 查询和下载界面。

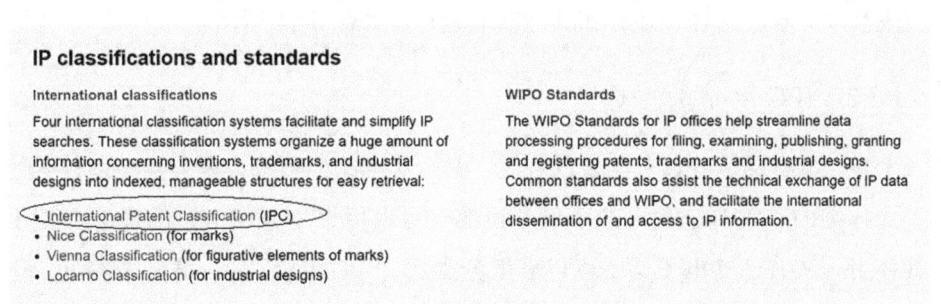

图 6-8　IPC 选择界面

如图 6-9 所示，点击 Access the International Patent Classification 进入，在这里可以找到 IPC 分类表。需要补充说明的是，这里点击 Guide to the IPC 还可以获取《IPC 使用指南》。《IPC 使用指南》是使用 IPC 分类表的指导性文件，它对 IPC 分类表的编排、分类原则、分类方法和分类规则等作了解释和说明，可以帮助使用者正确的使用 IPC 分类表。

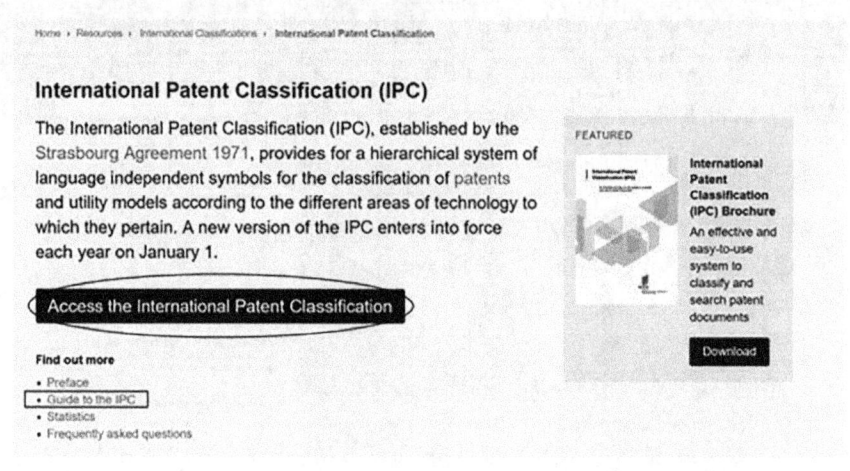

图 6-9　IPC 在线查询入口及 IPC 使用指南下载界面

目前，IPC 的正式版本仅以电子出版物的方式存在（图 6-10）。可以先在左侧选择 version 选择版本信息，再点击右方的"+"进行在线查询各部及部下大类、小类、大组、小组等分类信息。同时，还可以点击左侧的 DOWNLOAD 进入相应版本 PDF（如 2009.01）分类表的下载界面。分类表有两种正式语言文本：英文和法文。在 WIPO 网站上，上述路径并不是 IPC 分类表获取的唯一路径，还存在其他获取途径，如图 6-11 所示。

6.1.3.2　IPC 电子层信息

IPC 电子层是 IPC 分类表的补充，是一种网络出版物，是分类表以外其他更为详细的有关 IPC 条目的示例和说明，可以用来增强对 IPC 的理解并便于其使用。从 IPC 的电子层中可以获取分类定义（Definition）、信息性参见、化学结构式和图解说明（Illustrations）等，有利于检索者清晰、准确地了解分类位置的文献特点和范围。

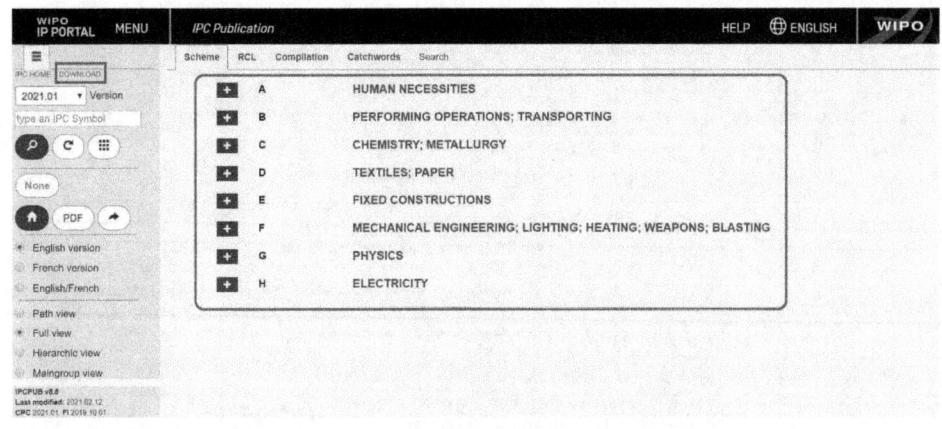

图 6-10　IPC 版本选择、PDF 下载、在线查询页面

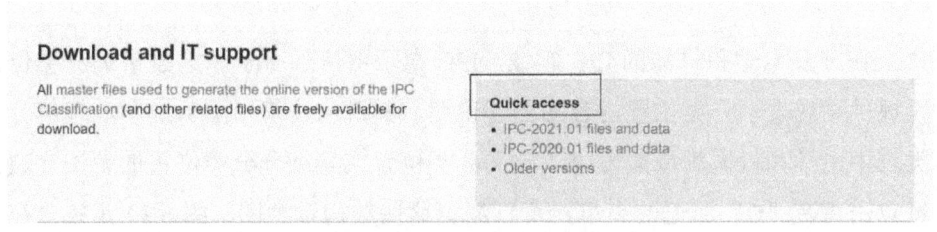

图 6-11　IPC 各版本快速下载链接

分类定义是电子层中最重要的一部分，其提供了涉及分类位置的一些补充信息，用来明晰分类位置的技术主题之间的准确界限，但并不改变分类位置的范围。分类定义通常包括如下 7 个部分：定义陈述、大技术主题范围之间的关系、与本小类（组）分类有关的参见、信息性参见、分类的特殊规则、术语表、同义词和关键词。通过电子层，可以获取小类、大组及小组的分类定义，在小类、大组及小组前显示有"D"标记的，说明该小类或组有分类定义。图 6-12 是 F24F 完整分类定义的示意图（部分截图）。

在涉及普通化学和应用化学的 IPC 领域，IPC 电子层信息对于一定数量的分类位置提供直观表示分类位置内容的化学结构式，其目的在于用图示说明和理解分类表中化学领域的内容，定义分类位置或其细分分类位置的范围。通过点击带有"D"标记的小组，可以浏览这些化学式，图 6-13 是被分在 C07D499/21 小组的化学结构式示意图。

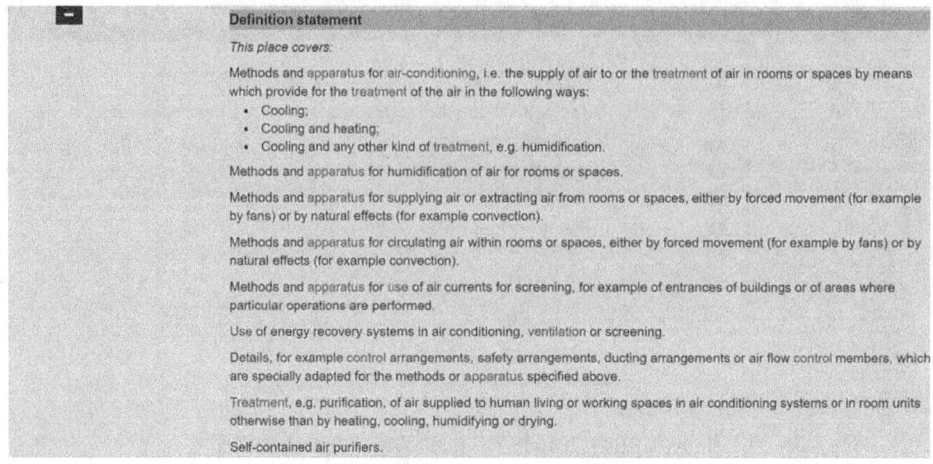

图 6-12　IPC 分类定义示意图

在涉及电学和机械的 IPC 领域，IPC 电子层信息对于一定数量的分类位置提供直观表示分类位置内容的图解说明，其目的在于用图示说明和理解分类表中电学和机械领域的内容，定义分类位置或其细分分类位置的范围。通过点击带有"D"标记的小组，可以浏览这些结构示意图，图 6-14 是被分在 F23B50/02 小组的图解说明示意图。

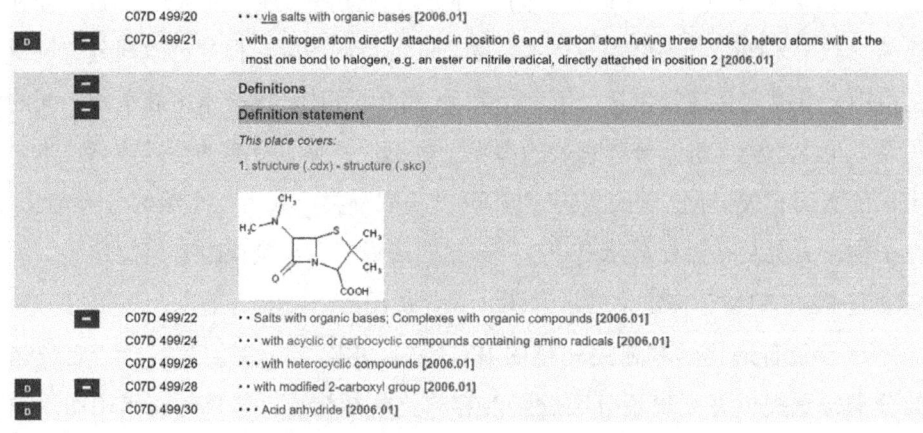

图 6-13　IPC 分类位置化学结构示意图

6.1.4　IPC 的修订及在检索中的应用

IPC 分类作为使专利文献获得统一国际分类的手段，其首要目的是为知识

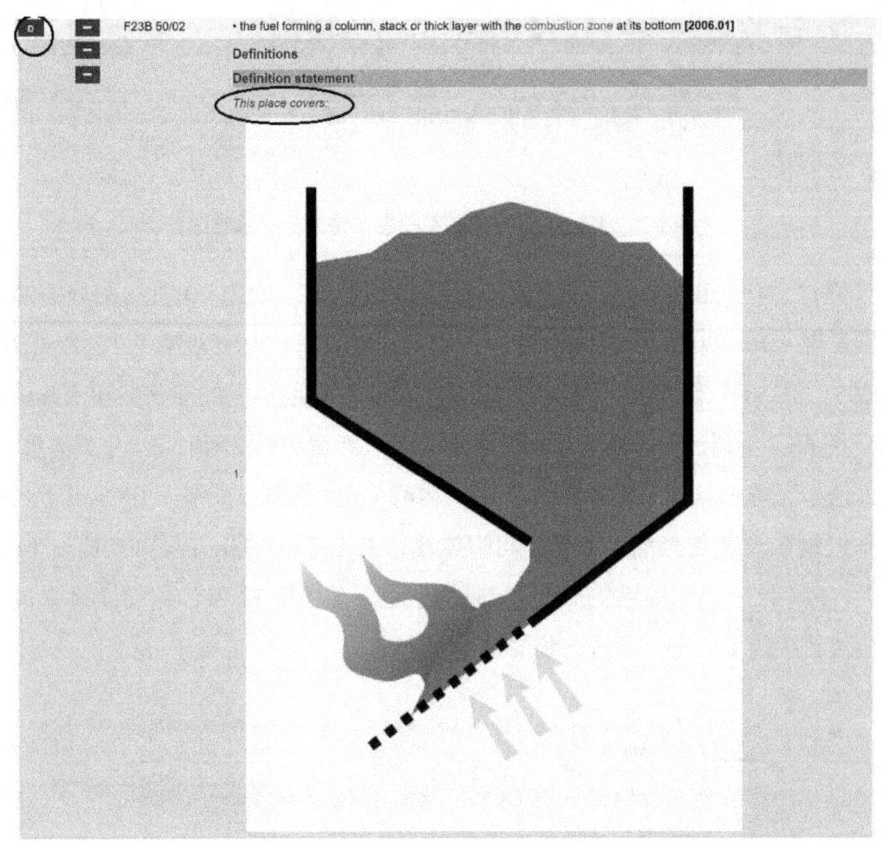

图 6-14 IPC 分类位置图解说明示意图

产权局和其他使用者创建一种用于获取专利文献的高效检索工具。其设计的原则是将同一技术主题的专利文献归于同一分类条目下，从而便于在需要时通过该条目获取相关的专利文献。为了使 IPC 保持为有效且可行的分类体系和高效的检索工具，IPC 必须经常修订、改进，如为新技术的发展提供分类位置，调整分类表结构设置以体现技术发展方向等。现有 IPC 的修订主要遵循以下两条策略：①对现有分类位置增加小组进一步细分；②对技术领域进行重组，如通过引入一个新的大组或通过改变分类位置的范围来改变现有分类位置之间的关系。

在分类号在线查询界面，通过 version 选项选择版本，然后点击 RCL 可查看该版本相较于前一版本的修订信息。图 6-15 显示了 IPC-2019.01 相较于 IPC-2018.01 在 F24F 小类的现有分类位置 1/00 大组和 1/02 小组进一步细分。

图 6-15　WIPO 网站 IPC 不同版本修改情况示意图

通过对比，IPC-2019.01 相较于 IPC-2018.01 在 F24F1/00 新增细分的情况可以发现：IPC-2019.01 相较于 IPC-2018.01 在 F24F1/00 下新增了 F24F1/0003-1/0097，共 30 个细分组，图 6-16 是 F24F1/00 下新增小组的部分截图示意图。

图 6-17 为通过日本特许厅网站查询与 IPC 相对应的 FI 和 CPC 分类信息（查询方法参见本书第 6 章第 6.3.3.1 节相关内容），由左至右分别为 IPC、FI、CPC 各小组组名及其覆盖的文献量。可以看出，在 IPC-2019.01 新增 F24F1/0014 小组后，FI 和 CPC 也相应的新增了相应的小组，并根据 FI 和 CPC 分类体系的特点还对新版的 IPC 进行了进一步的细分。

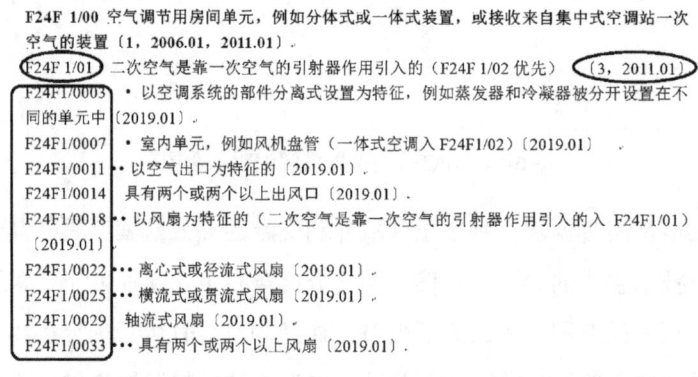

图 6-16　IPC-2019.01 版 F24F1/00 新增小组示意图（部分截图）

图 6-17　IPC、FI、CPC 分类对比示意图（部分截图）

其中以"F24F1/0014：具有两个或两个以上出风口的空调室内机单位"为

例，笔者在某商业数据库中，分别利用 IPC、FI、CPC 进行检索，比较不同分类体系下专利文献的时间分布特点（文献公开期间限定在 2001 年 1 月 1 日至 2020 年 12 月 31 日）如图 6-18 所示。

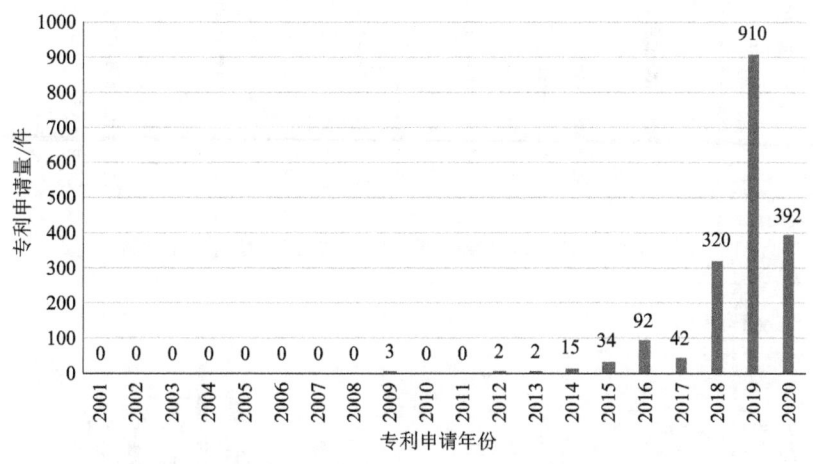

图 6-18　采用 F24F1/0014/IPC 全球专利公开时间分布趋势

图 6-18 中为采用 IPC 作为检索入口用分类号 F24F1/0014 进行检索，总计命中 1812 条专利，几乎全部为该分类号生效后的 2019 年和 2020 年公布。对于 2019 年以前的文献，通过查询文献的标引信息发现，这一类文献因为同时具有 F24F1/0014 的 CPC 分类号，因此在数据库中有了 F24F1/0014/IPC 的映射标引。通过文献的公开时间，也验证了新版的 IPC 只针对其生效后公开的专利文献进行分类，一般并不对已有专利文献进行再分类，明白该分类特点对于如何使用新版本的 IPC 至关重要。

图 6-19 则是采用 F24F1/0014/FI 在全球专利库中进行检索，共计命中 226 条专利文献，全部为日本专利，其文献的公开时间在近 20 年均有分布。由此可以看出，FI 分类体系在对应 IPC 分类体系进行了修改并适用后，还对以往的文献进行了重新的分类。这一点对于检索者而言，无疑是保证全面检索的福音。

图 6-20 是采用 F24F1/0014/CPC 在全球专利库中进行检索，共计命中 3455 条专利文献，其文献的公开时间在近 20 年均有分布。CPC 更新后对旧文献的再分类的思想与前述的 FI 分类体系类似。

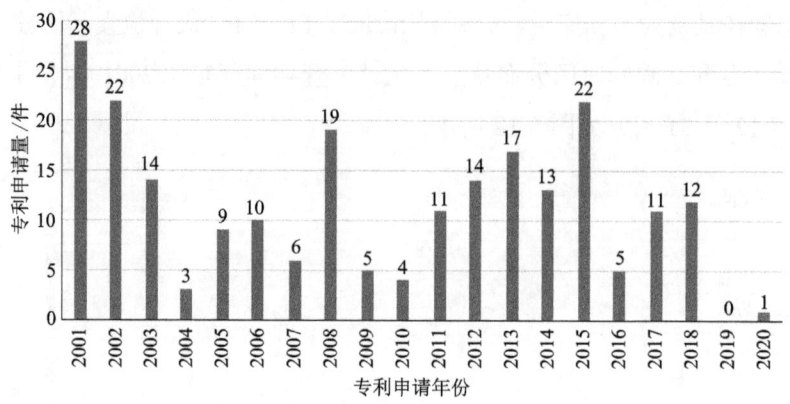

图 6-19　采用 F24F1/0014/FI 全球专利公开时间分布趋势

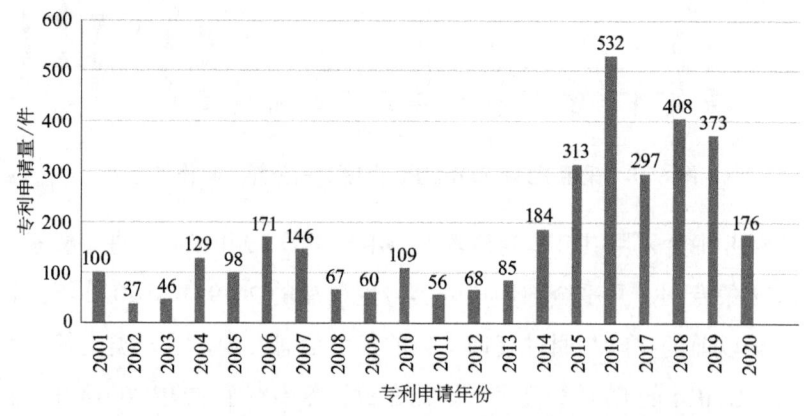

图 6-20　采用 F24F1/0014/CPC 全球专利公开时间分布趋势

IPC 分类号的修订，使分类号进行了进一步的细分，可以降低单个分类号下的文献量。这样做理论上能为检索带来便利，然而根据前述对比可知，新版本的 IPC 分类号，仅对其生效后的公开文献进行分类，而对生效前已经公开的专利文献不再进行重新分类；而 FI 和 CPC 作为基于 IPC 体系进一步细分的分类体系，我们发现，在空调领域的 IPC 分类号修订后，CPC 和 FI 不仅也会根据 IPC 细分的内容进行相应的修订，且会对已有文献和新增文献进行细分修订后的分类。因此，对于检索而言，为了充分发挥 IPC 修订后新增分类号的优势，在检索目标的技术主题具有新增细分小组的情况下，一方面，可以利用新版 IPC 对应的 CPC、FI 作为检索入口进行检索，充分利用 CPC 和 FI 再分类的优势。另一方面，对于 IPC 分类号本身而言，则可以分两步来进行检索。以"F24F1/0014：具有两个或两个以上出风口的空调室内机单位"为例，假如针对 2020 年申请的专利文献，为了检索现有技术，由于该 IPC 细分只针对 2019 年 1 月 1 日后公开的专利文献进行分类标引，则可以首先用该新增的细分 IPC 分类号进行检索，尽管文献覆盖不完整，但也可以达到检索准确性的目的。在未检索到对比文件的情况下，并不能就此终止检索，还应该采用旧版的分类号，结合适当的关键词，对该新增细分的 IPC 分类号生效之前的专利文献进行进一步检索，以达到检索全面性的目的。

6.2 CPC 分类

6.2.1 CPC 分类体系基本介绍

6.2.1.1 CPC 分类体系简介

文献分类的目的是将文献划分为某一特定领域的技术主题，使文献便于检索。目前，使用最广泛的专利分类体系是 IPC，由 WIPO 管理，有 100 多个国家、地区和组织使用。目前，使用最新版本为第 8 版，包括 8 个部、7 万多个细分条目。但随着科技的迅速发展，专利数量急剧增长，为了适应技术发展和文献扩增的需要，必须对分类体系不断地进行更新和细化。但由于 WIPO 的体制制约及各国博弈等因素，IPC 的修订呈现出程序烦琐、扩增慢的缺点，难以紧跟形势发展的需要。并且，由于很难保证各局统一 IPC 分类标准、及时进行过档文献再分类，使 IPC 分类结果对文献精准检索作用难以充分体现。另外，欧、美、日等大局基本不使用 IPC，而是使用本国的分类体系进行分类和检索。

EPO 的分类和检索实践表明，EPO 审查员较多使用分类号检索而较少使用关键词，这可能是其检索质量更高的原因之一。EPO 使用 ECLA 分类体系对专利文献进行精准、全面的分类，并维护数据库中分类信息的质量与一致性，是分类号检索的基础和保障。但是，专利分类体系的维护与修订需要大量人员和资金的支持，在全球化大背景下，为了促进信息共享、减少重复劳动，更加需要国家或地区间的合作，专利分类也将朝着标准统一的方向发展。

2010年10月25日，欧美两局声明共同开发新的专利分类体系——联合专利分类体系（Cooperative Patent Classification，CPC），按照WIPO分类标准和IPC结构，以ECLA为基础，融入UC的部分内容，从而比原有的ECLA和UC更加细分和准确。CPC作为最接近IPC的专利分类体系，又兼具欧美两大局的分类实践经验，其出现改变了世界专利分类的原有格局，对专利分类的未来产生深远影响。CPC分类的发展十分迅猛，2010年10月25日，EPO和USPTO联合发表声明启动CPC项目；2011年10月，CPC网站运行；2012年7月至2012年8月，EPO停止更新ECLA并引入部分UC分类体系，同时进行EC/ICO至CPC转换；同年10月1日，CPC试用版发布；2013年1月1日，EPO和USPTO正式启动CPC分类体系，同年4月发布了第一版CPC，并于6月起分别与国家知识产权局、韩国知识产权局、俄罗斯联邦知识产权局、巴西工业产权局达成协议/备忘录，对CPC进行更大范围的推广。截至2015年3月，超过45个专利局和多于25 000名审查员利用CPC进行检索。另外，为了适应技术发展和新兴技术的需要，欧美两局不定期修订CPC，主要由审查员发起，在进行了分类表修订后，过档文献会进行重新分类。在重新分类完成之前，已不再使用的分类号或已经被覆盖的分类号仍会保留在分类表中，但新文献将不再使用这些分类号进行分类。待重新分类完成后，这些不再使用的分类号及被覆盖的分类号将从分类表中去除。

国家知识产权局于2013年6月和EPO签订了《关于加强分类合作的谅解备忘录》，明确国家知识产权局将引入CPC，与IPC一起作为我国局内部分类体系使用。依据相关条款，自2014年起，国家知识产权局将在接受培训的技术领域中，对新公开的发明专利申请进行CPC分类；2014年和2015年，国家知识产权局视可用资源情况逐步将CPC分类扩展到未培训的技术领域；2016年1月起，力争对所有领域新受理的发明专利申请进行CPC分类。为促进CPC分类结果数据的应用，国家知识产权局同时对E系统及S系统进行了适应性改造，对CPC分类及检索进行功能开发及使用。根据EPO的统计，截至 2015 年 3 月 16 日，已经对 29 560 件新公开专利申请进行了 CPC 分类号分配，已有 1 627 461 件专利申请分配了 CPC 分类号。此外，多个国家对本国的专利文献进行了 CPC 分类号的分配。

6.2.1.2　CPC 分类体系结构

与 IPC 相同，CPC 在编排方式上包含部、大类、小类、大组、小组，并通过圆点数反映点组层级关系。小组之间也具有不同的等级，通过小组类名前面的圆点数（如 1 个或多个）而不是以小组编号来决定小组之间的层级关系。圆点个数越多，等级越低；具有多个圆点的小组是其上最近且比其少一个圆点的小组的细分。对于多点组的类名，需要将其自身类名与其各级上位点组的类名相结合来确定。

CPC 分类表由标引发明信息和附加信息的 A～H 部（主干分类号 160496 个条目）和仅标引附加信息的 Y 部组成。主干类号由 ECLA（约 160 000 条目）和 UC 中涉及商业方法的 375 个条目（引入 G06Q）组成，CPC2000 系列（CPC 引得码）由 ICO（EPO Indexing Codes）、IPC 引得码和先前在 ECLA/ICO 中的重要 KW 组成。在 CPC 分类号中，"/"前面的数字不超过 4 位，"/"后面的数字不超过 6 位。例如，A01B1/00 与 A01B1/022 中，表示 A 部（I 级）、A01 大类（II 级）、A01B 小类（III 级）、A01B1/00 大组或 A01B1/022 小组（IV 级）。分类表中 {...} 表示 CPC 相比 IPC 新增的内容，通常用绿色表示。2000 系列类号约 8.2 万条，形式如 A01C2001/00 及 C12N2999/007，标引对象为附加信息，类号来源为部分 IPC 引得码、部分 ICO 和 KW。Y 部约 7330 条，类号形式为 Y02B10/00，只能用于标引附加信息，类号来源为 IPC 跨部交叉技术；Y 部为新增的部，约 7300 个条目，前身为 USPC 码。Y 部具有与 A～H 部的主干类号相似的类号格式（如 Y02B10/00），但只用于标引附加信息。转换方法：先将上述技术内容与类号转换为 ECLA/ICO 类号，再按照一定规则转成 CPC。

在大多数情况下，CPC 是对现有 IPC 的细分，即与原有的 IPC 相比，CPC 是具有更多细分条目和更多附加文本的分类表。"主干"中的 CPC 类号由一串符合 IPC 标准的字母和数字组成。其中，小类类号后面依次接有 1～3 位数字、斜线，以及 2～6 位数字。完整的分类号包括表示部、大类、小类和大组或者小组的成串符号。在"主干"中，CPC每个层级的类名通常都与相应的IPC层级相同（如果存在IPC层级）。任何特定CPC的类名，或者对现有IPC类名进行补充的特定CPC细分条目的类名都能从"{ }"中获得。

CPC相较于IPC而言，其在大类、小类、大组和小组上均存在差异。具体而言，CPC分类表中含有125个大类，比IPC少4个大类。CPC分类表中删除了IPC分类表A～H部中编号为99的8个剩余大类，并新增了F05/Y02/Y04/Y10大类。与IPC具有相同类号的CPC大类，其类名基本没有变化。

CPC分类表中含有653个小类，比IPC多14个小类。CPC分类表中删除了IPC中的10个小类（包括A01P/A61P，以及A～H部中编号为99的8个剩余小类），并新增了24个小类。这些小类中，Y部的6个小类以及C12Y不属于2000系列，其余17个小类均属于2000系列的小类。

另外，CPC比IPC增加了一些大组或小组，包括主干类号的大组，以及许多2000系列的大组，如C12M21/00～C12M99/00、B60C2200/00等。CPC新增的小组情况更为复杂，其中，主干类号的细分小组是最常见的类型。如A01G1/001～A01G1/007。但小组变化较大，不仅增加细分，还影响交叉领域分类。例如，H01L21/02041为CPC中新增的小组，涉及"半导体的清洗"。IPC通常分入B08B（一般清洁、一般污垢的防除），CPC则应分入新增的H01L21/02041。此外，CPC中可能会将IPC中的某些大组删除。例如，删除了IPC分类表中的引得码大组A61K101/00～A61K135/00等。也删除了一些IPC小组，这些小组会被CPC分类号覆盖或替代，并以注意（Warning）加以提醒。例如，A61M1/18由B01D63/02、B01D63/04所覆盖。在熟悉和掌握CPC分类表的过程中，需要仔细研究这些细分小组的层级划分和技术内容，并运用于分类和检索中。

对于2000系列的细分小组的增加，属于插入到主干类号中的2000系列类号，如A01G2001/008和A01G2001/065。尽管这些2000系列类号对所属的大组或小组提供了细分的位置，但这些2000系列类号本身却只能用于标引附加信息。对于发明信息的标引，必须使用其对应的主干类号来进行。

另外，CPC中以"未被使用的"（not used）来标识那些未被使用的小组类号，可分为以下两种情况：①拥有被使用的小组但本身未被使用的IPC小组，如 C08L71/08 和 C08L71/10。②CPC 相对于 IPC 新增的且未被使用的小组，如 A23G1/201 为 CPC 中未被使用的小组。需要注意的是，"未被使用"的小组类号，其类号下的文献数量不一定为 0。

再者，CPC 中相较于 IPC，在类名上还存在以下不同和变化。

（1）类名有变化的小类。

例如，B06B 在 CPC（2014.02）中的类名是"用于发生或传递次声的、声波的或超声频率的机械振动的方法或装置，例如用于完成一般机械工作的"。而在 IPC（2014.01）中则为"一般的机械振动的发生或传递"。

（2）类名变化的大组或小组。

部分 CPC 大组或小组的类号与 IPC 相同，类名却发生改变，使该位置所覆盖的范围有所变化。例如，A45D2/00 大组在 CPC（2014.02）中的类名为"卷发或烫发装置；其他位置不包括的毛发装饰处理用具"，相比 IPC 中的类名"卷发或烫发装置"，增加了"其他位置不包括的毛发装饰处理用具"的内容。A01K31/07 小组在 CPC 中的类名为"移动式笼（31/08 优先）；鸽用旅行笼；笼的打开或关上"，相比 IPC 中的类名增加了"笼的打开或关上"的内容。

此外，CPC 分类表还含有分部、导引标题、附注、参见与注意，以及目录、索引和版本指示等其他内容。其中，CPC 保留了 IPC 已有附注和参见中的大部分内容，并根据需要进行了相应的修改或增加。同时，CPC 相对于 IPC 还新增了注意。

CPC 提供了 9 个部的目录，包含部、分部、大类和小类类名，带有相关的附注、参见和注意，但不含页码。IPC 中提供 8 个部的目录，不含附注和参见，但含页码。

关于索引，电子版 CPC 分类表（2014.02）的 PDF 页面中提供快速链接到小类的书签，而各小类分类表的 PDF 页面中提供快速链接到大组的书签，但目前 CPC 尚未提供类似于 IPC 分类表中的小类索引、大类索引或分部索引。

在欧洲专利局官网中，可通过关键词检索来查找相关 CPC 分类号，作用类似于索引。通过 CPC 分类表可见，与 IPC 相同的类名用黑色表示，参见用蓝色表示，新增内容用绿色表示，且在右上角标注了版本信息。任何 CPC 新增条目或在类名上的补充内容以大括号 {} 表示。

CPC 分类表中的导引标题,以"Guidance heading:……"所在的单独一段来表示,但未加下划线。例如,A01B3/00 大组前面的导引标题"Guidance heading: Ploughs"。

目前电子版 CPC 分类表(下载于 CPC 官网)的 PDF 页面顶部标注了如"2014.02"的字样来指示版本信息,但并未在分类表中提示修订具体位置,既未像 IPC 分类表一样提供版本号的指示,也未如 ECLA 一样以"[N:……]或[C:……]"提示进行了何种修订。在欧洲专利局官网中,采用如(2013.01)的方式来指示 CPC 的版本信息,但目前仅提供了 2013.01 的版本,即未将之后修订的内容更新到分类表中。

6.2.2 CPC 分类体系在检索中的应用

6.2.2.1 CPC 分类思想和原则对于检索的影响

CPC 分类原则为利于检索、整体分类,便于功能的发挥与应用,适于多重分类。分类规则有通用规则、优先规则、特殊规则。对于 CPC,分类原则与 IPC 是完全相同的,但是在 CPC 体系中利于检索的分类原则地位更为凸现。CPC 将"为检索服务"作为最根本原则,并高于其他原则。为了利于检索,分类时可以不受其他原则的限制,而允许适当灵活变通。例如,有时不太遵从上位点组的要求,而被分类到其下位点组的位置。同时,为了利于检索,CPC 要求对文献中所包含的全部技术主题都应当尽可能给出发明信息和附加信息。另外,CPC 与 IPC 同样使用优先规则,包括最先位置规则和最后位置规则,来提高分类的一致性。当技术主题可以被多个分类位置覆盖时,采用该规则来确定优先分类位置。CPC 中优先规则同样由附注规定,通常以包含下述表述的附注来提示使用该规则:在本小类/大组/小组中,在每一等级,如无相反指示,分类入最先(最后)适当位置。

当分类对象是发明或者实用新型专利申请的权利要求书、说明书和附图中的技术主题时,应以最宽泛的含义来理解这些技术主题的范围,并根据权利要求同时结合说明书中记载的技术领域、技术问题、技术方案、技术效果与实施例及附图来确定技术主题。在确定技术主题时,CPC 强调应以说明书和附图（尤其机械领域）为主，权利要求只是参考。对于说明书中未提及的技术主题，如果依据经验或根据附图，可以给出对检索有用的分类号，也应当给出。为了利于检索，在对优选技术主题给出分类号后，非优选技术主题也要给出，即使权利要求中未要求保护，但对检索可能有用，也应当一并给出；并非权利要求请求保护的技术主题都得给出相应的分类号，如果确定其明显属于现有技术且对检索用处不大，可以不给出。在化学领域，尤其重视实施例给出的CPC类号。

分类位置是分类表中的各级分类类目。将技术主题分入这些类目前，应当清楚其所涵盖的范围，即需要考虑相应类目的类名、附注、参见及分类定义。分类信息包括类发明信息和附加信息两种，其定义与IPC基本相同，主要用于区分重要信息和次要信息。发明信息（重要信息）是专利文献全部公开文本（如说明书、附图、权利要求书）中代表对现有技术作出贡献的技术信息，即所有新颖性的和非显而易见性的技术主题。CPC与IPC相同，要求必须对全部的发明信息进行分类，即强制分类。附加信息是对检索有用但不属于发明信息范畴的任何非微不足道的信息。这些信息不代表对现有技术有贡献，但当与重要信息一同考虑时对检索很有意义。如附加信息可通过指出组合物或混合物的成分，或者方法或结构的要素或组成部分，或者已经分类的技术主题的用途和应用来补充发明信息。CPC与IPC同样规定，附加信息的给出是非强制性的，然而，CPC更强调应尽可能给出附加信息。CPC不特意区分发明信息和附加信息，对所有重要信息，可以给出某些特别重要的附加信息，也可以作为发明信息给出。通过对技术的理解和把握，只要认为所给出的分类号能够为检索该文献提供方便和帮助，就可给出，也不用特别区分主、副分类号。

分类要素还包括附注、参见，还有CPC新增的注意。其中，附注和参见的作用和使用与IPC大体相同，对于新增、删除的附注和参见需要留意。CPC中附注的出现位置、适用范围与作用与IPC基本一致，但是应该注意其删除、修改或增加了IPC许多附注的内容。如有些CPC类号虽然与IPC相同，但对某些分类位置的界定可能与IPC存在差异，那么对IPC中已有附注的内容进行一定程度上的改变（删除或增加），将导致该类号所覆盖技术主题的范围有所不同。为此，需要特别关注这一类情形。例如，CPC中A61M的附注，保留了 IPC 中 A61M 附注的第（1）条和第（3）条，而删除了该附注中的第（2）条，会导致其与 IPC 具有不同的分类结果。

综合来看，即上述分类原则和规则以及分类要素均会直接影响分类结果，从而直接影响检索过程。

6.2.2.2　CPC 分类定义对于检索的影响

CPC 分类定义包括标题、定义描述、大范围技术主题领域之间的关系、相关分类号参见、信息性参见、分类的特殊规则、术语表、同义词和关键词。CPC 分类定义对 CPC 分类与检索均具有极为重要的作用和影响，甚至可将其作为各具体领域分类指导手册来使用。它不仅用于明确小类或组所覆盖的技术领域，解释其分类规则，指导分类位置范围的理解，有助于准确确定分类号，还提供了许多对检索有用的其他信息，并将相关分类号应用于检索实践中。CPC 已提供了覆盖 627 个小类的分类定义，共约 5 万页 PDF。有些小类的分类定义极其详尽，例如，C07C 的分类定义达 205 页。不仅针对小类本身，有的还针对一些大组或小组。CPC 分类定义的目的在于帮助每个技术领域更好地利用 CPC 分类表检索和分类。

（1）定义描述。定义描述是对分类位置范围更详细的解释，其使用的相关词汇和短语，可以从分类表类名中得到，也可以从分入该位置的专利文献中找到，部分通过示意图解释该分类位置。定义描述可能导致分类位置的变化。例如，C09K8/532 的定义描述：本组包含硫化物。C09K8/532 的类名是硫磺，并不包含硫化物，该定义描述扩大了该小组所涵盖的范围，而 IPC 中类名相同，分类表与分类定义中也无此规定。虽然分类表与 IPC 相同，但 CPC 分类定义中定义描述部分内容会导致 CPC 的分类位置发生变化。

（2）大范围技术主题领域之间的关系。大范围技术主题领域之间的关系的作用是解释该分类位置与其他分类位置之间的关系，有助于了解技术之间的关联性。例如，干燥或蒸发设备，F26B 优先；同一化学元素的不同同位素的分离入 B01D59/00，无论是过程或设备的使用；本组优先于 B01 大类中的其他小类。可见，借助 CPC 分类定义文件中大范围技术主题领域之间的关系，可以帮助快速定义相关联的技术领域，提高查询与检索效率。

(3) 相关分类号参见。相关分类号参见提供与本小类（组）相关技术领域的分类位置，以"本小类/组不包括"开头，指明小类（组）分类范围不包括的技术主题。例如，小组 B01J21/16（黏土或其他矿物硅酸盐），该组中分类相关的参见为：本小组不包括：

柱撑黏土 B01J29/049

通过上述分析可以看出，虽然分类号与 IPC 相同，但 CPC 分类定义中相关分类号参见部分内容可能会导致 CPC 的分类位置发生变化，同时，可以根据给出的分类信息快速定义相关位置。

(4) 分类的特殊规则。分类的特殊规则提示本小类（组）中使用的特殊规则。例如，小组 B01J23/90（再生或再活化），该小组分类的特殊规则：如果再生方法的细节被公开，则再生方法可能另外被分入 B01J38/00；包含被列入 B01J23/02 至 B01J23/36 各组的金属，氧化物或氢氧化物的催化剂的再生或再活化被分入 B01J23/92；包含铁系金属或铜的金属，氧化物或氢氧化物的催化剂的再生或再活化被分入 B01J23/94；包含贵金属，及其氧化物或氢氧化物的催化剂的再生或再活化被分入 B01J23/96。通过对分类定义文件中分类的特殊规则的查询，可以了解本小类（组）中的特殊规则，从而提高检索效率。

(5) 术语表。术语表是对类名或定义描述中出现的重要的词和短语进行定义，在要求术语更精确或受限制的方式使用时使用。例如，大组 A45B3/00（与其他物体结合的手杖），其术语表定义：伞"伞"包括类似伞结构的遮阳罩；手杖"手杖"包括步行杖和伞棍。

通过对分类定义文件中术语表的查询，可以了解分类表中术语的定义，帮助定位所要查询的技术主题的相关分类位置。

(6) 同义词和关键词。同义词和关键词由专利文献或技术文献中使用的术语建立同义词、关键词、缩略语和只取首字母的缩写词，通过对分类定义文件中同义词和关键词的查询，可以帮助扩展关键词，提高检索效率。

6.2.2.3　CPC 分类相较于 IPC 检索的优势

CPC 作为最新的分类体系，其相较于 IPC 而言，具有以下特点和优势。

(1) 检索字段和索引——方便用。CPC 融合了 EC/ICO 及 UC 的部分内容，将这些不同的分类字段和索引融合为统一的 CPC 字段和索引，可以简化检索步骤、方便检索操作。

（2）检索效率和精度——分得细。CPC 包括全部的 ELCA 分类号、全部 ICO 引得码、受控关键词、部分 USPC 分类号及 ICO 的 Y 部，分类条目数超过 25 万条，远大于 IPC 的 7.5 万条，也大于 FI 的 18.7 万条。分类条目更细，可以提高检索精度和效率。例如，CPC 在原有 IPC 大组下进行了细分，因此重新调整之后的 CPC 较原 IPC 小组下的文献量明显减少，这使浏览检索结果的耗时大大减少。如某案，其 IPC 分类号为 E02D31/12，该分类号下的文献量为 669 篇；对应的 CPC 分类号 E02D31/12 虽然没有细分，但该分类号下的文献量仅为 88 篇，从而使利用 CPC 检索的耗时明显减少，效率大大提高。

（3）检索和分类质量——分得准。对专利文献进行精准、全面的分类，并维护数据库中分类信息的质量与一致性是分类号检索的基础和保障。CPC 于 2013 年 1 月正式启用后，欧美两局共同进行 CPC 分类质量保证、分类一致性实践，以及为其他知识产权局和公众提供 CPC 相关服务。关于分类质量，EPO 目前仅对 USPTO 的 CPC 分类结果数据进行过质检和反馈，对其他局并未开展类似工作。对其他局，EPO 主要采取 follow-up 的方式，以学员参加 CPC 特定技术领域后开展案例试分的结果来评估该局在特定领域的分类质量，此举可以较好地保障 CPC 分类质量和一致性；而 IPC 各使用国之间的分类质量差别较大，一致性较差。FI-FT 则只能保证日本文献的分类质量与一致性，而未被其他国家局使用。分类号的含义相对于关键词的使用显然更精准且可简化检索策略，减少关键词的引入。CPC 遵循多重分类原则，只要是有利于检索的技术特征都有可能给出 CPC 分类，因此利用 CPC 进行检索时，针对多个不同的检索要素，通常只要将与其对应的多个 CPC 分类号相与即可，检索思路明确，不需要扩展大量的关键词与不停地调整检索策略，从而大大提高了检索效率。

（4）文献覆盖范围——分得多。CPC 包括所有欧洲专利局进行分类的文献及所有的美国专利文献，现已覆盖 45 个国家和地区的专利文献，未来其文献覆盖范围还会增加。利用 CPC 分类号，一次检索就可以获得欧洲、美国和其他国家的相关信息。不过，IPC 仍然是目前文献覆盖范围最广的专利分类体系，FI-FT 由于语言和分类体系的特殊性和复杂性，只在日本使用。

（5）与 IPC 的兼容性——易学习。CPC 是按照 WIPO 分类标准和 IPC 等级结构进行开发的，编排方式与 IPC 完全相同，采用数字化编排方式，因此与 IPC 兼容性高，对于掌握 IPC 的用户而言，易于学习和使用。而 FI 是数字加字母编排方式，学习和使用则有一定难度。

（6）组合分类号 /C-Sets——效率高。特殊字段 /C-Sets 允许技术特征的各分类号"联合"或"组合在一起"，但仅在少数领域存在组合码，在特定领域使用的组合码则在分类表或分类定义的附注中清楚地指明。目前，组合码主要用于化学领域中的某些小类或组，还出现在电学或机械领域中的某些分类位置。C-Sets 将同一技术方案的技术特征组合在一起，避免了许多分散技术特征所带来的检索噪声。C-Sets 既是一种特殊的分类工具，也是一种高效、精准的检索工具，且可在 S 系统中检索。例如，通过氧化方法制备乳酸，采用 C-Sets 将方法和产品分类号组合物连接起来，检索结果为 79（/CLC07C51/16（用氧化法制备羧酸）S C07C59/08（乳酸））；而仅用方法和产品的分类号进行 AND 检索，结果为 286，可见对于产品和方法的检索，C-Sets 能有效减少检索噪声。

（7）修订更新——更新快。CPC 每月都进行修订和更新，从而可以进一步扩展和细分，进而确保了分类的及时性和灵活性。

6.2.3　CPC 分类资源的获取及应用

6.2.3.1　CPC 分类表的获取

获取 CPC 分类表、分类定义及修订更新等相关信息的主要途径：①外网方式，包括 CPC 官方网站、EPO 网站和 USPTO 网站。②内网方式，S 系统中的 CPC 数据库和多功能查询器，以及局网站。

（1）直接在 CPC 官网查询（http://www.cpcinfo.org 或 http://www.cooperativepatentclassification.org）。该网站是提供 CPC 相关信息的最全面和权威的网站，不仅包括最新的 CPC 分类表和分类定义，还包括 CPC 介绍、CPC 新闻、CPC 历次修订版、在线培训课程、出版物下载等丰富资源，是全面了解和学习 CPC 分类体系的首选途径。但缺点是仅能查询 CPC 分类体系本身，而无法使用 CPC 进行专利检索。

（2）通过 EPO 官方网站 Espacenet 查询（http://worldwide.espacenet.com/classification?locale=en_EP）。在首页对话框中输入分类号或关键词，点击对话框右侧的 classification search 链接，进入页面，即可进行 CPC 类号的查询，同时可再根据 CPC 类号检索专利文献。可最多输入 10 个关键词，各词之间支持逻辑运算符（and，or，not），每个词也同时支持截词符（*，?，#）。该网站可查询、下载和检索，功能丰富。其中，/low 模式检索类号自身及下位点组，/exact 模式检索类号自身。

（3）通过 USPTO 查询（http://www.uspto.gov/web/patents/classification/cpc/html），提供多种方式查询 CPC 类号，且只能用 CPC 检索美国专利文献。

（4）通过 CNIPA 的 S 系统分类号查询器、S 系统 CPC 数据库等查询 CPC 类号、定义及等级关系查询。S 系统的多功能查询器的分类号定义对话框目前仅支持英文查询，且英文关键词应确保准确。另外，S 系统中通过 "..fi cpc" 命令，即选择进入 CPC 数据库，该数据库主要包含 CPC 分类号、父分类号、分类等级编号、标准 CPC 分类号、所有上层分类号、英文标题信息内容、小组级别、注解类型、注解段落内容、所有英文标题信息等内容。

6.3　FI/F-TERM 分类体系基本介绍

6.3.1　分类体系简介

为了弥补 IPC 分类不够详细的缺陷，以方便归类文献和检索，JPO 建立了日本专利分类体系，即 FI、F-term。

FI 是一种在 JPO 中用于组织现有技术文档的分类体系。在日本，某些技术是日本特色技术或者某些技术比其他国家的相应技术更先进，对于这些领域,JPO 把 IPC 细分和扩展成 FI。2007 年 5 月,FI 系统共计有 19 万多个细分类,包括 IPC 小组约 6.9 万个,在 IPC 下的内部细分类 12 万多个。从 1996 年 7 月以来,在日本的专利文献出版物上除记载 IPC 以外,还记载了以 FI 表示的国内分类号(图 6-21)。

F-term 则是 JPO 另外创建的用于计算机检索的一种分类体系,从 JPO 的多角度检索的观点发展而来。IPC 侧重于单一的技术主题且结果往往比较粗糙,因此 F-term 扩展或重新组织了 IPC。在一些技术领域,根据多种技术角度(目的、结构、材料、制造方法、工艺和操作方法、控制装置等)在 IPC 和 FI 的基础上进行再分类或细分类。截至 2007 年 5 月,F-term 已归类 2900 个技术主题。这些技术主题和 IPC 的技术领域相对应,对于每一个 F-term 技术主题,再从多种技术角度进行细分,整个 F-term 分类体系约有 34 万个细分类(图 6-22)。

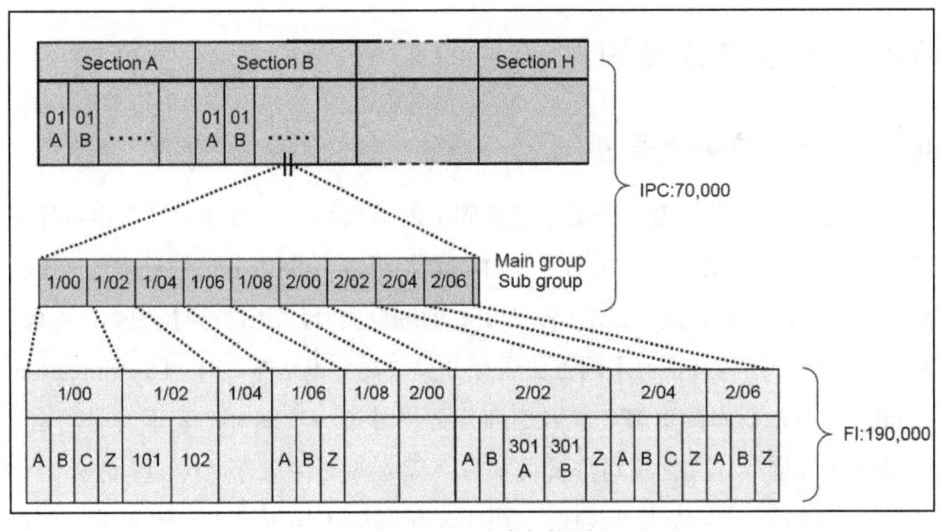

图 6-21　FI 分类架构图

在实际分类中,一篇日本专利文献同时以 FI 和 F-term 进行标引。使用 FI 及 F-term 分类可对专利文献进行细分,这样更加方便检索。在检索过程中,如果使用 FI、F-term 分类,可以快速、准确地对日本文献进行检索。在实际检索工作中,可以将 FI、F-term 单独用于检索,也可以组配起来用于检索。

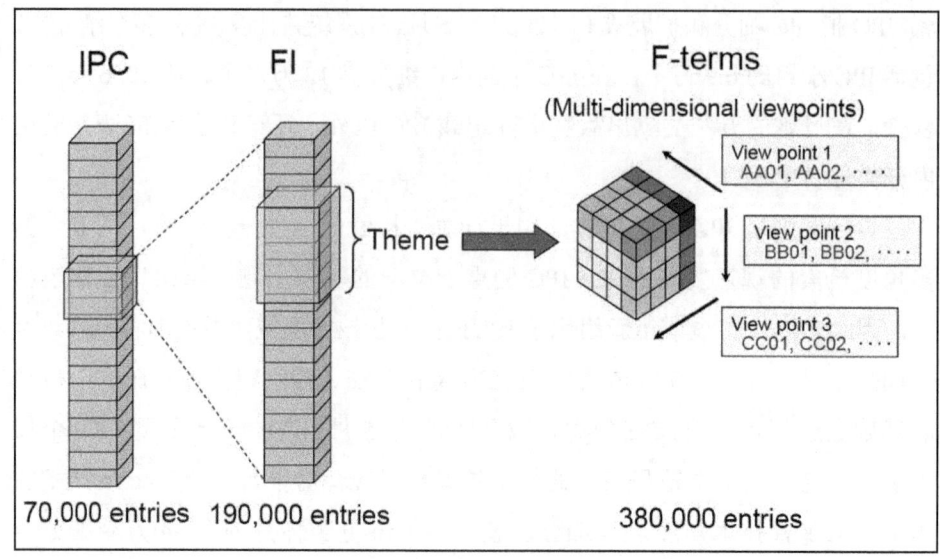

图 6-22　F-term 分类架构图

6.3.2　分类体系结构

6.3.2.1　FI 分类系统架构

FI 分类系统是在 IPC 分类系统基础上的继续细分。FI 分类号由小组号完整的 IPC 分类号 +IPC 细分类号 + 文件识别符组成。其中，IPC 细分类号（IPC-Subdivision Symbol）是由日本局针对 IPC 的细分类号，由 3 位阿拉伯数字构成，从使用场合、结构特征等不同方面进行分类；文件识别符（File Discrimination Symbol）是由日本局对 IPC 或 IPC 细分类符号进一步细分的表示符号，由 1 位英文字母构成。文件识别符采用罗马字母 A～Z 中除了"I、O"之外的任意一个。字母"Z"代表"其他"，用于表示那些不属于已出现的文件识别符表示的小组中的主题，或者涉及一个以上文件识别符表示的小组中的主题都分入识别符"Z"表示的小组。

例如，IPC 细分类号和文件识别符并不是 FI 所必须包括的部分，① IPC 号：G11B5/10；② IPC 号＋文件识别号：G11B5/10 A；③ IPC 号＋ IPC 细分号：G11B20/12，103；④ IPC 号＋ IPC 细分号＋文件识别号：G11B20/18，540 D。

从上面例子可看出,FI 分类号是在 IPC 号基础上加 1 位英文字母表示的"文件识别号"[如例子②],或者加上用 3 位阿拉伯数字表示的"IPC 细分号"[如例子③],或者两者都采用[如例子④]。其中,"文件识别号"和"IPC 细分号"都是在 IPC 号基础上进行细分的符号[如例子②中的"G11B5/10"表示的主题:磁头的外壳或屏蔽罩的结构或制造,"A"表示的主题:结构;例子③中的"G11B20/12"表示的主题:格式安排,例如,记录载体上数据块或字的排列,"103"表示的主题:对录像带记录格式重新安排]。当然,"IPC 细分号＋文件识别号"则表示对 IPC 细分号基础上的进一步细分的符号[如例子④中"G11B20/18"表示的主题:错误的检测或校正;测试;"540"表示的主题:以代码容量为特征;"D"表示的主题:以检测/校验为特征]。

6.3.2.2　F-term 分类系统结构

F-term 是日本专利局专门为计算机检索而设置的单独的分类系统,例如:

因为 F-term 是单独设置的分类系统,所以它的标记方式与 IC 分类号和 EC 分类号某种程度有一定差别。其中,F-terms 的 5 位字符表示的"主题码"类似于 IC、EC 分类号中的大组,表示的是技术领域;2 位字母表示的"观点符"是从目的、结构、材料、加工方法等各个方向反应技术信息;2 位"数字符"是进一步细化的技术信息。例子中的主题码 2B002 表示的技术领域是"胶合板或夹板的二次加工",观点符"AA"表示的技术信息是"夹板",数字符 02 表示的是"木制胶合板"。

6.3.2.3　日本专利中的表示方式

日本专利中的表示方式如下:在文献的首页会有 FI 和主题码和 F-term 号,当首页因为排版放不下时,剩余的号会放在文献的末尾(图 6-23)。注意在阅读文献时,不要漏掉末尾的信息。

专利审查中的检索规则 与 实例

```
(19)日本国特許庁(JP)          (12) 公 開 特 許 公 報(A)         (11)特許出願公開番号
                                                              特開2014-35080
                                                                  (P2014-35080A)
                                                (43)公開日  平成26年2月24日(2014.2.24)

(51) Int.Cl.             F I                        テーマコード(参考)
    F16L  27/12 (2006.01)    F16L  27/12      E     2D061
    E03C   1/12 (2006.01)    E03C   1/12      D     3B060
    A47B  77/02 (2006.01)    A47B  77/02            3H104
    A47B  77/06 (2006.01)    A47B  77/06

                                           審査請求 有 請求項の数 3  OL  (全 13 頁)

(21) 出願番号     特願2013-148131 (P2013-148131)    (71)出願人  506312445
(22) 出願日      平成25年7月17日 (2013.7.17)                  風越碇股株式会社
    基礎とした実用新案登録                                      神奈川県横浜市中区福富町西通1番8
                実用新案登録第3179217号                (71)出願人  509163293
    原出願日      平成24年8月9日 (2012.8.9)                   長谷川 智子
                                                      神奈川県横浜市神奈川区七島町159
                                           (74)代理人  100102923
                                                      弁理士 加藤 雄二
                                           (72)発明者  長谷川 巌
                                                      神奈川県横浜市中区福富町西通1番8 風
                                                      越碇股株式会社内
                                           (72)発明者  長谷川 智子
                                                      神奈川県横浜市神奈川区七島町159
                                           Fターム(参考) 2D061 AA01 AB07 AC05 AD01 BA01
                                                            BA04 BA08 BG04
                                                                         最終頁に続く
```

Fターム(参考) 3B060 DA03 FA02
3H104 JA08 JB02 JC09 JD01 LF04 LF06 LF08

图 6-23 FI、F-term 在日本专利中的表示方式

6.3.3 FI/F-term 分类资源的获取

6.3.3.1 FI 最新分类表获取

可通过直接输入网址 https://www.jpo.go.jp/ 的方式到达日本特厅主页，再将语言切换成英语，找到 patent classification（图 6-24、图 6-25）。

点击 IPC-FI-CPC 对照表，在 IPC 栏输入自己的领域，可以选 IPC 表、FI 表或者 CPC 表，还可选择语言，如此就可得到详细的分类表（图 6-26、图 6-27）。

第 6 章 // 主要专利分类体系

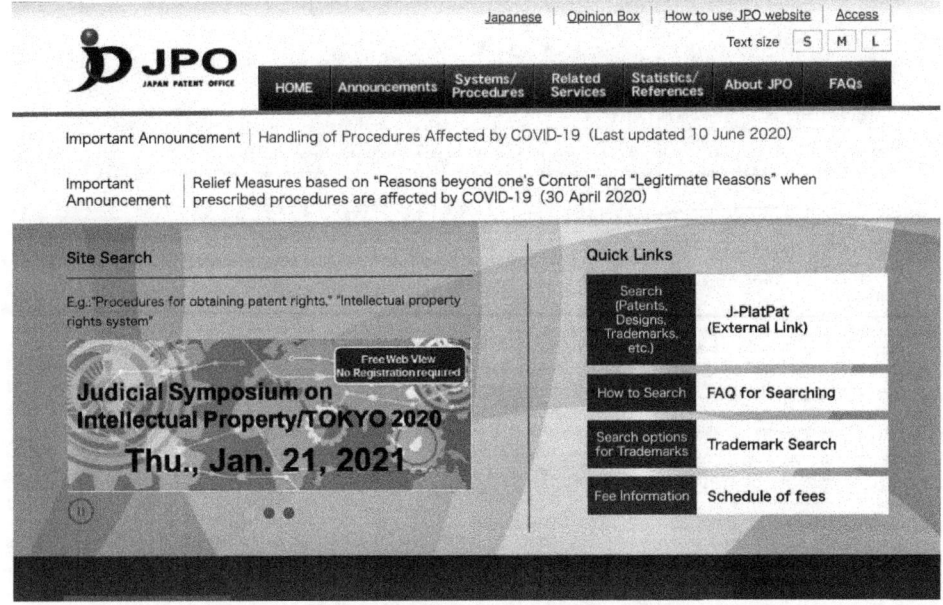

图 6-24　日局主页

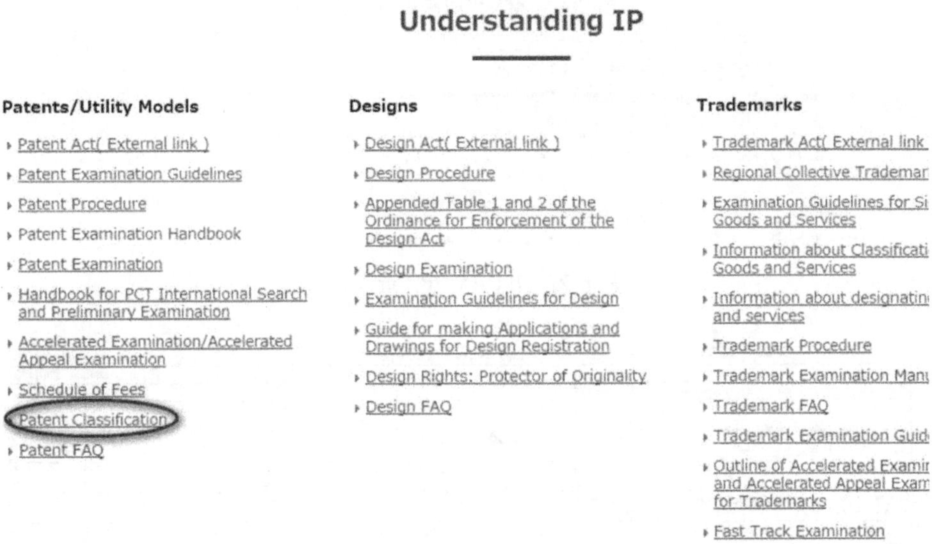

图 6-25　日本特厅主页分类号入口

在 IPC 栏输入 F24F，选择的英文版 FI 表，IPC 和 CPC 不显示，如图 6-28 所示。

Classification

FI and F-term lists(External link)

For browsing FI and F-term list. FI [File Index] and F-term [File forming term] are Japanese patent classification systems consisting of approx. 190,000 and 360,000 entries respectively, which enable the efficient search of patent documents. It is also noted that FI is based on IPC [International Patent Classification]. For more detailed information on FI and F-term (PDF:7,383KB).

IPC-FI-CPC scheme parallel viewer

For browsing IPC, FI and CPC in parallel. In this viewer, you can find the relevant entries among IPC, FI and CPC.

Bulk data

FI revision information

For obtaining information regarding FI revisions. FI scheme is revised twice a year.

F-term revision information

For obtaining information regarding F-term revisions. F-term scheme is revised once a year.

List of all theme information(Excel:244KB)

For obtaining the list of all theme information. The explanation of items in the list is here(PDF:191KB). JPO has maintained Japanese patent documents by uniquely dividing them into technical fields. Each technical field is called "Theme".

图 6-26　IPC-FI-CPC 查询入口

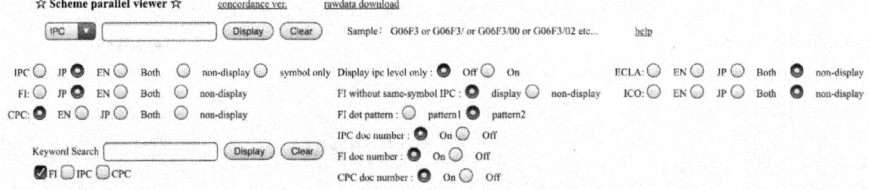

图 6-27　IPC-FI-CPC 查询界面

图 6-28　FI 查询结果

也可以选择同时显示 IPC、FI 和 CPC，如图 6-29 所示。

F24F 1/00	Room units for air-conditioning, e.g. separate or self-contained un its or units receiving primary air from a central station	45956docs	F24F 1/00	Room units, e.g. separate or self-contained unit s or units receiving primary air from a central s tation [1,2011.01]	1626docs	3L049	HB	F24F1/00	Room units for air-conditioning, e.g. separate or self-contained un its or units receiving primary air from a central station	1780 docs
F24F 1/0003	· characterised by a split arrangem ent, wherein parts of the air-cond itioning system, e.g. evaporator a nd condenser, are in separately lo cated units	278 docs	F24F 1/0003		501docs	3L049	HB	F24F1/0003	· characterised by a split arrang ement, wherein parts of the air-co nditioning system, e.g. evaporato r and condenser, are in separately located units	1541 docs
F24F 1/0007	· Indoor units, e.g. fan coil units(se lf-contained units F24F1/02)	870docs	F24F 1/0007	· Indoor units, e.g. fan coil units (self-contained units F24F 1/02)	501docs	3L049	HB	F24F1/0007	· Indoor units, e.g. fan coil unit s (self-contained units F24F1/02) WARNING Group F24F1/0007 is impacted b y reclassification into groups F24 F1/00073, F24F1/00075, F24F1/ 00077, F24F1/0035, F24F1/0038 , F24F1/0041, F24F1/0043, F24F 1/0047, F24F1/005, F24F1/0053, F24F1/0057, F24F1/0059, F24F1 /0063, F24F1/0067, F24F1/0068, F24F1/0071, F24F1/0073, F24F1 /0076, F24F1/008, F24F1/0083, F24F1/0087, F24F1/009, F24F1/ 0093, F24F1/0097, F24F1/052, F 24F1/0323, F24F1/0325, F24F1/ 0326, F24F1/0328, F24F1/035, F 24F1/0353 and F24F1/037. All groups listed in this Warning	5005 docs

图 6-29　IPC-FI-CPC 同时查询结果

也可以通过关键词查找相关分类号，如在 Keyword Search 栏输入 air condition，如图 6-30 所示。

FI	A01G 9/24 S	2B029	Air conditioning by using heat reservoir	蓄熱体を用いた冷暖房
FI	A01K 1/00 D	2B101	Air conditioning	暖冷房
FI	A47C 21/04 C	3B092	Cooling by an air conditioner	空調機で冷房するもの
FI	A47C 21/04 G	3B092	Warming by an air conditioner	空調機で暖房するもの
FI	A61Q 5/12 ¥	4C083	Preparations containing hair conditioners [8]	ヘアーコンディショナーを含む製剤 [8]
FI	B02B 1/08 ¥	4D043	Conditioning grain with respect to temperature or water content (air conditioning or ventilating in silos F24F; drying apparatus F26B; hygrometers G01N)	温度または水分含量に関する穀粒の調整（サイロの空気調和また は換気F２４F；乾燥装置F２６B；湿度計G０１N）
FI	B60H 3/06 611 B	3L211	Installed in air conditioner duct	空調用ダクト内に取り付けたもの（Ｈ１３．５新設）
FI	B60K 37/00 D	3D344	Concerning air conditioners	エアコンにかかわるもの
FI	B60S 1/54 F	3D025	Using air conditioners	空調装置を用いるもの
FI	B60W 10/30 900 ¥	3D202	control of auxiliary machinery specially adapted to hybrid electric vehicle (HEV), e.g. control elated to fuel pump, air conditioner compressor, oil pump	特にハイブリッド電気自動車（ＨＥＶ）に適用される補機に関 する制御，例．燃料ポンプ，エアコン圧縮機，オイルポンプに 関する制御
FI	B62B 5/00 E	3D050	Equipment for maintaining good environment in vehicles, e.g. arrangement or application of air conditioning equipment	車内環境維持装置，例．空調装置，の配置または適用
FI	B62D 35/00 G	3D113	also having other functions, e.g. illumination, air conditioning, compartments) and relation with functioning parts thereof	他の機能（例．照明，空調，物入れ）の兼備その他機能部品との 関連
FI	B62D 37/02 F	3D113	also having other functions, e.g. illumination, air conditioning) and relation with functioning parts thereof (including ones with antenna	他の機能（例．照明，空調）の兼備，その他機能部品との関連 〔アンテナ機能または反射鏡をもつものを含む〕〔照明装置を

图 6-30　利用关键词查询结果

6.3.3.2　F-term 最新分类表获取

F-term 的获取方式如图 6-31 所示，在 FI 号的后面有对应的主题码。

点击任一主题码，可跳转到 J-PlatPat 界面，切换英文版本，可方便查找 F-term 分类号（图 6-32）。

F24F 1/00		Room units, e.g. separate or self-contained units or units receiving primary air from a central station [1,2011.01]	1626docs 3L049 HB
F24F 1/0003	·		501docs 3L049 HB
F24F 1/0007	·	Indoor units, e.g. fan coil units (self-contained units F24F 1/02)	501docs 3L049 HB
F24F 1/0007 321	· ·	related to assembly, e.g. motors, fans, related to mounting arrangement of fan casing (heat exchangers F24 F1/0063; drain pan F24F1/0007, 361D, F24F1/0007, 361H)	1353docs 3L050 HB
F24F 1/0007 331	· ·	using of cold or hot water, e.g. using cold water or hot water for cooling and heating, atomizers, selector valves or air purging valves	1668docs 3L050 HB
F24F 1/0007 361	· ·	Preventing generation of condensate, and removing and collecting condensed watercondensate; drain pan	14docs 3L050 HB
F24F 1/0007 361 A	· · ·	Preventing condensation (housing using insulation panel F24F 1/0007, 401D; drain pan using insulating materials F24F 1/0007, 361H)	538docs 3L050 HB
F24F 1/0007 361 B	· · ·	Wastewater treatment for condensation water (of condensate), e.g. natural drainage, water pipes, auxiliary drip trays, guiding plates or vaporizers	1765docs 3L050 HB
F24F 1/0007 361 F	· · ·	Forced drainage of condensate, e.g. by discharge pump, heater or high pressure pipe of refrigeration cycle	800docs 3L050 HB
F24F 1/0007 361 C	· · ·	using condensate, e.g. spraying to humidifiers or condensers	435docs 3L050 HB
F24F 1/0007 361 D	· · ·	Drain pan , e.g. strainers (auxiliary drip trays F24F 1/0007, 361B)	1426docs 3L050 HB
F24F 1/0007 361 H	· · ·	Drain pan using insulating materials	190docs 3L050 HB
F24F 1/0007 361 Z	· · ·	Others, e.g. preventing drips from flying	309docs 3L050 HB
F24F 1/0007 381	· ·	Switching supply/exhaust of circulating air, e.g. switching inlets and outlets by dampers, air blowers or the like	778docs 3L051 HB

图 6-31　F-term 查询入口

图 6-32　F-term 查询界面

选择 FI/Facet，可输入自己的领域，比如 F24F，也可以得到 FI 分类表（图 6-33）。

在图 6-34 的界面，选择 F-term，输入 3L050，得到主题码下的 F-term 号（图 6-35、图 6-36）。

并且在这里可以选择 F-term description，找到 F-term 对应的典型的分类定义附图，可以方便直观的明白分类号的定义（图 6-37、图 6-38）。

第6章 // 主要专利分类体系

− F24F	AIR-CONDITIONING; AIR-HUMIDIFICATION; VENTILATION; USE OF AIR CURRENTS FOR SCREENING (removing dirt or fumes from areas where they are produced B08B 15/00; vertical ducts for carrying away waste gases from buildings E04F 17/02; tops for chimneys or ventilating shafts, terminals for flues F23L 17/02)	(Note)/(Index)
+ F24F1/00	Room units, e.g. separate or self-contained units or units receiving primary air from a central station [1,2011.01]	Handbook / Concordance
+ F24F3/00	Air-conditioning systems in which conditioned primary air is supplied from one or more central stations to distributing units in the rooms or spaces where it may receive secondary treatment; Apparatus specially designed for such systems (room units F24F 1/00)	Handbook / Concordance
+ F24F5/00	Air-conditioning systems or apparatus not covered by group F24F 1/00 or F24F 3/00	Handbook / Concordance
+ F24F6/00	Air-humidification [3]	Handbook / Concordance
+ F24F7/00	Ventilation	Handbook / Concordance
+ F24F9/00	Use of air currents for screening, e.g. air curtain	Handbook / Concordance

图 6-33　查询得到的 FI 分类表

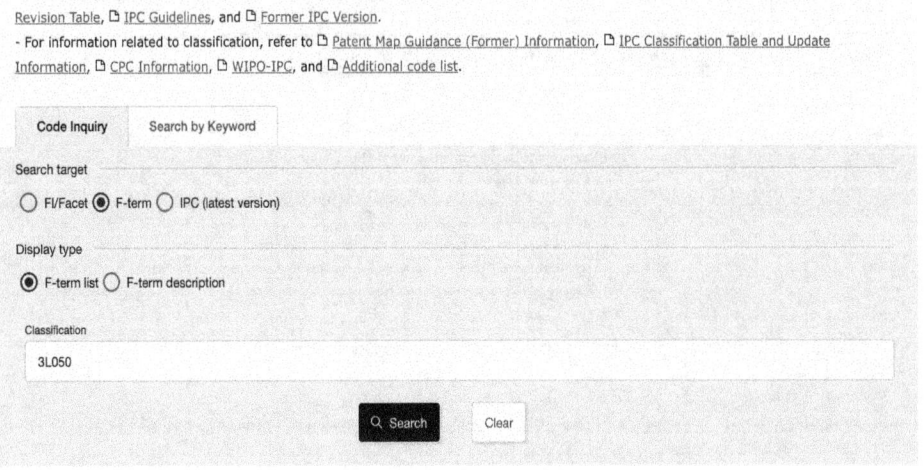

图 6-34　F-term 分类号查询方式

Theme code	3L050	Explanation
Descriptions		Devices for blowing cold air, devices for blowing warm air, and means for preventing water condensation in air conditioning units (Category : -)
Scope of FI		F24F1/0007 ,321-1/0007,361@Z;1/0087-1/0097;1/02,371-1/02,371@Z;1/029;1/037-1/039

- [ ] AA00 OPERATIONS AND USES OTHER THAN FOR DRAIN WATER — Open +
- [ ] BA00 DEVICE COMPONENTS — Open +
- [ ] BB00 HEAT-EXCHANGE SYSTEMS — Open +
- [ ] BC00 HEATING DEVICES — Open +
- [ ] BD00 POINTS ON THE AIR-CONDITIONING UNIT WHERE WATER CONDENSATION OCCURS — Open +
- [ ] BE00 DRIP TRAYS OR TANKS — Open +
- [ ] BF00 MEANS FOR INTAKE AND DRAINAGE OF CONDENSED WATER — Open +

图 6-35　查询得到的 F-term 分类表

- [ ] AA00 OPERATIONS AND USES OTHER THAN FOR DRAIN WATER — Close —
  - [ ] AA01 . Prevention of moisture condensation
    - [ ] AA02 . . Heating
    - [ ] AA03 . . Elements for changing the air-flow direction
    - [ ] AA04 . . Heat-insulating elements
  - [ ] AA05 . Cooling of condenser devices
    - [ ] AA06 . . Slinger rings
  - [ ] AA07 . Precooling of air
  - [ ] AA08 . Humidifying of air
  - [ ] AA10 . Others

Scope of FI : F24F1/0007,361 -1/0007,361@Z; 1/0087; 1/02,371-1/02,371@Z; 1/037

图 6-36　查询得到的 F-term 分类表展开

3L050
(Remarks)

Theme code	3L050	List
Descriptions		Devices for blowing cold air, devices for blowing warm air, and means for preventing water condensation in air conditioning units (Category :)
Scope of FI		F24F1/0007 ,321-1/0007,361@Z;1/0087-1/0097;1/02,371-1/02,371@Z;1/029;1/037-1/039

- Theme code　　　　　　　　3L050
- Application examples of F-term
  　　　　　　　　　　　　　　FI coverage
  　　　　　　　　　　　　　　F24F1/00,321-1/00,361@Z;1/02,331-1/02,371@Z
  　　　　　　　　　　　　　　General coverage of theme
  　　　　　　　　　　　　　　This theme mainly covers subject matters to relate to the blowing section (Blower, motor etc.) of an air conditioner, a ge method of the compression part, a heating apparatus and treatment of condensate.
  　　　　　　　　　　　　　　There are the central type air conditioner and the individual air conditioner (Room unit) in an air conditioner, but this t e subject matter for the F-term analysis about the individual type air conditioner (Room unit).
  　　　　　　　　　　　　　　The individual type air conditioner (Room unit) is roughly classified into a fan coil unit or a split type unit and self-sto Image 1)　figure
- Relationship between FIs and viewpoints
  　　　　　　　　　　　　　　Image 1), Image 2)　figure
- Structure of F-term list
- Descriptions of F-terms　　　AA　OPERATIONS AND USES CONDENSED WATER OTHER THAN FOR DRAIN WATER　figure
  　　　　　　　　　　　　　　BA　DEVICE COMPONENTS
  　　　　　　　　　　　　　　When piping becomes the purpose of heat exchanging, BA00 is assigned, and "BA location: Piping for heat exchan free word.　figure

图 6-37　查询得到的 F-term 分类表定义

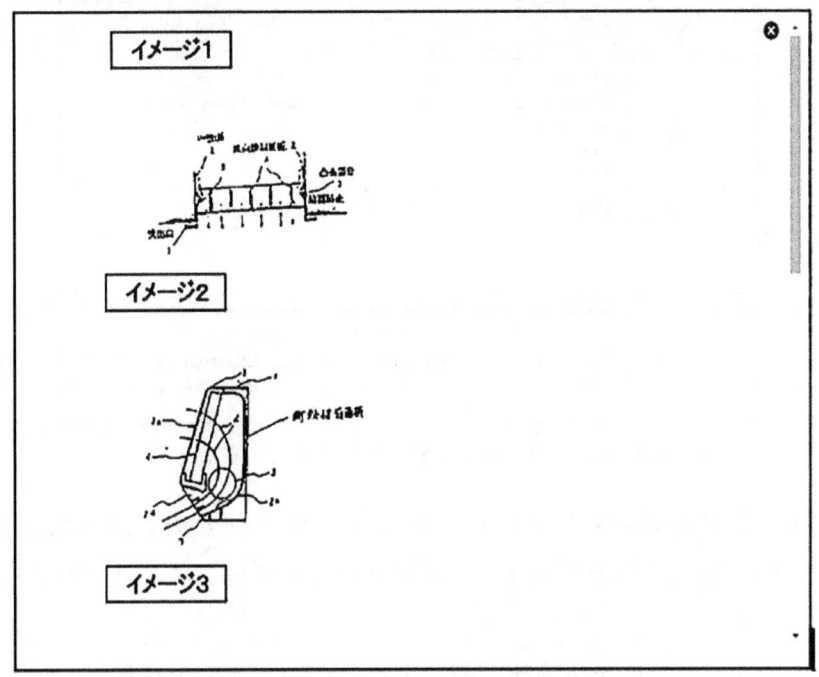

图 6-38　查询得到的 F-term 分类定义附图

6.3.4　FI/F-term 分类体系检索策略

6.3.4.1　分类体系覆盖的文献范围

所有的日文文献均采用了 FI/F-term 分类体系。IPC—FI/F-term—FI/F-term（FT）覆盖的文献范围比较如图 6-39 所示。可以看出，FI/F-term 的分类号是最多的，也可以说是分得最为详细的，但是其只标注了日文文献，在检索时要有针对性地使用。

6.3.4.2　FI 分类体系检索策略

FI 分类号采用类似 IPC 分类号的层次递降等级结构，针对技术整体进行分割，使在某一小组下文献量限制在几百甚至几十篇之内，涵盖所有技术领域和所有专利文献，并保持一年两次更新。由于其分类更细，对于同一篇文献，其给出的 FI 分类号比 IPC 更多。

System	Governance	Number of Entries	Documentation coverage
IPC	IPC/CE (Committee of Experts); supervised by WIPO	70K	-almost all patent docs published worldwide
FI/F-term	JPO	190K/ 380K	-JP docs
CPC	EPO/USPTO	250K (main trunk /2000 series = 160K/ 80K)	-the subset of "min-PCT" documentation in one of the three EPO languages -patent docs classified by CPCNO

图 6-39 FI、F-term 分类体系覆盖的文献范围

FI 的使用方式与 IPC 类似：①利用本领域的 FI 分类表查表直接获取；②利用 IPC 分类和 FI 分类映射关系间接获取；③通过相关文献给出的分类号获取。

FI 的使用弥补的是单独使用 IPC 分类号进行技术分类具有的局限性，主要针对的是 IPC 分类不够细的问题。采用 FI 后，其能够用一个分类号表达出之前需要 IPC 加关键词才能表达得信息。另外，由于目标文献往往采用多个 FI 分类号，在选择分类号时可以尝试采用多个分类号检索，不应该局限于某一所谓最准的分类号。

6.3.4.3　F-term 分类体系检索策略

相对于其他分类体系，F-term 分类体系最大的特点在于使用观点 + 数字的方式对单一技术领域进行进一步细分，观点可以是发明的目的、用途、材料、控制、控制量等 。F-term 分类体系中的观点可类比于通常检索过程中的关键词，不仅细分程度有了巨大地提高，还可以像关键词一样，使用多个表征技术特征的 F-term 分类号进行逻辑运算以精确、快速地检索文献。

F-term 分类体系的查询分为查询主题码和查询观点两个步骤。使用 F-term 时需要以文献的 IPC 分类号为基准，找到对应的 FI 分类号，并进一步根据 FI 分类号找到对应的 F-term 主题码；在确定所需要的主题码后，需要进一步寻找观点 + 数字所组成的 4 位编码。

由于 F-term 的分类原则是对一篇文献使用分类号尽可能多地涵盖其所涉及的特征，使每篇文献都会具备多个 F-term 分类号，这些分类号所涉及的领域可以互相重叠。在检索时，可以通过逻辑运算符来操作找到多个分类号，如同使用关键词一样运用分类号。

6.3.4.4 利用 FI/F-term 分类号检索的优点和局限

利用 FI/F-term 分类号检索的优点在于，对于一篇文献，在 FI 中能找到细分，能够表达出一些检索的关键要素。此外，从权利要求书、发明目的和效果及结合附图的实施例给出了多个 F-term 分类号，检索者只要使用了其中一个分类号，就可以找到该文献，而且通过这些分类号就可以了解到该文献的全文信息。因 F-term 分类系统从多个角度给出文献全文信息的分类号，并且细化到具体的技术特征，检索时，只要将几个涉及发明点的 F-term 分类号进行"与"，就可以将检索到的文献限制在几十篇内。因此，利用 FI/F-term 检索完全可以不采用关键词，而仅用分类号进行检索，避免了因关键词取词不准的而产生的漏检。

缺点在于，只能检索到日本专利文献和具有日本同族的专利文献，因为只有日本专利文献或日本同族专利文献给出了 FI/F-term 分类号，而其他国家的专利文献没有给出 FI/F-term 分类号。

第 7 章

检索相关信息获取途径

7.1 各国审查文档及检索报告获取途径

7.1.1 多国发明专利审查信息查询系统

多国发明专利审查信息查询系统是国家知识产权局推出的一项专利审查查询系统，可以查询中国国家知识产权局、欧洲专利局、日本特许厅、韩国特许厅、美国专利商标局受理的发明专利审查信息。

用户需要登录系统才能进入多国发明专利审查信息的查询界面，可以通过输入申请号、公开号、优先权号查询该申请的同族（由欧洲专利局提供）信息，并可以查询中、欧、日、韩、美五局的申请及审查信息。当然，早期的审查信息是不能查询的，现在能查询的日期范围：中国国家知识产权局可以提供申请日在 2010 年 2 月 10 日之后的审查信息；欧洲专利局可以提供申请日在 1978 年 6 月 1 日之后的审查信息；日本特许厅可以提供申请日在 1990 年 1 月 1 日之后的审查信息；韩国特许厅可以提供申请日在 1999 年 1 月 1 日之后的审查信息；美国专利商标局可以提供申请日在 2003 年 1 月 31 日之后的审查信息。

在美国专利商标局主页（http://www.cnipa.gov.cn/）下点击专利审查信息查询，输入账号和密码后即可进入系统，其界面如图 7-1 所示。

接下来，以中国专利申请 CN108884359A 为例来查询他国审查信息。选择多国发明专利审查信息查询，输入号码类型、国别、公开号、文献类型等必填信息，点击查询。进入检索结果页面后，可以看见该申请的所有同族信息，包括申请号、公开号、申请信息和公开信息等。点击带下划线的申请号可以同时打开申请信息和审查信息；同样，点击申请信息和审查信息，也可单独打开（图7-2）。

图7-1　多国发明专利审查信息查询操作界面

图7-2　在多国发明专利审查信息查询系统中输入公开号检索案件信息

打开同族申请后，左侧按申请文件、通知书、答复意见和检索报告等对审查文件进行了分类并按时间进行排序，点击每一项包含的类目可以选择查看审查文件的原文，且均可以下载（图 7-3）。

图 7-3　同族案件的申请信息和审查信息

7.1.2　Global Dossier 查询系统

Global Dossier 服务是在五大知识产权局合作的基础上建立的，旨在为用户提供专利申请在上述五大局的同族专利信息。在 Global Dossier 中，可以查询到专利申请在五局的同族专利的审查信息，包括申请文件、审查意见、申请人的意见陈述、官方发出的各类通知书等，并且还提供中文、日文和韩文审查通知书的翻译版本。

在美国专利商标局主页（https://www.uspto.gov/）下点击 Patents → Search for Patent → Global Dossier → Access Global Dossier 可以进入系统，其界面如图 7-4 所示，其中 Office 是国别/地区选择，Type 是类别，包括申请号、公开号等。

图 7-4　Global dossier 操作界面

相同地，以中国专利申请 CN108884359A 为例，可通过 Global Dossier 查询其在他局的审查信息。在系统中输入公开号，点击 🔍 查询所有同族信息（图 7-5）。

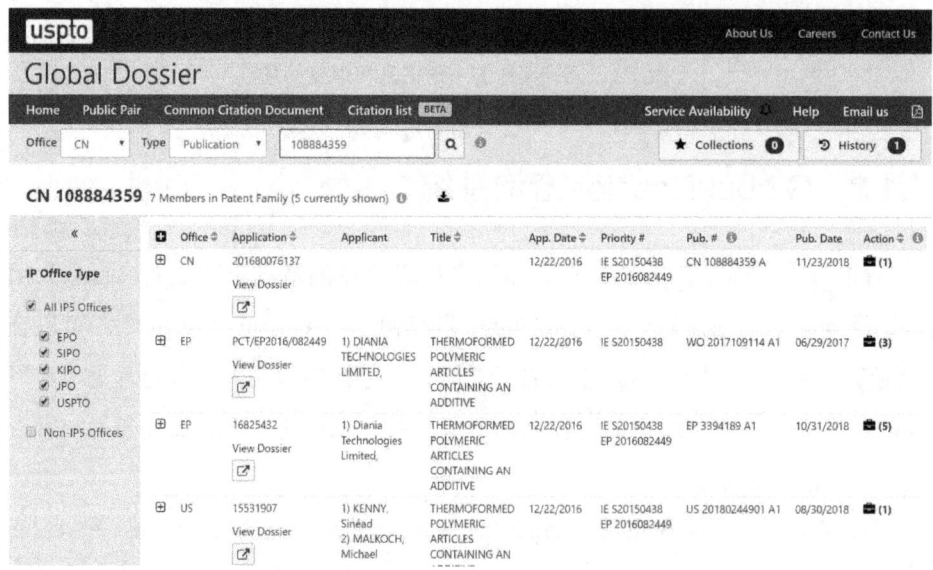

图 7-5　在 Global Dossier 中输入公开号检索案件信息

进入检索结果页面后，在左侧"IP Office Type"中勾选同族专利范围，在每条检索结果中点击"View Dossier"可以打开该同族专利文件的审查过程文件（图 7-6）。

第 7 章 // 检索相关信息获取途径

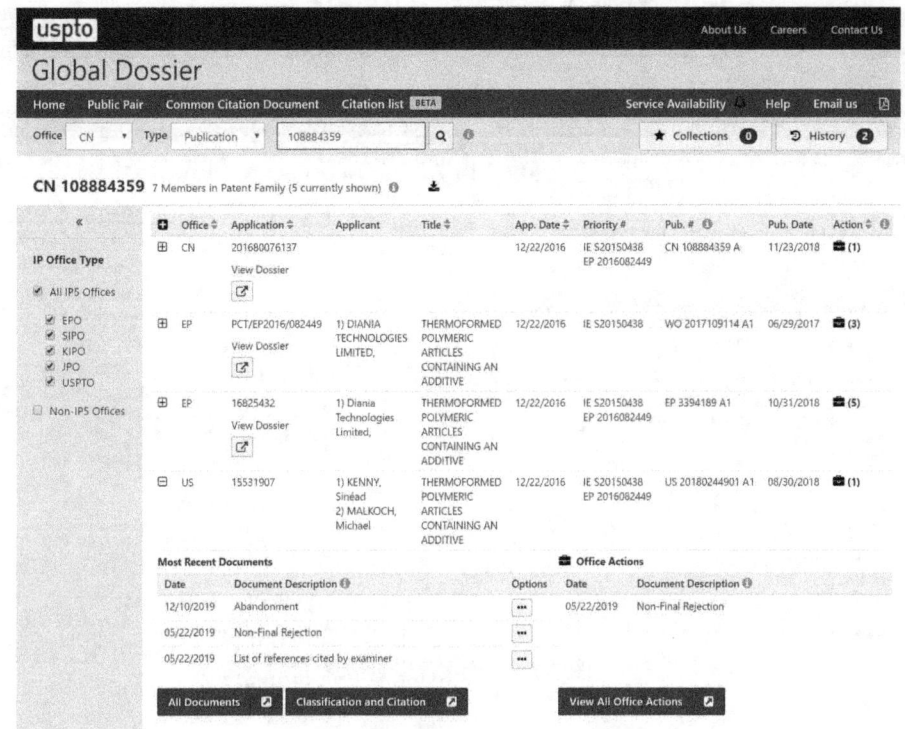

图 7-6　Global Dossier 中同族案件信息

打开审查过程文件后，点击上方"View All"可以筛选要查看的文件种类，如审查意见通知书、申请文件、申请人意见陈述及答复等；点击"Date"可以按时间将审查信息进行排序；点击"Description"下方的类目可以选择查看审查文件的原文或者翻译版本，且均可以下载（图 7-7）。

另外，通过欧洲专利局也可以进入 Global Dossier，具体步骤如下。

首先，在欧洲专利局主页（https://www.epo.org/）下点击 Espacenet - patent search → Open Espacenet 进入系统，然后输入公开号，点击 🔍 查询案件信息（图 7-8）。

进入检索结果页面后，选择图 7-9 中 Patent family 可以获得本案件的所有同族信息，再点击他局的公开号，如 US2018244901A1，可以查看案件具体信息。

打开他局同族案件信息后，可以看到图 7-10 中标有红色圆球图标的 Global Dossier 入口，点击进入后，得到按照时间排列的审查过程文件，同样包括原文和翻译版本。

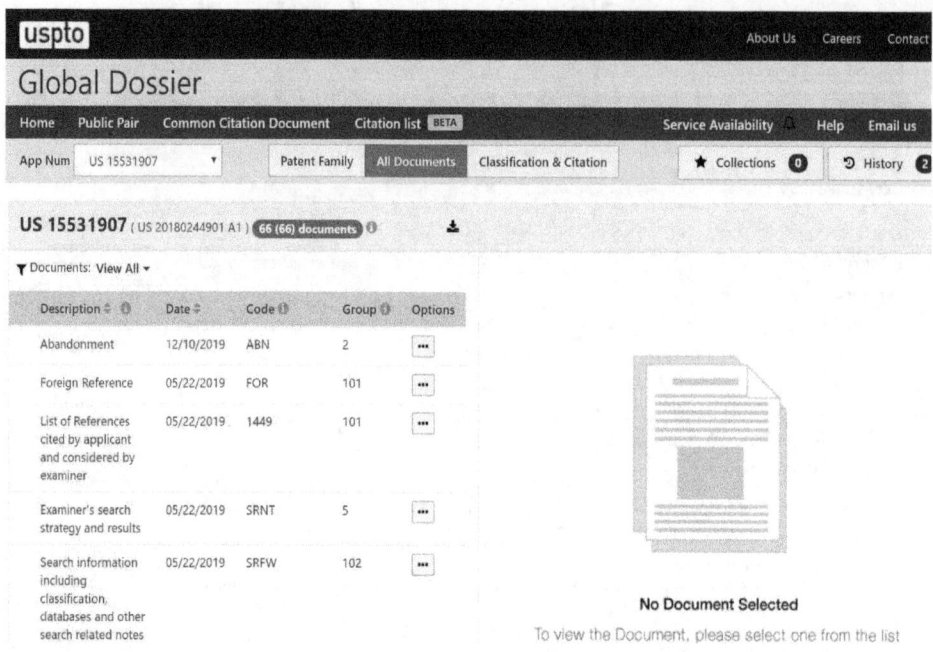

图 7-7 同族案件审查信息

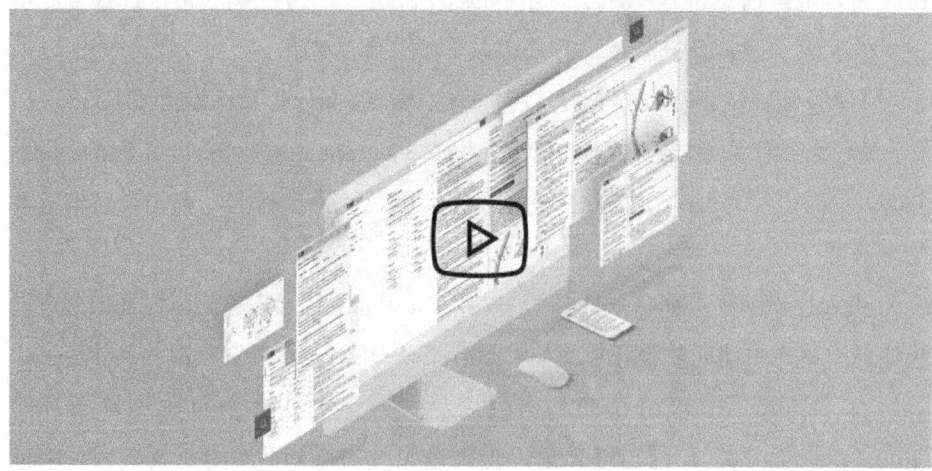

图 7-8 在 Espacenet 中输入公开号检索案件信息

第 7 章 // 检索相关信息获取途径

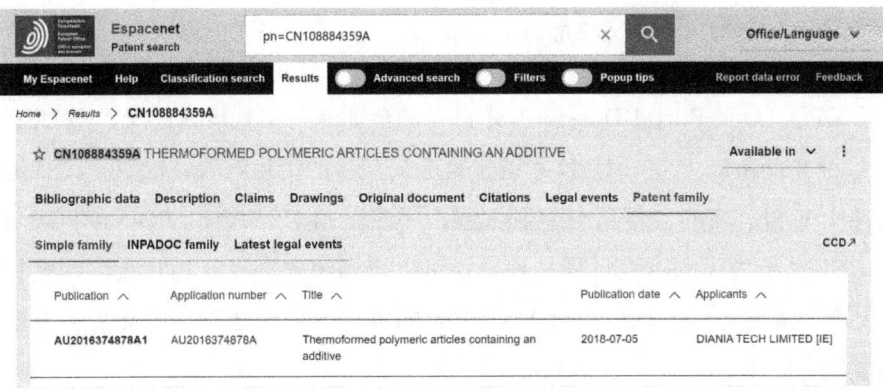

图 7-9　Espacenet 同族信息

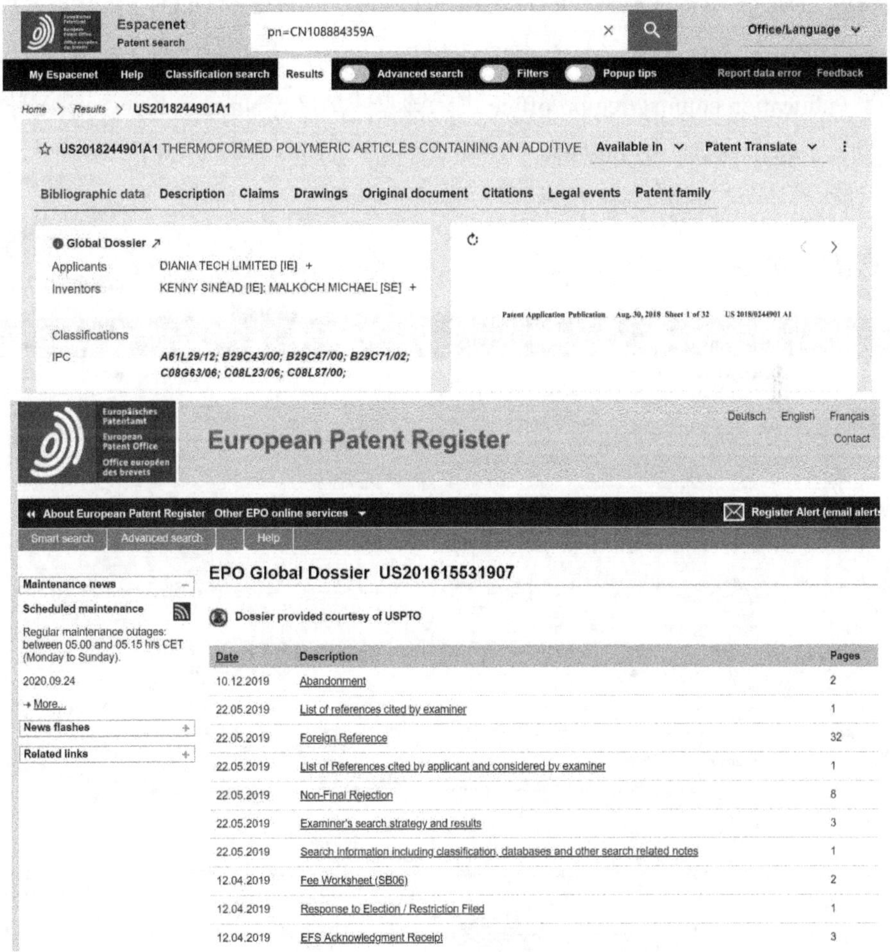

图 7-10　通过 Espacenet 中 Global Dossier 入口转至同族案件审查信息

7.1.3 OPD 查询系统

OPD（One Portal Dossier）是日本的全球专利案卷检索系统，与 USPTO 的 Global Dossier 一样，OPD 系统也是五局项目的衍生产物，能够一站式地访问某个专利家族的全球所有专利案卷，不仅包括 USPTO、EPO、KIPO、JPO 和 CNIPA 五大局的审查过程文件，还可以查询澳大利亚、加拿大、印度的审查档案，其中，USPTO、JPO 和 CNIPA 的审查意见通知书系统会提供自动的英文翻译版本。

在日本特许厅英文主页（https://www.jpo.go.jp/e/）下点击【J-PlatPat】Search（Patent，Design，Trademark，etc.）（External Link）→ Patents/Utility Models → Patent/ Utility Model Number Search/OPD 可以进入系统，其界面如图 7-11 所示。其中，Publication country/region/office 表示国家或地区，Number type 为输入号码类别，包括申请号、公开号等。

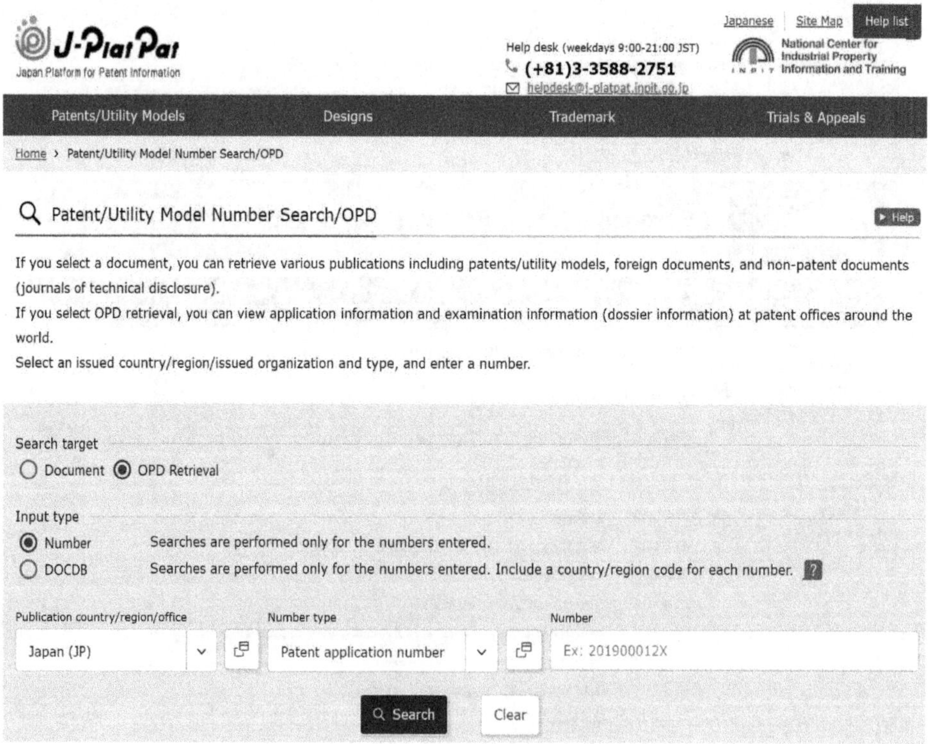

图 7-11　OPD 操作界面

同样，以中国专利申请 CN108884359A 为例，通过 OPD 可查询其在他局的审查信息。在系统中输入公开号，点击 Search 可查询所有同族信息（图 7-12）。

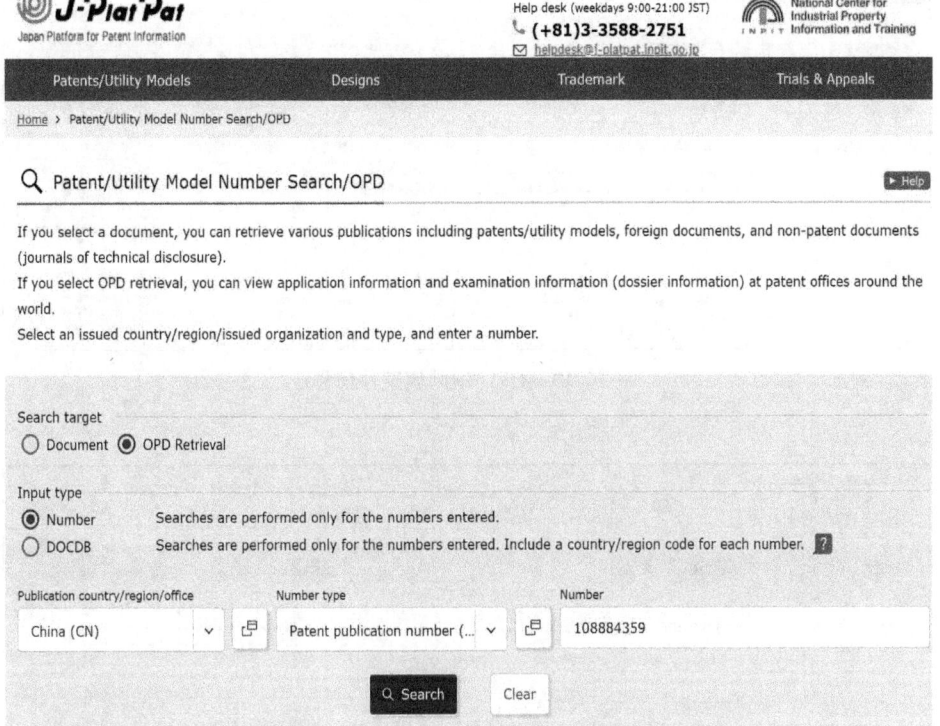

图 7-12　在 OPD 中输入公开号检索案件信息

进入检索结果页面后，可以看到该申请的同族数及具体的一览表。其中，Document group 对审查档案进行了细致的分类，每条检索结果后面均包含分类信息和文件清单，在每条检索结果中点击"Expand Document List"可以打开该同族专利文件的审查过程文件（图 7-13）。

打开审查过程文件后，可以查看具体信息，如审查意见通知书、申请人意见陈述及答复等。点击"Submission date"可以按时间将审查信息进行排序，点击"Original Text"可以查看审查文件的原文或者翻译版本，且均可以下载（图 7-14）。

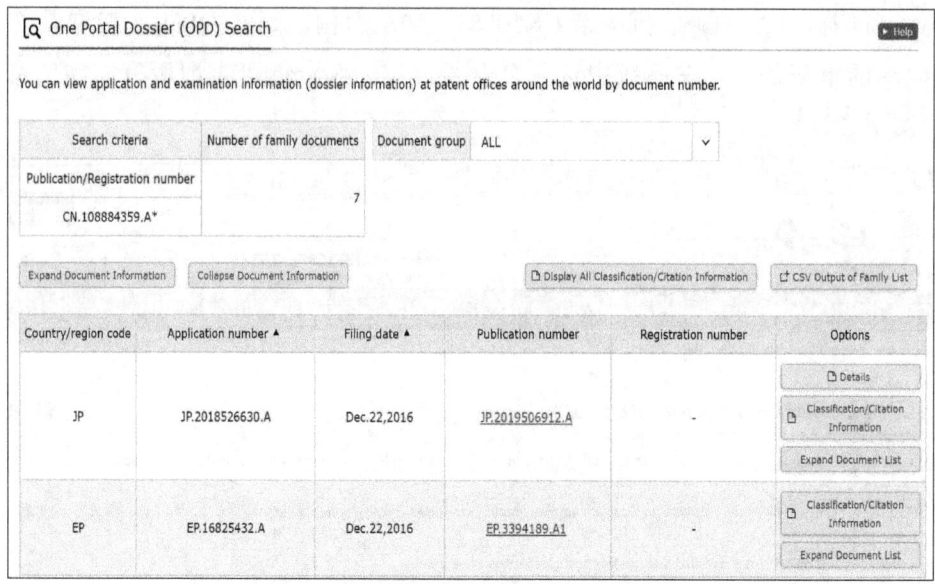

图 7-13 OPD 中同族案件信息

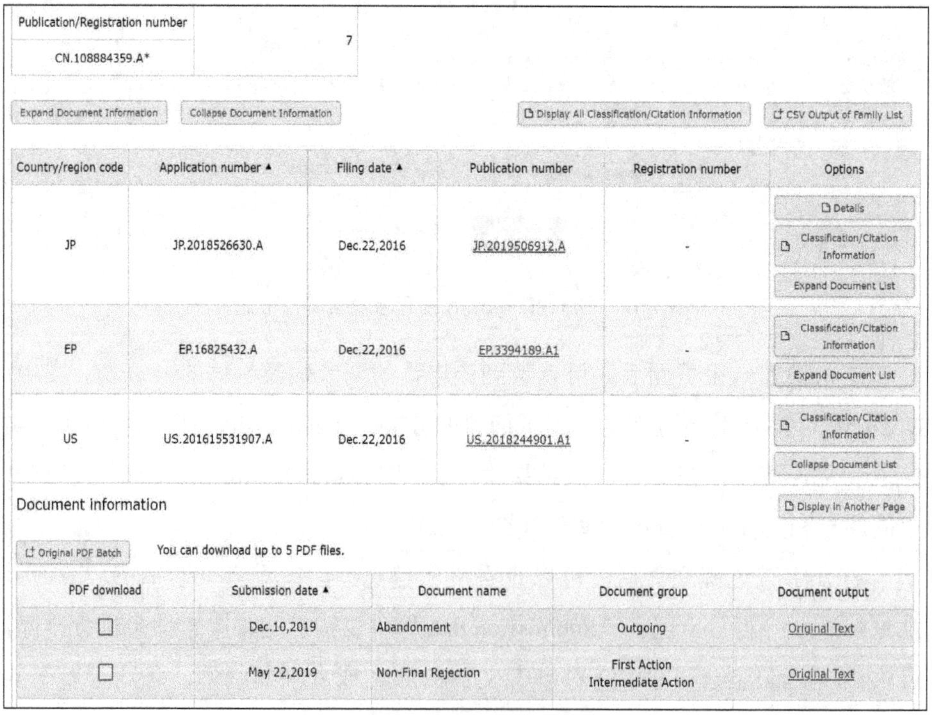

图 7-14 同族案件审查信息

7.2 各局对检索有用的信息介绍

检索报告是检索信息最直观的载体,从中可以获取各局审查员的检索策略、检索式表达等一些对检索有用的信息。由于检索语言、分类体系及检索习惯的差异,各局的检索报告存在一些差异,接下来以 USPTO 和 JPO 的检索报告为例进行简单介绍。

图 7-15 是 USPTO 的检索策略(Examiner's search strategy and results),

Ref #	Hits	Search Query	DBs	Default Operator	Plurals	Time Stamp
L1	7	(US-20180244901-$ or US-20110052696-$ or US-20130331528-$ or US-20030220450-$ or US-20130018144-$).did. or (US-8703260-$ or US-5663247-$).did.	US-PGPUB; USPAT	OR	OFF	2019/05/13 21:39
L2	7	1	US-PGPUB; USPAT	OR	OFF	2019/05/13 21:40
L4	6	1 and reactive	US-PGPUB; USPAT	OR	OFF	2019/05/13 21:40
L6	33140	(C08L23/06 or B29C48/022 or B29C71/02 or C08G63/06 or C08L87/005 or B29C43/003 or C08L101/005 or C09D201/005 or A61L29/126 or B29C48/09 or B29C43/02 or C08L2207/062 or B29K2071/02 or B29K2077/00 or C08L2205/03 or B29K2023/065).cpc.	US-PGPUB; USPAT	OR	OFF	2019/05/13 22:16
L7	703	6 and (dendritic dendrimer)	US-PGPUB; USPAT	OR	OFF	2019/05/13 22:17
L8	852	6 and (dendritic dendrimer hyperbranched hbp)	US-PGPUB; USPAT	OR	OFF	2019/05/13 22:17
L9	490	8 and film	US-PGPUB; USPAT	OR	OFF	2019/05/13 22:23
L10	371	6 and (dendritic dendrimer hyperbranched hbp).ab.	US-PGPUB; USPAT	OR	OFF	2019/05/13 22:23
L11	224	10 and film	US-PGPUB; USPAT	OR	OFF	2019/05/13 22:23
S1	1520	(b29l2031/7542,7543).cpc.	US-PGPUB; USPAT	OR	OFF	2019/05/12 14:30
S2	2	(20030220450|6278018).pn.	US-PGPUB; USPAT	OR	OFF	2019/05/12 14:37
S3	2	S2 and (tube tubular catheter)	US-PGPUB; USPAT	OR	OFF	2019/05/12 14:55
S4	3	"15531907"	US-PGPUB; USPAT	OR	OFF	2019/05/12 16:06
S5	8	(kenny-sinead$|malkoch-michael$).in.	US-PGPUB; USPAT	OR	OFF	2019/05/12 16:14

图 7-15　USPTO 检索策略

从中可以看出，USPTO 检索策略中会有 CPC 分类号的使用、关键词的表达以及截词符和同在算符的使用，这些均是可以借鉴的检索信息。另外，USPTO 与 S 系统中的截词符存在差异，具体的对应关系如图 7-16 所示。

EAST 检索算符	含义	S 系统的对应算符
ADJ	两个词紧跟	W
ADJn	两个词紧跟，中间隔 0～n 个词	nW
NEAR	两个词相邻	D
NEARn	两个词相邻，中间隔 0～n 个词	nD
WITH	两个词同句	S
SAME	两个词同段	P
$	代表 0～无穷多个字符	+
$n	代表 0-n 个字符	
?	代表 1 个字符	#

图 7-16 USPTO 和 S 系统截词符对应关系

图 7-17 是 JPO 的检索报告（Search Report by Registered Search Organization），从中可以看出，其同样是采用了一些关键词和分类号的扩展及截词符的表达。值得注意的是，JPO 的检索报告中采用其特有的 FI/FT 分类号，可以提供一种新的检索方式。

5		4J038	(Acrylic polyol * acrylic emulsion) / TX*(C09D123/00+CB03.+CB09.+CB10.)*(chlorine + halogen +Cl)/TX-\01-\04-\05-\06	6
6		4J038	(Acrylic polyol * acrylic emulsion * polyolefin) / TX*(chlorine + halogen +Cl)/TX-\01-\04-\05-\06-\07	10
7		4D075	(acrylic polyol * acrylic emulsion *[olefin + polypropylene + polyethylene])/TX* (chlorine + halogen +Cl) and 20N -- (-- do un-+ non-* + content of -- + -- *** + free)/TX-\01-\02-\04-\05-\06-\07-\08	0
8		Nothing	(polyol * acrylic emulsion *[olefin + polypropylene + polyethylene])/TX* (chlorine + halogen +Cl) and 10N -- (-- do un-+ non-* + content of -- + -- *** + free)/TX-\01-\02-\04-\05-\06-\07-\08	48
9		Nothing	(Acrylic polyol * acrylic * emulsion * styrene * [olefin + polypropylene + polyethylene]) /TX* (chlorine + halogen +Cl), 10N -- (-- do un-+ non-* + content of -- + -- *** + free)/TX-\01-\02-\04-\05-\06-\07-\08-\12	96
10		Nothing	(polyol * acrylic emulsion *[olefin + polypropylene + polyethylene])/TX* (chlorine + halogen +Cl) and 10N -- (-- do un-+ non-* + content of -- + -- *** + free)/TX-\01-\02-\04-\05-\06-\07-\08	96
11		Foreign country	C09D123/00/(IP+CP+EC)*([halogen,1C,free]*[olefine+polyethylene+polypropylene])/TX	21
12		Foreign country	C09D123/00/(IP+CP+EC)*([chlorine,1C,free]*[olefine+polyethylene+polypropylene])/TX-\01	16
13		Foreign country	C09D5/02/(1P+CP+EC)*([chlorine,2N,no]*[olefine+polyethylene+polypropylene])/TX-\01-\02-\04	4
14		4J038	(C09D123/00+CB03.+CB09.+CB10.)*(MA08+MA10)*(CH12.+GAO3.)-\01-\02-\04-\05-\06-\07-\08-\09	450
15		4J038	(C09D123/02+CB03.+CB09.+CB10.) *(MA08+MA10)*PC08*(chlorine + halogen +Cl)/TX-\01-\02-\03-\04-\05-\06-\06-\07-\08-\09-\10-\14	204
16		4J038	(C09D151/06+CB03.+CB09.+CB10.) *(MA08+MA10)*GA03*(chlorine + halogen +Cl)/TX-\01-\02-\03-\04-\05-\06-\06-\07-\08-\09-\10-\14-\15	26

图 7-17　JPO 检索策略

第 8 章

机械领域典型检索案例

8.1 产品类权利要求

8.1.1 系统

对于各类工作系统的专利申请而言，技术方案通常表现为元件及其之间的连接关系，技术问题的解决也多依靠多个元件之间的配合或工作流程的运转。除了部分概括得当的申请，不少专利申请的权利要求基本均由元件及其连接关系限定，因此较容易出现篇幅较长的权利要求。对于这类案件的检索，通常需要对发明构思有深入的把握，能准确判断关键技术手段，提取检索要素，明确检索目标，从而提高检索效率。在具体的检索手段上，使用关键词检索的效率通常较低，可多借助 CPC 或 FT 分类体系的特点，以聚焦发明构思。

【案例1】

发明名称：用于超高层建筑的中央空调系统及其控制方法

【相关案情】

本发明涉及一种用于超高层建筑的中央空调系统。现在超高层建筑越来越多，建筑高度也越来越高，由于普通空调设备的工作压力不超过 1.6MPa，如果超高层建筑中空调设备安装高度差超过 320 米，就需要定制高耐压设备，造价将高很多；或者采取用换热器分成三个或者更多区域，复叠换热，高区换热器连接在低区换热器后，每个区域内空调设备安装高差均不超过 160 米，这样可以采用普通设备，造价可以降低，但却带来了能耗增加等问题。本案通过冷冻水一次换热、直接供应的办法，将仅有一次换热的冷冻水直接送到空调末端，避免出现多余的温度损失，将因复叠换热造成的普通空调冷水主机增加的能源损耗节省下来，同时避免系统压力超过普通空调冷水主机和其他空调设备和管路的承压能力。图8-1为本发明系统运行图。

本申请的主要权利要求：

权利要求1. 一种用于超高层建筑的中央空调系统，其特征在于包括有低区空调系统（13）、高区空调系统（14）、超高区空调系统（15）、最高区空调系统（16）。其中，低区空调系统（13）包括普通空调冷水主机（1）、低区冷冻水循环泵（2）、低区用户（3），高区空调系统（14）包括有高区换热器（4）、高区冷冻水循环泵（5）、高区用户（6），超高区空调系统（15）包括超高区换热器（7）、超高区冷冻水循环泵（8）、超高区用户（9），最高区空调系统（16）包括最高区换热器（10）、最高区冷冻水循环泵（11）、最高区用户（12）。普通空调冷水主机（1）运行，将低温冷冻水通过低区冷冻水循环泵（2）输送到低区空调用户（3），同时空调冷冻水从普通空调冷水主机（1）通过低区冷冻水循环泵（2）输出到高区换热器（4），通过高区换热器（4）与高区冷冻水换热，再将高区冷冻水通过高区冷冻水循环泵（5）供应到高区用户（6）；空调冷冻水从普通空调冷水主机（1）通过低区冷冻水循环泵（2）输出到超高区换热器（7），通过超高区换热器（7）与超高区冷冻水换热，再将超高区冷冻水通过超高区冷冻水循环泵（8）供应到超高区用户（9），空调冷冻水从普通空调冷水主机（1）通过低区冷冻水循环泵（2）输出到最高区换热器（10），通过最高区换热器（10）与最高区冷冻水换热，再将最高区冷冻水通过最高区冷冻水循环泵（11）供应到最高区用户（12），且高区换热器（4）、超高区换热器（7）和最高区换热器（12）直接换热后，低区冷冻水回到普通空调冷水主机（1），再次制冷，重新开始循环。

【检索策略分析】

本申请可以有效地直接利用低温空调冷冻水，避免通过换热器造成的温升，提高空调主机及系统的运行效率，节能效果显著，符合节能降耗的环境要求。本发明的控制方法容易操作，控制方便。

第 8 章 // 机械领域典型检索案例

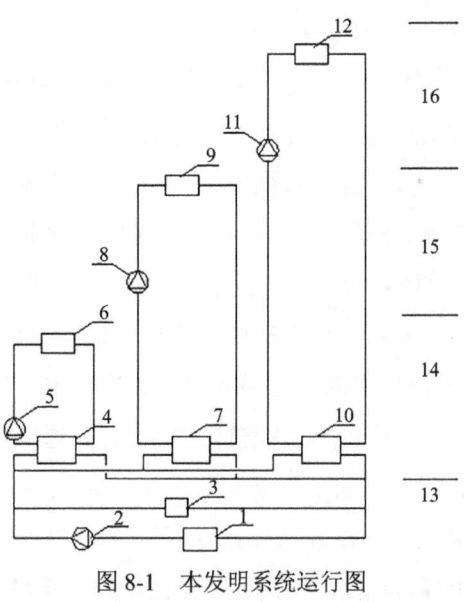

图 8-1　本发明系统运行图

分类员给的本申请分类号为 F24F3/06（以用室内装置随后处理一次空气的热交换流体供给装置为特征的）、F24F11/00（控制系统或设备；安全系统或设备）。根据本专利申请所属的技术领域、解决的技术问题、采用的技术手段和达到的技术效果确定检索要素如下。检索要素 1：超高层建筑的中央空调系统；检索要素 2：低区空调系统、高区空调系统、超高区空调系统、最高区空调系统，低区空调系统直接供热，高区空调系统、超高区空调系统、最高区空调系统间接供热。

在专利库中用"超高层""中央空调""分区"等进行检索，检索得到的文献量很少。考虑到本申请是应用在建筑领域，而建筑领域经常在非专利库中检索，故审查员应及时转往非专利库检索。重新阅读本申请的技术方案，并结合说明书附图可知，本申请的技术方案并不复杂，且现在超高层建筑在大城市中比比皆是。其配套的空调安装应该是非常成熟的技术，现有技术中可能有与本申请非常接近的技术方案。在百度中用"超高层"+"空调"检索，发现许多相关介绍，可知与审查员的判断相吻合。本申请更多的是涉及一种建筑领域的空调安装方法，而建筑领域经常在非专利库中检索。于是转往 CNKI（中国知网）继续检索。在 CNKI 的全文库中，采用"超高层"+"空调"进行检索，噪声大，但是很多文章的内容与本申请相关，简单浏览几篇，找到准确表达本申请技术方案的关键词"分区";在全文库中采用"超高层"+"空调"+"分区"进行检索,噪声依然大;最后在摘要库中,采用"超高层"+"空调"+"分区"进行检索,检索结果为20篇,迅速命中了对比文件("超高层建筑空调水系统设计探讨",曹莉等,全国暖通空调制冷2010年学术年会论文集,172页,2010年10月)。该文件公开了一种超高层建筑空调水系统,系统按照高度分区,基于办公部分建筑本身避难层的设置分为4个区间,18层以下有1个区域(低区空调系统),18层以上有3个区域(即高区空调系统、超高区空调系统、最高区空调系统),18层以下区域包括主机房和18层以下的末端设备(低区用户),主机房位于地下4层,内有冷水机组(普通空调冷水主机)和一次水泵(低区冷冻水循环泵);18层避难层处有3组板式换热器(高区换热器、超高区换热器、最高区换热器),分别服务于上部的3个区域,这3个区域的末端设备即为高区用户、超高区用户、最高区用户。该对比文件可以评价所有权利要求。

【案例小结】

本案为超长权利要求,属于建筑领域的空调安装设计方案,分类号不准,关键词提取难度大,专利库中相关文献也相当有限,而空调领域的检索通常集中在专利数据库。审查员在专利数据库中充分检索后,针对应用在建筑领域的特点,转往非专利数据库,准确提炼出发明构思,利用准确的关键词,迅速检索到合适的对比文件。整个检索过程,检索式并不多,检索效率高。

【案例2】

发明名称:一种低温循环系统

【相关案情】

现有技术中,例如,在一些低温手术中,常需要对器官或组织进行局部低温处理(甚至可达 $-60 \sim -100℃$)。然而,在低于 $-60℃$ 温区,缺乏可靠、商业化的小流量循环泵,而在天然气液化领域普遍使用的潜液泵、柱塞泵等类型的制冷机由于存在振动大、采用刚性部件不方便移动及难以快速冷却等缺点,难以普便适用。

本申请提供了一种低温循环系统，采用一种无机械泵的设计，控制模块连接于第一增压罐和第二增压罐的氦气入口阀。所述控制模块通过控制所述第一增压罐和第二增压罐压力，实现载冷剂在所述第一增压罐和第二增压罐之间的循环流动。图 8-2 为本申请技术方案的示意图，其中制冷循环模块 100 为冷源，第二换热器 218 为被冷却对象。第一增压罐 211 和第二增压罐 219 通过 He 增压管线设置不同的压力，载冷剂在两个增压罐的压差的驱动下流动。当流过第二换热器 218，便可将冷源 100 的冷量传递给被冷却物体，由此实现低温条件下无运动部件的载冷剂循环。

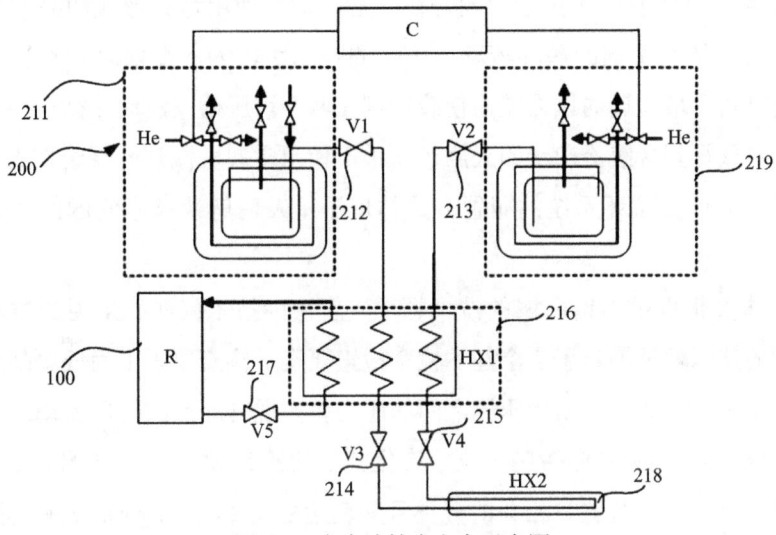

图 8-2　本申请技术方案示意图

本申请的主要权利要求：

权利要求 1. 一种低温循环系统，其特征在于，包括制冷循环模块、载冷循环模块和控制模块；所述载冷循环模块包括：第一增压罐、第一阀门、第二阀门、第三阀门、第四阀门、第一换热器、第五阀门、第二换热器及第二增压罐；所述制冷循环模块经所述第五阀门连接与所述第一换热器；所述控制模块连接于所述第一增压罐、第二增压罐、第一阀门、第二阀门、第三阀门、第四阀门；其中：

载冷剂通过所述第一增压罐的液体出口经所述第一阀门进入所述第一换

热器的载冷剂第一流道入口，再通过所述第一换热器的第一流道出口经所述第三阀门进入所述第二换热器的载冷剂入口，再通过所述第二换热器的载冷剂出口经所述第四阀门进入所述第一换热器的载冷剂第二流道入口，再通过所述第一换热器的载冷剂第二流道出口经所述第二阀门进入所述第二增压罐的液体入口。

所述第一增压罐的液体出口同时也为液体入口，所述第二增压罐的液体出口同时也为液体入口。

【检索策略分析】

本申请所要解决的技术问题是在一些不适宜使用运行形式的泵的制冷场景，如何实现制冷剂的循环流动。采用的技术手段为，在低温制冷循环系统中，通过两个增压罐的压力差，使载冷剂在两个增压罐间流动，循环往复，使被冷却对象得到持续冷却，即采用了一种不使用常规机械泵的泵送方式。权利要求1中的低温循环系统的布置方式体现了本发明解决技术问题的关键技术手段。

审查员根据申请所属的技术领域、解决的技术问题、采用的技术手段和达到的技术效果确定了2个基本检索检索要素：检索要素1为低温制冷循环系统；检索要素2为采用增压罐之间的压力差实现制冷剂的循环流动。首先利用本申请所给出的 F25D3/10（应用液化其他的冷却设备）、F25D17/02（用液体循环的冷却冷冻装置）相关的分类号来表达检索要素1；分别从解决振动问题的角度（震动或振动）、从技术手段的角度（增压/加压/压缩/压差 3d 罐/箱/瓶、无/没/不用 6d 泵）对检索要素进行关键词表达，在中文专利文献库中采用逻辑相与的方式进行检索，未发现有效对比文件。

在常规检索未检索到合适对比文件时，审查员还需要考虑将检索的范围扩展至功能或应用类似的领域。本申请的发明点在于在制冷循环系统中，通过两个增压罐的压力差，使载冷剂在两个增压罐间流动，循环往复，以替代现有技术中采用机械泵式的动力循环装置。除了需要检索低温制冷系统本身，还可以在有关泵的分类号中寻找功能类似的分类号，例如，F04F 1/10 复合式是直接作用于被泵送液体的正压或负压的流体介质的泵；在外文专利库中，采用关键词"Refrigerat+ or cool??? or chill??? or heat???"对制冷的应用场景进行限定，可以命中对比文件 US4408960A。

US4408960A 公开了一种气动方法和装置（图8-3），通过将施加在每个所述容器内的气体的压力调节到超大气压、大气压和低于大气压的压力，使多个容器之间的液体快速再循环，从而避免液体通过机械流动引导泵。填充的第一容器10受到超大气压力以使液体进入循环系统，而第二空容器11受到低于大气压的压力以从循环系统吸入液体。循环系统优选地包括旁路管道46，旁路

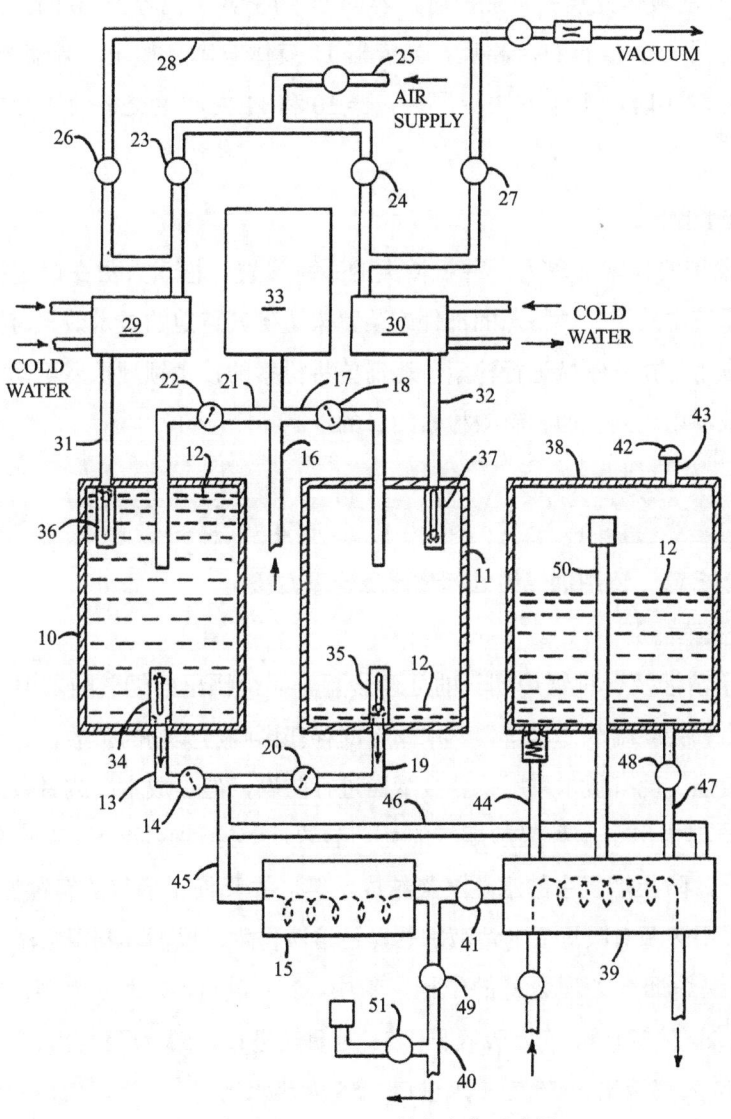

图 8-3　US4408960A 技术方案示意图

管道 46 包括液体补充罐 38 和/或用于调节液体温度的装置 39。本发明最重要的特征是在两个容器内使用不同的气体压力来推动和拉动液体通过系统，而不需要使液体通过机械流动诱导装置（机械泵）。因此，该对比文件公开了本申请的发明点，可以作为对比文件 2，结合现有技术中常见的采用机械式泵的低温制冷系统（如 CN103913027A）评述本案权利要求 1 的创造性。

对比文件 2 的系统中仅需要在容器 10 和 11 内产生交替的压力差，以使当容器 10 的液体充满并且加压时，容器 11 为空并且比容器 10 的压力小，供应流体至另一个容器 11。相反，当容器 11 液体充满且加压、容器 10 为空的并且压力较小时，工作方法相同。容器 10 和 11 内产生交替的压力差，连续工作。

【案例小结】

本案例的检索对象为一种机械类的系统设置，检索人员在确定检索的目标为在系统中采用一种特殊的部件或装置来达到其特定的技术效果时，除了在系统所应用的技术领域进行检索，还需要将检索的技术领域扩展至功能类似的技术领域，以达到全面、有效检索的目的。

【案例3】

发明名称：锅炉烟气的处理装置及处理方法

【相关案情】

本申请涉及一种锅炉烟气的处理装置。锅炉排出的烟气随着温度下降其中的水蒸气会凝结成"水露"。"水露"的存在影响污染物的扩散，并且使烟气腐蚀性增强。现有技术采用钛合金烟囱进行防腐，但是成本高或者效果不好。

本申请提出了一种锅炉烟气的处理装置，其通过吸湿溶液吸收锅炉烟气中的水分，防止烟气中的水蒸气凝结成水雾，并降低了烟气的腐蚀性。同时，本申请采用热源对吸湿后的溶液加热，使溶液再生，以循环利用吸湿溶液。图 8-4 是该锅炉烟气处理装置的结构。其中，1 为风机，2 为烟气源，3 为进风管，4 为烟气进口管，5 为吸收器，51 为烟气进口，52 为烟气出口，53 为溶液进口 54 为溶液出口 55 为冷水进口，56 为热水出口，6 为烟气出口管，7 为烟囱，8为蒸汽发生器，81为溶液进口，82为溶液出口，83为蒸汽进口，84为外界蒸汽出口，85为发生蒸汽出口，9为pH调节罐，10为第一溶液泵，11为溶液出液管，12为第一溶液进口管，13为第一溶液出口管，14为第二溶液泵，15为第二溶液进口管，16为第二溶液出口管，17为冷水进口管，18为冷水源，19为热水出口管，20为热水使用源，21为蒸汽进口管，22为高温热源，23为外界蒸汽出口管，24为冷凝水使用源，25为发生蒸汽出口管，26为蒸汽使用源。

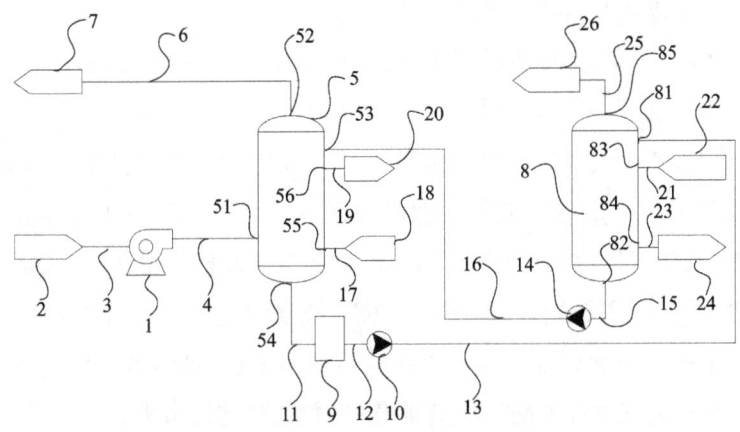

图8-4 锅炉烟气的处理装置的结构图

本申请的主要权利要求：

权利要求1. 一种锅炉烟气的处理装置，其特征在于，包括风机、吸收器、一蒸汽发生器、一第一溶液泵和一第二溶液泵，该风机的进口端与一用于通入该烟气的进风管相连接，该风机的出口端通过一烟气进口管与该吸收器的烟气进口相连接，该吸收器的烟气出口通过一烟气出口管与一用于排出废气的烟囱相连接。

该吸收器的冷水进口通过一冷水进口管与一冷水源相连接，该吸收器的热水出口通过一热水出口管与一热水使用源相连接。

该第一溶液泵的溶液进口与该吸收器的溶液出口相连接，该第一溶液泵的溶液出口通过一第一溶液出口管与该蒸汽发生器的溶液进口相连接。

该第二溶液泵的溶液进口通过一第二溶液进口管与该蒸汽发生器的溶液

出口相连接，该第二溶液泵的溶液出口通过一第二溶液出口管与该吸收器的溶液进口相连接。

【检索策略分析】

本申请要解决的技术问题是锅炉烟气中的水汽凝结会产生水露，增加烟气腐蚀性的问题，采用的关键技术手段是通过吸湿溶液吸收烟气中的水分，再加热吸收水分后的吸湿溶液使其再生。权利要求1要求保护一种锅炉烟气的处理装置，其中记载了吸收器5和蒸汽发生器8及相应的管路连接关系，因此体现了本发明解决技术问题的关键技术手段。

本申请分类员给的分类号为F23J15/04（通过用清洗流体纯化处理烟气或废气的装置的配置）。通过该分类号的参见，还可以查表获得相关分类号：B01D 53/00（气体或蒸气的分离，从气体中回收挥发性溶剂的蒸气，废气如发动机废气、烟气、烟雾、烟道气或气溶胶的化学或生物净化），以及B01D53/26（将气体或蒸汽干燥）和B01D53/34（废气的化学或生物净化）。

根据本申请所属的技术领域、解决的技术问题、采用的技术手段和达到的技术效果确定检索要素：检索要素1，锅炉烟气处理装置；检索要素2，通过溶液吸收对烟气进行干燥；检索要素3，加热使溶液再生。

审查员首先在中文专利数据库中采用IPC分类号F23J15/04与吸收、吸湿、干燥及再生、蒸发相与进行检索，然后采用IPC分类号B01D53/26与再生、蒸发相与进行检索，再采用IPC分类号B01D53/34与吸收、吸湿、干燥及再生、蒸发相与进行检索，都没有检索到合适的对比文件。由于中文数据库没有检索到对比文件，须到外文专利数据库进行检索。考虑到外文专利采用CPC分类号检索效率较高，且CPC分类号在B01D53/00下的细分较多，因此考虑采用CPC进行检索，由此查找到更准确的CPC分类号B01D53/263（通过吸收将气体或蒸汽干燥）。考虑到CPC的多重分类原则，因此采用表达不同检索要素的CPC分类号F23J15/04和B01D53/263相与检索，再采用CPC分类号B01D53/34和B01D53/263相与进行检索。两条检索式共浏览了7篇文献便检索到评述本申请权利要求1的对比文件1（US4586940A）。虽然通过IPC分类号B01D53/26和B01D53/34相与也能检索到上述对比文件1，但是浏览文献量大，超过 600 篇，而且 IPC 分类号一般不会进行多重分类，因此一般不推荐采用 IPC 分类号相与的方式进行检索。

【案例小结】

对于由多个设备组成的系统类权利要求，由于 CPC 具有多重分类原则，因此在多个检索要素分别具有准确的 CPC 分类号的情况下，可以考虑采用多个 CPC 相与的方式，以更快地命中对比文件，同时避免由于关键词表达不准确造成的漏检。

【案例 4】

发明名称：电动汽车空调系统

【相关案情】

本申请涉及一种电动汽车空调系统。传统的汽车空调通过依次连接的压缩机、室外换热器、储液器、节流阀、室内换热器、压缩机组成的循环回路系统实现制冷，而制热则通过室外水侧换热器、室内水侧换热器及中间部件形成的回路系统吸收发动机余热来实现。当冬季发动机余热不够且室内取暖的情况下，则要设置额外的取暖部件，导致成本增加和系统管路复杂。

本申请以现有传统汽车空调系统的制冷系统为基础，去除其额外的取暖部件并增加一个室内辅助换热器来实现制冷及制热功能。通过两个单向阀的设置，使空调制冷时，制冷剂不流经室内辅助换热器。当空调制热时，制冷剂才流经室内辅助换热器，以此满足电动汽车对制冷及采暖的不同需要。图 8-5 示出了电动汽车空调系统的结构。其中，1 为压缩机，2 为室外换热器，3 为室内换热器，4 为节流阀，5 为储液器，6 为室内辅助换热器，8 为第一电磁阀，9 为第二电磁阀，10 为第一单向阀，11 为第二单向阀。

本申请的主要权利要求 1. 电动汽车空调系统，包括压缩机（1）、室外换热器（2）、室内换热器（3）、节流阀（4），其特征在于，还包括第一单向阀（10）、第二单向阀（11）及室内辅助换热器（6）；所述第二单向阀（11）与室内辅助换热器（6）串联，其用于制热，形成制热支路，而第一单向阀（10）用于制冷，为制冷支路，该制热支路与制冷支路并联。

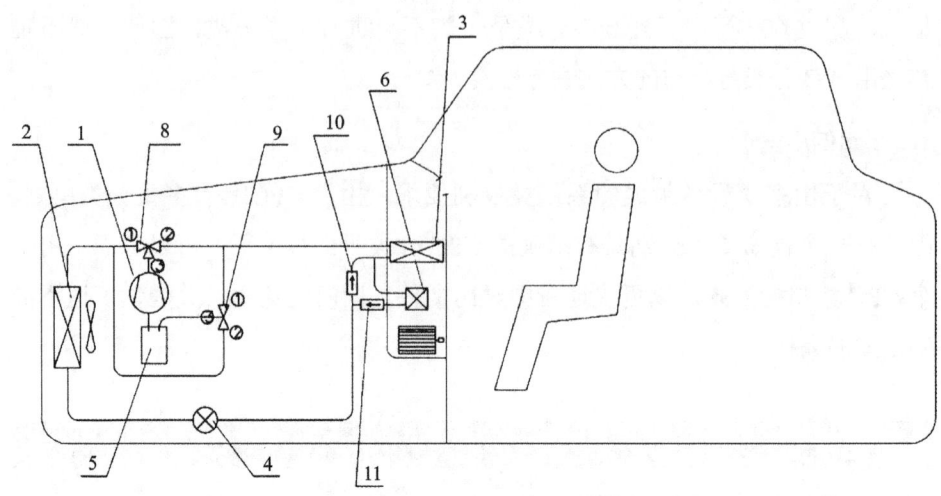

图 8-5　电动汽车空调系统的结构图

【检索策略分析】

本申请要解决的技术问题是汽车空调在冬季制热时发动机余热不足需要增加额外的取暖元件的技术问题。采用的关键技术手段是在传统汽车空调系统的制冷系统的基础上,去除其额外的取暖部件并增加一个室内辅助换热器来实现制冷及制热功能,并通过两个单向阀的设置实现制冷和制热时制冷剂流路的变化,以此满足电动汽车对制冷及采暖的不同需要。权利要求1已经记载了室内辅助换热器、两个单向阀以及其连接关系,体现了本申请解决技术问题的关键技术手段。

本申请分类员给出的分类号为 F25B13/00(具有可逆循环的压缩机器、装置或系统的制冷设备或系统、加热和制冷的联合系统或热泵系统)和 F25B41/04(制冷系统的流体循环装置的阀的配置)。

根据本申请所属的技术领域、解决的技术问题、采用的技术手段和达到的技术效果确定检索要素:检索要素1,电动汽车空调系统;检索要素2,在制冷时将辅助换热器旁通、制热时加入辅助换热器提高换热面积。

审查员首先在中文专利数据库中采用 IPC 分类号 F25B13/00 和 F25B41/04 分别与汽车和制热、冬天、冬季相与进行初步检索,没有检索到合适的对比文件。考虑到分类员给出的 IPC 分类号在中文数据库中 F25B13/00 下有 5500 多篇文献，F25B41/04 下有 8500 多篇文献，若是采用分类号加关键词进行检索，检索量大，同时若关键词选择不准确，容易带来噪声。如何具体限定出阀门在热泵系统中的设置位置，以及室内辅助换热器在制冷时被旁通、在制热时才运转，也是比较困难的。考虑到热泵领域在日本较为成熟，日文文献有较大的参考意义，而且 FT 分类体系从目的、结构等多角度进行了重新分类，考虑优先采用 FT 检索。

本申请为了增加供暖时车内空调系统的供暖量，在系统中设置了室内辅助换热器 6。室内辅助换热器 6 处于供热支路上，在供冷时，该支路被阀门旁通，制冷剂只通过室内换热器 3 为车内提供冷量；而在供热时，室内辅助换热器 6 与室内换热器 3 为串联关系，制冷剂依次通过两个换热器，通过增加换热面积，增加室内的供热量，提高负荷能力。因此，本申请主要针对室内换热器进行了改进，提高了供暖时的负荷能力。在 FT 分类号 3L092 的表格中发现 3L092/BA13 涉及室内侧复数个换热器的改进，但是 BA14 被排除在外，3L092/BA27 涉及旁通阀，3L092/DA01 涉及供暖时的控制，3L092/DA15 涉及运转中负荷变动的控制。因此，采用 FT 分类号 3L092/BA13 和 3L092/BA27 相与进行检索，然后采用 FT 分类号 3L092/BA13、3L092/DA01 和 3L092/DA15 相与进行检索，最终检索到对比文件 1（JPS6458968A）。

该对比文件虽然同样给出了分类号 F25B13/00，但单纯用关键词，如辅助加热、旁通阀门等很难命中。此时，采用 FT 作为检索手段，可以精确地找到发明构思中采取的技术手段相关分类号；同样还可以从控制目的、控制时机等角度进行检索，进一步对文献进行有效的缩限，将文献量限定在可浏览的范围，提高检索效率。

【案例小结】

对于涉及由通用部件组成的系统的发明，其发明构思往往体现在部件的连接关系方面，而连接关系往往存在表达困难、检索噪声大等问题。此时，可以考虑利用 FT 分类号的多角度分类的特点，采用多个 FT 分类号相与的方式准确地表达检索要素，以起到事半功倍的效果。

【案例5】

发明名称：垃圾焚烧辅助火力发电系统

【相关案情】

本申请涉及一种垃圾焚烧辅助火力发电系统。垃圾焚烧发电是目前解决的垃圾问题途径之一，可通过焚烧有机垃圾释放热能进行发电。然而，目前的焚烧垃圾发电往往是将传统的石油、煤炭等化石燃料简单地替换为垃圾燃料，采用的是传统的锅炉焚烧后排出废气的结构设计，垃圾焚烧发电的热能效率较低。

本申请提供一种垃圾焚烧辅助火力发电系统，将垃圾焚烧炉系统与传统的火力发电系统对接。垃圾焚烧辅助发电，垃圾燃料经过一次焚烧的烟气通过烟气通道进入火力发电的主锅炉进行二次燃烧。衔接垃圾焚烧炉和发电厂主锅炉的烟气通道位于主锅炉下方，以保证主锅炉的整体燃烧室自始至终保持最高燃烧温度。来自辅助式垃圾炉的烟气贯穿整个高温燃烧区，可加温至1400～1500℃，借助主锅炉内的高温燃烧环境，可充分释放垃圾燃料的热能，从而提高热能利用率；同时，焚烧炉排出的烟气中含有较多的有害物质，如氯化氰、呋喃等，通过主锅炉的高温焚烧，大部分被焚毁，因此经过二次焚烧后再次排放的废气中，这些有害物质的含量大大降低，更加环保。图8-6示出了垃圾焚烧辅助火力发电系统主体结构，其中11为垃圾焚烧炉，12为主锅炉，13为烟气通道，14为贮料仓，15为进料机构和给料机构，16为料斗。

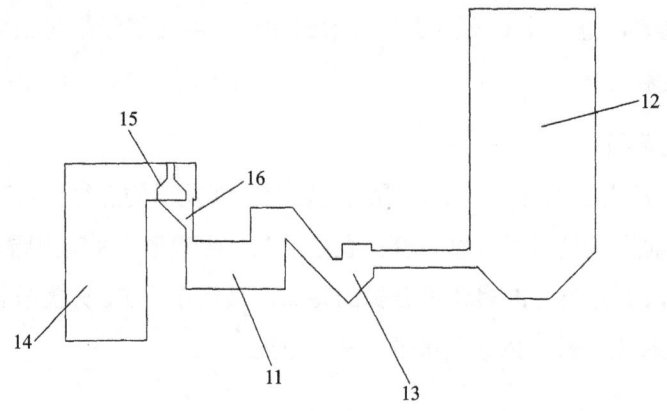

图8-6 垃圾焚烧辅助火力发电系统主体结构图

本申请的主要权利要求：

权利要求1. 一种垃圾焚烧辅助火力发电系统，其特征在于，包括垃圾焚烧子系统和火力发电子系统。

垃圾焚烧子系统设有垃圾焚烧炉，火力发电子系统设有主锅炉。

所述垃圾焚烧炉的炉膛与所述主锅炉之间设有烟气通道，所述垃圾焚烧炉焚烧垃圾所产生的烟气通过所述烟气通道进入所述主锅炉。

所述烟气通道位于所述主锅炉下部。

2. 根据权利要求1所述的垃圾焚烧辅助火力发电系统，其特征在于，所述烟气通道，内衬有耐火材料。

3. 根据权利要求1所述的垃圾焚烧辅助火力发电系统，其特征在于，还包括调控装置。

所述调控装置，设有用于实时控制垃圾焚烧子系统投入或撤出火力发电子系统运行的开关部件。

所述调控装置，还用于控制所述垃圾焚烧子系统的给料频率、通风总量。

4. 根据权利要求1所述的垃圾焚烧辅助火力发电系统，其特征在于，所述垃圾焚烧炉为推移式炉箅结构，包括炉箅座架、炉箅、动力装置和炉箅驱动部件；所述炉箅，位于炉膛下方，包括有序排列的活动炉箅条片和固定炉箅条片，一排固定炉箅条片与一排活动条片依次交错排列。

所述炉箅座架，位于炉箅下方，用于支撑所述活动炉箅条片和所述固定炉箅条片。

所述动力装置，用于为整个垃圾焚烧炉提供液压动力，包括液压机组、换向阀、溢流阀、压力表及压力开关和油箱。

所述炉箅驱动部件，包括多台驱动电机和相应的连接管道。

5. 根据权利要求4所述的垃圾焚烧辅助火力发电系统，其特征在于，所述垃圾焚烧炉还包括冷却机构。

所述冷却机构外设保护套管，安装在炉膛整个燃烧区域的侧壁上。

6. 根据权利要求4所述的垃圾焚烧辅助火力发电系统，其特征在于，所述垃圾焚烧炉还设有两套点火及助烧燃烧器。

所述点火及助烧燃烧器对称安装在炉膛两侧的炉壁上。

7. 根据权利要求1所述的垃圾焚烧辅助火力发电系统，其特征在于，所述垃圾焚烧子系统还包括贮料仓、进料机构和给料机构。

8. 根据权利要求7所述的垃圾焚烧辅助火力发电系统，其特征在于，所述贮料仓，用于为炉膛提供燃料，平衡燃料储备。

所述进料机构包括料斗、双翼活板、活板箱和通向炉膛的进料通道。

所述料斗为钢板结构，挂接在贮料仓的出料口处；

所述双翼活板用于当料斗中缺料时阻止空气涌入垃圾焚烧炉的炉膛，所述双翼活板包括空心轴、轴承颈、传动杆、径向活节连轴及液压缸；

所述活板箱，容纳所述双翼活板，连接所述料斗和进料通道；

所述进料通道，入口套接所述活板箱，出口连接所述炉膛，还设有注水、排水连接套管；

所述给料机构，为机械式无间歇给料机构，包括两只液压同步并行运动的捣杆式给料推杆、连接杆及万向节、滑板及密封嵌板、由钢板及型钢支架组成的料轨、位于炉膛入口上方的梁架及设有保护炉衬的围板。

9. 根据权利要求8所述的垃圾焚烧辅助火力发电系统，其特征在于，所述进料机构，还包括补偿器。

所述补偿器，位于所述活板箱与所述进料通道之间。

10. 根据权利要求4所述的垃圾焚烧辅助火力发电系统，其特征在于，所述垃圾焚烧炉还包括排渣清灰设备。

所述排渣清灰设备，包括灰斗、刮耙式传运器、灰斗闭锁和下滑溜槽；

所述灰斗设置于所述炉篦底部，用于集结坠落的炉灰；

所述刮耙式传运器用于通过湿法清除坠落在所述灰斗内的炉灰；

所述灰斗闭锁，位于所述灰斗下方，用于关闭灰斗下排出口；

所述下滑溜槽，连接所述灰斗与所述刮耙式传运器。

【检索策略分析】

本申请所要解决的技术问题是直接采用现有的发电锅炉焚烧垃圾发电的效率低。采用的关键手段是采用垃圾焚烧炉焚烧垃圾，并将产生的烟气通入发电锅炉中利用垃圾焚烧烟气的热量发电。权利要求1要求保护一种垃圾焚烧辅助火力发电系统，其中限定了垃圾焚烧炉和火力发电子系统的主锅炉通过烟气通道连接，体现了本发明解决技术问题的关键技术手段。

　　审查员主要在美、日、欧及德温特数据库中进行检索，对本申请的申请人和发明人追踪，还针对权利要求1，采用CPC分类的大类分类号F23（燃烧设备；燃烧方法）与关键词相与进行检索，在关键词的表达上采用了较多的临近算符。具体来说，审查员采用了表达垃圾的关键词waste、garbage、refuse、trash，表达炉排的关键词grate、support、supporting，表达焚烧的关键词incinerate、inclneration、incinerating、incinerator、incinerater，表达化石燃料的关键词fossil fuel、oil、coal、petroleum、propane、natural gas，表达锅炉的关键词boil，表达控制的关键词control、controller、controlling、processor、microprocessor。关键词之间采用AND或临近算符连接，最后与F23相与进行检索；然后调整和扩充了部分关键词，还增加了表达子系统的关键词chamber、section、subsection、zone area；后继续采用关键词和F23相与进行检索；接下来，还利用纯关键词进行了检索。通过以上步骤检索到能评述权利要求1和部分从属权利要求的对比文件1（US8156876B2）。通过对比文件1发现新的CPC分类号Y02E20/12（混合燃烧中在垃圾焚烧或燃烧时的热利用）。审查员采用相同的思路，将Y02E20/12与关键词相与进行了检索。审查员还采用了CPC分类号F23C2206/20（废热回收后在另一相关联的设备中使用热）、F23C2206/203（废热回收后在生成力/热的设备中使用热）、F23C2900/50001（两个或更多个燃炉的组合的焚烧炉的配置）、F23G2204/10（采用辅助燃料辅助加热的配置）、F23G2204/101（采用固体燃料辅助加热的配置）、F23G2204/103（采用气态或液态燃料辅助加热的配置）、F23G5/12（用气体或液体燃料进行辅助加热的废物的焚烧）并限定公开时间后进行检索。审查员还采用F23H（炉箅；炉箅的清灰或除渣）、F23H7/04（平行放置的固定炉条的倾斜式炉箅）、F23G（焚化炉；废物的焚毁）、F23K（烧设备的燃料供应）与其他从属权利要求中的关键词进行相与对其他从属权利要求的特征进行检索，但是没有检索到合适的对比文件。

【案例小结】

　　本申请检索对象为一种垃圾焚烧辅助火力发电系统，主要涉及现有的垃圾焚烧炉和锅炉的布置方式的改进，因此其检索领域主要集中在燃烧设备领域。审查员在检索过程中将检索重点放在了对CPC分类号F23下的文献的检索。

从本申请检索过程可以看出，审查员对分类号的利用仅在于对领域进行限定，对于具体的技术手段都是采用关键词进行限定。这可能是由于F23下并没有对本申请涉及的主题进行恰当的细分，导致F23下的分类号都不能明显的排除与本申请的主题相关。

在关键词的使用方面，审查员对关键词的扩展非常充分，对于同样的含义采用了多种不同形式的表达方式，避免了关键词扩展不到位导致漏检，并且采用临近算符，减小了关键词检索的噪声，提高了检索效率。但是，由于分类号应用过于宽泛，在检索时部分检索式的文献量仍较大，因此采用了相关度较低的关键词进行缩限，但又会增加了漏检的可能性。

【案例6】

发明名称：抑制被加工物的振动的方法及机械加工系统

【相关案情】

本申请涉及一种抑制被加工物振动的方法及机械加工系统。现有机床加工处理中，为了抑制振动，通常采取机床的主轴的转速、进给速度等将加工条件放缓的方法，或者在固定被加工物的夹具设置辅助被加工物的刚性的部件以改变机械组件及加工物的固有频率，从而降低振动。然而，这两种方式都存在不足。放缓加工条件将导致加工时间延长。在被加工物的固定夹具上追加辅助刚性的部件会使加工夹具变复杂，对加工夹具和切削工具易造成干扰，不仅影响加工精度，也会增加成本。

因此，本申请提出一种抑制被加工物振动的方法，即在加工过程中，通过机器人对上述被加工物的与由固定夹具保持的部分不同的部位进行保持，从而提高夹持的稳固性，减少振动。具体而言，如图8-7所示，在通过机床12的工具对工件16进行加工时，通过固定夹具18保持工件16的下部20。机器人14为多关节机器人，并且具有可动部（机械臂）22和安装于可动部的前端的手等把持部（把持部件）24。把持部24构成为在机床12进行的工件16的机械加工中，把持工件 16 中的与保持于固定夹具 18 的被保持部（在此为下部 20）不同的部位（在此为上部 26）。从而，通过使用机器人 14 来保持加工中的工件 16，能够防止工件 16 的相对于加工反作用力的变形，并且抑制在加工时发生的振动。

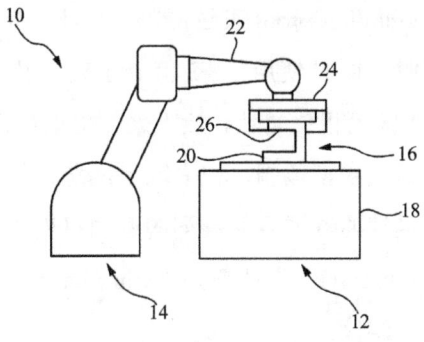

图 8-7　本申请技术方案示意图

本申请的独立权利要求 1 和 5 分别如下：

权利要求 1. 一种振动抑制方法，抑制在通过机床对由固定夹具保持的被加工物进行机械加工时产生的被加工物的振动，上述振动抑制方法的特征在于，在机械加工中，通过机器人对被加工物的与由上述固定夹具保持的部分不同的部位进行保持。

权利要求 5. 一种机械加工系统，其特征：机床，由固定夹具保持的被加工物进行机械加工；以及机器人，在上述机械加工中，对被加工物的与由固定夹具保持的部分不同的部位进行保持。

【检索策略分析】

本申请所要解决的技术问题是如何在不增加辅助件的情况下，减少工件的振动。采用的关键手段是使用机器人对工件的结构特点进行夹持，提高工件夹持的稳固性。应该说，本申请的关键手段较为聚焦且相对简单。独立权利要求 1 和 5 均体现了该关键技术手段。

检索员主要通过技术主题、手段和效果相与的方式进行检索，检索范围主要在日文数据库中。首先使用 F-TERM 主题码 3C011 来限定本申请的技术主题，在此前提下，采用 FI 分类号 B23Q11/00@A 与技术手段"夹持"和技术效果"减震"相与。由于夹持和减震的技术信息较为明确，且易于表达，检索员首先采用关键词进行表达，且扩展得较为充分。例如，采用 holdsupport，dash，fit，engage，insert，press，push 表达夹持，采用 vibration suppress，oscillation reduction，vibration isolation，vibration control，vibration control， vibration proof 表达减震。由于关键手段较为明确，因此，检索员在初步检索时，同时使用了 FI 和上述夹持及减震的关键词，进行最精确的检索，命中 125 篇相关文献。接下来，检索员通过调整关键词之间的同在运算关系，逐步扩大检索范围，在去除已浏览过的文献之外，还命中 96 篇相关文献。检索员继续通过调整关键词的截词符表达扩充检索范围，例如，将减震的"vibration suppression"调整为"vibration suppression+??"等，避免因关键词表达过窄造成漏检。

在进行了较精确的检索后，检索员省略关键词中的减震，仅保留体现夹持技术手段的关键词夹持，对主题码 3C011 下的 B23Q11/00@A 下的文献进行了检索，命中 219 篇相关文献。到此为止，检索员初步完成了对最精确相关文献的检索。

在此基础上，检索员围绕该分类号进一步进行扩展。通过省略表示夹持手段的关键词、省略 B23Q11/00@A、使用 AA04 分类号等，对主题码 3C011 进行了全面检索。

检索员还将主题码扩充至 3C048、3C022、3C707，同样通过该主题码下的分类号与夹持、减震的关键词相组合，命中百余篇相关文献，从而找到较为合适的相关文献。

【案例小结】

本申请的技术方案较为简单，关键手段也较为明确。权利要求的核心技术特征即为该关键技术手段。审查员在检索此类技术方案时，主要沿用了渐进式的检索思路，从精确性着手，逐步扩大检索范围，在扩充至一定范围后，完成整个检索。但在此过程中，审查员对检索效率的把握较紧，并未在分类号上作过多扩充，仅仅检索了最相关的 3～4 个主题码，并通过 3C011 等主题码与更具体的 FI 分类号相配合，将精确性检索锁定在一个指向明确的范围。在此基础上，对于夹持和减震这两个机械领域常见的且技术内容较单一的技术手段和效果，检索员进行了较为全面的扩充。例如，采用多个关键词对其进行表达，且在检索过程中通过调整同在运算关系、增加截词符、补充关键词表达等，对以上两特征努力进行全面的表达。

在以精确性为目标的检索结束后,检索员仍然以分类号为主要手段,通过省略夹持和减震的关键词、省略 FI 分类号的限定、仅使用该主题码下的分类号等,在最相关的几个主题码下均进行了较为全面的检索,最终完成了日文库中相关度较高的对比文件的全面查找,终止了检索过程。

8.1.2 装置和设备

机械装置和设备是机械领域常见的发明类型,其是为实现特定功能而能够独立工作的产品,通常是在具有相同或相似功能的已知产品的基础上改进得到的。针对这类产品权利要求,在理解发明阶段,应当尽可能准确地站位本领域技术人员,在与已知同类产品对比的基础上确定发明构思和关键技术手段。在检索中,关键在于准确定位检索的技术领域和合理表达关键技术手段。对于基于主题名称确定的第一个检索要素,一般在分类表中能够找到与之相对应的分类号表达,而分类号恰当与否会极大地影响检索效率,首先应当选用最准确和下位的分类号表达第一个检索要素,必要时也可使用分类更为细致的 CPC、FI/FT 分类号,在未检索到有效的对比文件的情况下,还应对分类号的上下位点组进行扩展。检索中不应将领域限定在权利要求记载的具体应用领域,凡是基于创造性的预期,可能存在对比文件的功能和应用类似的领域,都应成为检索的领域。用关键词清楚表达机械设备的关键技术特征是有一定难度的,在实际操作中,需要在防漏检和避免引入过多噪音之间求得平衡,不宜在一开始就进行全面扩展,可通过中间文件逐步扩展有效的关键词。在数据库的选取方面,应根据装置和设备所属领域,优先选取文献量较大,技术发展较为领先的国家和地区的数据库。

【案例 7】

发明名称:挂壁式空调器

【相关案情】

本申请涉及一种挂壁式空调器,针对目前的挂壁式空调器难以与室外进行独立换气，造成室内空气沉闷的问题。

本申请挂壁式空调器的换气装置通过进气口从室外吸入新鲜空气，然后通过出气口送到室内，实现室内外空气的交换，保证室内空气的新鲜度，有利于人体健康，提高客户的满意度。图 8-8 是本发明申请挂壁式空调器的部分结构分解示意图，图 8-9 是换气装置的主观示意图。

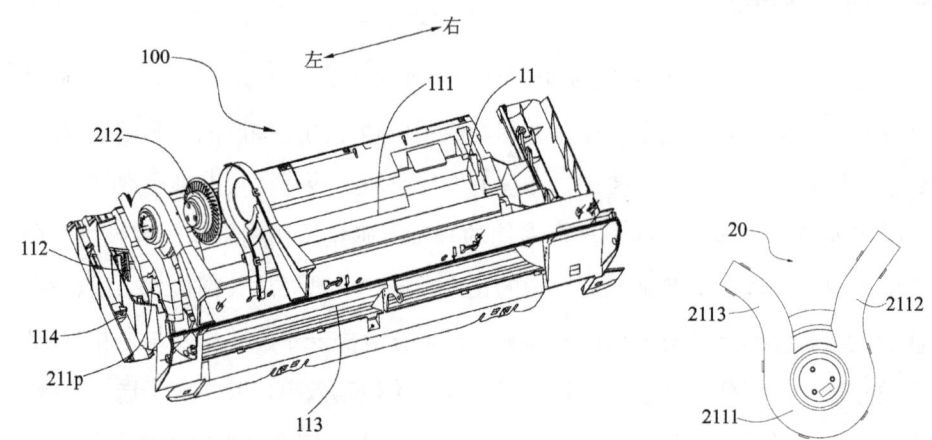

图 8-8　挂壁式空调器的部分结构立体示意图　　图 8-9　换气装置的主视示意图

本申请的独立权利要求：

权利要求 1. 一种挂壁式空调器，其特征在于，包括壳体，所述壳体包括底盘；及收容于所述壳体内且设置于所述底盘上的换气装置；所述换气装置包括蜗壳，所述蜗壳包括用于与室外连通的进气口及用于与室内连通的出气口；及设置于所述蜗壳内的风机，所述风机用于建立气流以从所述进气口吸入室外气体并从所述出气口排出至室内。

【检索策略分析】

本申请的发明构思是在传统的挂壁式空调器内部设置了换气装置，通过换气装置内设置的风机吸入室外的新鲜空气，然后通过出气口送到室内，实现室内外空气的交换。本申请分类员给的分类号为 F24F1/00（房间空调装置，如分体式或一体式装置，或接收来自集中式空调站一次空气的装置）和 F24F13/00（空气调节、空气增湿、通风或空气流作为屏蔽的通用部件）。根据专利申请所属的技术领域、解决的技术问题、采用的技术手段和达到的技术效果确定检索要素：检索要素1，挂壁式空调器；检索要素2，特定结构的换气装置。

考虑到空调领域的特点，本案可以重点检索日文专利库。首先查找到F24F1/00下的FI细分：

F24F1/00 431·将空气供给房间；将空气排出到室外［换气，即将内部空气替换成外部空气］

A 导入外部空气

其中，F24F1/00 431A可以表达出检索要素1和检索要素2，尝试仅用该分类号进行检索，检索结果为264篇，可以检索到对比文件JP2000249365A（图8-10和图8-11），其公开了一种挂壁式空调器，包括壳体，壳体包括底盘及收容于壳体内且设置于底盘上的换气装置；换气装置包括蜗壳，蜗壳包括用于与室外连通的进气口及用于与室内连通的出气口；设置于蜗壳内的涡流风机，风机用于建立气流从进气口吸入室外气体并从出气口排出至室内。可知该对比文件可以评价本申请独立权利要求的新颖性。

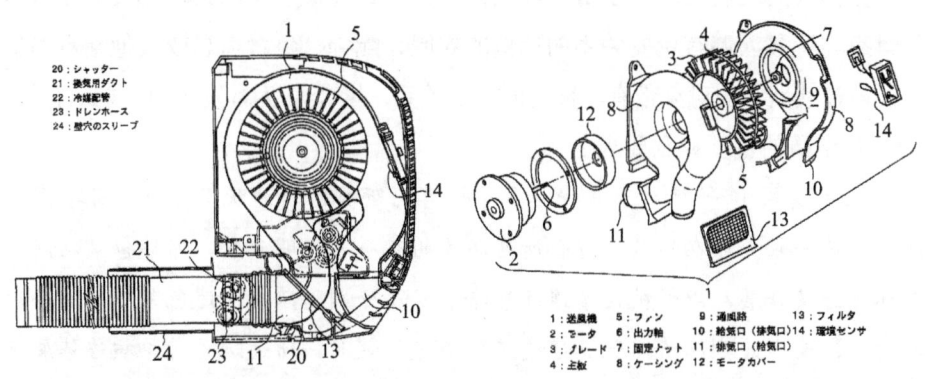

图8-10 对比文件挂壁式空调器的结构图　　图8-11 对比文件的换气装置爆炸图

此外，如果认为分类号虽然表达了检索要素一和检索要素二，但是不够精确，可以尝试利用关键词缩限，以更快速获得该对比文件。例如，采用分类号F24F1/00@431A和关键词wall相与，检索结果为56篇，同样可以得到该对比文件。或者采用分类号F24F1/00@431A和关键词case相与，检索结果为66篇，同样可以得到该对比文件。

【案例小结】

对于装置类权利要求，检索前需要充分理解发明，把握发明构思，提炼出检索要素。同时，可结合领域特点，针对性地选择检索日文专利文献，并通过与 IPC 对照的方式查找 FI 细分，采用准确的 FI 和/或关键词的检索方式可以迅速找到对比文件，检索效率高。

【案例 8】

发明名称：具有多个连续惊喜展示的玩具

【相关案情】

本申请涉及具有多个连续惊喜展示的玩具。其包括多个玩耍对象，当儿童移除各种玩具包装层时，该多个玩耍对象向儿童连续展示惊喜或奖励。一些玩耍对象位于包装层之间，其他玩具对象被裹在球形壳体的外部凹部中，该外部凹部被包装覆盖，以使每次移除一个包装层时展示包含一个玩耍对象的一个隔间。一旦所有的包装都被移除，壳体就分为两半，于是接着展示又一个玩耍对象。壳体内的玩耍对象可以是玩具人偶，其中之前被展示的其他玩耍对象可以是具有与玩具人偶有玩耍关系的玩偶的衣服、配饰、包含信息或其他指示的卡片，被连续展示的对象带有与彼此的玩耍关系，图 8-12 为本发明的结构示意图。

本申请的主要权利要求：

权利要求 1. 一种对于儿童具多个惊喜的玩具，所述玩具包括芯体；围绕所述芯体并且大体在形状上符合所述芯体的多个不透明包装，所述包装在所述芯体上连续分层，以便被儿童连续移除；以及分别隐藏在所述包装下的多个玩耍对象，使当儿童从所述玩具连续移除所述包装时，所述玩耍对象被连续展示给儿童。

【检索策略分析】

本申请玩具具有球体的形状，并且在其上具有多个柔性拱形包装层。当每个包装层被移除时，不同的玩耍对象（诸如印刷的可收藏卡片）被展示。本申请分类员给出的分类号为 A63H33/00（其他玩具）。根据本专利申请所属的技术领域、解决的技术问题、采用的技术手段和达到的技术效果确定检索要素：检索要素1，惊喜玩具；检索要素2，围绕芯体的多个不透明包装，隐藏在包装下的多个玩耍对象。

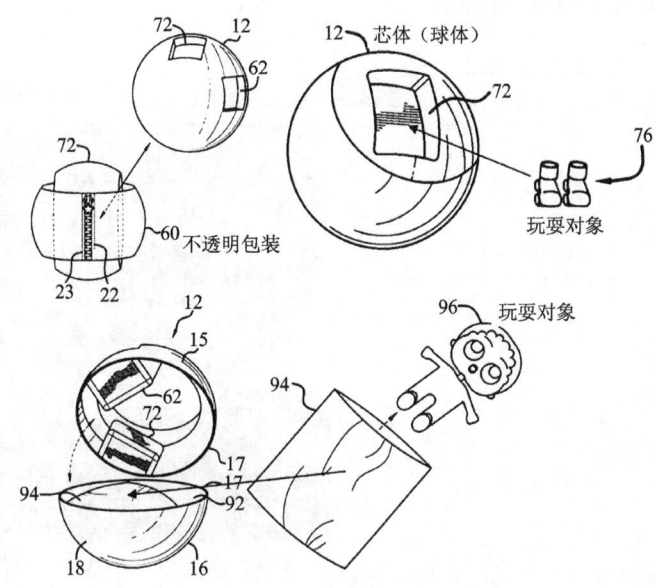

图8-12 本发明的结构示意图

本案在专利库中使用"惊喜、随机、神秘、秘密、意外""盲球、盲盒"等表达技术效果及"多层、分层、数层""凹 or 槽 or 坑"等表达结构的关键词进行检索后，未获得有参考价值的对比文件。

考虑玩具领域的特点，转入购物平台进行检索，尝试在淘宝上搜索相关产品。在淘宝搜索框中输入"惊喜"两字，搜索智能填充便出现了"惊喜盒子，惊喜娃娃，惊喜拆拆乐，惊喜盲盒"等搜索关键词（图8-13）。

利用智能匹配的关键词搜索进行浏览，发现"惊喜娃娃"是MGA公司的玩具产品，且与本申请的技术方案完全一致，其另一商标名为"LOL SURPRISE"。既然为"网红"产品，那么在网络关注度应该很高，继续在百度中输入"惊喜娃娃"进行搜索，发现了如下信息："惊喜娃娃是由玩具公司MGA的首席执行官Larian在2016年12月推出的玩具。"有可能在优先权日之前公众就已经能够得知该产品的信息（如产品发布会或者推介会）。继续用"lol surprise 2016"进行视频搜索（图8-14），发现视频网站上有大量2016年

12月发布的有关"惊喜娃娃"产品详细介绍的视频。经核实,其中时长为14分56秒的视频公开了"lol surprise dolls"的详细玩耍方法,完全公开了本申请技术方案的全部内容(图8-15)。

图 8-13　淘宝检索结果示意图

【案例小结】

本申请充分利用领域的特点进行检索。例如,玩具领域从设计到批量化生产应用周期短、技术传播性强、受众范围广,可以尝试从各大购物网站获取实际产品的售卖信息,以商品名、"绰号"等信息来扩充检索关键词。利用搜索引擎的智能填充功能,可以将申请文件中给出的有限的可检索关键词进行扩展,利用大数据的优势扩展检索思路。利用"网红"产品网络推广传播力度大的特点,经过对产品发布时间与申请日(优先权日)对比分析,合理预期追踪到可用网络资源的可能性,并进行针对性检索。

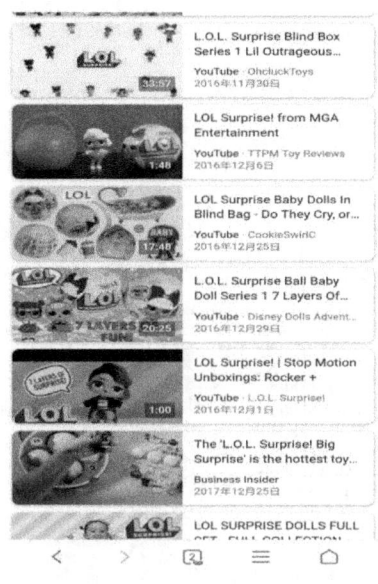

图 8-14　视频检索结果示意图 1

图 8-15　视频检索结果示意图 2

【案例 9】

发明名称：用于汽化介质和分离液滴和用于冷凝介质的设备

【相关案情】

本申请涉及一种用于汽化介质和分离液滴和用于冷凝介质的设备。大型制冷机械中使用的所谓的满液式（溢流式）蒸发器和与之相关的液滴分离器以及冷凝器通常采用板式热交换器。现有技术中，蒸发器和冷凝器通常分别位于各自的外壳内。将蒸发器和冷凝器独立设置增加了热交换器的制造成本、重量和大小。液滴分离器和蒸发器通常也布置于独立的壳体内，并且液滴分离器布置于蒸发器的上方。这同样增加了空间的要求并且需要设置额外的管路。

本申请提供一种用于汽化介质和分离液滴和用于冷凝介质的设备，通过将蒸发器、冷凝器及液滴分离器设置在同一个壳体中，并通过在壳体上设置的多个入口连接件和出口连接件将制冷剂在蒸发器、冷凝器及液滴分离器之间传输，以实现制冷循环。这种设置方式减小了设备的制造成本、重量和体积。图 8-16 示出了用于汽化介质和分离液滴和用于冷凝介质的设备的结构图，其中 2

为压缩机，5 为膨胀阀，8 为圆柱形壳，9 和 9' 为端部，10 和 11 为板组，12 为间隔壁，13 为重力液滴分离器。

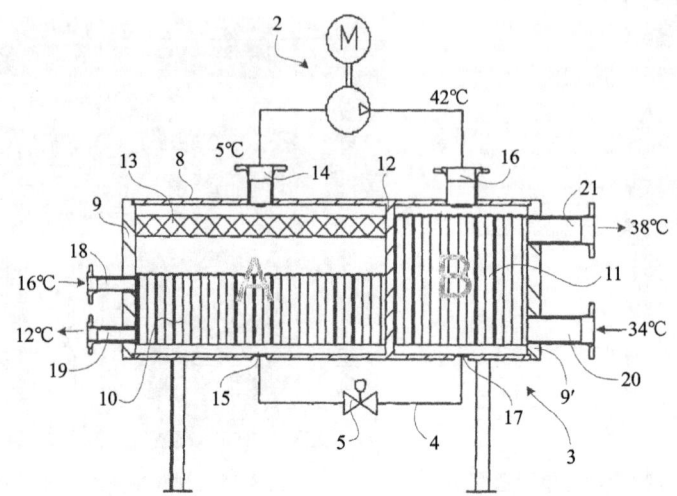

图 8-16　用于汽化介质和分离液滴和用于冷凝介质的设备的结构图

本申请的独立权利要求：

权利要求 1. 一种用于对介质进行汽化并且分离液滴以及用于冷凝的设备（3），其特征在于所述设备（3）包括至少：

- 外壳体，其包括基本上水平的圆柱形壳（8）和基本上竖直的端部（9, 9'），

- 间隔壁（12），其将所述圆柱形壳（8）的内侧在水平方向上分成第一部分（A）和第二部分（B），

- 板组（10），其充当蒸发器，所述蒸发器布置于所述第一部分（A）内侧，在第一部分的下部中，

- 用于热交换介质的入口连接件（18）和出口连接件（19），其用于引导所述介质进出充当蒸发器的所述板组（10），

- 重力液滴分离器（13），其布置于所述第一部分（A）内侧在充当蒸发器的所述板组（10）上方，

- 用于待汽化的介质的入口连接件（15）和用于已汽化的介质的出口连接件（14），所述入口连接件（15）用于引导所述待汽化的介质进入到所述第一

部分（A）内，所述出口连接件（14）用于引导所述已汽化的介质从所述第一部分（A）在其上部处出来；

- 板组（11），其充当冷凝器，所述冷凝器布置于所述第二部分（B）内侧；

- 用于热交换介质的入口连接件（18）和出口连接件（19），其用于引导所述介质进出充当冷凝器的板组（11），以及

- 入口连接件（16）和入口连接件（17），所述入口连接件（16）用于引导所述已汽化的介质进入到所述第二部分（B）内，所述出口连接件（17）用于引导所述已冷凝的介质从所述第二部分（B）出来。

【检索策略分析】

本申请要解决的技术问题是蒸发器、冷凝器及液滴分离器分别设置在独立的壳体中占用体积和重量大、制造成本高的问题。采用的关键手段是将蒸发器、冷凝器及液滴分离器设置在同一个壳体内以减少占用体积、重量和制造成本。权利要求 1 要求保护一种用于对介质进行汽化并且分离液滴及用于冷凝的设备，其限定了蒸发器、冷凝器和重力液滴分离器都设置在同一个圆柱形的外壳体内，体现了本发明解决技术问题的关键技术手段。

审查员首先在美国专利数据库分别对 CPC 分类号 B01D5/0015（采用板式换热器对蒸汽进行冷凝）、B01D1/305（蒸发器的除雾器）、B01D1/28（带有蒸汽加压的蒸发器）、F25B1/005（采用单一设备类型的压缩制冷装置）、F25B39/00（制冷系统的蒸发器或冷凝器）、F25B39/02（制冷系统的蒸发器）、F25B39/022（带有类似板状或层状的元件的制冷系统的蒸发器）、F25B39/04（制冷系统的冷凝器）、F25B2339/022（由一对板形成的空间中设置制冷剂盘管的蒸发器）、F25B2339/041（蒸发冷凝器）、F25B2339/043（装板状或层状元件构成冷凝器）、F28D9/0006（板或层压通道位于压力容器内的板式换热器）、F28D9/0043（板上有开口，用于将至少一种热交换介质从一个管道循环到另一个管道的板或层压通道位于压力容器内的板式换热器）、F28D9/0093（多回路板式热交换器）、F28D2021/0066（带有冷凝和蒸发的组合的特殊用途热交换器）进行了检索。最终检索到能够评述本申请全部权利要求 1～14 的三篇 Y 对比文件（EP2174810A2、US6158238A、US7472563B2）。

为了检索到更好用的对比文件，审查员还在美、日、欧及德温特数据库中采用 vaporate、condense、plate pack、plate heat exchanger、droplet separate、demist、partition/divide、section/wall/plate、vertical、same/single、vessel/container/shell/case、compress、expand 等关键词，结合临近算符进行纯关键词检索，但是没有找到更好的对比文件。

【案例小结】

虽然本申请记载的应用领域是制冷设备，但是其本质是对换热器结构的改进。因此，审查员并没有局限于制冷设备领域，对一般的冷凝器和蒸发器也进行了检索。从本申请检索过程可以看出，美国专利商标局的审查员更倾向于采用分类号进行检索，在文献量可以浏览的情况下一般不考虑采用关键词进行缩限，而且分类号的应用非常全面，对凡是可能与本申请的主题相关的分类号都进行了检索，从而降低了漏检率，但同是也降低了检索效率。在关键词的使用上，我国审查员充分扩展了关键词的表达，并采用临近算符连接各个关键词以提高表达的准确性和检索效率。

【案例10】

发明名称：冰箱

【相关案情】

本发明涉及一种冰箱。冰箱中一般设置有多个储藏室，包括冷冻室及冷藏室等。冰箱的制冷系统包括压缩机、冷凝器、膨胀装置及蒸发器。其中，蒸发器可包括设置在冷藏室一侧的第一蒸发器及设置在冷冻室一侧的第二蒸发器。冰箱中包括流动调节部，其设置于多个蒸发器的入口侧，用于使制冷剂流入至少一个蒸发器。冷凝器中进行热交换的制冷剂中可包括未完成冷凝的气态制冷剂，即通过上述冷凝器的制冷剂可为气液两相状态。当这种两相制冷剂供给到上述流动调节部，如果上述流动调节部未能保持物理平衡时，会导致液态制冷剂流入与流动调节部的倾斜部分连接的蒸发器侧，而气态制冷剂流入与流动调节部的倾斜部分的相反侧连接的蒸发器侧。在此情况下，会出现气态制冷剂所流入的蒸发器的热交换效率降低的问题。

本申请提供一种改善制冷效率的冰箱。通过在冷凝器的出口侧设置液态制冷剂供给装置，从冷凝器中热交换后的制冷剂中分离出液态制冷剂并供给到所述流动调节部，从而保证在多个蒸发器同时运转的情况下，不会发生气态制冷剂和液态制冷剂分别进入不同蒸发器的现象。图8-17示出了冰箱的冷冻循环系统图，其中110为压缩机，120为冷凝器，150为第一蒸发器，160为第二蒸发器，141/143为膨胀装置，130为流动调节部，200为液态制冷剂供给装置。图8-18为液态制冷剂供给装置结构图。

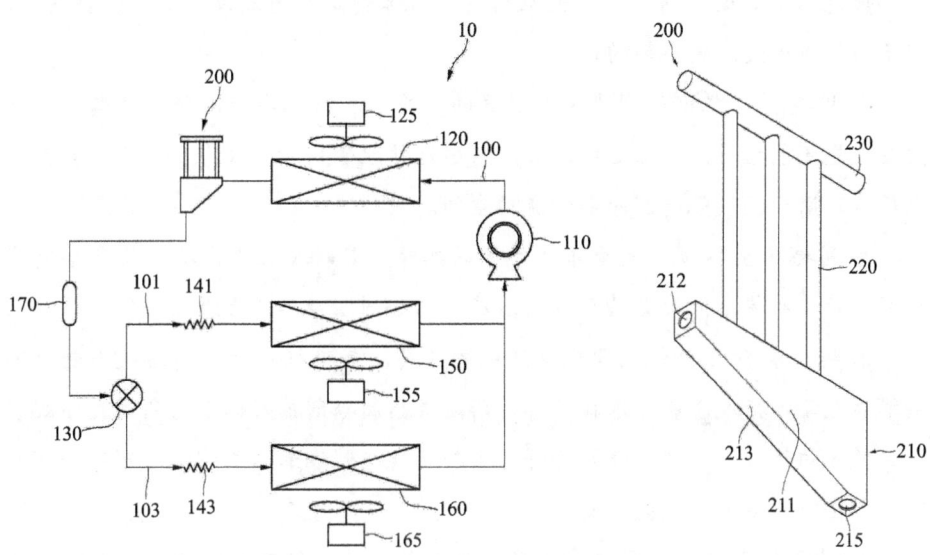

图8-17 冰箱的冷冻循环系统图　　图8-18 液态制冷剂供给装置结构图

本申请的主要权利要求：

权利要求1. 一种冰箱，其特征在于，包括：

压缩机，用于压缩制冷剂；

冷凝器，用于冷凝被所述压缩机压缩后的制冷剂；

制冷剂配管，用于引导被所述冷凝器冷凝后的制冷剂的流动；

多个蒸发流路，从所述制冷剂配管分支而成，并设置有膨胀装置；

流动调节部，设置在所述制冷剂配管，用于将制冷剂供给到所述多个蒸发流路中的至少一个蒸发流路；

多个蒸发器，与所述多个蒸发流路连接，分别用于使被所述多个膨胀装置减压后的制冷剂蒸发;以及液态制冷剂供给装置,设置在所述冷凝器的出口侧,用于从所述冷凝器中热交换后的制冷剂中分离出液态制冷剂并供给到所述流动调节部。

权利要求 2. 根据权利要求 1 所述的冰箱,其特征在于,所述液态制冷剂供给装置包括液态制冷剂储存部,所述液态制冷剂储存部具有使通过了所述冷凝器的制冷剂流入的入口部及使所述液态制冷剂排出的出口部。

权利要求 3. 根据权利要求 2 所述的冰箱,其特征在于,所述液态制冷剂储存部包括引导面,所述引导面从所述入口部朝向所述出口部向下倾斜延伸,用于引导所述液态制冷剂的流动。

权利要求 4. 根据权利要求 2 所述的冰箱,其特征在于,所述液态制冷剂供给装置还包括一个以上延伸配管,所述延伸配管从所述液态制冷剂储存部向上延伸,用于提供气态制冷剂的流动空间。

权利要求 5. 根据权利要求 4 所述的冰箱,其特征在于,提供有多个所述延伸配管,所述延伸配管结合在所述液态制冷剂储存部的上表面。

权利要求 6. 根据权利要求 4 所述的冰箱,其特征在于,所述液态制冷剂供给装置还包括气态制冷剂捕获部,所述气态制冷剂捕获部以与所述延伸配管交叉的方向结合在所述延伸配管并用于捕获气态制冷剂,所述气态制冷剂捕获部设置在所述延伸配管的上侧。

权利要求 7. 根据权利要求 6 所述的冰箱,其特征在于,上述气态制冷剂捕获部设置在上述一个以上延伸配管上部。

权利要求 8. 根据权利要求 1 所述的冰箱,其特征在于,还包括设置有储藏室的本体;所述本体包括外部壳体,其形成所述本体的外观,内部壳体,其形成所述储藏室的内部形状,并安装在所述外部壳体的内侧,以及隔热材料,设置在所述外部壳体和内部壳体之间。

权利要求 9. 根据权利要求 8 所述的冰箱,其特征在于,所述储藏室包括冷藏室及冷冻室,所述液态制冷剂供给装置设在位于所述冷藏室的后方的隔热材料。

权利要求 11. 根据权利要求 1 所述的冰箱,其特征在于,还包括干燥机,所述干燥机连接在所述液态制冷剂供给装置的出口侧,用于去除液态制冷剂中的水分或杂质，被去除水分或杂质的液态制冷剂流入所述流动调节部。

【检索策略分析】

本申请所要解决的技术问题是流动调节部未能保持物理平衡时，不同蒸发器分别进入气态和液态制冷剂，导致热交换效率降低。采用的关键手段是在冷凝器与流动调节部之间设置液态制冷剂供给装置。通过设置液态制冷剂供给装置，使气态制冷剂与液态制冷剂分离，从而使多个蒸发器均匀获得液态制冷剂，提高热交换效果。权利要求1要求保护一种冰箱，其中限定了制冷系统的主要部件及制冷剂流向，以及液态制冷剂供给装置的位置及作用，体现了本发明解决技术问题的关键技术手段。

首先，审查员主要在美、日、欧及德温特数据库中进行检索，在对本案申请人和发明人追踪之后，针对独立权利要求1，采用CPC分类号F25B5/02（具有并行配置的几个蒸发回路的压缩机、压缩装置或压缩系统，如可改变制冷能力的）和对应的UC分类号62/199及62/200相或构造成块，表达了权利要求1制冷系统的主要特点，即具有多个蒸发器的制冷系统。接下来，审查员用CPC分类号F25B2400/16（制冷系统的接收器）、F25B2400/23（制冷系统的分离器）及与之相应的UC分类号62/509相或构造了另一个块，用以表达对现有技术作出贡献的技术特征"液态制冷剂供给装置"，并用关键词"refrigerator"对上述两个块相与的结果进行限定，浏览79篇文献并获得了可评价权利要求1～3新颖性或创造性的对比文件1（US7293428B2），以及可与上述对比文件结合评价权利要求4创造性的对比文件2（US2006/0218952A1）。

其次，审查员转入对从属权利要求的检索，分别是采用关键词"refrigerator""out case""inner case""insulation"相与检索权利要求8；采用关键词"refrigerator""insulation"和"receiver"/"separator"相与检索权利要求9；采用上述分类号F25B2400/16、F25B2400/23、62/509构建的块与关键词"receiver"/"separator""dryer"相与检索权利要求11等。

最后，审查员还采用分类号F25B5/02、62/199、62/200构造的块与关键词"refrigerator"相与进行检索，在未检索到能够评价权利要求5～7的创造性的对比文件的情况下终止了检索。

【案例小结】

本案检索对象为一种冰箱，但其构思适用于所有具有多个蒸发器的制冷系统。检索人员未将检索限制在冰箱领域，而是基于其方案的特点，将检索扩展到一般的制冷设备领域。整个检索过程中，均未使用冰箱领域的分类号，但在针对从属权利要求检索的个别检索式中，使用了冰箱的关键词"refrigerator"进行了限定。

从本申请同族的检索过程可以看出，美国专利商标局审查员除了使用 CPC 分类号进行检索外，仍然习惯使用 UC 分类号进行检索，并且将 CPC 号与相应的 UC 通过或的方式构造成块用于表达检索要素。检索过程中，检查员既使用了分类号与分类号相与的方式，也使用了分类号与关键词、关键词与关键词相与的方式。检索中使用的 CPC 分类号 F25B5/02、F25B2400/23 等均较好地体现了检索对象的特点，帮助审查员提高了检索效率。

在关键词的使用方面，审查员站位本领域技术人员，使用制冷领域的专用术语"receiver"和"separator"较为贴切地表达了权利要求 1 的关键技术手段。由于本申请的方案较为简单，审查员较早地命中了评价权利要求 1 的对比文件，因此没有过多地进行关键词的扩展。

本申请针对部分从属权利要求进行了检索，虽然有些从属权利要求，如权利要求 8 和权利要求 11 的附加技术特征属于本领域较为常用的技术手段，审查员仍然对相关特征进行了检索，并在第一次审查意见通知书中引用了检索获得的对比文件，体现了较强的证据意识。

本案并未检索到评价所有权利要求新颖性和创造性的对比文件，对于认为有授权前景的从属权利要求 5～7 中限定的液态制冷剂供给装置的结构特征。

【案例 11】

发明名称：一种空气调节机

【相关案情】

本申请涉及一种空气调节机，在现有的空气调节机中，按分割检测区域后的每个局部检测区域，使用利用红外线的检测单元来检测人体，控制上下叶片和左右叶片朝向检测出人体的局部检测区域的方向。但是，在上述现有技术中，存在提高节能性的情况下大幅损害用户舒适性的问题。

本申请的空气调节机包括室内机和设定通常温度控制下的基准室内设定温度的遥控装置。所述室内机包括送风风扇；左右变更来自送风风扇的气流的吹出方向的左右叶片；上下变更来自送风风扇的气流的吹出方向的上下叶片；人体检测单元。而且，所述空气调节机将检测对象的区域划分为多个，利用人体检测单元检测是否有人，所述空气调节机具有节电温度控制，该节电温度控制将基准室内设定温度加上第1修正值而得的第1修正基准室内设定温度作为目标设定温度，进行空气调节运转。而且，在节电温度控制下的空气调节运转时，送风风扇的转速比通常温度控制下的空气调节运转时的送风风扇的转速大，上下叶片和左右叶片在由人体检测单元检测到有人的空气调节区域以规定周期摆动。由此，能够提供一种不损害舒适性且能提高节能性，降低消耗电力的空气调节机。

图8-19是表示人体检测传感器的检测对象的区域（可检测区域）的示意图。在本实施方式的空气调节机中，适当地配置3个红外线传感器，由此进行a～g的多个区域的人体检测。图8-20是用于说明上下叶片22（上叶片22a、下叶片22b）的动作的图。上叶片22a和下叶片22b以规定的周期（如1分钟往复3次）在相应于室内机1与空气调节区域的距离的范围摆动（摆动角度变化）。

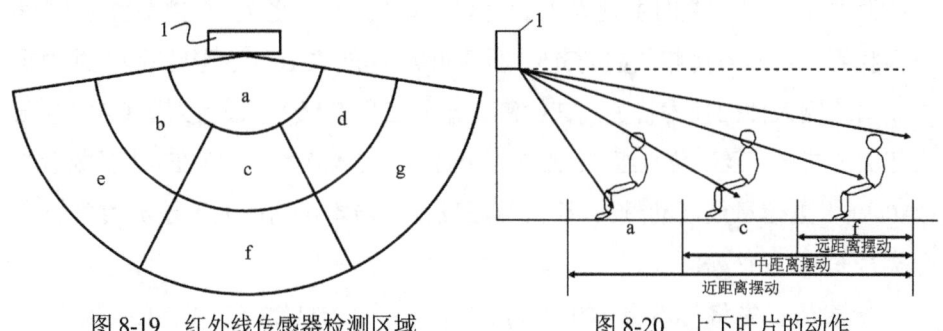

图8-19　红外线传感器检测区域　　图8-20　上下叶片的动作

本申请的权利要求1：

一种空气调节机，其特征在于，包括室内机；和设定通常温度控制下的基准室内设定温度的遥控装置，所述室内机包括：

送风风扇；

左右变更来自所述送风风扇的气流的吹出方向的左右叶片；

上下变更来自所述送风风扇的气流的吹出方向的上下叶片；和人体检测单元，所述空气调节机将检测对象的区域划分为多个区域，利用所述人体检测单元检测是否有人，所述空气调节机具有节电温度控制，该节电温度控制将所述基准室内设定温度加上第1修正值而得的第1修正基准室内设定温度作为目标设定温度，进行空气调节运转，在所述节电温度控制下的空气调节运转时，所述送风风扇的转速比所述通常温度控制下的空气调节运转时的所述送风风扇的转速大，所述上下叶片和所述左右叶片，在由所述人体检测单元检测到有人的空气调节区域以规定周期摆动。

【检索策略分析】

本申请的发明点在于提供一种具备不损害用户的舒适性而提高空气调节机的节能性的运转模式。权利要求1中包含"该节电温度控制将所述基准室内设定温度加上第1修正值而得的第1修正基准室内设定温度作为目标设定温度""所述送风风扇的转速比所述通常温度控制下的空气调节运转时的所述送风风扇的转速大"等技术手段，属于体现了本申请解决技术问题的关键技术手段。

检索员将权利要求1的技术特征拆分为A～H，8个特征。检索时，首先找到与本申请相关的主题码3L260（空调的控制设备）。在控制目标FC00下面找到了与本申请相关的FC15（垂直叶片）和FC16（水平叶片）；并根据本申请检测人体的技术特征，在检测、输入信息CA00下面找到了CA01（与人相关的信息）及下位点组CA02（人员位置）、CA03（人员存在/人员数量）、CA04（多重信息或活动量）。检索员还找到了与本申请的人员检测相关的FI分类号F24f11/02@S。

检索员首先将与本申请相关的FI分类号F24f11/02@S和F-term分类号3L260/FC15、3L260/FC16相与，得到191篇文献，通过浏览得到两篇对比文件JP2008215762A和JP2008101879A的创造性。在关键词的表达上，审查员采用了"节能""用户""检测""传感器"及"叶片"等关键词进行了纯关键词检索，检索到了可以评述从属权利要求 2 创造性的 Y 文件 JP2013-053784A。此外，检索员还尝试分别用 3L260/CA01、3L260/CA01、3L260/CA03、3L260/CA04 和 3L260/FC15、3L260/FC16 相与，但是没有获得其他对比文件。对于外文专利数据库的检索，检索员尝试了 EC 分类号 F24F11/02 和 F24F11/02B、CPC 分类号 F24F11/02 和 F24f11/022，以及关键词"用户""传感器""区域""叶片"等词，都没有获得其他更好的对比文件。

【案例小结】

本申请检索对象为一种控制模式，权利要求较长，检索人员在检索此类方法权利要求的时候，对所包含的特征进行了拆解。从同族检索过程中可以发现，日本特许厅检索员首先会在日本专利数据库中进行检索，非常重视与本申请技术领域相关的 FI 分类号和 F-term 分类号的使用，这比关键词更优先。这一检索思路与日本特许厅采用的分类号分类细致准确是契合的，在发明点不好表达的情况下，将文献的范围缩小在可浏览的范围，然后通过阅读筛选出对比文件，也是一种高效可行的检索策略。对于外文的检索，日本特许厅检索员采用 CPC 和 EC 联合关键词使用，没有采用 IPC，可知其检索思路仍然是依靠准确的分类号细分。

【案例 12】

发明名称：安全骑滑梯

【相关案情】

本申请涉及一种安全骑滑梯。现有技术中存在将滑梯作为快捷下楼设施，但是这种坐着下滑的滑梯存有起滑后中途难以止动的安全保障缺陷，容易造成前位遭后位冲撞的问题。

本申请将坐着下滑的滑梯改进成骑着下滑的滑梯，辅以安全踏板和扶手，可以保障安全，扩大应用范围，使滑梯可以用作疏散设施或者公园景点的观光、游戏装备。图 8-21 示出了安全骑滑梯的结构。其中，1 为滑杆支架，2 为跨骑滑杆，3 为安全踏板，4 为安全扶栏，5 为落地护垫，6 为普通楼梯，7 为电动扶梯。

本申请的独立权利要求：

权利要求1.一种安全骑滑梯，包括滑杆支架、跨骑滑杆、安全踏板、安全扶栏和落地护垫，其特征是：安全骑滑梯由滑杆支架（1）、跨骑滑杆（2）、安全踏板（3）、安全扶栏（4）和落地护垫（5）组合构成，所述滑杆支架（1）为装置固定跨骑滑杆（2）位置坡度的支撑架，所述跨骑滑杆（2）为外表光滑适合跨骑坐姿滑行的斜置粗径滑杆，所述安全踏板（3）为一定宽幅与跨骑滑杆（2）同样坡度等似长度的踏脚平板，所述安全扶栏（4）为与跨骑滑杆（2）同坡度平行适合于手抓握的光滑扶栏，所述落地护垫（2）为接纳和保护双脚落地的软垫；安全骑滑梯由滑杆支架（1）上面装置一个跨骑滑杆（2）并固定斜置坡度，跨骑滑杆（2）下滑杆支架（1）的两侧各设置安全踏板（3），跨骑滑杆（2）上部空间一侧或两侧设置安全扶栏（4），跨骑滑杆（2）和安全踏板（3）前端设置落地护垫（5）构成。

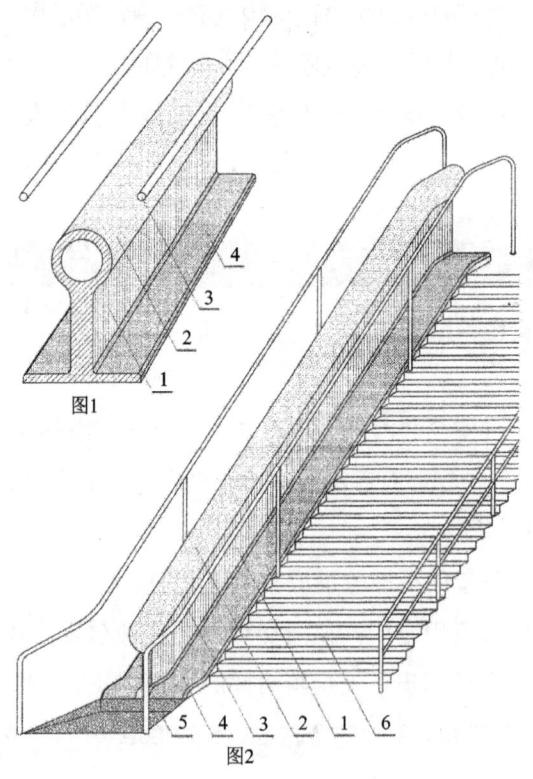

图8-21 安全骑滑梯的结构图

【检索策略分析】

本申请要解决的技术问题是坐着下滑的滑梯起滑后中途难以制动，易造成前位遭后位冲撞的问题。采用的关键技术手段是将坐着下滑的滑梯改进成骑着下滑的滑梯，解决了现有坐着下滑的滑梯中途难以制动、容易发生冲撞的问题。权利要求1中记载了跨骑滑杆，体现了本申请的关键技术手段。

本申请分类员给出的分类号为E04F11/00（梯、斜坡道或类似结构；栏杆柱；扶手）和E04F11/18（栏杆柱；扶手）。通过查找分类表可以得到滑梯的分类号A63G21/04（有固定轨道的滑运道、塔式螺旋形滑梯）和A63G21/00（滑运道；塔式螺旋形滑梯）。

根据本申请所属的技术领域、解决的技术问题、采用的技术手段和达到的技术效果确定检索要素：检索要素1，滑梯；检索要素2，跨骑滑杆。

审查员首先在中文专利数据库中采用骑、跨坐、凸起、凸座相或构建检索块，然后将上述检索块分别与IPC分类号E04F11/00、A63G21/04和A63G21/00相与进行检索，然后采用关键词滑梯与上述检索块相与进行检索。接下来，在外文专利数据库中用rid+、protrud+、raised、convex+、gibb+相或构件检索块，再分别与IPC分类号A63G21/00和A63G21/04相与进行检索。上述检索都没有检索到合适的对比文件。

此时，需要考虑扩展检索。结合本案中对该滑梯作用的描述可知，实际上，该滑梯主要用于高层逃生等用途，而日本人口稠密，属于地震多发地带，与我国台湾地区一样，需要疏散的情况较多，由此考虑到是否在日本或我国台湾地区有类似发明。于是，考虑进入日本摘要数据库（JPABS）和台湾摘要数据库（TWABS）中进行检索。在日本摘要数据库中采用IPC分类号A63G21/04和骑、乘相与进行了检索，然后再在台湾摘要数据库中采用IPC分类号A63G21/04进行检索，命中11篇文献。其中包括能够评述权利要求1～3创造性的对比文件（TWM257871U）。

【案例小结】

对于特殊用途的装置发明，可以根据不同国家和地区的社会需求和技术发展水平，选择合适地域的专利数据库进行检索，以此取得较好的检索结果。

8.1.3 部件

部件类的专利申请以产品中的某一组成部分为保护对象，相对于装置和设备申请而言，这类申请一般对部件的细节结构进行优化，以解决现有技术中存在的问题，以便使装置具有更优的技术效果。相较于一般的产品专利申请，这类申请在确定检索的技术领域，以及表达关键技术特征方面都存在一些额外的困难。在确定检索的技术领域的时候，由于 IPC 主要按照功能和应用进行分类，对于功能完整、应用具体的完整产品，较为容易找到体现发明技术领域的分类位置，而对于产品的组成部分而言，不一定有较好对应的分类位置。虽然 IPC 在有些产品的小类中也专门设置了针对各主要零部件的大组，但由于产品的组成部件较多，通常在分类表中难以覆盖所有的部件。因此，在选用分类号时，有时不得不采用部件所属产品的分类位置来表达技术领域；在必要时，可以使用产品分类号与表达部件的关键词相与来构造表达技术领域的块。此外，各类部件有专用部件和通用部件之分，对于各领域通用的部件，还应考虑通用的部件分类位置，以及其他应用类似的分类位置。对部件进行改进的特征通常更为细微和具体，这类特征用关键词表达难度较大，除了从多角度选取合适的关键词，还充分运用其他分类体系中细分的分类位置。由于 CPC、FI/FT 分类较 IPC 具有更多的分类条目，部分分类位置可同时体现发明的关键技术手段，从而规避关键词表达的困难。由于单个 CPC 和 FI 分类号下的文献量更小，在关键技术手段用关键词不好表达的情况下，也可直接浏览整个 CPC 和 FI 分类号下的所有文献，进而在浏览过程中定位所需的关键技术手段。

【案例 13】

发明名称：一种用于梁式桥梁的抗震锚栓

【相关案情】

目前，普通梁式桥梁大多采用预制混凝土主梁，这使桥梁的主梁自身的强度得到了加强，但主梁与桥墩之间的连接就显得尤为重要。传统的梁桥修建方式中，主梁与桥墩之间只是简单地用橡胶支座通过重力连接。这种连接方式在正常运营情况下是合适的，但在发生地震时，主梁容易出现较大位移甚至落梁的情况，导致交通中断，故现有的梁式桥梁的主梁与桥墩之间的连接结构难以保证桥梁具有良好的抗震性能。

本申请提出一种用于梁式桥梁的抗震锚栓，包括钢管套，其设置有一下端开口的内孔，且该钢管套的上部与主梁连接；锚栓杆，其呈Z形状，至少两个该锚栓杆的上部共同活动套设于所述钢管套的内孔中，且该锚栓杆的下部与桥墩连接；以及防腐物，其填充于所述钢管套的内孔与所述锚栓杆的上部之间的空隙内。当受到一定的地震作用时，抗震锚栓进入工作状态，增加桥梁的水平刚度，并可以沿任意水平方向发生变形，且其变形主要集中在锚栓杆的上部。该部位易形成塑性区域，能够消耗地震的能量，从而增强桥梁的整体抗震性能，使桥梁不容易发生落梁破坏。图8-22为本案用于梁式桥梁的抗震锚栓的结构示意图。

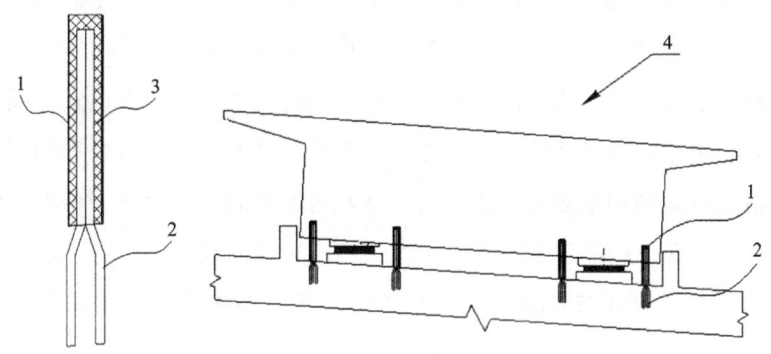

图8-22　用于梁式桥梁的抗震锚栓的结构示意图

本申请的权利要求1：

一种用于梁式桥梁的抗震锚栓，其特征在于，包括：

钢管套（1），其设置有一下端开口的内孔，且该钢管套的上部与主梁（4）连接；锚栓杆（2），其其Z形状，至少两个该锚栓杆的上部共同活动套设于所述钢管的内孔中，且该锚栓杆的下部与桥墩连接；以及防腐物（3），其填充于所述钢管套的内孔与所述锚栓杆的上部之间的空隙内。

【检索策略分析】

本申请所要解决的技术问题是现有的普通梁式桥梁主梁与桥墩之间的连接只是简单地用橡胶支座通过重力连接，不具有抗震的效果。采用的关键手段是将锚栓杆2插入钢管套1的内孔的部分,没有与钢管套1固定约束,因而地震作用使锚栓杆2发生较大水平变形时,锚栓杆2与钢管套1之间的摩擦力不会让锚栓杆2产生过大的拉伸应力,防止锚栓杆2被拉断。锚栓杆2呈"Z形状",下部分散设置于桥墩内,增加与桥墩的连接点和连接范围,比直杆具有更好的延展和弯曲性能,可以提高抗震锚杆的抗震性能。独立权利要求的主题名称为抗震锚栓,特征部分限定了锚栓杆的形状及布置方式,体现了本发明解决技术问题的关键技术手段。

审查员首先根据独立权利要求的前序部分确定本申请的技术领域、本申请的技术主题为"抗震锚栓",然后根据特征部分确定本申请的关键技术手段为"锚杆的形状"。首先审查员采用锚栓、锚杆对部件进行表达,使用与抗震有关的分类号E01D2/00(以支撑桥跨结构截面为特征的桥梁)、E01D19/14(桥梁零件的塔;锚;鞍式支座)、E21D20/00(锚杆安装)、E21D21/00(顶板、底板或竖井衬砌保护用锚杆),在专利数据库中采用逻辑相与进行检索发现,在以上的检索结果中,或者没有检索到相关的对比文件,或者检索结果数量太大无法有效浏览。本申请检索的关键在于对锚杆结构特征进行合理的表达,由于本申请中对其结构描述为"Z形状"是人为定义的,不存在一个本领域的通用表达方式,在不同的申请文件中可能采用的表达方式都不一样,因此如果没有正确的方法进行指导,很可能由于关键词扩展的不全面导致漏检可用对比文件。

通常来说,在结构特征难以表达的情况下,可以优先采用功能、效果的表达。对于锚栓杆形状的检索,审查员进而采用了其效果表达:牢固、锚固、紧固,并与"锚栓、锚杆、锚固"进行逻辑相与发现,效果表达的关键词准确度较低,也带来大量噪声,导致检索结果太大无法浏览。

审查员又采用其形状表达Z、N、L、弯、折,与"锚栓、锚杆"进行逻辑相与发现,检索结果命中的文献量较少,可以进行浏览,但是对这些检索结构进行浏览后,均未检索到合适的对比文件。

审查员进一步分析发现,本申请权利要求中限定锚栓杆形状为"Z形",然而这个形状的表述从附图可知只是锚杆结构整体的一半,即局部呈"Z形",并且前面的扩展的形状Z、N、L、弯、折等表达也只是表达了局部形状,关键词的扩展受到本申请中形状表达的影响，并不全面；而附图从整体上看，其大体形状为"人""叉""爪"，于是将关键词表达进一步扩展为人1w（形or型）、叉1w（形or型）、爪1w（形or型），将这些关键词与"锚栓、锚杆"进行逻辑相与，很快就检索到了对比文件（CN 2324285Y）。该对比文件的技术方案示意图见图8-23。

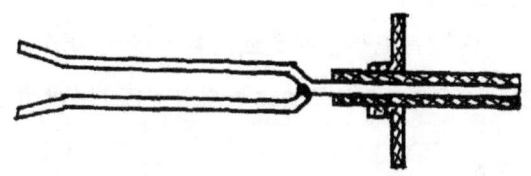

图8-23　对比文件（CN 2324285Y）技术方案示意图

从图8-23可以看到，对比文件公开了锚栓杆呈"Z形状"，并且在说明书中明确记载了其可以"增加与锚固剂的接触面积，增加锚固力"，可以作为评述本申请权利要求新创性的对比文件。

【案例小结】

本申请的检索对象为一种零部件，对于涉及可以用于多个领域的通用型零件的检索，由于其应用广泛，分类号选择困难，难以扩展全面，也难以寻找到准确的分类号进行检索。与此同时，如果关键词检索的噪声较大，则检索结果常常难以有效浏览以获得对比文件。对于这类检索，关键在于如何确定恰当的能对发明构思准确表达的关键词。对于结构特征的关键词扩展，可以从功能、效果的角度进行表达，还可以对形状本身从局部或整体上进行表达，从多个维度对关键词进行扩展，实现高效全面的检索。

【案例14】

发明名称：用于热水器的镁棒

【相关案情】

本申请涉及一种储水式电热水器使用的镁棒。目前，热水器使用的镁棒，只具有单纯的防腐蚀功能。热水器的加热装置也是单纯的加热功能，耗能大，不方便；加热装置的电热管在热水器的内胆内直接与水接触，电热管表面很容易集积水垢，导致电热管爆破损坏，使用寿命短，维修费用高，不方便。

本申请提出了一种用于热水器的镁棒，将镁离子制成的棒体、金属密封筒从热水器的排污口塞入热水器的内胆，将金属密封筒与热水器的排污口螺纹连接；电热器置于金属密封筒内，电热器的电热管未与热水器的内胆内水直接接触，电热管表面无水垢集积；可以单独置于热水器内使用，也可以作为辅助加热提高热效率使用，既可以辅助加热又可以防止水垢腐蚀热水器内胆。图8-24是本申请镁棒与内设有电热管的金属密封筒的结构示意图，4为镁离子制成的棒体，2为金属密封筒，3为置于金属密封筒内的电加热器。

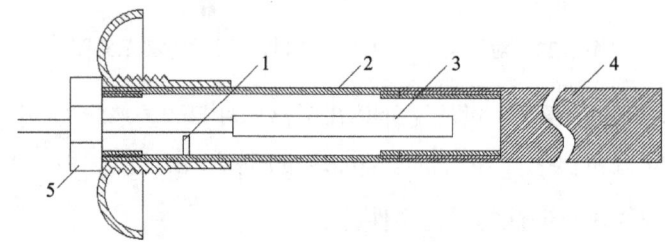

图8-24 本案技术方案示意图1

本申请的权利要求1：

一种用于热水器的镁棒，其特征在于：包括净化区和加热区，所述净化区设有由镁离子制成的棒体（4），所述棒体（4）一端设有连接口；所述加热区设有电热器（3）和金属密封筒（2）；所述电热器（3）置于金属密封筒内且与电源通过控制开关电连接；所述金属密封筒（2）首端与热水器的排污口螺纹连接、末端与棒体（4）的连接口固定连接且伸入电热器（3）的内胆内；所述金属密封筒（2）内还设有温度感应器（1），所述温度感应器（1）与电热器（3）的电源控制开关电连接，用于通过温度感应器（1）控制电热器（3）电源打开或关闭；还包括固定座（5），所述固定座（5）设有外螺纹，所述金属密封筒（2）首端内壁设有与固定座（5）的外螺纹相适应的内螺纹；所述固定座（5）设有电热器（3）的电源线孔；所述电热器（3）的电源线穿过固定座（5）的电源线孔与电源电连接；所述金属密封筒（2）首端通过固定座（5）密封。

【检索策略分析】

本申请所要解决的技术问题是现有的储水式热水器加热棒与水直接接触

容易腐蚀的问题，以及在排污口只布置镁棒，不设置加热棒，由此产生镁棒功能单一的问题。采用的关键技术手段是，在热水器的排污口设置一体式的加热棒和镁棒，其中电加热器设置在金属密封筒内，如此一体式设置的镁棒既具有加热功能，也具有防垢的功能。同时，由于电热器置于金属密封筒内，电热器的电热管未与热水器的内胆内水直接接触，电热管表面无水垢集积。独立权利要求中所包含的技术特征体现了本发明解决技术问题的关键技术手段。

审查员首先根据独立权利要求前序部分确定本申请的技术领域，及确定本申请的技术主题为"储水式电热水器"，并采用如下 IPC 分类号对技术领域进行表达：F24H9/00（水加热器的零部件），F24H9/18（水加热器的加热元件），F24H9/20（水加热器的控制或安全装置），F24H1/18（贮水加热器），F24H1/20（浸没加热式的贮水加热器）。并采用镁 magnesi+ 来表达镁棒，采用电热、电加热、electric+ 来表达电加热。采用逻辑相与的方式没有发现合适的对比文件。

审查员在上述检索过程的基础上，考虑到在镁棒的表达时，除了技术手段本身外，还应当从其上位概念、同义词方面进行扩展。例如，"sacrificial anode"（牺牲阳极），是镁棒的上位概念；采用 IPC 分类号 F24H9/18（水加热器的加热元件）与 "sacrificial anode" 逻辑相与可以获得对比文件 DE3315544A，其技术方案示意图见图 8-25。

此外，审查员通过查找 IPC 分类号 F24H9/00（水加热器的零部件）的 CPC 细分分类号，[F24H9/0047（CPC：用于水加热器的电化腐蚀的保护，如阴极防蚀，电解保护）]，由于该 CPC 分类号下的文献量不大，审查员采用直接浏览文献的方式也能获取对比文件 DE3315544A。

DE3315544A 记载了该电热水器具有开口，开口设置了法兰盘 5，法兰盘 5 固定有加热元件 7，加热元件 7 还通过金属带连接有牺牲阳极 13，可以评述本申

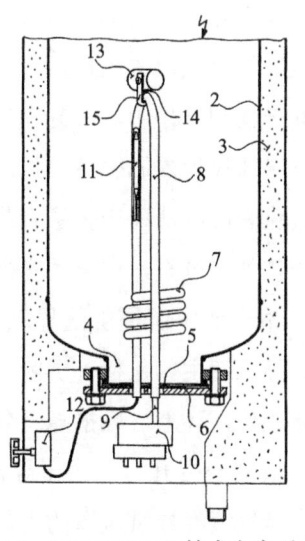

图 8-25　DE3315544A 技术方案示意图

请独立权利要求的创造性。

【案例小结】

本申请的检索对象为一种零部件，具体为热水器中使用的镁棒。检索人员在检索的过程中选取关键词时，一般需要考虑相应检索要素的各种同义或近义表达形式，而且在必要时还需要考虑相关的上位概念、下位概念、其他相关概念及其各种同义或近义表达形式，从多个维度对关键词进行扩展，通过全面的表达实现高效全面的检索。

检索人员在检索的过程中，还可以通过查找合适的细分 CPC 分类号，利用准确的分类号来减小关键词表达不准确带来的干扰，从而提高检索的准确性和高效性。

【案例 15】

发明名称：一种导风圈及空调器室外机

【相关案情】

本申请涉及一种空调室外机的导风圈，现有技术中的室外机导风圈由空调器室外机的壳体冲压成型得到，导风圈呈筒状结构，且围成导风风道，轴流风扇位于导风风道内且靠近导风圈入风端的位置。当轴流风扇转动时，壳体内的气流由导风风道的入口进入导风风道内，并由导风风道的出口排出壳体。当气流经导风风道的出口向壳体外扩散时，高速流动的气流与壳体外静止的空气之间产生相互作用，容易在导风风道的出口边沿一周形成局部回流，回旋的气流与导风风道内向壳体外扩散的气流之间产生冲击而在导风风道出口边沿处出现气流紊乱，从而产生了宽频噪声，影响了用户体验，同时降低了导风圈排出至壳体外的风量，空调器室外机的排热性能较弱。

本申请中所提供的导风圈，包括导风圈主体，导风圈主体围成有导风风道，导风圈主体包括外层侧壁和内层侧壁，外层侧壁与内层侧壁之间形成有环形导风槽，环形导风槽靠近导风风道入口的一端封闭，环形导风槽远离导风风道入口的一端开口。由于导风圈主体围成有导风风道，气流在导风风道内移动，当气流经导风风道的出口向外扩散时，高速的气流与导风风道出口处的静止空气之间产生相互作用,而在导风风道的出口边沿一周形成局部回流。回旋的气流可沿内层侧壁靠近外层侧壁的一侧流入环形导风槽内,避免回旋的气流返回导风风道内而与导风风道内向外扩散的气流之间产生冲击,从而防止产生气流紊乱,降低了湍流噪声,提高了用户体验。图 8-26 为导风圈的结构图,图 8-27 为图 8-26 中 B 处的局部放大图。

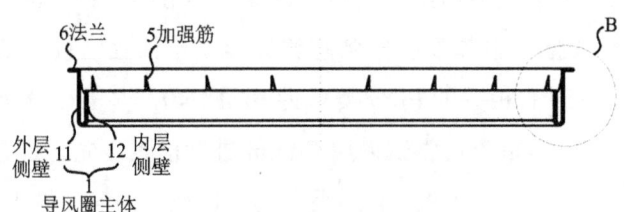

图 8-26 导风圈的结构图

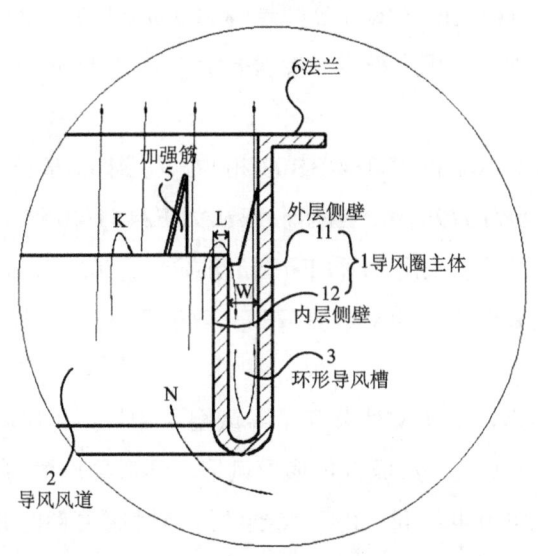

图 8-27 B 处放大图

本申请的独立权利要求:

权利要求 1. 一种导风圈,包括导风圈主体,所述导风圈主体围成有导风风道,其特征在于,所述导风圈主体包括外层侧壁和内层侧壁,所述外层侧壁与所述内层侧壁之间形成有环形导风槽,所述环形导风槽靠近所述导风风道入口的一端封闭,所述环形导风槽远离所述导风风道入口的一端开口。

【检索策略分析】

本申请涉及空调领域的室外机的导风圈，首先列检索要素表，检索要素一是主题—空调室外机，检索要素二是导风圈，检索要素三是环形导风槽及其结构。本申请给出的分类号是 F24F1/38（室外单元的风扇部件）和 F24F1/40（防止室外单元的震动或噪声），审查员首先采用 IPC 和关键词槽、噪声、降噪等进行检索，由于找不到在导风圈上设置"环形导风槽"的对比文件，在 CNABS、VEN 数据库中都没有找到能够评价本申请独立权利要求新创性的文件。审查员找到的相关的 FI 分类号为 F24F1/40，与 IPC 分类号相同，并未进一步细分，于是审查员尝试采用 F-term 进行检索。先通过查询，找到与 F241/40 这个 FI 分类号相关的 FT 分类号的主题码 3L054。再查询相应的 FT 分类表，得到 3L054/BA04 与本申请的主题较为相关。

其中与本申请相关的 F-term 分类号有 3L054/BA03 送风机部（包含检索要素一）、3L054/BA04 风扇护罩（检索要素二）、3L054/BB03 结构形状（检索要素一）。

采用 3L054/BA04 和 3L054/BB03 相与，得到 11 篇检索结果，其中找到对比文件 JP1997137967A。当然，在认为 F24F1/40 这个 FI 分类号也是很准的情况下，也可以采用 FI 和 F-term 分类号 3L054/BA04 相与的方式检索。FI 表达了检索要素一和检索要素三（效果角度），同样也可以得到这篇 X 文献。

如图 8-28 所示，对比文件公开了导风圈主体包括外层侧壁和内层侧壁。外层侧壁与内层侧壁之间形成有环形导风槽，环形导风槽的结构与本申请完全相同且起到的作用也相同。由于找到的这篇对比文件的 IPC 为 F24F5/00，其定义为不包含在 F24F1/00 或 F24F3/00 组中的空气调节系统或设备，而 F24F5/00 分类号下面包含了 60000 多篇文献。即使一开始就扩展到了这个分类号，也很容易造成漏检。

【案例小结】

本申请的发明点在于风扇护罩的结构形状，采用常规的关键词表达较为困难，而采用 F-term 分类号有相关的准确表达。在该情况下，甚至可以不采用关键词，仅用分类号进行检索，就能避免因关键词取词不准而产生的漏检。可以看出，F-term 分类系统从多个角度给出分类号，并且细化到具体的技术特征。检索时，只要将几个涉及发明点的 F-term 分类号进行"与"，就可以将检索的文献限制在可浏览范围内，使检索过程快速高效。

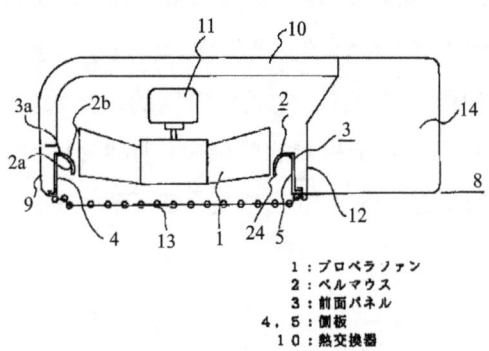

图 8-28 对比文件技术方案示意图

【案例16】

发明名称：三轴铰链及使用此三轴铰链的电子机器

【相关案情】

本申请是关于一种电子机器中特别是薄型笔记本电脑所使用的三轴铰链，以及使用该三轴铰链的电子机器。现有的薄型笔记本电脑通常采用二轴铰链。这种铰链的同步转动机构导致第一铰链轴与第二铰链轴间隔的缩小程度较为有限，因此第一框体与第二框体的薄化也受到局限，影响了笔记本电脑的薄型化。

本申请提出一种三轴铰链：第一铰链轴，其通过第一托架组装于第一框体侧；第二铰链轴，其通过第二托架组装于第二框体侧；第三铰链轴，其中，第一连接构件的一端与前述第一铰链轴连接，第二连接构件的一端与前述第二铰链轴连接，前述第一连接构件的一端与前述第二连接构件的相对端与第三铰链轴连接；以及齿轮式同步转动机构。

由于采用了上述构成，若笔记本电脑的第一框体对第二框体进行开关操作，则通过该三轴铰链的前述同步转动机构，组装在前述第一框体侧的第一托架会与第一铰链轴一同转动其的轴中心,伴随该第一铰链轴的转动,前述转动齿轮的一端侧会以第三铰链轴为中心朝反方向转动。因此,该转动齿轮的另一端侧也会与其相同地朝反方向旋转。在该旋转齿轮的该另一端侧贯穿有第二铰链轴,由于该第二铰链轴组装有第二托架,故组装在该第二托架的第二框体,会以前述第三铰链轴为中心,与第一框体朝相反方向同步转动。因此,该旋转齿轮可实现第一框体与第二框体的开关动作。相反,当使第二框体对第一框体进行开关操作时也相同。可使闭合时的两轴间的距离较现有的铰链大幅缩短,而有助于笔记本电脑等的电子机器的薄型化。图 8-29 为本发明的三轴铰链安装在笔记本电脑上的状态,图 8-30 为本发明的三轴铰链的分解斜视图。

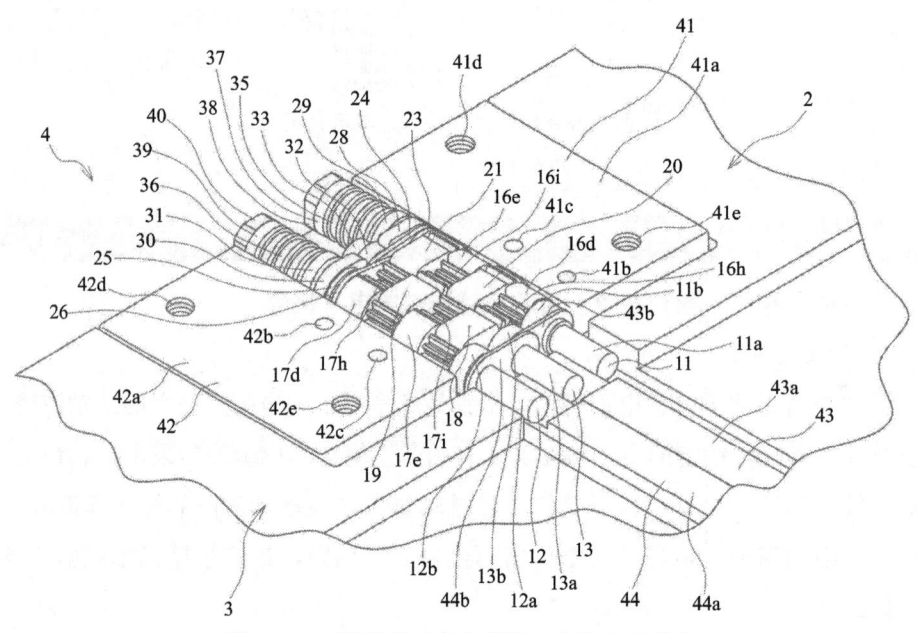

图 8-29　三轴铰链安装在笔记本电脑上的状态

本申请的权利要求 1:

权利要求 1. 一种三轴铰链,其使第一框体与第二框体以能互相开关的方式连接,其包含:

第一铰链轴,其通过第一托架组装于第一框体侧;

第二铰链轴,其通过第二托架组装于第二框体侧;

第8章 // 机械领域典型检索案例

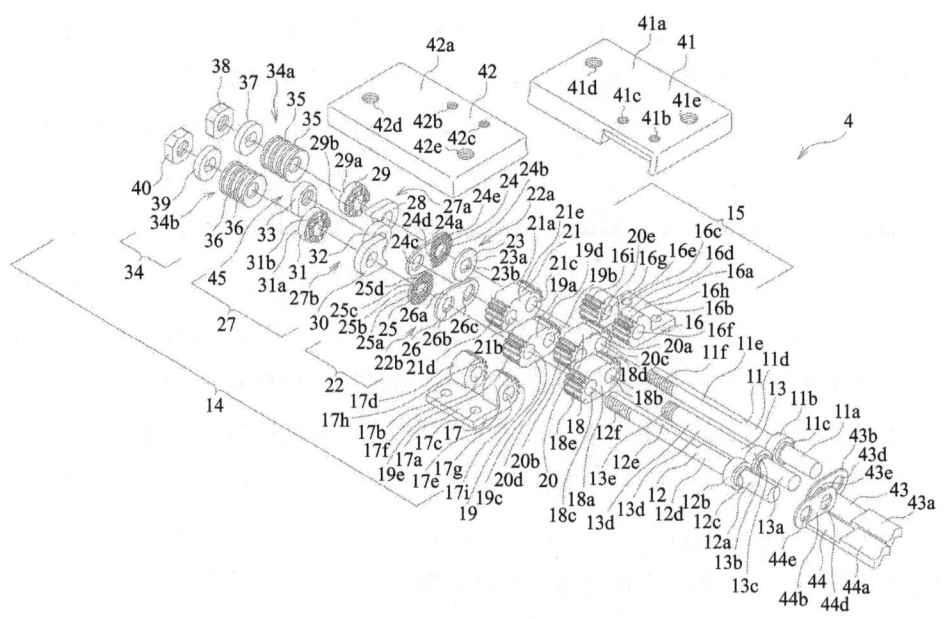

图 8-30　三轴铰链的分解斜视图

第三铰链轴，其中，第一连接构件的一端与所述第一铰链轴连接，第二连接构件的一端与所述第二铰链轴连接，所述第一连接构件的一端与所述第二连接构件的相对端与所述第三铰链轴连接；以及齿轮式同步转动机构，其中，伴随所述第一框体与所述第二框体的开关操作所产生的所述第一铰链轴与第二铰链轴中任一个的转动动作，会通过所述第三铰链轴传达至所述第一铰链轴与第二铰链轴中的另一个，因此，伴随所述第一框体与所述第二框体的开关操作，可使所述第三铰链轴朝前后方向移动。

【检索策略分析】

本申请所要解决的技术问题是现有的二轴铰链结构导致第一铰链轴与第二铰链轴间隔的缩小程度较为有限。采用的关键手段是通过设置三轴铰链，使第一铰链轴与第二铰链轴中任一个的转动动作会通过第三铰链轴传达至另一铰链轴。因此，伴随前述第一框体与前述第二框体的开关操作，可使前述第三铰链轴朝前后方向移动，第一铰链轴会与第二铰链轴迭合，故可使闭合时的两轴间的距离较现有的铰链大幅缩短。独立权利要求1采用功能限定的特征体现了上述关键手段。

独立权利要求 1 因采用了功能性限定，概括较为上位，基本未限定该三轴铰链的具体结构。该三轴铰链实际由多个零部件组成，说明书也进行了十分详细的披露。检索人员既未局限在权利要求的功能性限定，也未以说明书中的具体结构为主要对象。首先，在日文数据库中，在限定主题码 3J105 的前提下对最能体现本申请和现有技术区别的关键词"三轴铰链"进行了检索。检索结果为 136 篇，初步了解该主题下三轴铰链的整体情况。其次，检索员运用 F-term 分类体系的特点，对 3J105 主题下的 AA05、AC07、BC13、AB22 等能够从不同侧面体现本申请构思或特点的分类号进行组合检索，在首次组合检索结果较少的情况下，逐步删减，扩大检索范围，实现先准后全。再次，采用分类号和关键词的组合，将检索范围限定在主题码 3J105 之内，将三轴铰链扩展表达为 multiple spindle，pivot，hinge 等进一步检索。在以上充分利用 F-term 主题码的基础上，为了全面检索，检索人员还省略主题码的限制，用体现三轴铰链的关键词进行了检索。

最后，检索人员有针对性地对日本特许厅以外的专利数据库尤其是中国和韩国专利数据库进行了检索，使用了 IPC 和 CPC 分类号 E05D3/12 和 F16C11/04 与笔记本电脑等关键词相与。

【案例小结】

本申请对技术问题的解决依赖于多个机械零部件及其之间较为复杂的配合关系。权利要求的限定方式也具有日本申请的典型特点——独立权利要求概括上位，以功能限定为主，基本未涉及具体结构。

检索人员在检索此类技术方案或权利要求时，主要采用分类号和能够集中体现发明点的少数关键词。例如，大部分的检索过程主要在 3J105 主题码的限制下进行，通过采用该主题码下体现本申请技术方案不同特点的分类号相与或与关键词相配合来进行检索。而在关键词的选择上，主要采用三轴铰链，并未扩展至该铰链中的具体部件，如同步机构等。整个检索过程也体现了从准到全的思路。对于其他国家文献的检索，检索人员对分类号的扩展较大，但仍然未采用表示具体结构的关键词。可见，对于具有此类特点的技术方案，检索人员对检索效率较为重视，对效率较高的分类号使用较为充分，但对于难以表达的关键词基本不使用。

【案例17】

发明名称：具有罩风扇的风扇盘管单元

【相关案情】

本申请涉及用于使空气移动穿过空调系统的管道部分的风扇。常规空调系统可被作为包括冷凝区段和空气处理区段的单个成套装置销售，或被作为其中空气处理单元安装在建筑内且冷凝单元安装在建筑外的分离系统装置销售。常规空气处理单元几乎完全依靠鼓风机（如像前曲鼓风机）来使空气循环穿过空气处理单元。然而，前曲鼓风机具有有限的静态效率，并可根据它们安装情况而因气流所要求的过度转向招致显著系统损失。

本申请的目的在于提供一种用于与空调系统一起使用的空气处理单元，所述空气处理单元包括空气从中循环穿过的外壳管道。翼式轴流风扇（vane-axial flow fan）使空气循环穿过所述外壳管道。所述风扇包括叶轮，所述叶轮具有从中延伸的多个风扇叶片和布置成与所述空气的流动路径基本一致的旋转轴线。换热器组件布置在所述外壳管道内，与循环穿过所述外壳管道的所述空气处于传热关系。图8-31是风扇组件的一个实施方案的局部横截面图，该图示出风扇护罩与壳体的界面；风扇护罩38包括第一部分38、第二部分40、第三部分44。图8-32是根据本发明的一个实施方案的空调系统的空气处理单元的横截面。

本申请的独立权利要求：

权利要求1. 一种用于与空调系统一起使用的空气处理单元，所述空气处理单元包括：空气从中循环穿过的外壳管道；

翼式轴流风扇，所述翼式轴流风扇用于使得空气循环穿过所述外壳管道，所述风扇包括叶轮，所述叶轮具有从中延伸的多个风扇叶片和布置成与循环穿过所述外壳管道的所述空气的流动路径基本一致的旋转轴线；以及布置在所述外壳管道内的换热器组件，其与循环穿过所述外壳管道的所述空气是处于传热关系。

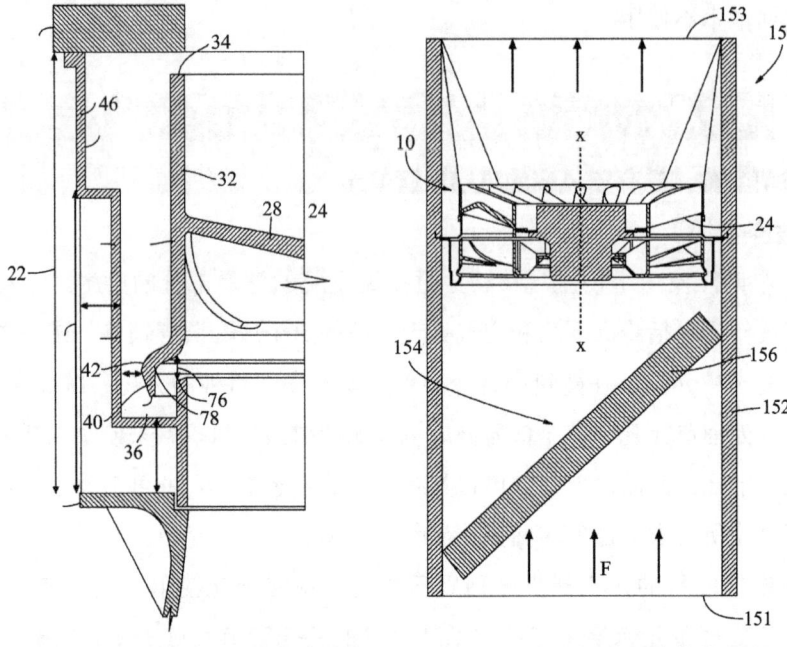

图 8-31 风扇组件的局部横截面图　　图 8-32 空气处理单元的横截面图

【检索策略分析】

本申请的发明点在于翼式轴流风扇的风扇护罩的具体结构,但在权利要求1中并未体现,独立权利要求仅记载了空气处理单元的大体结构,保护范围较大。在从属权利要求中对风扇护罩的具体结构,即第一轴向延伸环形部分、第二轴向延伸环形部分、第三部分及径向余隙进行了限定,所以在检索时,不能仅考虑独立权利要求的内容。

审查员主要在 USPGPUB 和 USPAT 数据库检索,在对本案申请人和发明人追踪之后,针对独立权利要求和从属权利要求,采用 CPC 分类号检索,依次使用了 F24F7/065(与单管道相结合的风扇、管道中风扇的安装装置)、F24F1/0029(以风扇为特征的,轴流式风扇)进行了检索。考虑到本申请的发明点在于风扇本身,进而将分类号扩展至 F04D,仍然采用 CPC 分类号检索,依次采用了 F04D13/06(包括泵及其驱动装置的机组、泵是电驱动的)、F04D19/002(轴流风机)、F04D29/326(用于轴流泵、用于轴流压缩机、包括转子盖)、F04D29/522(用于轴流泵,尤其适用于弹性流体泵)、F04D29/544

（叶片形状）进行检索。审查员在找到所有认为可以命中对比文件的分类号之后，将这些分类号全部"or"，得到检索结果3522篇。随后采用关键词"((heat near exchanger) near3 second)"相与，对于该检索式的表达，采用"heat near exchanger"表达除了风扇的使用场合为换热器的散热风扇，以及"second"间接表达出风扇护罩的内部结构，并采用邻近算符 near 将关键词紧密关联，能够将检索结果有效缩限在可浏览范围内，得到28篇结果，其中就有可以评述独立权利要求和从属权利要求的对比文件（US5489186A）。在检索到该文献后，审查员仅进行了简单追踪，就结束了检索过程。

【案例小结】

本申请检索对象为一种风扇盘管单元，且发明点在于风扇护罩的细节结构。这些细节结构体现在从属权利要求中，在检索时必须要充分重视该从属权利要求。但由于该细节结构难于表达，这是机械领域的难点，机械领域通常采用浏览附图的方式筛选对比文件，当然前提条件是检索结果在可浏览范围内。审查员在本申请的检索过程中，与机械领域的细节结构的通常检索思路十分契合。首先，找到与本案相关的多个 CPC 分类号，在 CPC 分类号的选择上，审查员采用了"找全"的思路，将所有相关的分类号都尽可能地找出来。如此一来，可以利用 CPC 分类号将可能命中对比文件的范围划出来。随后，审查员采用关键词进行缩限，在结果不多的情况下浏览附图，得到了可以评价独立权利要求和从属权利要求的对比文件。由于本申请检索较为顺利，审查员没有过多地进行关键词扩展。当然，本申请的检索结果获得也有一定的偶然性，但是从同族申请可以看出美国专利局审查员对于 CPC 分类号是非常熟悉的，使用上也是非常熟练的。

【案例18】

发明名称：能应用到冷却设备的闭合组件

【相关案情】

本申请涉及一种能应用到冷却设备的闭合组件。在现有技术中的卧式冰柜中，卧室冰柜的玻璃盖借助固定元件被联接到塑料轮廓部，塑料轮廓部同样通过固定元件被联接到冰柜。如果需要移除盖，则应该首先移除塑料轮廓部，然后移除盖。采用这种方法，当移除或更换卧式冰柜的盖时，需要采用适当的工具，并且移除盖的过程费时费力。

本申请为解决上述技术问题，采用的技术手段是在盖的端部设置具有内外高度差的凹槽，为盖门预留可移动的空间，以便于取出盖门。图 8-33 示出了盖的结构，图 8-34 示出了盖左端的结构。其中，2 为第二轮廓部，3 为第一轮廓部，4 为第一凹部，7 为第二凹部，12 为盖，14、17 为孔口，16 为柜，24、27 为第一端面，24′、27′ 为第二端面，100 为齿部。具体的拆卸方法：先抬高盖门一端——向左移动盖门插入凹槽内部至盖门右端伸出凹槽——抬出盖门右端，随后抽出整个盖门。

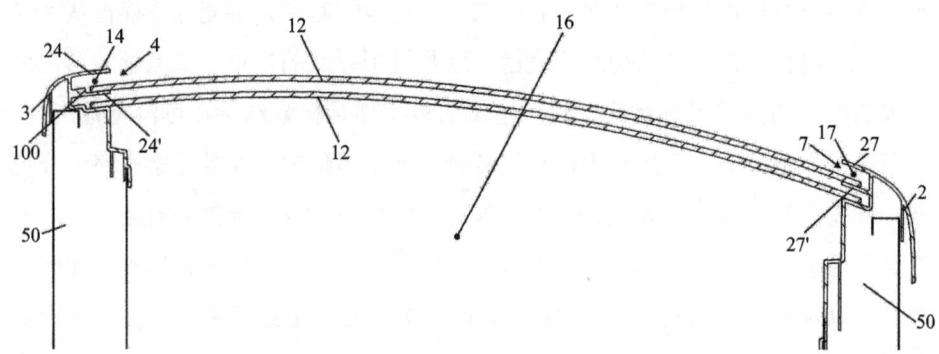

图 8-33 盖整体的结构图

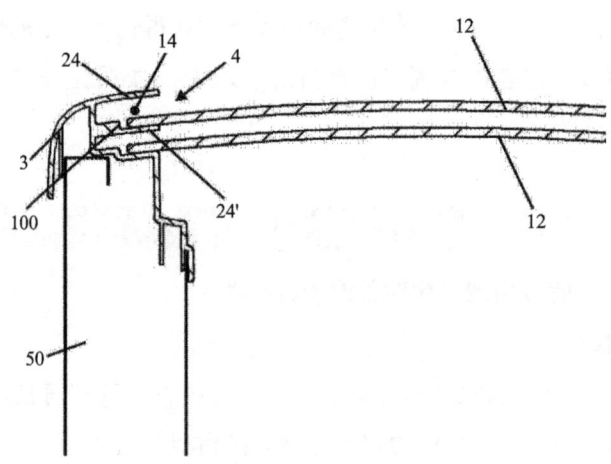

图 8-34 盖左端局部放大图

本申请的独立权利要求：

权利要求1.一种能应用到包括柜（16）的冷却设备的闭合组件（1），所述闭合组件（1）被提供有第一轮廓部（3）和第二轮廓部（2），所述第一轮廓部（3）和所述第二轮廓部（2）彼此相对地布置在所述柜（16）的侧壁（50）的端部处，所述柜（16）借助布置在所述第一轮廓部与所述第二轮廓部（3，2）之间的至少一个盖（12）而被闭合，所述闭合组件（1）的特征在于：

所述第一轮廓部（3）包括至少一个第一凹部（4），并且所述第二轮廓部（2）包括至少一个第二凹部（7），每个凹部（4，7）限定由第一端面（24，27）和第二端面（24'，27'）限制的孔口（14，17），所述凹部（4，7）的所述第一端面和第二端面（24，27，24'，27'）被布置为基本正交于所述柜（16）的侧壁（50）；

每个孔口（14，17）限定用于容纳盖（12）的空间；

布置在所述凹部（4，7）中的至少一个凹部的所述第一端面（24，27）和所述第二端面（24'，27'）之间的最里面部分比布置在所述第一端面和第二端面（24，27，24'，27'）之间、具有较大尺寸（D2）的最外面部分限定较小尺寸（D1）；

每个盖（12）被滑动地容纳在所述凹部（4，7）之间，所述盖（12）的移动被所述凹部（4，7）中的至少一个凹部的较小尺寸（D1）限制。

【检索策略分析】

本申请要解决的技术问题是卧室冷柜的柜门安装不方便的问题。采用的关键技术手段为在盖门的端部设置具有内外高度差的凹槽，为盖门预留可移动的空间，以便于取出盖门。独立权利要求要求保护一种能应用到包括柜的冷却设备的闭合组件，其记载了布置在所述凹部（4，7）中的至少一个凹部的所述第一端面（24，27）和所述第二端面（24'，27'）之间的最里面部分比布置在所述第一端面和第二端面（24，27，24'，27'）之间、具有较大尺寸（D2）的最外面部分限定较小尺寸（D1），即记载了冷柜的端部设有具有内外高度差的凹槽，体现出了解决技术问题的关键技术手段。

本申请分类员给出的分类号为F25D23/10（冷柜的设置在特定位置上的装

置），审查员通过查表找到其相邻点组分类号 F25D23/02（冷柜的门或盖）。根据本申请所属的技术领域、解决的技术问题、采用的技术手段和达到的技术效果，确定检索要素：检索要素 1，冷柜的门；检索要素 2，端部设置具有内外高度差的凹槽。审查员采用采用关键词相或构件了 3 个检索块，即检索块 1：凹槽、凹部；检索块 2：拆卸、安装、更换；检索块 3：高度差、高低差。并分别采用 IPC 分类号 F25D23/02 和 F25D23/10 与上述三个检索块相与进行检索，没有检索到对比文件。

通过对检索结果的分析，独立权利要求限定的大部分技术特征均为现有技术中常规的盖门结构特征，能够体现出发明点的特征仅在于凹槽具体结构的限定。对于这类特定结构的技术特征的关键词表达，通常我们可以使用结构关键词，如凹槽、凹部；或者从结构特点表达，如高度差、高低差、包覆；或者从技术效果的角度表达，如拆卸、方便等。但是，应用这类常规的关键词进行检索结果要么噪声大，效果不好；要么词汇生僻，命中量少且不准确，检索到的多为本案背景技术的技术方案，也就是说这一类的关键词均无法将本案与背景技术区分开，难以精确描述本申请的发明点。另外，由于诸如凹槽这类结构在现有技术中非常普遍，作为关键词表达后检索的结果数量相当大，增大了浏览工作量。

在未检索到合适对比文件的情况下，审查员对检索思路进行了调整。本申请的难点在于常规的关键词扩展方式难以全面准确地表达检索要素 2。针对本申请的发明点在于设备的结构这一特点，可以考虑结合本申请的附图对检索要素 2 的表达进行扩展。结合附图，本申请的发明点在于凹槽内部容纳空间的高度差设计，这种设计形式从图中直观来看形似于楼梯台阶的形状，于是考虑使用关键词"台阶""阶梯"——从结构形状上来进行关键词表达，上述关键词在申请文件中没有出现过。配合冰柜柜门准确的分类号 F25D23/02，很快检索到能够评述本申请所有权利要求新颖性或创造性的对比文件 1（CN201476442U）。

【案例小结】

对于涉及零部件具体结构特征的专利申请，在常规的上下位、同义词、近义词、反义词、功能效果等扩展方式无法准确全面地表达检索要素时，可以借助附图展示的结构特点，对关键词进行扩展，以达到全面、高效的检索效果。

8.2 方法类权利要求

8.2.1 运行方法

机械领域的方法权利要求主要包括运行方法和制备方法两类，其中运行方法是指装置的工作方法、控制方法等，一般由若干步骤组成，包括为实现装置的特定功能所需的运行步骤，以及为解决特定问题所需的控制步骤等。有的专利申请中，方法权利要求与对应的产品权利要求同时出现，有的申请则单独要求保护方法。随着近年来机械领域智能化趋势的加速，关于装置自动化运行和控制的方法类专利申请数量激增。运行方法权利要求一般包含的步骤较多，且各步骤还包含部件、参数、判断条件等细节特征，导致检索要素提取较产品权利要求更加困难。此外，各分类体系中产品分类位置一般较为全面，而方法分类位置比较欠缺，导致运行方法类权利要求的检索存在一些困难。在检索中，在没有方法对应的分类位置的情况下，一般可使用与之对应的产品分类位置作为检索的技术领域。此外，还可使用其他分类体系中的方法分类位置作为补充。对一些领域涉及较多输入和输出参量的复杂控制方法而言，F-Term 分类提供了较为详细的多方面分类，可以帮助较好地表达输入输出参量等检索要素。在分类号难以满足表达要求的情况下，也需要考虑关键词表达，可优先在公开细节特征的全文库中进行检索，同时要注意从功能、效果等角度表达基本检索要素。

【案例19】

发明名称：海洋平台高温烟气安全排放方法及降温净化装置

【相关案情】

本申请涉及一种海洋平台高温烟气安全排放方法。随着世界石油行业向海洋发展，海上油气生产设施越来越多，所产生的安全、环保问题也日益突出。关于安全，海洋平台上提供热能和动力的电站、热站等燃烧设施产生的高温烟气一般超过300℃（如390℃），对平台日常安全运行包括防燃防爆，特别是主要承担人员交通的直升机频繁起降构成安全威胁，并给海洋平台设计建造带来困扰；对于环保，燃烧设施排放的高温烟气造成热污染和烟尘污染，损害海洋平台人员健康和工作环境，也与保护大气环境的国际要求存在差距。图8-35是现有的海洋平台上的设备分布图，其中包括直升机甲板；图8-36为海

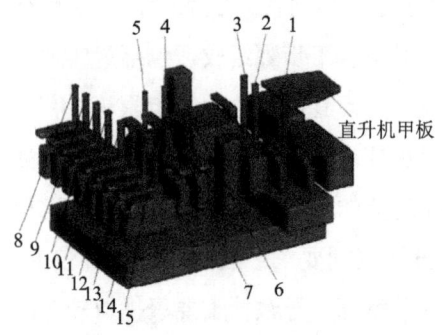
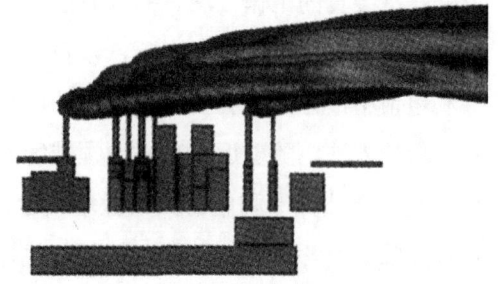

图8-35 海洋平台上的设备布置图　　图8-36 海洋平台排烟分布图

洋平台排烟分布图，由图可知该排烟会影响周围的环境。本案利用降温净化装置对海洋平台排放的高温烟气进行降温净化处理，实现高温烟气安全排放，降低对直升机升降的安全影响。

本申请的主要权利要求：

权利要求1. 一种海洋平台高温烟气安全排放方法，其特征在于，它包括如下步骤：使海洋平台自身高温排烟影响直升机频繁起降飞行安全的燃烧设施的高温烟气，通过高温烟气排烟管排入海洋平台的降温净化装置本体，同时向该降温净化装置本体注入海水，并使注入的海水通过该降温净化装置本体内上方的布水器向该布水器下方洒布洗涤海水，高温烟气从降温净化装置本体下

部的高温烟气进烟口进入布水器下方被所述洒布的海水洗涤成为降温净化烟气，该降温净化烟气经过布水器及上方用于除去液滴的除雾器，最后从降温净化装置本体顶部的降温净化烟气排气口排出至大气；洗涤高温烟气后的海水经过降温净化装置本体下部的积液池收集并排入大海；所述海洋平台直升机频繁起降飞行安全是英国标准CAP437要求的直升机甲板上方起降飞行区域3秒钟内温升不超过2℃，并且高温烟气降温至水的沸点以下；所述的向布水器下方洒布洗涤海水是向布水器下方的空腔洒布洗涤海水；所述向降温净化装置本体注入海水，该注入海水的流量选取范围：烟气流量与海水流量的比值为20～1000，其中烟气流量单位为Nm3/h，海水流量单位为m3/h；降温净化装置本体的内径为高温烟气排烟管内径的0.5～10倍；布水器下方的空腔高度为高温烟气排烟管内径的0.1～10倍；所述空腔高度是指布水器下端至所述高温烟气进烟口上端间的距离。

【检索策略分析】

本申请利用降温净化装置对海洋平台排放的高温烟气进行降温净化处理，实现高温烟气安全排放，降低对直升机升降的安全影响。关键技术手段：①利用海水对烟气进行喷淋降温净化；②减少烟温对海洋平台上直升飞机频繁起降造成的安全风险。本申请分类员给的分类号为F23J15/06（处理烟或废气装置的配置，冷却器的）；F28C1/02（直接接触水淋冷却器，如冷却塔，只有逆流的）；B01D53/78（气体或蒸气的分离，废气的化学或生物净化，净化废气的一般方法，液相方法，利用气一液接触）。根据专利申请所属的技术领域、解决的技术问题、采用的技术手段和达到的技术效果确定检索要素：检索要素1，海洋平台高温烟气安全排放方法；检索要素2，洗涤装置的结构和洗涤方法；检索要素3，减少烟温对海洋平台上直升飞机频繁起降造成的安全风险。

通过追踪申请人，可以得到对比文件1CN101288823A，其公开了一种海船排烟洗涤装置及洗涤方法。该洗涤装置的结构和洗涤方法与本申请的高温烟气降温净化装置的结构和降温净化方法相同，但该对比文件记载其对海船排烟进行降温净化是为了减少污染物排放，解决环保问题，未提及高温烟气对直升机升降的安全影响。

即使不采用追踪申请人的方式，也可以通过分类号加关键词获取到该对比文件 1，如采用 IPC 分类号 B01D53/78 和关键词"（排烟 or 烟气）s（海水 or 海洋）"。关键技术手段 1 已经被对比文件 1 很好地公开了，那么检索重点应该是高温烟气安全排放方法的用途，即申请人强调的"减少烟温对海洋平台上直升飞机频繁起降造成的安全风险"。考虑到该关键技术手段属于一种特定应用场合下的用途，应该从效果的角度表达，可以优先在全文数据库中检索。海洋平台、直升机、烟是必须要表达的检索要素。采用关键词"海洋平台""直升机 or 直升飞机""烟"，利用同在算符"s"可以得到 3 篇文献，其中就有可用的对比文件 CN203867668U。此文件公开了一种降低内燃机排烟温度的喷淋装置，在背景技术中记载"采用喷淋降温的主要目的是为了降低内燃机的排烟温度，以确保海上施工人员由于烟气温度过高，而带来的安全隐患；同时，也可以减少烟温对海洋平台上直升飞机操作的危险系数，加强海洋平台在正常施工作业时的安全性以及可靠性"，即公开了对海洋平台的排烟进行喷淋降温以减少对直升机操作的危险系数。继续检索，会发现相关文献量太少，在 VEN 中，采用英文关键词表达"海洋""直升机""烟"的文献量也很少。

　　本案在复审请求时，申请人附件中有一篇期刊文献"烟气扩散对海上直升飞机操作影响的安全分析及评估的理论研究"，其作为申请人的争辩证据之一，用来说明海洋平台高温烟羽对直升飞机起降安全问题的影响，是人们一直渴望解决但始终未能得以解决的技术难题。

　　虽然该文献不能直接利用，但是不可否认其是本申请非常相关的文献，直接表明本申请的技术问题从何而来，从中可以获得一个启示：本申请的检索至少要在非专利中检索。考虑到海洋平台直升机的研究，必然不是一般公众能够涉及的领域，可以从追踪该期刊文献入手，该期刊文献的作者为"沈志恒"，作者单位为"海洋石油工程股份有限公司设计公司"。在 CNKI 中检索，检索结果为 13 篇，其中包括一篇"海洋平台上高温烟气对直升机起降影响研究"（发表时间 2011 年 8 月 3 日）。其内容与"烟气扩散对海上直升飞机操作影响的安全分析及评估的理论研究"类似，都提出了海洋平台高温烟羽对直升飞机起降安全问题的影响，并且提到了解决的办法：

　　对于高温烟气可能对直升飞机的起飞和降落产生影响，提出减弱或消除其影响的解决措施；主要包括采用空气降温，如在燃气透平处增加鼓风机等设备；或者采用海水降温，如在燃气透平处增加散热器等设备。

该非专利文献公开了海水降温的方法，可以作为对比文件与对比文件1结合评述创造性。另外，值得注意的是，专利库中检索到的CN203867668U的申请人中同样包含"沈志恒"，专利权人包括"海洋石油工程股份有限公司"。

【案例小结】

对于方法权利要求，应当注意全文库的使用和关键词的表达，本案可以在全文库中利用几个准确的关键词即可得到对比文件。此外，对于这种申请人提供了非专利背景技术文献的申请，也应当特别注意追踪非专利文献的作者和工作单位。因为关于类似技术的研究是一脉相承的，如果忽视这一重要线索将有可能遗漏对比文件。

【案例20】

发明名称：一种提高家用变频空调低频运行后回油效率的方法及装置

【相关案情】

本申请涉及一种空调运行的控制方法及装置。空调器中压缩机变频技术由于其节能、低噪声等优越的性能而日趋广泛利用，变频系统压缩机的频率范围可以由几赫兹至160赫兹。然而，当压缩机频率长期在20赫兹以下运行时，系统中的冷媒因系统压力使冷媒的流速变低，引起被冷媒带出压缩机油无法正常被冷媒带回压缩机。如果压缩机油长时间被带出而无法正常通过冷媒的循环带回压缩机时，很容易引起烧压缩机现象。现有变频空调系统，通常会在压缩机低频运行一段时间后，将压缩机频率升到一个较高频率运行3分钟左右；并通过提高频率来提高系统的压力使冷媒流速变高后，将存留在系统中压缩机外的压缩机油带回压缩机。但是，当室外环境温度比较低时，如果只采用通过压缩机升频这个方法，整机系统的压力仍然不高。此时，冷媒的流速不足以使存留在系统中压缩机外的压缩机油带回压缩机。

本申请提出一种提高家用变频空调低频运行后回油效率的方法及装置，针对外界环境温度较低、空调器压缩机因外界环境低而在低频状态下运行超过一定时间的情况,提出通过提升压缩机运行频率,从而加大空调系统中的压缩机油的回流速度,同时通过增加对室外风机的停、启控制来实现对空调器温度的控制。由于温度与压力呈正相关,所以通过控制温度的升高实现系统内压力的提升,从而实现对存留在系统中压缩机外的压缩机油的回流速度,实现在室外环境温度较低或极低时空调机系统也能正常进行回油,防止烧空调机现象的发生。

本申请的主要权利要求:

权利要求1. 一种提高家用变频空调低频运行后回油效率的方法,其特征在于,包括步骤:

实时检测空调中压缩机的运行频率、运行时间和空调器的室外冷凝器盘管温度;

当检测到所述压缩机的运行频率低于频率预设低位值情况下运行超过预置时间段时,提升所述压缩机运行频率至不低于频率预设高位值;

通过将检测获得的所述室外冷凝器盘管温度与预置的室外冷凝器盘管温度阀值进行比对,根据比对结果对室外风机的开合进行控制;

所述压缩机在不低于频率预设高位值运行一定时间后,退出回油模式,完成回油。

权利要求2. 根据权利要求1所述的一种提高家用变频空调低频运行后回油效率的方法,其特征在于,所述通过将检测获得的所述室外冷凝器盘管温度与预置的室外冷凝器盘管温度阀值进行比对,根据比对结果对室外风机的运行进行控制具体如下:

将实时检测到获得的空调器中的室外冷凝器盘管温度与预置的室外冷凝器盘管温度阀值进行大小比对,其中所述预置的室外冷凝器盘管温度阀值包括温度低位阀值和温度高位阀值;

当所述实时检测到获得的空调器中的室外冷凝器盘管温度不低于所述预置的室外冷凝器盘管温度低位阀值时,控制室外风机维持运转;

当所述实时检测到获得的空调器中的室外冷凝器盘管温度低于所述预置的室外冷凝器盘管温度低位阀值时,控制室外风机停止运转;当所述室外盘管内的温度升至或高于预置的室外冷凝器盘管温度高位阀值时,控制室外风机启动运转。

【检索策略分析】

本申请所要解决的技术问题是在压缩在低频率（如20赫兹）运行超过预置时段（如1小时）时，通过提升压缩机的运行频率（如45赫兹），同时还比较室外环境冷凝盘管温度。当室外环境冷凝盘管温度低于下限值（如18℃）时，强制停止室外风机（无论室外风机的运行状态如何）；高于下限值（如18℃）时，维持室外风机的运行状态不变；高于上限值（如44℃）时，强制开启室外风机（无论室外风机的运行状态如何）；由于系统内制冷剂的压力与温度正相关，强制停止室外风机可以提高制冷剂的温度以提高系统压力，从而提高存留在系统中压缩机外的润滑油的回流速度；强制开启室外风机可以降低制冷剂的温度从而降低系统压力防止压力超标。权利要求1的步骤体现了室外风机与室外冷凝盘管的温度相关，权利要求2的步骤则具体体现了室外风机的运行状态与室外冷凝盘管的温度的相关情况。

审查员首先确定检索的技术领域的IPC分类号F24F11/00（空气调节的控制系统或设备、安全系统或设备），F24F11/02（控制或安全装置的配置或安装）；围绕压缩机变频、升频的特征，采用"变频"进行表达；围绕升频和控制室外风机的技术效果采用"回油"的关键词进行表达。在专利文献库中，对于上述三个要素采用逻辑相与，通过浏览检索结果发现，现有技术中的变频空调回油技术一般都是采用如本申请背景技术所言的。若空调在低频（频率阈值P）下运行超过一段时间（时间阈值t），则将空调频率提高到某一高频值持续一段时间后恢复原状，如CN104006504A，一种变频空调低频运行控制方法及控制装置。未能找到能够评述本申请新颖性和合适性的对比文件。

审查员在了解现有技术的基础上，将检索方向调整为"利用室外风机或风扇的调节来便于回油"的目标，来寻找可以评述本申请的创新性的单篇X或Y文献。采用关键词"（室外 or 外机）5w（风机 or 风扇 or 风速 or 转速）"对室外风机或风扇进行表达；采用关键词"回油 or 润滑油"对回油进行表达；采用"F24F11/00/ic or F24fF1/02/ic or F25B/ic（制冷压缩系统）"限定技术领域；采用逻辑相与的方式，在中文专利文献库检索未发现对比文件。

审查员在中文专利文献库进行检索未发现有效对比文件的情况下，转入外文库检索。对于外文文献的分布，根据审查员的经验判断，日本在制冷空调领域的技术非常先进，关于制冷空调领域的专利申请有相当大的部分是日本的申请。经统计，在外文数据库中，该领域具有FI/F-term的文献接近60%，FI对IPC的F24F和F25B的大组和小组的大多数分类号都进行了细分，且每个细分分类号下的文献量都不大，一般为一千多片篇、几百篇，有的甚至只有几十篇。因此，采用FI检索效果较高，对于制冷空调领域外文库的检索，优先考虑合适的FI/F-term分类号。

针对本申请的主IC分类号F24F11/00并无体现本申请发明点相关细分，于是将IC分类号拓展至F25B。对其细分进行查找发现，F25B1/00下专用于制冷系统压缩机回油控制的FI细分分类号：

F25B1/00 不可逆循环的压缩机器、装置或系统

F25B1/00，387. 以油返回设备为特征的（321和351优先）

F25B1/00，387L. .. 通过压缩机或流速控制器改变流速将润滑油返回到压缩机

采用FI分类号F25B1/00，387L，并与表达室外风机的关键词"（outdoor or outside or condenser）5w fan?"进行逻辑相与，可以获得对比文件"JP特开平6-74580A"。JP特开平6-74580A公开了一种空调器回油运行控制装置，并具体公开了以下技术特征（参见说明书第[0006]-[0007]段、[0017]段，实施例1，附图1）：尤其是在室外低温环境下制冷运行时，当回油模式触发后，通过关闭室外冷凝器风扇可提升制冷剂的压力，从而提高回油效果。审查员认为，尽管JP特开平6-74580A触发回油模式的条件与本申请不同，但是JP特开平6-74580A公开的"在回油模式触发后通过关闭室外机冷凝器风扇提升系统压力提高回油效果"的作用与该特征在本申请中所起的作用相同。由此可见，JP特开平6-74580A给出了可通过关闭室外冷凝器风扇，从而提升系统制冷剂的压力以应对室外低温环境下的回油效果不佳技术问题的启示。在此启示下，本领域技术人员在面对CN104006504A中回油效果不佳的问题时，可以从JP特开平6-74580A中获得启示，即可通过控制室外冷凝器风扇来进一步提高家用变频空调在低频运行后的回油效果，尤其是当室外环境温度低、室外冷凝器盘管温度低时。因此，将实时检测的室外冷凝器盘管温度与预置的室外冷凝器盘管温度阈值进行比对，当高于阈值时，表明室外冷凝器盘管温度处于较高水

平，室外机冷凝器的温度对回油效果影响不大，可以不对室外机冷凝器风扇进行控制，这是本领域技术人员通过合理的分析进行的常规设置。综上可知，在 CN104006504A 的基础上，结合 JP 特开平 6-74580A 及本领域的常规技术手段得到本申请的技术方案是显而易见的，本申请的技术方案不具备突出的实质性特点和显著的进步，因而不具备"专利法"第二十二条第三款规定的创造性。

【案例小结】

本案的检索对象为一种控制方法，审查员在检索此类方法权利要求的时候，常常会遇到体现方法构思的关键词无法进行准确、全面的表达。为了提高检索的效率，可以通过分析本领域的专利文献的分布及分类号的特点，判断需要检索的目标和方向。不仅需要查找本领域的细分分类号，还需要进一步对相近领域的 IC 分类号进行扩展，通过寻找合适的细分分类号，从而提高检索的全面性和有效性。

【案例 21】

发明名称：蒸发器、蒸发器的除霜方法及使用该蒸发器的冷却装置

【相关案情】

本案涉及一种冰箱蒸发器的除霜方法。以往冰箱除霜方法之一是在运转压缩机的状态下，关闭用于防止制冷剂流入蒸发器的流入防止阀，使蒸发器内的制冷剂减少。在该状态下，利用设置在蒸发器附近的除霜加热器的放热进行除霜。由此，能够防止除霜加热器的热将蒸发器内的制冷剂气化而未用于除霜。但是，当进行除霜时蒸发器内制冷剂减少，由此导致制冷剂所带来的均热化的效果变差，且会因蒸发器上部的升温延迟，附着大量霜的部位的升温不足等而产生温度偏差。最终，到蒸发器整体的除霜结束为止的时间变长，冰箱内变热，为了再次冷却而需要电力。由于除霜时间也变长，所以除霜加热器的通电时间变长，加热器的消耗电力也增加。另外，还有因温度偏差而在局部残存霜的状态下就结束除霜，且除霜结束后的冷却负载增大的问题。

本申请提出一种将除霜加热器的热毫无损耗地传递至蒸发器上部而使蒸发器整体升温并削减消耗电力的蒸发器的除霜方法。通过依次关闭蒸发器出口、蒸发器入口及导通蒸发器出口与入口之间的旁通管路，再对蒸发器进行加热。由此，能够利用制冷剂的冷凝潜热对蒸发器的上部进行加热。并且，在蒸发器上部冷凝而液化的制冷剂再次积存于蒸发器下部，再次由除霜加热器加热而气化后朝蒸发器上部移动。通过将蒸发器的配管设为闭合的流路，制冷剂在蒸发器内循环，不会浪费用于制冷剂的气化的去霜加热器的热，且能够利用制冷剂的冷凝潜热对以往难以加热的蒸发器上部进行加热。图8-37示出了除霜工作时蒸发器的运行情况，其中5为蒸发器，6为除霜加热器，7a为入口，8a为出口，7为入口侧流路切换阀，8为出口侧流入切换阀，9为旁通管路。除霜运转时，以液体状态积存于蒸发器下部的制冷剂借助除霜加热器6的热而气化，通过旁通管路9朝蒸发器上部移动。

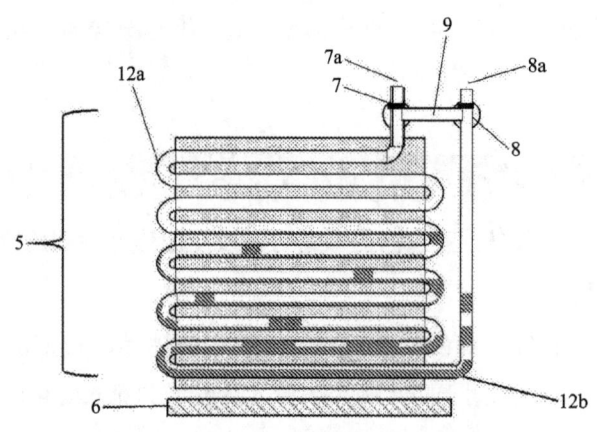

图8-37　除霜工作时蒸发器的运行情况

本申请的权利要求1：

一种蒸发器的除霜方法，其中，所述蒸发器的除霜方法：

第一工序，在所述第一工序中，关闭蒸发器出口；

第二工序，在所述第二工序中，关闭蒸发器入口；

第三工序，在所述第三工序中，将所述蒸发器出口与所述蒸发器入口连结；以及第四工序，在所述第四工序中，对所述蒸发器进行加热。

【检索策略分析】

本申请所要解决的技术问题是现有除霜方法蒸发器上部升温较慢等问

题。采用的关键技术手段是依次关闭蒸发器出口、入口，导通蒸发器出口与入口之间的旁通管路，再对蒸发器进行加热。通过以上手段，使制冷剂在蒸发器内部形成蒸发、冷凝的循环，从而对蒸发器的上部进行较好地加热。权利要求 1 要求保护一种蒸发器的除霜方法，即包含了冰箱蒸发器的除霜和其他制冷装置蒸发器的除霜方法。权利要求 1 的各步骤体现了本发明解决技术问题的关键技术手段。

检索员将权利要求 1 的技术特征划分为两组，其中第一组特征 A1 包含第一工序至第三工序，第二组特征 A2 包含第四工序。

检索员首先在日文库进行检索，在限定 FT 主题码 3L097（制冷装置的气液分离装置、化霜器、控制或安全设备）和 3L046（冰箱的除霜系统）的情况下，采用 FI 分类号 F25B47/02@E（除霜电加热器在蒸发器上的安装与固定）和 F25D21/08（利用电加热除霜、防止结霜或移除冷凝水或除霜水），FT 分类号 3L046CA05（使用电流热效应除霜），以及关键词"蒸发器""入""出""关闭""旁通"等进行检索，命中 11 篇对比文件，并从中筛选出两篇 X 文件 JPH07-318229A 和 JPS62-147274A。该检索式中，检索员使用的两个 FT 主题码分别涉及冰箱和制冷系统的除霜，体现了权利要求 1 的技术领域。而检索式中采用的 FI 和 FT 分类号体现的第二组技术特征 A2，即用电加热器加热除霜，对于另一组技术特征 A1，则通过关键词进行表达。

检索员分别省略上述检索式中的分类号限定及 FT 主题码限定进行了检索，没有获得相关的对比文件。此后，审查员在采用与之前相同的主题码与分类号的情况下，对关键词进行扩展，如针对"蒸发器"扩展了"热交换""冷却"等关键词，针对"关闭"扩展了"阀"等关键词，从命中的 33 篇结果中获得了另一篇 X 文件 JP2003-279227A。

检索员还对检索的主题码、分类号和关键词进行了进一步的扩展，如在 FI 主题码方面，扩展了更加上位的领域 3L103（换热器）、3L095（压缩机、蒸发器和冷凝器）、3L017（冰箱冷却装置）等；在 FI 分类号方面，扩展了 F25D21/08 的上位点组 F25D21/06（除霜）、F25B47/02（除霜循环）等，扩展了应用类似的领域 A47F3/00@Q（冷藏陈列柜的除霜装置）、F24F11/41（空调的除霜）等；关键词方面，扩展了"蛇形""盘管"等。通过不同的检索式组合，命中数百篇文件，并从中筛选出另两篇 X 文件 JP2005-274009A 和 JP2002-081839A。

最后，检索员对外文库进行检索，首先采用 CPC 及 IPC 分类号 F25D21/00（除霜、防止结霜或移除冷凝水或除霜水）与关键词"蒸发器""关闭""旁通"等相与构造第一个检索式，随后又分别采用 F25D2321/1413（利用电器元件或电场产生的热量蒸发去化霜水或冷凝水），F25D21/08（利用电加热除霜、防止结霜或移除冷凝水或除霜水），采用单独浏或与关键词相与的方式进行检索，最终又获得一篇 X 文件 US20070044498A。

【案例小结】

本案检索对象为一种控制方法，检索人员在检索此类方法权利要求的时候，将方法所包含的各步骤划分为两个不同的特征组合，并采用分类号和关键词表达各特征组合。检索人员在获得一篇 X 文件后，继续在日文数据库和外文数据库中进行检索，检索的目标始终是获得 X 文件。除开始阶段的个别检索式外，多数检索式均对上述两个特征组合进行了表达。

本案检索人员非常重视分类号的使用和扩展，除使用 FT 主题码限定技术领域外，还使用 FI 分类号表达权利要求中的技术特征"电加热"。与本案的主题相关的分类位置较多，如制冷装置、冰箱、空调、陈列柜等分类位置均有涉及除霜的分类号。检索人员在检索过程中，采取逐步扩展的方式，首先使用较为准确的制冷、冰箱领域有关除霜的分类号，再逐步扩展至上位点组及其他应用位置的分类号，配合以浏览过程中去除已浏览文件的操作，在扩展分类号的同时，始终将文献浏览量限定在可接受的范围之内。

在使用关键词的时候，检索人员未对已由分类号表达的"电加热"等特征进行重复限定，而是重点聚焦没有对应分类位置的特征组合 A1，除了使用权利要求中直接出现的"关闭"关键词，还从不同角度扩展了"阀"等关键词。

针对外文文献的检索，审查员主要使用分类员给出的分类号 F25D21/08，并且浏览了 CPC 垂直 2000 系列类号 F25D2321/1413 下的所有文件，外文库基本未进行分类号的纵向及横向扩展。在外文库中，除了采用日文库中使用的日文关键词进行检索，还扩展了若干英文关键词如"valve""heat"等。

【案例22】

发明名称：空气调节装置以及空气调节装置的控制方法

【相关案情】

本案涉及一种空气调节装置以及空气调节装置的控制方法。作为用于评价基于空气调节的舒适度的方法，使用根据与室内温度、湿度等这种与温热有关的环境因素推测人的热觉的指标。在推测该人的热觉时，通常使用模仿人的形体、体温的测量装置推测舒适度。现有技术中，人体热调节模型是以下数学模型：将人体划分为面部、臂部、躯干和腿部等部位，考虑穿衣量、活动程度、发汗、血流等按人的体温调节反应的部位的特性，同时通过人体与环境的热平衡计算，根据由温热环境检测单元检测到的人体周围温热环境要素，按人体各部位计算出推定温感的生理信息，即皮肤温度。然而，在仅被划分为面部、臂部、躯干和腿部等的部位上检测温度时，无法在量上推定出人是否感到热或是否感到冷的这种体感温度。例如，即使腿部具有同一温度，也由于周围环境等，体感温度有所不同。

本发明的目的在于提供一种通过推定人的体感温度而实现舒适空气调节的空气调节装置。本发明的空气调节装置具备：物体温度检测部，其检测处于室内的人的面部温度和人的面部以外部位温度；以及空气调节控制部，其当由物体温度检测部检测到的人的面部温度和人的面部以外部位温度满足预定条件时，进行空气调节控制，制冷运行过程中的预定条件为人的面部以外部位温度相对于人的面部温度在第一预定值以下。即使室温发生变化，额头（面部）的温度也不大变化。与此相对，室温越低则脚、手（面部以外部位）的温度下降越快。因此，室温越低，则额头（面部）的温度与脚、手（面部以外部位）的温度的差越大。因而，期望根据室温改变阈值α的值。当相对于脚、手（面部以外部位）的额头（面部）的温度大于阈值α时，判断为该人的体质为容易感到冷的体质。如图8-38所示，具有人的脚、手（面部以外部位）的温度与室温下降成比例地下降的趋势，与此相对，人的额头（面部）的温度不大变化。

本申请的权利要求1：

权利要求1.一种空气调节装置，其特征在于，具备：

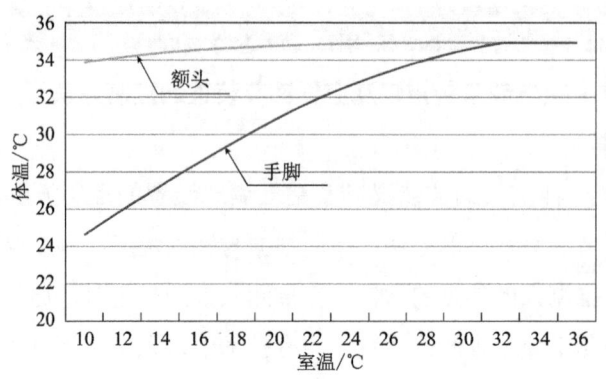

图 8-38　室温与体温的关系的说明图

物体温度检测部，其检测处于室内的人的面部温度和人的面部以外部位的温度；以及空气调节控制部，其当由上述物体温度检测部检测到的人的面部温度和人的面部以外部位的温度满足预定条件时，进行空气调节控制，制冷运行过程中的上述预定条件为人的面部以外部位的温度相对于人的面部温度在第一预定值以下。

权利要求18. 一种空气调节装置的控制方法，其特征在于，执行以下步骤：

物体温度检测部检测处于室内的人的面部温度和人的面部以外部位的温度；以及当由上述物体温度检测部检测到的人的面部温度和人的面部以外部位的温度满足预定条件时，空气调节控制部进行空气调节控制，制冷运行过程中的上述预定条件为人的面部以外部位的温度相对于人的面部温度在第一预定值以下。

【检索策略分析】

本申请的发明点在于提供一种推定人的体感温度，实现舒适空气调节的空气调节装置，以及空气调节装置的控制方法。权利要求1中包含有"空气调节控制部，其当由上述物体温度检测部检测到的人的面部温度和人的面部以外部位的温度满足预定条件时，进行空气调节控制"等技术手段，实质上暗含了控制方法。在权利要求18中也有与之完全对应的控制方法。对于控制装置和控制方法的检索，其本质上都是检索控制策略、控制步骤，也就是说检索方式相同。

检索员将权利要求 1 的技术特征拆分为两个。检索时，首先找到与本申请相关的主题码 3L260（空调的控制设备）。在检测、输入信息 CA00 下面找到了 CA04（多重信息或活动量），在目的、效果 BA00 下面找到了 BA25（健康／身体条件管理，考虑个人的不同）。检索员还找到了与本申请相关的 FI 分类号 F24F11/02@A（温度设定）、F24f11/02@S（人员检测）、F24F11/02，102@H（空气方向切换控制）、F24F11/02，103@A（检测部件）。此外，考虑到本申请涉及图像数据处理或产生，还扩展到了 G 部的 G06T1/00，340@B（人员全身图像）和 G06T7/00，660@B（人体图像分析）。

检索员首先将与本申请相关的 FI 分类号 F24F11/02@A 和 F-term 分类号 3L260/CA04 相与，得到 113 篇文献，通过浏览得到可以评述本申请的权利要求 1 的 X 文件 JP2010159887A。随后，检索员尝试用 F24F11/02@A 或 F24f11/02@S 依次和 3L260/BA25、3L260/CA04 相与，还尝试了 F24F11/02，102@H 或 F24f11/02，103@A 和 3L260/CA04 相与，这些表达均是从分类号上扩展的。随后，检索员才考虑将领域进一步扩展到 G06T1/00，340@B 和 G06T7/00，660@B，并采用了"皮肤""手""脚""温度"等关键词。接下来，检索员采用纯关键词检索，用"空调"表达出领域，还尝试了"对冷敏感""对热敏感"这种直接表达发明核心的关键词。当然，采用了这样的关键词后，文献量少了很多。通过这些检索，检索员获得了一些可以结合 JP2010159887A 评述从属权利要求的对比文件。对于外文文献的检索，检索员采用了 CPC 和 IPC，包括 F24F11/02、G06T1/00、G06T7/00，将分类号与关键词联合检索，随后也采用了纯关键词检索。

【案例小结】

本案检索对象为一种控制方法，由于其发明点明确，检索员在检索前找到了与之相关的多个分类号，在关键词的表达上，也相对容易。即使如此，检索员也没有一开始就使用关键词。从检索过程中可以发现，日本特许厅检索员的检索思路是非常固定的，有一套标准化的流程，即首先采用最准确的 FI、F-term 分类号检索，其次采用次准确的分类号检索，最后采用跨领域的分类号。也就是说，检索员优先使用纯分类号检索，且在分类号的使用上也十分注重优先级。在纯分类号检索后，采用分类号加关键词的检索方式，最后采用纯关键词的检索方式。在外文文献的检索上，依赖 CPC 和 IPC 分类号，关键词的表达与之前使用的基本相同。日本特许厅检索员的检索特点在于，分类号找得多、找得准，与日本特许厅的多角度检索的观点十分相符。FI 分类号和 F-term 分类号较大地扩展或重新组织了 IPC，在检索时可以当做关键词来使用，且比关键词的表达更准确，这一点从日本特许厅的检索过程中可以看出。

【案例 23】

发明名称：烹饪装置及其控制方法

【相关案情】

本发明涉及一种烹饪装置及其控制方法。现有的多功能微波炉除了产生微波的微波加热单元之外，还配置有用于产生辐射热的烧烤加热单元和/或用于产生对流热的对流加热单元，从而以各种方式烹饪食物。这种微波炉除了提供使用微波来加热食物、使用烧烤加热单元来烘烤食物、采用对流加热单元来烹饪食物的功能，还提供了通过使用不同的加热源，根据待烹饪材料的品种来自动烹饪食物的功能。然而，不同于诸如烘烤烹饪方法直接将热量提供给食物的烹饪方法，煎炸烹饪方法将热量提供给油，并且通过加热的油来烹饪食物的过程。因此，煎炸难以使用微波炉来实现。

本申请提供了一种通过使用烹饪装置的功能来实现煎炸烹饪过程的烹饪装置及其控制方法，其将微波炉的工作过程划分为微波加热阶段和气炸阶段。在微波加热阶段，采用对流加热单元和烧烤加热单元中的至少一个及微波加热单元来加热食物；在气炸阶段，采用烧烤加热单元和对流加热单元，而关闭微波加热单元对食物进行加热。上述烹饪方式实现了，在不将待烹饪的材料浸渍到油中的情况下，采用微波炉进行煎炸烹饪过程。

本申请的主要权利要求：

权利要求 1. 一种烹饪装置的控制方法，所述烹饪装置包括：烹饪室；微波加热单元，用于将微波辐射到烹饪室；对流加热单元，用于将热空气提供到烹饪室；以及烧烤加热单元，用于将辐射热提供到烹饪室，所述控制方法包括：

接收用户的煎炸烹饪命令；

执行激活对流加热单元和烧烤加热单元中的至少一个和激活微波加热单元的微波加热阶段；以及执行激活烧烤加热单元和对流加热单元、而不激活微波加热单元的气炸阶段，其中，响应于接收用户的煎炸烹饪命令来执行微波加热阶段和气炸阶段。

权利要求9.一种烹饪装置，包括：

烹饪室；

微波加热单元，其将微波辐射到烹饪室；

对流加热单元，其将热空气提供到烹饪室；

烧烤加热单元，其将辐射热提供到烹饪室；

硬壳盘，其被配置为由微波加热；

输入单元，用于接收用户的煎炸烹饪命令；以及控制单元，其中，当输入用户的煎炸烹饪命令时，控制单元执行激活对流加热单元和烧烤加热单元中的至少一个并且激活微波加热单元的微波加热阶段，并且执行激活烧烤加热单元和对流加热单元、而不激活微波加热单元的气炸阶段。

【检索策略分析】

本申请要解决的技术问题是微波炉不能进行煎炸烹饪。关键手段是采用微波加热阶段和气炸阶段来实现煎炸烹饪。微波加热阶段，采用对流加热单元和烧烤加热单元中的至少一个以及微波加热单元来加热食物；在气炸阶段，采用烧烤加热单元和对流加热单元，而关闭微波加热单元对食物进行加热。权利要求1要求保护一种烹饪装置的控制方法，其已限定出了上述烹饪过程，体现了本发明解决技术问题的关键技术手段。

审查员主要在美、日、欧及德温特数据库中进行检索。在对本案申请人和发明人追踪之后，审查员采用关键词 microwave、oven、combination、convection、grill、bake、radiant、mode 和临近算符进行检索，然后采用 CPC 分类号 H05B6/6408（特别适合用于微波加热装置的支撑或覆盖物）、H05B6/6494（微波和其他加热结合的烹饪装置）、H05B6/6485（采用微波结合辐射和对流加热的装置）、H05B6/6435（微波加热装置的用户界面方面）、

H05B6/6473（采用微波结合对流加热的装置）、H05B6/687（微波烹饪装置的用于控制或检测的电路）及相关的 UC 分类号构建块，并采用 microwave、oven、combination、convection、grill、bake、radiant 结合临近算符对上述块进行限定，最终检索到评述部分权利要求的对比文件 US20090095738A1。

【案例小结】

本案检索对象为烹饪装置及其控制方法。说明书对应用领域限定为家用微波炉，但是该加热方法并不一定局限在用于烹饪的微波炉领域，因此审查员检索时将检索领域扩展为整个微波领域。

从本案检索过程可以看出，美局审查员除了使用 CPC 分类号进行检索，仍然习惯使用 UC 分类号进行检索，并且将 CPC 分类号与相应的 UC 分类号通过或的方式构造成块用于表达检索要素。检索中采用的 CPC 分类号 H05B6/6494、H05B6/6485、H05B6/6435、H05B6/6473 较好地体现了检索对象的特点，但是审查员并没有优先采用，而是采用了纯关键词检索，检索的优先级有待商榷。

从关键词的使用上，审查员采用的关键词与分类号的含义有部分重叠，并没有体现出油炸这个关键词，关键词的使用还不够充分。

【案例 24】

发明名称：用于多联式空调系统的室外机风扇调节方法

【相关案情】

本案涉及一种多联机空调系统室外风扇的调节方法。在空调室外机中通常采用风扇对室外机换热器的换热能力进行调节，即当室外机换热器的放热量增加时，提高风扇电机的转速；当室外机换热器的放热量减小时，降低风扇电机的转速。然而，这种调节方式应用到多联式空调系统的空调室外机后，会产生增加功耗、造成多联式空调系统的制冷量下降的问题。例如，由两台相同的空调机组成的多联式空调系统，该系统包括两台相同的通过连接管连接的空调室外机，制冷剂在同一个制冷剂管路中流动，因此制冷剂管路中的冷凝压力是相同的。于是，当两台空调室外机的压缩机运转能力不同时，压缩机运转能力较低的空调室外机就必须加大功率以适应冷凝压力,这样两台空调机组成多联式空调系统后相比于两台空调室外机单独运转时增加了功耗。此外,运转能力较低的空调室外机,还会自动储存一定量的制冷剂来减少其室外机换热器的有效换热面积,以适应冷凝压力。这部分制冷剂储存在室外机换热器的下部,并不参与制冷系统循环。因此,这将会使整个多联式空调系统的制冷剂减少,导致整个多联式空调系统的制冷量下降。

为了解决上述问题,本案提出通过对多联机空调系统的多个外机的运转参数进行汇总、整理和分析,从而计算所需的空调外机的参数。具体而言,第一步,获取能够准确地反映室外机工作情况的参数,如冷凝压力、压缩机运转容量、室外机换热器出口制冷剂温度、室外环境温度及室外机风扇当前转速。第二步,根据这些参数进行数据整理,包括计算压缩机运转比率及计算室外机风扇运转比率,压缩机运转比率等于压缩机运转容量与压缩机总容量的比值,室外机风扇运转比率等于室外机风扇当前转速与室外机风扇最高转速的比值。第三步,在已经计算出压缩机运转比率和室外机风扇运转比率的基础上,计算室外机风扇转速。第三步的具体计算方法:首先,对全部室外机的压缩机运转比率进行排序,挑选出压缩机运转比率的最高值,将该最高值作为基准值。然后,每台室外机分别判断各自的压缩机运转比率是否等于该基准值。当压缩机运转比率等于基准值时,按照冷凝压力计算室外机风扇转速;当压缩机运转比率不等于基准值时,要对室外机换热器出口制冷剂温度进行修正,随后判断冷凝压力是否高于多联式空调系统的极限值;当冷凝压力高于极限值时,同样还是按照冷凝压力计算室外机风扇转速并生成第一判断结果;当冷凝压力不高于极限值时,还需要判断修正后的室外机换热器出口制冷剂温度是否高于基准室外机换热器出口制冷机温度;当室外机换热器出口制冷剂温度不高于基准室外机换热器出口制冷机温度时,室外机风扇转速等于压缩机运转比率与最高压缩机运转比率的比值,同基准风扇运转比率和最高风扇转速的乘积。

本申请的主要权利要求:

权利要求1. 一种用于多联式空调系统的室外机风扇调节方法,其特征在于,包括以下步骤:

第一步:设置室外机风扇的初始风扇转速;

第二步：检测运转参数并对检测到的参数进行数据整理；

第三步：将整理后的所述参数发送至其它空调室外机，并接收来自所述其它空调室外机的所述参数；

第四步：根据接收到的所述参数计算室外机风扇转速；

第五步：返回所述第二步循环进行所述第二步至所述第四步。

权利要求2. 按照权利要求1所述的室外机风扇调节方法，其特征在于，所述参数包括：冷凝压力、压缩机运转容量、室外机换热器出口制冷剂温度、室外环境温度以及室外机风扇当前转速。

权利要求3. 按照权利要求2所述的室外机风扇调节方法，其特征在于，所述数据整理包括计算压缩机运转比率和计算室外机风扇运转比率，其中，所述压缩机运转比率等于所述压缩机运转容量与压缩机总容量的比值，所述室外机风扇运转比率等于所述室外机风扇当前转速与室外机风扇最高转速的比值。

【检索策略分析】

本申请权利要求1中的技术方案的关键在于，多个室外机之间进行参数的采集和处理，进而计算并调整各个室外机的风扇转速，未具体限定参数的类型和计算方法；权利要求2的技术方案则进一步限定了采集和处理的参数包括哪些，未具体限定计算方法；权利要求3则进一步限定了计算室外风扇转速的方法。

审查员首先针对保护范围最大的权利要求1所要求保护的技术方案进行检索，针对"通过检测运转参数对多联式空调机组的室外机进行风扇的转速调节"的发明构思。对于控制方法类权利要求而言，为了提高检索效率，有时不必过分限定与步骤相关的检索要素，而要选取结构特征的关键词作为方法权利要求的检索要素。审查员采用"多联 or 一拖多 or 多拖一 or 多拖多 or VRV or（变 3w 流量）"来表达多联机空调，采用"室外单元 or 外机"及"风速 or 风扇 or 转速"来表达调节室外风机转速的技术手段，并采用 IPC 分类号 F24F11/00（空调控制系统或设备、安全系统或设备）、F24F11/02（空调控制或安全装置的配置或安装）、F24F11/04（只控制空气流量的空调控制装置）来对技术主题所在的领域进行限定，在中文专利文献库中进行检索，没有命中有效的对比文件。

审查员接下来转入外文专利库进行检索，在外文库的检索过程中，审查员首先寻找相关的 CPC、FI、FT 细分分类号，通过查找 FI 细分分类表发现，F24F11/02 下专用与多联机控制的细分分类号：

F24F11/02 . 控制或安全装置的配置或安装

F24F11/02，102 .. 以单个设备的控制或安全为目标

　　T . 多联空调器

　　X . 以室外风扇为控制对象

其中，F24F11/02，102T 可以用来表达权利要求 1 中的第 1 个检索要素"多联机"；F24F11/02，102X 可以用来表达权利要求 1 中的第 2 个检索要素"室外风扇的控制"。在外文专利库中，采用上述两个分类号相与即可命中对比文件 JP 特开 2012-122724A。

对比文件（JP 特开 2012-122724A）公开了一种空调装置，并具体包括了用于多联式空调的风扇调节方法（参见说明书第 [0054]-[0067] 段，附图 1-4）："多联式空调机组包括三台室外机 3a、3b、3c 及风扇等部件，在实施例 1 中，室外机的风扇调节方法：第一步，设置三台室外机风扇的初始风速在第 5 档；第二步，检测部分运转参数并对检测到的参数进行数值大小比较（相当于本申请的数据整理），如测量第一台室外机压缩机出口侧压力 P_h（由传感器 21a），将其与设定目标压力 P_{ta} 做差值，用差值的实际值与差值的预设阈值 P_{th} 进行大小比较；第三步：控制模块 4 根据检测参数的大小比较关系对三台室外机风扇的风速进行调节；第四步：重复前述步骤。"由此可见，该对比文件公开了本申请权利要求 1 和 2 的技术方案。

此外，审查员还采用分类号与关键词相与的方式进行检索，在未能检索到能够评价权利要求 3 创造性的对比文件的情况下终止了检索。

【案例小结】

本案检索对象为一种控制方法，在针对控制方法的权利要求检索的过程中，为了避免方法权利要求中用于表达步骤的关键词的不准确所带来的检索困难，应当考虑领域内技术的分布特点。例如，本案涉及的技术方案在日本技术比较先进，在外文库中优先采用 F-term 下的细分进行检索，可以提高检索效率。

【案例25】

发明名称：一种中央燃气热水器的控制方法

【相关案情】

本案涉及一种中央燃气热水器的控制方法。热水器为了保证管道水温的均匀性，一般都具有较长的水泵后循环（在预热循环过程中，燃烧器停止工作后，水泵仍持续工作一段时间），并且热水器燃烧时间越长，其对应的水泵后循环时间越长。因此，在实际使用过程中会产生以下问题：热水器还未将管道中的水加热到所需温度，或者其水泵后循环还未停止用户就开水使用的情况。此时，热水器无法有效判断是处于洗浴状态还是预热状态，因为其进水探头温度一直未到达预热关闭温度，存在用户用水完毕后热水器持续燃烧的现象。本案根据预热过程中循环水泵是否进入后循环作为判断依据，判断用户是否在预热过程中开水使用，防止给预热停止条件造成干扰，浪费大量燃气，并避免洗浴时因循环水泵的运转带来的水温波动，保证用户洗浴的舒适性。图8-61为本发明提供的中央热水器结构示意图，1为进水管，2为出水管，3为循环水泵，4为水流量传感器，5为进水温度传感器，6为出水温度传感器，7为主控制器。

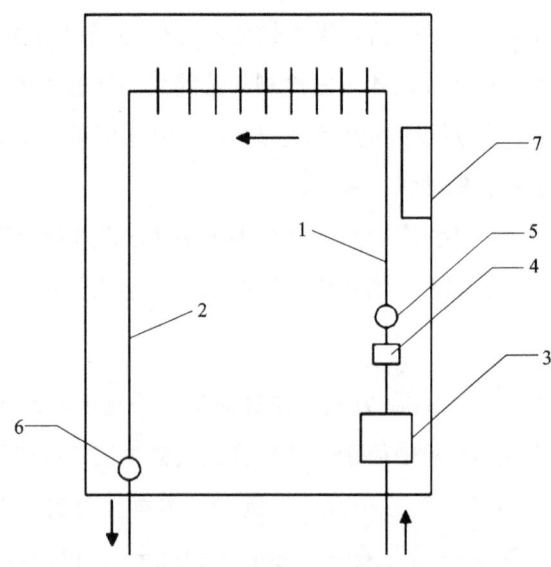

图8-61　本发明提供的中央热水器结构示意图

本申请的主要权利要求：

权利要求 1. 一种中央燃气热水器的控制方法，其特征在于，在预热过程中，当设置在进水管上的进水温度传感器检测到回水温度等于热水器设定温度时，主控制器控制燃烧器停止燃烧，并控制循环水泵继续运转进行水泵后循环；当满足以下任一条件，则判断用户在洗浴，关闭循环水泵：

1）在水泵后循环过程中，进水温度传感器检测到回水温度比热水器设定温度低 T℃时，$5℃ \leqslant T \leqslant 10℃$；

2）循环水泵运转持续时间超过 30 分钟都未进入水泵后循环。

【检索策略分析】

本申请的发明构思是在于提供一种能判断用户是否在洗浴、有效节约能源、保证洗浴舒适性的中央燃气热水器控制方法。关键技术手段：当满足以下任一条件，则判断用户在洗浴，关闭循环水泵：①在水泵后循环过程中，进水温度传感器检测到回水温度比热水器设定温度低 T℃时，$5℃ \leqslant T \leqslant 10℃$。②循环水泵运转持续时间超过 30 分钟都未进入水泵后循环。本申请分类员给的分类号为 F24H9/20。（零部件，控制或安全装置的配置或安装）。根据专利申请所属的技术领域、解决的技术问题、采用的技术手段和达到的技术效果确定检索要素：检索要素 1：中央燃气热水器的控制；检索要素 2：水泵后循环；检索要素 3：根据进水温度变低判断有人洗浴。

首先，针对中央燃气热水器的控制中涉及水泵后循环过程的对比文件进行检索。采用分类号 F24H9/20，关键词"燃气""水泵或水路""后循环"，检索到 CN105650855A 可作为对比文件 1。其公开了一种带预约功能的燃气热水器及其控制方法，在用户设定的预约时间段内，检测到水量及温度达到启动要求时，燃气热水器启动燃烧对循环管路水加热（预热过程），当满足预热停止要求时，停止燃烧并进行水路后循环中和水温（即进行水泵后循环）；在预约时间段内，如果连续加热 30 分钟未能达到预热停止条件，则判断有人在洗浴，关闭水泵（循环水泵）。可知权利要求 1 与其区别在于检索要素 3，根据进水温度变低判断有人洗浴。考虑到这一检索要素属于一种方法步骤中的细节，选择中文全文库 CNTXT 进行检索，利用关键词"燃气热水器""预热""泵 S（继续或持续或延时)""洗浴或洗澡或淋浴或用水或开水"的相与表达出发明的构思,并利用公开日缩限,检索结果53篇。可得到CN105402879A,其公开了一种冷凝式燃气热水器及恒温控制方法。当用户洗浴后关水,循环泵泵立即启动,使热水器内部水流循环,热水器点火启动,按用户设定的目标温度所需负荷工作(即预热过程)。当第二温度传感器检测到出水温度超过设定温度时(满足预热停止条件),热水器立即熄火,循环泵继续工作,中和管路水温(即进入水泵后循环)。通过第二温度传感器反馈情况,当温度波动不超过设定值时,水泵停止;或用户再次开水时,第一温度传感器检测到水温突然变低,循环泵也会立即停止。由此可知,该对比文件给出了在水泵后循环的过程中,由于用户开水,使进水温度传感器检测到水温突然变低,此时关闭循环泵的技术启示。可以与对比文件1结合评述本案的创造性。

【案例小结】

对于方法权利要求,抽象出检索要素本身就比较困难。对于发明点属于步骤细节的情形,如本申请中发明点是控制方法中的一个关键步骤,需要重点检索全文库,并且可利用同在算符将多个关键词串起来表达出发明核心。在浏览文献时,也要耐心阅读说明书内容。

8.2.2 制备方法

制备方法是指为了制造产品或使产品具备一定性能而采用的方法,通常由多个工艺或实施步骤组成,这些步骤一般与产品的结构和组成对应,近年来,随着生产过程中节能、环保及降低成本等需求的增强,对工艺过程本身进行优化及调整的专利申请也在逐渐增多。国内申请在撰写此类权利要求的时候,习惯罗列整个方法的完整步骤,而其中只有部分关键步骤是对实现技术效果至关重要的。在理解发明阶段,应注意识别权利要求中哪些步骤属于关键步骤。相对于产品及产品的运行方法,制备方法类的专利申请占比例较小。这也导致用分类号和关键词在发明所属领域进行检索时实际命中的关于制备方法的文献较少,而一般针对产品及运行方法的专利文件中较少有关于产品的制备方法的记载。为了应对这一难题,检索中除了在发明所属的领域检索,还可以将检索的范围扩展到通用领域及应用类似的领域,以期获得可供借鉴的技术手段。此外,对一些特殊的制备工艺,还应重视非专利库的检索。

【案例26】

发明名称:一种大吨位支座定位灌浆方法

【相关案情】

本案涉及桥梁建筑工程施工技术领域,更具体地,涉及一种大吨位支座定位灌浆方法。为缓冲减震,一般桥主梁通过支座支撑在桥墩上,而支座安装时通过灌浆实现与桥墩的固接定位。传统支座灌浆措施主要是依靠木模,从上往下利用重力来实现灌浆,如图8-39、图8-40所示。大吨位支座使用传统支座灌浆措施后出现诸多问题,例如,灌浆后发现支座砂浆垫层表面出现气泡、下沉、麻面、边角塌落和漏浆等质量问题,无法保证大吨位支座与支承垫石之间的砂浆垫层密实度,使大吨位支座的病害风险比例大大提高,降低大吨位支座的安全性和功能性,砂浆垫层外观质量也无法保证满足设计要求。

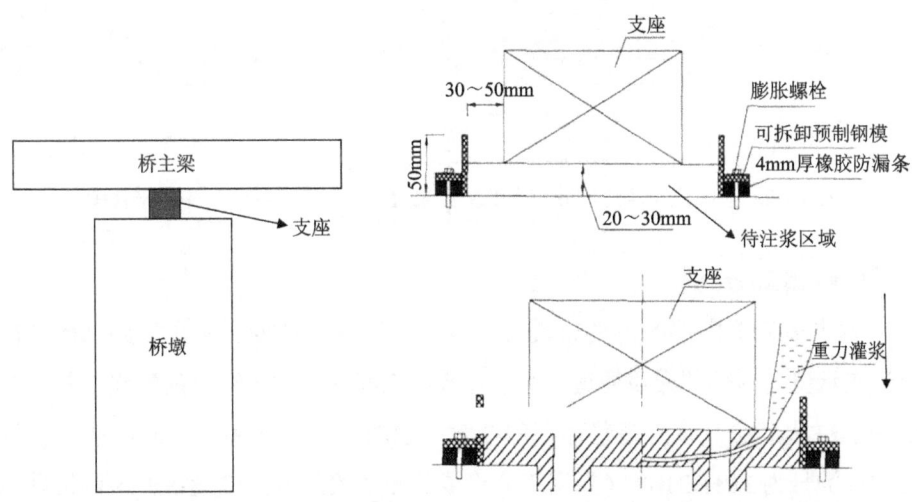

图8-39 现有技术中桥梁桥墩支座结构图　　图8-40 现有技术的灌浆方法示意图

本案提供的大吨位支座定位灌浆方法,采用由下往上这种方式对大吨位支座定位灌浆的灌浆空间进行灌浆。通过这种方式,缩短灌浆时间,提高排除气泡的效率,可以最大化的减少大吨位支座的砂浆垫层表面出现气泡、下沉、麻面、边角塌落及漏浆比例，减少或避免出现大吨位支座的砂浆垫层中间灌浆不密实问题，以防止大吨位支座病害，同时提高大吨位支座的砂浆垫层外观质量。图8-41为大吨位支座定位灌浆方法中钢模件设置在支撑垫石中的平视图，图8-42为大吨位支座定位灌浆方法中灌浆通道设置在支撑垫石中的平视图。图中，1为钢模件，2为支撑垫石，3为螺母，4为六角头螺栓，5为灌浆通道。

本申请的主要权利要求：

权利要求1.一种大吨位支座定位灌浆方法，其特征在于，包括：

S1，把多个钢模件固定连接，以围成所述大吨位支座定位灌浆的灌浆空间，并且所述钢模件的下端布置在支承垫石的内部；

S2，通过布置在所述支承垫石内部的灌浆通道，对所述灌浆空间进行由下至上的灌浆。

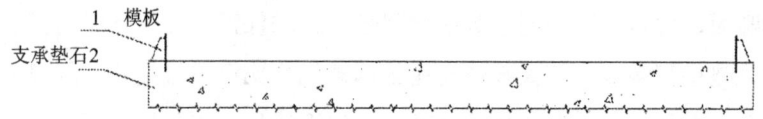

图8-41 大吨位支座定位灌浆方法中钢模件设置在支撑垫石中的平视图

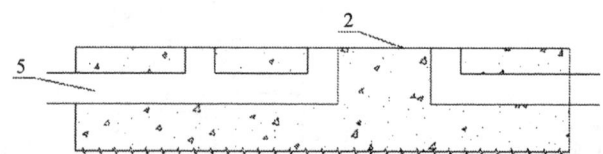

图8-42 大吨位支座定位灌浆方法中灌浆通道设置在支撑垫石中的平视图

【检索策略分析】

本申请将钢模件的下端布置在支承垫石的内部是为了防止漏浆，而"在所述支承垫石内部的灌浆通道，对所述灌浆空间进行由下至上的灌浆"是本发明为解决从上往下重力灌浆存在的技术问题的关键技术手段。本申请分类员给的分类号为E01D21/00（专用于架设或装配桥梁的方法或设备、悬臂架设）；E01D19/04（桥梁零件、支座、铰合部件）。根据专利申请所属的技术领域、解决的技术问题、采用的技术手段和达到的技术效果确定检索要素：检索要素1，大吨位支座定位灌浆方法；检索要素2，支承垫石内部有灌浆通道，对灌浆空间进行由下至上的灌浆。

本申请的主分类号是 E01D21/00（桥梁施工设备方法），副分类号是 E01D19/04（桥梁支座），本申请的发明构思"在所述支承垫石内部的灌浆通道，对所述灌浆空间进行由下至上的灌浆"主要是对注浆方向进行了改进。"由下至上"体现方向的关键词除了"上、下"，不方便从结构上进一步表达和扩展，只能先在中文库中进行尝试性检索。尝试关键词"灌浆 or 注浆""支座""上 s 下"，得到的检索结果文献量过大，无法进一步缩限。

上述检索结果存在的问题是关键词都比较通用，因为一般的桥梁架设或施工都会涉及支座的安装或是施工设备的上下升降，所以一旦简单检索中最精准的检索结果没有命中有效文献时，进一步的扩展难度则显著增加并难以浏览或进一步缩限。

此时，根据常规的检索习惯，审查员会考虑灌浆或注浆存在的质量问题不一定仅仅是在桥梁领域出现，还可能存在于其他所有混凝土浇筑的领域，比如房屋、路面等设施中。因此，不再关注技术领域，调整策略，从技术效果角度出发构件检索式进行检索，采用了"气泡 or 漏浆 or 密实"。然而，由于本发明的关键技术手段在施工领域上具有一定通用性，使体现领域的主分类号或副分类号在检索时存在相当大的局限。不使用分类号或关键词表达领域，仅从技术问题和技术效果上检索噪声太大，而关键词又无法进一步扩展降噪，导致检索存在障碍。另外，灌浆或是注浆属于施工方法，超过 200 篇的文献量若采用详览会导致审查员工作量太大，很容易放弃浏览，即使勉强浏览，检索结果也难以预期。

这种情况下，考虑到申请人是大型施工单位及本申请是施工方法，审查员在上述简单尝试后往往会转到非专利库来看是否有相关期刊文献。通过 CNKI、万方等资源的检索结果来看，也是仅仅只能检索到背景技术文献，且浏览非常不便，检索结果相比专利库而言更加无法预期。

结合附图及本申请的发明构思进行思考，本申请是在支座与支承垫石的结合部位进行由下至上的注浆，且这种由下至上的注浆是通过注浆通道开设在支承垫石中实现的。如果是将注浆通过如注浆管紧贴在支承垫石上表面设置，也并不能反映出本申请的发明构思。基于上述因素的考虑，审查员确定了两个关键信息并进行相应的关键词扩展：一是针对结合部位进行注浆，扩展关键词"joint+"表征连接部、结合部,"inject+"表征注浆;二是注浆通道开设在已有的结构中,扩展关键词"precast+"表征已有的、预制好的结构。在外文库中将这 3 个关键词相与,得到 333 篇检索结果,其中就有对比文件 JP2000355975A(图 8-43)。其公开了一种预制混凝土柱连接灌浆方式,预制混凝土柱之间通过无收缩砂浆连接,通过布置在下部预制混凝土柱内部的灌浆通道,对灌浆空间进行由下至上的灌浆。审查员选择一篇现有技术期刊(图 8-39、图 8-40)结合该对比文件评述了本申请的创造性。

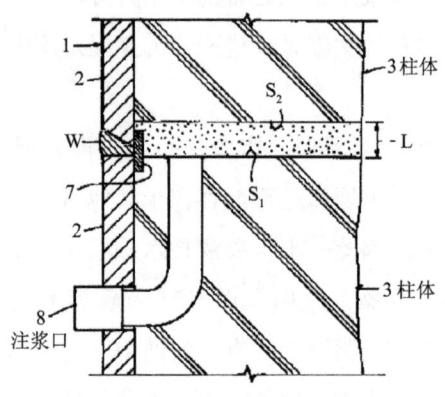

图 8-43 对比文件的灌浆示意图

【案例小结】

本案权利要求为施工方法,发明构思为注浆方向的变化,常规的检索方式难以将背景技术与本发明区分开,噪声较大。针对这一细微特征,无论从结构、效果、问题等方面表达关键词均起不到很好的效果,并且由于注浆领域的通用性导致分类号无法准确确定,浏览量巨大,审查员检索工作量大。对于注浆位置特点突出的技术特征,考虑从技术手段所针对的具体位置扩展关键词表达方式,如本案的位置扩展为注浆的位置"joint+"及注浆通道的位置"precast+",定位精确,检索效率高。

【案例 27】

发明名称:一种钛制品晶体花纹的加工方法

【相关案情】

本案涉及一种钛制品晶体花纹的加工方法。随着钛材应用领域的不断扩大，为了解决钛材在使用过程中产生的问题，同时为了满足消费者对钛制品表面意匠性的需求，国内外学者对钛材的表面处理技术进行了大量的研究。液相等离子体表面处理和辉光等离子表面冶金技术，是实现钛材表面功能性改善的方法，但操作复杂。也可采用抛光、喷砂、拉丝等机械式处理方式加工带一定纹理的钛制品，但此种装饰效果比较常见单一，并不能体现意匠性。因此，本案设计的一种操作方便、工作效率高、具有特殊意匠性的钛制品晶体花纹的加工方法具有重要意义。

本申请的主要权利要求：

权利要求1.一种钛制品晶体花纹的加工方法，其特征在于包括以下步骤。

第一步：对钛制品在真空条件下进行热处理；

第二步：对热处理后的钛制品进行打磨；

第三步：将经过打磨的钛制品进行酸洗，即得带晶体花纹的钛制品；

其中，对钛制品在真空条件下进行热处理具体包括以下步骤：

步骤1.1、真空处理，具体做法：在真空条件下，先将钛制品经过1～3小时由室温升高至1000～1200℃，后保温1～2小时；

步骤1.2、冷却处理，具体做法：充入氩气，将钛制品经过3～5小时降温至20～60℃，即得经过热处理后的钛制品。

【检索策略分析】

本案的技术方案较为简单，即首先通过热处理使钛晶粒粗大化，其次通过打磨和酸洗，将晶界腐蚀，使得各晶粒之间晶界清晰，从而获得钛金属表面的晶体花纹效果。本申请分类员给的分类号为B44C1/22（其他类目不专门包含的用于产生装饰表面效果的工艺，去除表面材料的，如通过雕刻、通过蚀刻的），以及B24B1/00（磨削或抛光的工艺；与此工艺有关的所用辅助设备）和C22F1/00（用热处理法或用热加工或冷加工法改变有色金属或合金的物理结构）。根据专利申请所属的技术领域、解决的技术问题、采用的技术手段和达到的技术效果确定检索要素：检索要素1，钛制品晶体花纹的加工；检索要素2，热处理后打磨，打磨后酸洗。

由于本申请的技术方案首先采用热处理将钛晶粒粗大化，因此，审查员首先采用 IPC 分类号 C22F1/00 和关键词"花纹 or 纹理 or 纹路"进行试探性检索，检索结果较少，而且也并不是对于钛金属制品表面的晶体花纹进行检索，针对性不强。审查员认为，本申请的权利要求涉及该钛制品晶体花纹的具体加工方法，在全文库 CNTXT 中采用关键词检索准确性更强。采用了关键词"晶体 or 晶粒""花纹 or 纹理 or 纹路""热处理 or 真空退火""酸洗"等，得到一篇对比文件 CN1368561A。其为金属件表面的纹理形成方法，但其实质上为通过金属活性化产生析晶作用，使金属表面形成纹理，与本申请中热处理粗粒化晶体后腐蚀晶体形成花纹的方案实质并不相同。浏览上述检索结果可知，虽然本申请技术方案较为简单，但权利要求 1 中详细限定了该晶体花纹的加工步骤，由于没有较准的分类号，关键词扩展也比较受限，检索结果量较少，检索思路局限性大。

审查员认为，本申请对于钛制品表面晶体花纹的获得方式有可能是现有技术中较为常规而成熟的制作工艺，所以，有可能在专利文献中涉及的较少，但在非专利文献中或许会存在相关的记载。因此，审查员在知网中采用"钛 and 表面处理"进行检索，得到一篇"日本建材用钛的表面处理技术进展"，其介绍了钛表面的意匠性处理工艺包括真空退火、研磨或酸洗处理等几种。虽然其表面处理工艺与本申请要求保护的表面处理工艺不同，但由该篇对比文件可得出日本关于钛制品表面的意匠性处理工艺较为成熟。因此，审查员准备对日本相关文献进行针对性检索。

在外文库中试探检索后，得到几篇相关的日文文献，得到关键词"チタン"（钛）"結晶粒""粗大""温度""色"等词。考虑到本申请主要在于得到钛制品的外观呈现花纹状，采用关键词"チタン""結晶粒 6D 粗大""色"，并用同在算符"S"相与得到 15 篇文献。浏览这 15 篇文献，筛选出对比文件 JPH0250984，其公开了一种金胎漆器制品的制造方法，并具体公开：将钛在 900～1300℃ 的真空环境下加热，加热时间为 0.5～5 小时，得到结晶粒粗大且热腐蚀的钛表面，在钛表面形成凹凸状，将钛冷却到室温，冷却后采用氢氟酸腐蚀，得到更加凹凸的钛表面，并得到以钛表面为基体的图案设计，图案为多色相干涉色，在其他部分涂上颜料。由此可知，权利要求 1 的技术方案与对比文件 1 之间的区别仅在于温度优选为 1000～200℃，根据对比文件 1 中公开的温度两端的启示,可以通过有限的实验确定出更优选的范围。

【案例小结】

本案涉及特定领域,日文文献是重要的对比文件来源。利用日文专利文献中关键词精准的特点,直接采用日文关键词表达发明构思,简单组合即可迅速命中对比文件,属于一种"母语检索"的检索方式,提升了检索效率,同时又避免了漏检,可作为一种进阶的检索技巧,在日文专利文献为必检的领域具有推广意义。

【案例28】

发明名称:空调机及其制造方法

【相关案情】

本申请涉及一种空调机及其制造方法。现有的空调机具备室外机及室内机。其中,室内机使室内空气通过热交换器,形成被加热、冷却、除湿了的空气(调节空气),将其吹出至室内,从而对室内进行空气调节。在室内机中,因由鼓风机产生的流入空气与构成室内机的树脂零件的摩擦,产生静电而带电。另外,在空气中漂浮的从地毯、毛毯、衣服等产生的纤维状的尘埃、非常细小的粉尘、灰尘等也带电。因此,带电的树脂部件吸引流入空气中带电的尘埃,长期使用,尘埃会堆积于树脂部件。而室内机通常安装于室内较高部位(天花板附近等),为了进行室内机的清扫,使用者的负担较大。

本发明所要解决的难题是提供一种可良好地维持清洁性及外观性的空调机及其制造方法。室内机具备鼓风机、收纳该鼓风机的箱体、配置于该箱体的正面侧且在表面具有亲水性被膜的前面板、形成于上述箱体且通过上述鼓风机的驱动而吸入空气的空气吸入口、在与从该空气吸入口吸入的空气之间进行热交换的热交换器,以及形成于上述箱体且将在上述热交换器进行了热交换的空气吹出至室内的空气吹出口。图8-44是构成本实施方式的空调机的室内机剖视图。在前面板7的正面侧表面(外侧表面)有亲水性被膜30。空气沿着前面板7的正面侧表面流动时,室内空气含有的水分在亲水性被膜30的表面形成薄的水膜,因此前面板7的前面侧表面不易带电。如此,接触的室内空气含有的尘埃难以附着于前面板 7 的正面侧表面，可保持前面板 7 的表面清洁。特别地，通过抑制尘埃的附着，空气中的霉菌就无法附着在表面，因此能够起到抑制前面板 7 的正面侧表面上的霉菌等的繁殖的作用，从而维持前面板 7 的表面清洁。

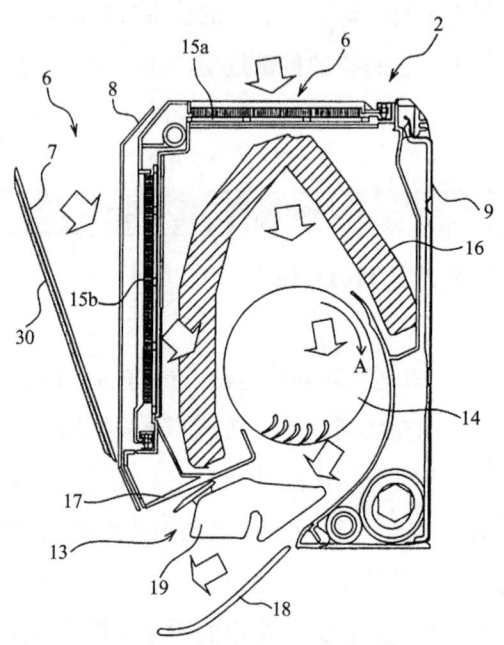

图 8-44 空调机的室内机的剖视图

本申请的权利要求 1 和 5：

权利要求 1. 一种空调机，其特征在于，具有室内机，上述室内机具备：鼓风机；收纳该鼓风机的箱体；配置于该箱体的正面侧且在外侧表面具有亲水性被膜的前面板；形成于上述箱体且通过上述鼓风机的驱动而吸入空气的空气吸入口；在与从该空气吸入口吸入的空气之间进行热交换的热交换器；以及，形成于上述箱体且将在上述热交换器进行了热交换的空气吹出至室内的空气吹出口，上述前面板构成为能够以下方端为轴转动，通过上述前面板向正面侧转动而使上方开口，从而形成上述空气吸入口。

权利要求 5. 一种空调机的制造方法，其用于制造权利要求 1 所述的空调机，上述空调机的制造方法的特征在于，包括通过在上述前面板的上述外侧表面涂布亲水性涂料并使干燥而形成上述亲水性被膜的工序。

【检索策略分析】

本申请的发明点在于，提供一种能够提供可良好地维持清洁性及外观性的空调机及其制造方法。权利要求 1 中包含有"配置于该箱体的正面侧且在外侧表面具有亲水性被膜的前面板"，权利要求 5 中"包括通过在上述前面板的上述外侧表面涂布亲水性涂料并使干燥而形成上述亲水性被膜的工序"等技术手段，属于体现了本发明解决技术问题的关键技术手段。

检索员将权利要求 1 的技术特征拆分为 A～H 共 8 个特征，从属权利要求 2～4 的技术特征为 I、J、K，权利要求 5 中包含的技术特征为 L。通过追踪申请人和发明人可以得到 Y 文件 JP2012236941A。检索时，首先找到与本申请相关的主题码 3L051（空气过滤、热交换器设备、空调单元壳体）和与本申请相关的 FI 分类号 F24F1/0007，401B（壳体，与前面板相关）。基于主题码 3L051，在内外部部件 BJ00 下面找到了 BJ10（其他），在空调单元壳体的组成部件 BG00 下面找到 BG06（壳体和前面板）。检索员首先使用 F24F1/0007，401B 分类号和关键词相与的方式。其中关键词的表达，检索员为了表达出发明点，采用了"前面板""装饰""带电""尘埃""亲水性"等关键词联合表达，得到的检索结果仅有 11 篇。随后，检索员省去了"亲水性"，但表达了"转动"，得到 341 篇检索结果。其中就可以得到 Y 文件 JPH0798129A 和 JP2009097762A，均可作为最接近的现有技术。接下来，检索员还扩展表达了"羟基""涂膜""层"等，在分类号的使用上采用了 3L051/BG06 或 3L051/BJ10 来取代 F24F1/0007，401B。此外，检索员针对亲水膜的具体组成，如钛—锌复合纳米粒子、氧化钛纳米粒子，在关键词中还扩展了"TiO""Zn""氧化钛"等表达成分的关键词，以对亲水性被膜具体限定，还采用了准确的分类号 F28F13/18B（用涂层法，亲水膜的形成），得到了 Y 文件 JP2009256575A、JP2006078134A、JP2012215347A，公开了亲水膜的组成成分。

检索员对于领域还有进一步的扩展，使用了主题码 3L066（一般换热设备部件）、4D006（使用半渗透膜分离）和 4K026（金属的化学处理）。对于外文文献的检索，检索员采用了 CPC 分类号 F24F13/20、F28F2245/02 和

B01D67/0088，以及关键词"亲水""接触角""覆膜""钛"等词，得到相关文献 US2018245812A，但时间不能用，为 EA 文献。

【案例小结】

本案检索对象为空调机及其制造方法，其中制作方法中涉及化学成分及工艺步骤，且为本案的发明点。检索员首先进行申请人/发明人的追踪，得到了有效的对比文件。随后，在检索过程中，检索员仍然重视分类号的使用，并且针对发明点，对分类号进行了跨领域的扩展，并不局限于空调领域。一方面，可见检索员对分类号的掌握十分熟悉；另一方面，可知检索员对本案的创造性评述思路把握准确。对于制造方法的表达，检索员把握住其核心在于"亲水膜"的成分及使用场合，在具体的关键词的表达上，检索员结合从属权利要求乃至说明书中的内容，对亲水膜的组成成分进行了直接的表达，可以保证快速、准确地检索到可用的对比文件。

【案例 29】

发明名称：一种提取混凝土构件中氯离子的方法

【相关案情】

本发明涉及一种混凝土构件养护处理的方法，针对混凝土构件结构的钢筋锈蚀问题，传统的修补方法是将结构表面受污染混凝土构件直接清除，对钢筋作除锈、阻锈处理，再使用抗渗性较高的混凝土构件或砂浆做保护层进行修补。这种方法存在施工工艺复杂，不能清除已侵入混凝土构件内层的氯离子，不能使已经活化且局部锈蚀的钢筋表面重新钝化，新旧混凝土构件界面粘结性不良等缺点。本申请通过将活性锌板插入混凝土构件的方式，采用电化学方法将氯离子从混凝土构件中提取出来，从根本上制止氯化物污染引起混凝土中钢筋的腐蚀。

本申请的主要权利要求：

权利要求 1. 一种提取混凝土构件中氯离子的方法，其特征在于，该方法包括以下步骤：

（1）对混凝土构件进行开槽或是钻孔处理；

(2) 将碱性的活性锌板插入到开槽或开孔中；

(3) 利用无机砂浆将混凝土构件上的开槽或开孔填平，恢复混凝土构件的外形结构。

权利要求 2. 根据权利要求 1 所述的一种提取混凝土构件中氯离子的方法，其特征在于，进行开槽处理的混凝土构件中的氯离子浓度＞0.05mol/L。

权利要求 3. 根据权利要求 1 所述的一种提取混凝土构件中氯离子的方法，其特征在于，进行钻孔处理的混凝土构件中的氯离子浓度含量＜0.05mol/L。

权利要求 4. 根据权利要求 1 所述的一种提取混凝土构件中氯离子的方法，其特征在于，所述的碱性的活性锌板为用作牺牲阳极的椭圆形金属板。

权利要求 5. 根据权利要求 4 所述的一种提取混凝土构件中氯离子的方法，其特征在于，所述的碱性的活性锌板为市售的 Galvashield XP4 锌板。

权利要求 6. 根据权利要求 1 所述的一种提取混凝土构件中氯离子的方法，其特征在于，所述的混凝土构件在海水中应用时，将碱性的活性锌板与钢筋一起绑扎后再浇注混凝土。

权利要求 7. 根据权利要求 1 所述的一种提取混凝土构件中氯离子的方法，其特征在于，所述的无机砂浆由以下组分及重量份含量构成：减水剂 0.8～1.2、羟丙基甲基纤维素 0.45～0.85、高岭土 30～49、5 号硅沙 800～1200、7 号硅沙 100～300、425 水泥 700～980。

权利要求 8. 根据权利要求 7 所述的一种提取混凝土构件中氯离子的方法，其特征在于，所述的减水剂为粉末聚羧酸酯；所述的 5 号硅沙为直径 16～32mm 的硅砂；所述的 7 号硅沙为直径 10～20 目的硅砂；所述的 425 水泥为 28 天抗压强度达到 32.5MPa 的水泥。

【检索策略分析】

本申请要解决的技术问题是现有的混凝土构件的钢筋锈蚀后的修补方法施工工艺复杂，不能清除已侵入混凝土构件内层的氯离子，不能使已经活化且局部锈蚀的钢筋表面重新钝化，新旧混凝土构件界面粘结性不良的问题。采用的关键技术手段是通过将碱性的活性锌板插入混凝土构件将混凝土构件中的氯离子提出出来，从而防止混凝土构件的腐蚀。

本案分类员给的分类号为 E04B1/64（建筑物的防潮；防腐蚀）和 C04B28/00（含有无机黏结剂或含有无机与有机黏结剂反应产物的砂浆、混凝土或人造石的组合物，如多元羧酸盐水泥）。根据专利申请所属的技术领域、解决的技术问题、采用的技术手段和达到的技术效果确定检索要素：检索要素1，提取混凝土构件中氯离子的方法；检索要素2，插入锌板。

审查员首先在中文专利摘要数据库采用 E04B1/64 和锌、电化学、阳极、阴极相与进行检索，然后采用 C04B28/00 和锌、电化学、阳极、阴极及腐蚀，锈相与进行检索，没有检索到对比文件。考虑到建筑行业的施工方法较多地出现在中文期刊中，因此将检索数据库扩展到 CNKI。在 CNKI 中通过检索式"混凝土*钢筋*开槽*氯离子*锌"检索到硕士论文《基于牺牲阳极法的导电复合砂浆的性能研究》，其中提到"牺牲阳极法首次用于混凝土结构则要追溯到 1977 年，美国伊利诺斯州的一座桥梁的桥面板上，使用了牺牲阳极法进行混凝土中钢筋的保护。当时使用的牺牲阳极是打孔的锌板和锌块。其中，打孔的锌板固定在桥墩上，用砂浆将其浇筑固定；锌块则是嵌入经过开槽处理的混凝土表面。不过到了 1991 年，由于覆盖层失效，这两个牺牲阳极保护系统被拆除"。该论文公开权利要求 1 施工方法，但该论文的公开时间在本案申请日之后，无法评述权利要求的新创性。该硕士论文对该段记载并没有进行标注，无法直接获得该记载的出处，但是可以提取"牺牲阳极""桥""覆盖"等关键词。通过扩展的关键词进行检索仍然没有获得可用的对比文件。考虑到该技术首先应用在国外，因此转入外文网站进行检索。通过检索式"sacrificial*covered*bridge*groove*zinc*embed"检索到来自美国联保高速公路的政府报告"Corrosion Protection：Concrete Bridges"，公开日为 1998 年 9 月 30 日，该对比文件可以评价权利要求 1～8 的创造性。

【案例小结】

对于某些施工方法类权利要求，申请人往往以论文而不是专利的方式对创新成果进行发表。因此在检索该类权利要求时，如果专利库不能获得相关文献，需要考虑对非专利库进行扩展检索。在检索中，要注重中间文件提供的信息，根据这些信息提供的线索可以更加高效地获取对比文件。

第 9 章

电学领域典型检索案例

9.1　产品类权利要求

9.1.1　装置

对于电学领域案例涉及装置的权利要求，可优先采用能够体现检索对象特点的分类号，即优先采用 CPC/EC/FT 等分类号，再使用准确中英文关键词表达，并注重分类号和关键词的扩展，可从中间文献中挖掘准确关键词，提高检索效率。对于装置的细节性结构特征，可选取全文数据库进行检索；对于技术性强的检测装置还要注重非专利的检索；对于电路结构以及相应的产品，以产品型号为切入点进行检索，还可以采用关键词进行图片检索；如果申请人在高校，可将期刊、硕博论文等非专利数据库作为首要检索对象；在对申请人的追踪中，可借助 DWPI 数据库中的公司代码 CPY 字段进行检索，借助外网进行申请人相关信息追踪，包括新闻报道，微信公众号；在检索结果数量较大难以浏览筛选时，可借助语义排序，提高筛选效率。

【案例1】

发明名称：屏蔽电极连接器
【相关案情】

本发明涉及一种电极连接器，用于医用电极，连接器被屏蔽免于静电场干扰。解决的问题：现有技术中，医用电极可以用于感测存在于身体内的各种电信号，诸如那些由心脏（心电描记法）和脑（脑电描记法）生成的电信号。该身体信号在强度上非常低且易受到来自各个源的电干扰，如由衣服、被褥和照顾者形成的静电能量，诸如毛线衫、羊毛背心和夹克的患者的衣服可以生成静电荷。类似地，静电荷可以由毯子和其他被褥生成。照顾者的身体可以形成静电势，所述静电势比接受照顾者照顾的患者的静电势大得多，当照顾者接近患者时，生成干扰。因此，实践中需要保护身体传感器电极免受来自不同电势的邻近人和对象的电容性耦合的电干扰的装置。本方案立足于提供被屏蔽免于静电荷危害的身体电极，电极附接到身体并且用于感测由诸如心电图的医学装置处理的电信号，电极由导联导体连接到医学装置，导联导体被可分离地耦合到电极。电屏蔽位于导联导体的末端。当导联导体耦合到电极时，导联导体用于屏蔽电连接（见图9-1）。

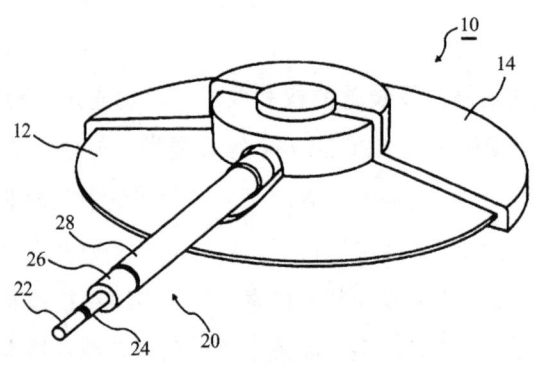

图9-1 屏蔽连接器顶部视图

本申请的主要权利要求：

权利要求1.一种用于身体电极的屏蔽连接器，包括：

导联，其具有屏蔽的信号导体；连接器，其电附接到所述信号导体以附接到身体电极，所述身体电极具有将所接收信号传导到所述信号导体的患者接触区域；以及导电电屏蔽，其当所述连接器附接到所述身体电极时位于所述连接器之上并且在所述患者接触区域之上，所述电屏蔽由不导电盖覆盖并且电连接到所述信号导体的屏蔽，其中，所述导电电屏蔽包括整体的盘形屏蔽，所述盘形屏蔽具有当所述连接器附接到所述身体电极时，延伸到所述患者接触区域的边缘和所述身体电极的外边缘之间的位置的外边缘。

权利要求 16. 一种屏蔽的 ECG 导联集合，包括：

多个导联，每个导联具有绝缘的同轴电缆；扣接连接器，其电连接到所述同轴电缆的所述信号导体；以及静电屏蔽，其延伸越过所述扣接连接器并且从所述扣接连接器向外延伸，所述静电屏蔽由不导电盖覆盖并且所述静电屏蔽电连接到所述同轴电缆的外部屏蔽。

【检索策略分析】

本申请的发明构思在于，将心电电极进行屏蔽免受静电干扰。本案分类员给出的 IC 分类号为 A61B5/0408，专门适用于心电图术的电极。一方面，主题名称为"一种用于身体电极的屏蔽连接器"，因此可以确定"电极"和"屏蔽"为基本检索要素。另一方面，虽然权利要求中并没有记载所述"身体电极"的具体应用，但结合说明书可以确定，其应当是应用于心电信号监测的，因此，可以将"心电"作为检索要素，将电极具体为"心电电极"，从而获得准确的分类号信息。由此确定相关的分类号包括，IPC 分类号 A61B5/0408（专门适用于心电图术的电极）、A61B5/0448（专门适用于胎儿心动图术的电极）；CPC 分类号 A61B5/0408 及其下位 A61B5/04084、A61B5/0448。中外文关键词为绝缘，屏蔽，不导电，insulat+，shield+，abgeschirmt+。

在外文摘要数据库中，采用较准的体现技术领域的分类号 A61B5/0408 和体现发明点的关键词 shield+、insulat+，未检索到合适的对比文件，扩展到胎儿电极 A61B5/0448 仍然没有，但捕捉到好用的德文关键词 abgeschirmt+。在外文全文数据库中采用 A61B5/0408 和 A61B5/0448 的分类号进行领域限定，再结合扩展到的准确关键词 abgeschirmt+，在获得的结果中找到合适的 D1：EP0020288A1，可用于评价独立权利 1 的新颖性。

在权利要求 16 中强调的多电极特征，具有准确的分类号 A61B5/04084，在外文摘要数据库中采用该分类号结合关键词，获得 D2：US4890630A，其公开了具有屏蔽的多电极特征，用于和 D1 结合评价独立权利要求 16 的创造性。

【案例小结】

本案检索对象为一种用于身体电极的电极连接器，主要针对心电电极。检索人员在专门适用于心电图术的电极领域进行检索的基础上，将检索扩展到用于胎儿心动图术的电极。整个检索过程中，检索人员遵循"先准后全"的检索理念，运用比IC更为精准的CPC、EC分类号，并使用了体现发明点屏蔽、绝缘的关键词进行了限定。

从本案检索过程可以看出，欧洲专利局审查员仍然习惯使用"分类号+关键词"的规范检索策略进行检索，并且在表达检索要素时着意做到更准、更细。检索中使用的CPC分类号A61B5/0408、A61B5/04084、A61B5/0448等均较好地体现了检索对象的特点，帮助审查员提高了检索效率。

在关键词的使用方面，审查员站位本领域技术人员，使用电学领域的屏蔽、隔离的常用表达insulat+，shield+进行关键技术手段的检索尝试，并在过程中做好关键词的扩展，从而准确命中了评价权利要求1的对比文件。

本案针对另一独立权利要求16进行的检索，并未简单对其进行本领域惯用技术手段的认定，而是仍然对相关特征进行了检索，查阅相关的分类号，并找到了检索获得的对比文件，体现了较强的证据意识。

欧洲专利局在"分类号+关键词"的检索策略方面的规范和灵活调整，值得我们学习和借鉴。

【案例2】

发明名称：冷却型喷头和具有该冷却喷头的基板处理装置

【相关案情】

本发明涉及一种具有冷却系统的喷头及具备该喷头的基板处理装置（图9-2），解决的问题：半导体装置在硅基板上具有很多层，这种层通过沉积工艺在基板上沉积。沉积工艺在工艺腔室内实现，在实现沉积工艺之前，工艺腔室的内部加热至很高的温度（如650℃以上）。一方面，喷头设置在基板的上部，气体状态的化合物（或反应气体）通过喷头供应到基板上。气体状态的化合物吸附在基板表面后，在基板表面开始进行化学反应，由此形成薄膜。另一方面，喷头设置在工艺腔室的内部，因此在进行工艺期间处于高温之下。喷头被加热，从而可能会产生热变形，因此对均匀地供应反应气体产生影响。在反应气体不能向基板上均匀地供应的情况下，薄膜可能会沿着基板的表面具有不均匀的厚度。另外，当喷头的温度加热到一定温度以上时，反应气体能够在喷头内沉积或形成颗粒（particle）。

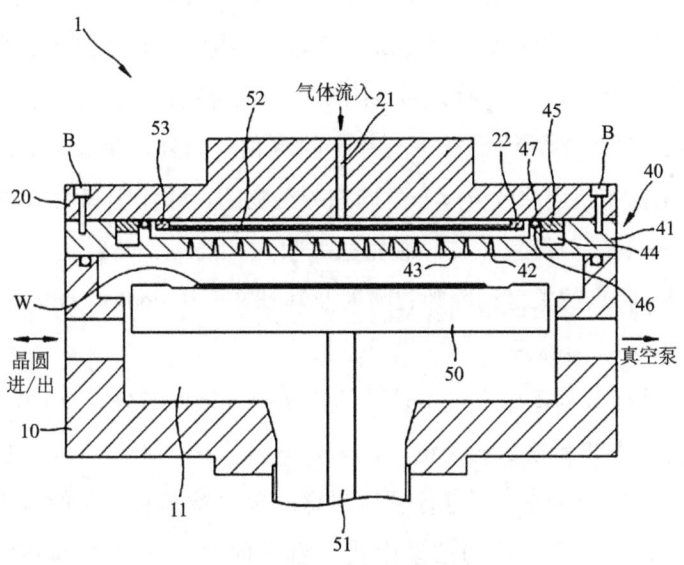

图9-2 基板处理装置

本申请的主要权利要求：

权利要求1. 一种基板处理装置，其特征在于，所述基板处理装置包括：腔室主体，其上部打开，并提供实现对基板的工艺的内部空间；腔室盖，其设置在所述腔室主体的上部，并用于关闭所述腔室主体的上部；以及喷头，其设置在所述腔室盖的下部，并用于向所述内部空间供应反应气体，其中，所述喷头具备：凸缘，其与所述腔室盖接触，并具有从上部表面凹陷的、且制冷剂在内部流动的通道；以及平板，其位于所述凸缘的内侧，并具有在其厚度方向形成的、用于喷射所述反应气体的一个以上的喷射孔。

【检索策略分析】

本申请的发明构思在于，在化学沉积的基板处理装置上采用带有喷射孔的喷头以便冷却。本案分类员给出的IC分类号为H01L21/205（应用气态化合物的还原或分解产生固态凝结物的，即化学沉积）。

首先，主题名称为"基板处理装置"，因此可以确定该技术领域为基本检索要素。由于权利要求中并没有记载所述基板处理装置的具体实现方式，但结合说明书可以确定其采用化学沉积，因此确定相关的分类号，即IC分类号

H01L21/00（专门适用于制造或处理半导体或固体器件或其部件的方法或设备）；H01L21/02（半导体器件或其部件的制造或处理）；H01L21/04（至少具有一个跃变势垒的器件，如 PN 结、耗尽层、载体集结层）；H01L21/18（器件有由周期表Ⅳ族元素或含有/不含有杂质 AⅢB V 族化合物结成的半导体，如掺杂材料）、H01L21/20（半导体材料在基片上的沉积，如外延生长）、H01L21/205：（应用气态化合物的还原或分解产生固态凝结物的，即化学沉积）。中外文关键词：基板处理装置、腔室主体、腔室盖、喷头、凸缘、喷射孔、平板、冷却，尤其是关于发明点的关键词冷却、喷射及其外文表达 cool+，cold+，refriger+，spiracle?，blow+，spray+。

在外文摘要数据库中，采用较准的体现技术领域的分类号 H01L21/205 和最体现发明点冷却和喷头的关键词，未检索到合适的对比文件，扩展到其上位点组直至大组 H01L21/00 进行领域限定，再对冷却和喷头的英文关键词表达进行充分扩展，在获得的结果中找到合适的 D1-US20010042511A1 和 D2-JP07-058101A，可用于结合评价独立权利要求 1 的创造性。

【案例小结】

本案检索对象为一种基板处理装置，检索人员在专门适用于化学沉积领域进行检索的基础上，将检索扩展到用于所有适用于制造或处理半导体或固体器件或其部件的方法或设备，并使用了体现发明点冷却、喷射的关键词进行了限定。

从本案检索过程可以看出，韩国特许厅审查员仍然习惯使用"分类号+关键词"的规范检索策略进行检索，检索中分类号逐步扩展直至大组的思路条理清晰，帮助审查员提高了检索效率。

韩国特许厅在"分类号+关键词"的检索策略方面的严谨和条理性，值得我们学习和借鉴。

【案例3】

发明名称：操纵器和操纵设备

【相关案情】

本发明涉及一种游戏手柄的操纵器，其解决的技术问题是复杂的操作。

例如，在被称为 FPS（第一人称射击）的游戏中，当人物移动时，进行改变人物视线的操作或改变目标瞄准的操作。控制器由方向键检测向上、向下、向左或向下方向，并由类比摇杆检测平移和倾斜方向。实现这些操作要求控制器（操纵设备）与需要进一步复杂操作且各种操作方向可以由单个操纵器检测的游戏软件兼容。本发明具体方案如图 9-3、图 9-4 所示。

本申请的主要权利要求：

权利要求 1. 一种操纵器，包括：操纵体，具有在一个交点处彼此正交地相交的多个杆形部；以及多个检测体，检测所述操纵体的位移，所述多个杆形部包括彼此正交地相交的第一杆形部和第二杆形部；多个杆形部包括第三杆形部，所述第三杆形部在所述交点处与所述第一杆形部和所述第二杆形部正交地相交 所述多个检测体包括：第一检测体，检测所述第一杆形部的一个端侧相对于所述交点的位移；第二检测体，检测所述第一杆形部的另一端侧相对于所述交点的位移；……第六检测体，检测所述第三杆形部的另一端侧相对于所述交点的位移。

权利要求 4. 根据权利要求 1 所述的操纵器，其中所述检测体单独地具有一对压敏元件，每个压敏元件配置成压敏元件的检测表面朝向所述杆形部，当对应的杆形部与所述检测表面抵接时，所述检测表面检测压力。

权利要求 9. 根据权利要求 4 至 8 中任一项所述的操纵器，其中当所述杆形部与所述成对的压敏元件的一个检测表面接触时，每个所述检测体输出第二电压，所述第二电压高于当所述杆形部与另一检测表面接触时所输出的第一电压，而当所述杆形部没有与所述成对的压敏元件所具有的任何检测表面接触时，每个所述检测体输出参考电压，所述参考电压具有位于所述第一电压和所述第二电压之间的中间值。

【检索策略分析】

由于本申请是 PCT 申请，因此首先查看国际检索报告，给出的 D1 可以单篇评价权利要求 1～3 的创造性（缺少杆两侧的压力传感器），结合 D2 可以评述权利要求 4～8，10 的创造性，并认为权利要求 9 所要保护的技术方案不具有创造性（见图 9-5）。

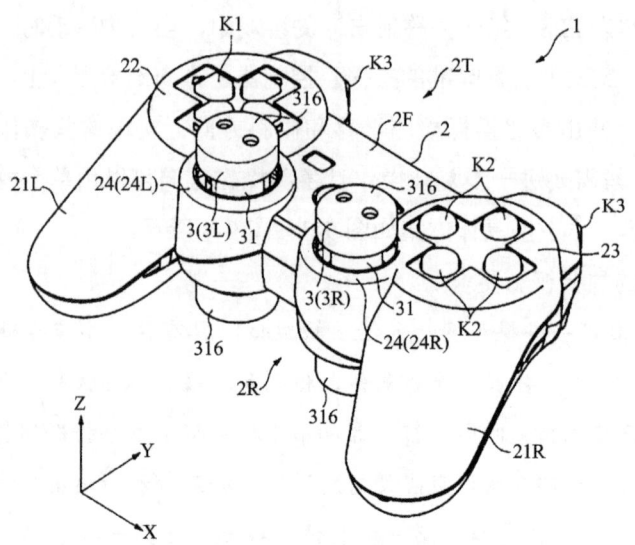

图 9-3 操纵器透视图

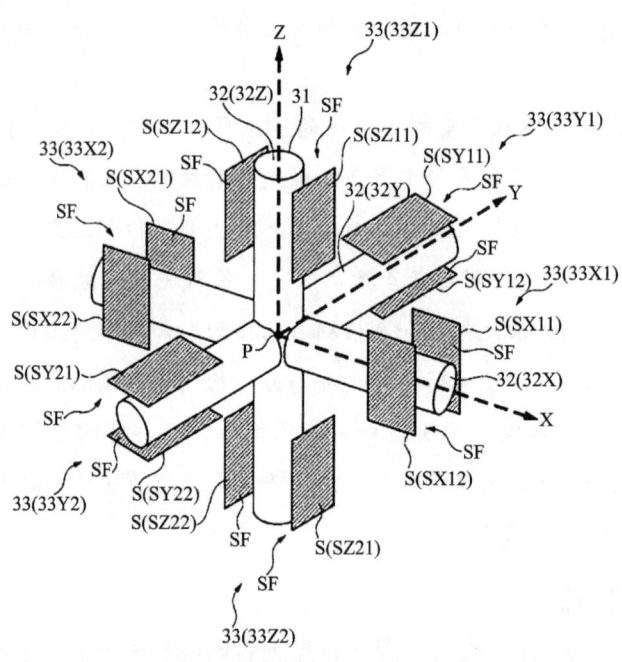

图 9-4 操纵器总体构造示意图

由于本案的技术领域属于游戏手柄的精细移动传感，属于美日较热门的领域（代表机为 Xbox、PS、任天堂等），因此，审查员认为 CPC 和 FT 应当有适合的细分。对本申请的分类号 G05G9/047，A63F2300/1043，G01L5/16，

X	JP 11-511244 A（スペーステック・アイエムシー・コーポレーション）	1-3
Y		4-8,10
A	1999.09.28，第17頁第27行－第19頁第19行，第1-3図 & US 5798748 A & WO 1996/039798 A2	9
Y	日本国実用新案登録出願1-118873号（日本国実用新案登録出願公開3-56993号）の願書に添付した明細書及び図面の内容を撮影したマイクロフィルム（ヤマハ株式会社） 1991.05.31，第6頁第4行－第15行，第1-2図	4-8,10

图 9-5　国际检索报告

G01L5/223，A63F13/00，G05G25/00 进行浏览和深度理解时，发现在主CPC"G05G9/047"之下有一个相当准确的细分 G05G9/04737（对应权利要求 1～3），即"...the controlling member being movable by hand about orthogonal axes，e.g. joysticks｛（for switches H01H25/04）｝;....｛with six degrees of freedom｝；六自由度的活动手柄"。同时通过查找分类定义表发现 G05G9/047 还存在着 2000 系列的垂直细分 G05G2009/00 系列，在其下发现"G05G2009/04762：the controlling member being movable in different independent ways，movement in each individual way actuating one controlled member only;..in which movement in two or more ways can occur simultaneously;...the controlling member being movable by hand about orthogonal axes，e.g. joysticks｛（for switches H01H25/04）｝;....characterised by means converting mechanical movement into electric signals ;.....Force transducer，e.g. strain gauge；利用压力传感"。利用查找到的准确的 CPCG05G9/04737 和 G05G2009/04762 进行组合检索，对 27 篇检索结果逐一浏览，发现其中的 US2008264183A1，其具有杆两侧的压力传感器，可评价权利要求 1～5，8，10 的新颖性，评价 6～8，10 的创造性。

同理，通过分类号的对应关系，在 FT 分类表中查阅到更准确的分类号 5b087/aa07（三维运动检测）和 3J070/DA61/ft（游戏机操作杆），在 VEN 数据库中，运用 FT 分类号的组合检索，获得可单篇评价权利要求 1～8，10 创造性的对比文件 JP2000347757 A（公开了压敏传感器，区别为凸起不是杆状物而是球状物）。至此，仅有权利要求 9 中如何通过压敏传感器感测杆移动的细节没有公开。考虑到该细节在全文库出现的可能性较大，所以考虑在全文库中结合技术领域的 IC 分类号 G01L5/16、G01D18/00、G06F3/033，以及体现技术细节的关键词压力、压敏、受压、受力、（电压 3w 大于）、（电压 3w 较大）、

（电压 3w 变大）进行组合检索，在获得的几十篇结果中，发现 CN2133017Y 公开了使用压敏传感器感受四自由度活动杆的移动的电路，可以评价权利要求 9 的附加技术特征。

【案例小结】

准确确定分类号对检索过程的高效性、检索结果的准确性至关重要。但是，有时候申请初始给出的分类号并不一定非常确切和全面，也不足以准确覆盖到各权利要求的主要特征点。此时，就需要审查员重新确定准确的分类号，尤其是利用好具有在 IC 基础上进一步细分特点的 CPC、EC、FI 分类号及具有多维分类特点的 FT 分类号等。

利用本案的领域特点，选择准确的 CPC 分类有利于迅速提升检索效率。同时，面对国际检索报告中未评述新颖性／创新性的权利要求，也不应有盲从或畏难情绪，抓住权利要求中技术方案的特点，选择适当的数据库进行相关检索，可能有不同的收获。

【案例 4】

发明名称：一种自走式可变径的气体管道泄漏检测装置

【相关案情】

本发明涉及一种自走式可变径的气体管道泄漏检测装置。现有技术中的一些工厂管道泄漏检测采用的是人工手持检测仪检测或者用肉眼去观察，不仅效率低、耗时长，而且可能会有漏检测、检测不完全等现象。本发明提供了一种自走式可变径的气体管道泄漏检测装置，实现了装置自控行走并实时进行管道泄漏检测，节省了劳动力，提高了效率；通过图传摄像头的设计，实现了泄漏处环境信息的采集，保证泄漏检测的精准性；通过设置带有伸缩杆的整体框架，实现了一定范围内的变径检测，适应能力强，节约成本。具体方案如图 9-6、图 9-7 所示。

本申请的主要权利要求：

权利要求 1. 一种自走式可变径的气体管道泄漏检测装置，包括可变径整体框架（1）、行走装置（2）以及控制系统（3），其特征在于：所述行走装置（2）上部安装有可变径整体框架（1）的上底板，所述上底板上部安装有控制系统（3）；所述控制系统（3）包括主控盒（301），所述主控盒（301）内装有主控电路板（302）和动力电源（303），所述主控盒（301）前部有图传摄像头（305），所述图传摄像头（305）固定在舵机云台（304）上，所述舵机云台（304）固定在上底板（103）前部。

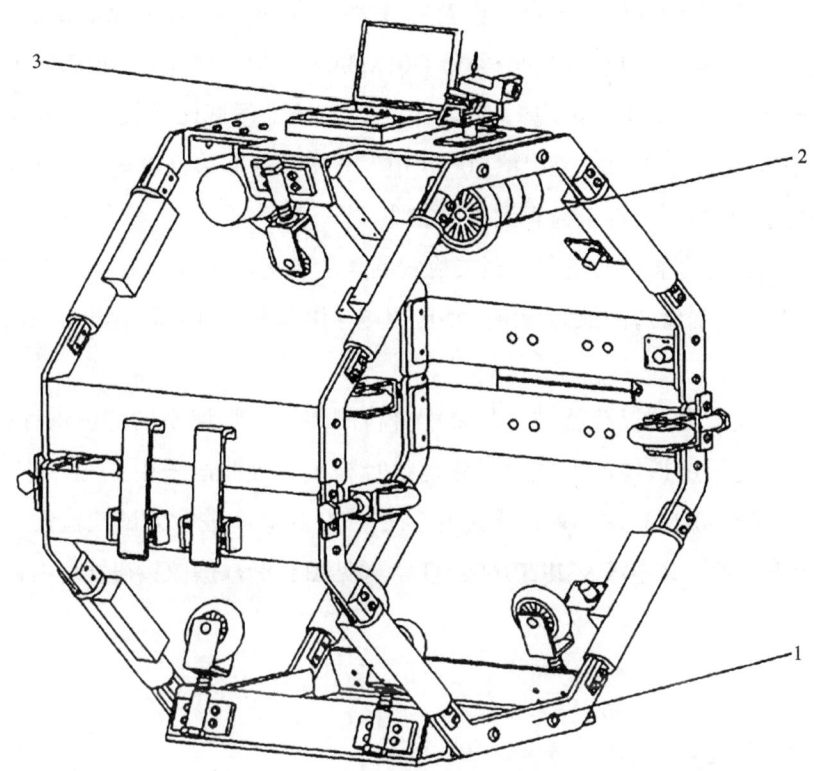

图 9-6　检测装置轴侧图

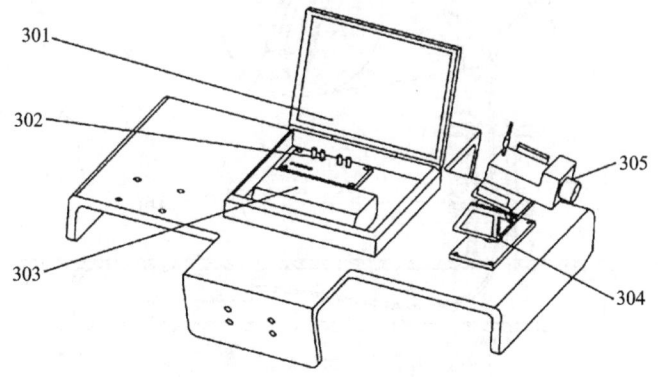

图 9-7　控制系统示意图

【检索策略分析】

本发明涉及一种自走式可变径的气体管道泄漏检测装置,相关的分类号为 G01M3/00(结构部件的流体密封性的测试)。确定基本检索要素:设置自走式可变径的检测装置和图传摄像头实现不同直径气体管道泄漏检测。检索要素 1:气体管道泄漏检测装置;检索要素 2:自走式可变径;检索要素 3:图传摄像头。本案分类员给出的分类号 G01M3/04,其含义如下:G01M3/04(通过在漏泄点检测流体的出现)。其与本申请的技术领域比较接近,因此采用 G01M3/04 及 G01M3/02、G01M3/00 在中、外文数据库结合检索要素 2 和 3 的关键词进行检索,但都未检索到对比文件。

本案检索的难点主要在于相关检索要素的表达,如自行走、变径,IC 分类号中只有针对管道的泄漏检测,如应用电检测装置,难以表达其相应的检测动作。

检测装置之所以要移动,是要配合检测装置对管道不同部位进行检测,具体而言是采用摄像的方式,对管道进行检测。因此,采用主题名称管道、结合分类号 G01M3 及关键词摄像头,在 VEN 数据库进行尝试性检索,获得一百余篇文献,其中涉及 JP2016024114A(见图 9-8),摄像头在管道内移动检测泄漏。

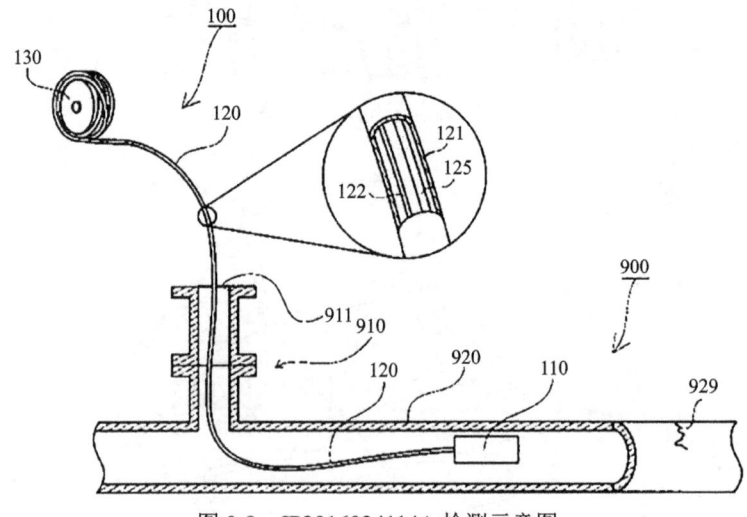

图 9-8　JP2016024114A 检测示意图

该文献记载了相关 FT 分类号 2G067（气密性检测），核实确定与本案相关的 FT 分类号 2G067/AA11（测试对象：管道）、2G067/BB26（工作方式：在被测对象上移动）。补充查询 FT 分类表得到 2G067/BB15，通过光学方式检测（测试方法、对应摄像）。因此，以该三个 FT 分类号进行检索得到对比文件 JP2014092404A，其公开了一种自走式可变径的气体管道泄漏检测装置，管状体通过多个臂围绕管安装，臂根据管的位置变化可伸缩以实现稳定地保持，驱动单元设置有用于驱动的小电动机，安装在管状体上的轮子；泄漏检测单元，其具有设置在泄漏检测单元中的泄漏检测器，用于远程控制的驱动控制装置驱动单元设置在泄漏检测单元中。

【案例小结】

对于气密性检测领域的发明，通常装置本身的结构特征具有多方面的作用，而 IPC 的分类号相对简单，关键词扩展较为困难。此时，可以考虑通过 FT 等分类号对多个检索要素一分类号的形式进行表达，快速获取对比文件。

【案例5】

发明名称：一种基于偏振干涉的带内光信噪比检测方法和装置

【相关案情】

本发明涉及一种基于偏振干涉的带内光信噪比检测装置（图9-9），其解决的技术问题是：现有的测试方法中，带外 OSNR（光信噪比）检测存在如下缺陷：在先进的光网络中，已不再能代表真实的噪声功率；带内 OSNR 检测中，①偏振置零法受偏振模色散及双折射的影响；②马赫-曾德尔干涉仪法测量前要对相关系数进行修正，实际操作难度大；③可重置波长选择开关法需要中断相邻信道的信息传输。本方案使用偏振干涉法测噪声功率，不受信号偏振状态、光纤色散和偏振模色散的影响。

本申请的主要权利要求：

权利要求1.一种基于偏振干涉的带内光信噪比检测装置，具体包括光耦合器、光功率测量单元、噪声功率测量单元和控制与运算单元；其中所述光耦合器将输入的光信号分为两束，一束输入所述光功率测量单元，另一束输入到所述噪声功率测量单元；所述光功率测量单元用于测量光信号的总功率；

所述噪声功率测量单元用于测量光信号中的噪声功率，包括偏振分束器、时延线、偏振合束器、电控可旋转起偏器和光频谱监测模块；所述控制与运算单元用于控制所述电控可旋转起偏器的偏振角，并根据所述光功率测量单元输出的光信号的总功率和所述噪声功率测量单元输出的噪声功率计算光信噪比。

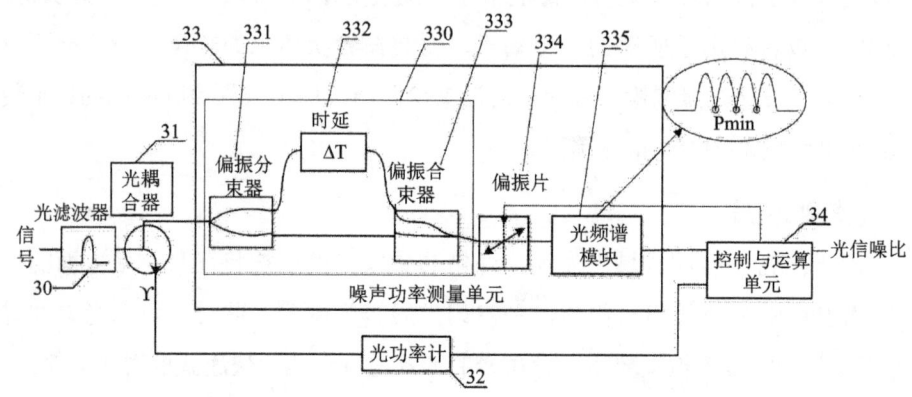

图 9-9 基于偏振干涉的带内光信噪比检测装置

【检索策略分析】

首先，根据本申请所属的技术领域，确定出基本检索要素 1 "带内光信噪比检测"。其次，根据申请文件的表述，确定本发明相对现有技术作出改进的技术特征：基于偏振干涉测量噪声功率，作为基本检索要素 2。

在中文摘要库 CNABS 和全文库 CNTXT 中，采用主要的特征关键词光、信噪比、噪声、噪声，以及效果关键词偏振、正交、垂直、色散等进行尝试性检索，获得相关文献 CN1720680A，其使用偏振分束测量 OSNR，但未用干涉的方式；对该文献进行引证和被引证文献的追踪，发现文献 US2004/0126108A1 和 EP1130805A1，获得了两个更准确的 CPC 分类号 H04B 10/07953（Monitoring or Measuring OSNR，BER or Q）、H04B 10/07955（Monitoring or Measuring Power）。

在 VEN 数据库中采用 H04B10/07953 和 H04B10/07955，并结合关键词光、信噪比、噪声、噪声、偏振、正交、垂直和色散等的英文表达，获得 61 篇检索结果。虽然没有直接找到相关文献，但在其中的 US7149407B1 中，说明书背景技术中提到一篇期刊"IEEE：Orthogonal-Polarization Heterodyne OSNR Monitoring Insensitive to Polarization-Mode Dispersion and Nonlinear Polarization Scattering"，期刊内容参见图 9-10：

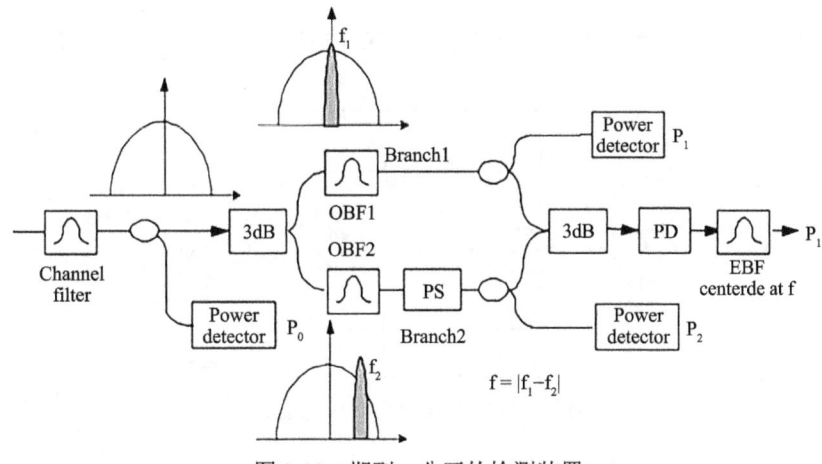

图 9-10　期刊一公开的检测装置

其通过正交极化外差的方式测量噪声，不是本申请所述的"偏振干涉测量"的方式，但通过查看参考文献，发现一篇文献"OSNR Monitoring Technique Based on Orthogonal Delayed-Homodyne Method"，内容如图 9-11 所示。

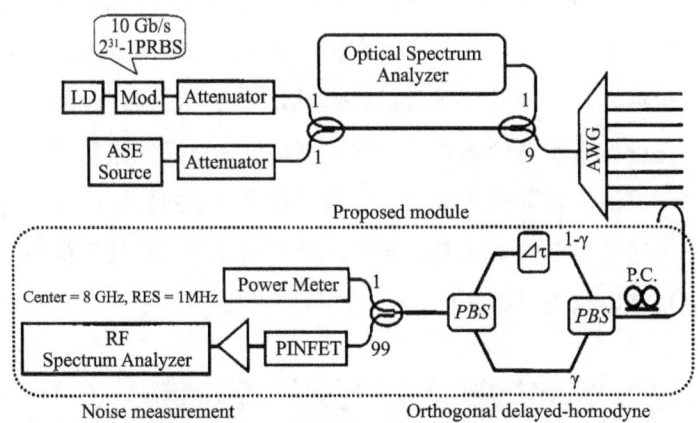

图 9-11　期刊二公开的检测装置

根据分析发现其与本案中测量噪声功率的方式一致，可作为评述本申请的 Y 类文献。

通过阅读该文献,发现其使用了"Homodyne"(零差)一词,可以准确表达延时、干涉的测量方式,是较为专业的表述方式。

在英文摘要库和全文库中,采用该关键词表达,结合偏振、正交、垂直等的英文表述,获得对比文件US2008205886A1。该文件公开了测量噪声功率的步骤,可作为Y类文献,公开内容如图9-12所示。

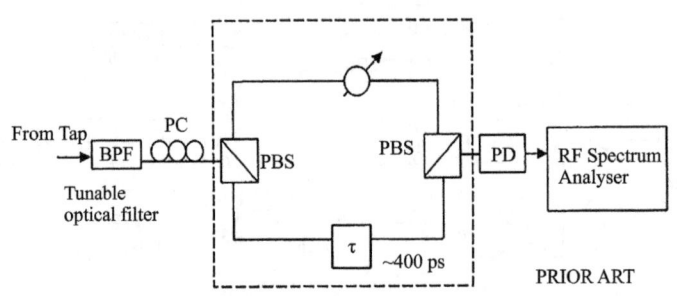

图9-12　US2008205886A1中的检测装置

由于该文献具有中文同族,因此反思在中文库中的检索策略,扩展到"零差"一词后,在中文全文库CNTXT中重新检索,采用与外文库相似的检索策略,也能检索到其中文同族CN101167273A。

【案例小结】

准确确定关键词对检索过程的高效性、检索结果的准确性至关重要。有时候申请初始给出的关键词并不都是本领域最准确的表达方式,需要进行更全面的关键词扩展。对于分类号使用相对效果欠佳的光信噪比检测领域,使用常规的关键词进行检索不易检到对比文件,可以借助追踪检索尤其是有专业关键词表达的外文追踪,获取到准确的关键词。利用本案的领域特点,选择准确的关键词有利于迅速提升检索效率。同时,对于细节特征可以侧重在全文库中检索,以利更快获取相关对比文件。

【案例6】

发明名称:**模封设备**

【相关案情】

本发明涉及一种模封设备(图9-13)。其解决的技术问题:现有模封设备中，通过伺服马达带动胶卷薄膜的运输，常因作业损耗而使伺服马达供应的动力大小不固定，使胶卷薄膜张力不足、胶卷薄膜产生皱折，进而使胶卷薄膜无法平贴于上模的表面上，也就是胶卷薄膜未确实固定于模具上，从而造成溢胶的情况发生。此外，现有模封设备的伺服马达并无检测装置，故于发生异常（如上述该胶卷薄膜产生皱折）时，仍继续进行填充胶材制程，而发生溢胶等问题，导致后续制作出不良的产品。

本申请的主要权利要求：

权利要求1. 一种模封设备，其特征为，该模封设备包括模具；传输装置，其包含用以架设膜体的滚动件，以及用以转动该滚动件以带动该膜体位移的马达，以运输该膜体至该模具；以及检测装置，其电性连接该传输装置，以检测该马达的扭力。

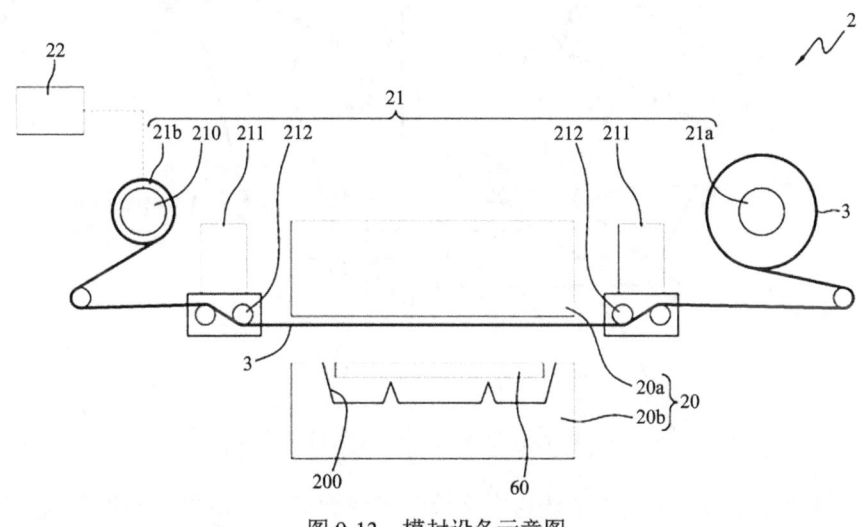

图9-13　模封设备示意图

【检索策略分析】

根据本案的技术领域（膜或布），能够迅速找到相关的文献JP特开2004-296691A。该模封设备的结构（图9-14）和本申请相同，也公开了检测装置电性连接该传输装置，以检测该传输装置的运行状态，但其检测装置的检测方法和本申请不同，其工作原理：在初始未工作状态下，调速薄膜在合适的张紧状态，测得此时辊子2在初始半径 R_i 及此时的合适张力；模封设备开始工作，通过编码器 7、9 可以计算得到辊子 2 的实际半径 Rf，控制器执行比例计算，控制 13 调整伺服电机 6，将膜的张力调整为适当张力。

该文献是利用计算发送侧辊的实际半径的方式决定提供对应的张力，而本案是采用检测装置检测马达的扭力，这恰恰是本申请的发明点所在。在专利摘要库和全文库均进行了大量尝试，未检索到有效的对比文件。

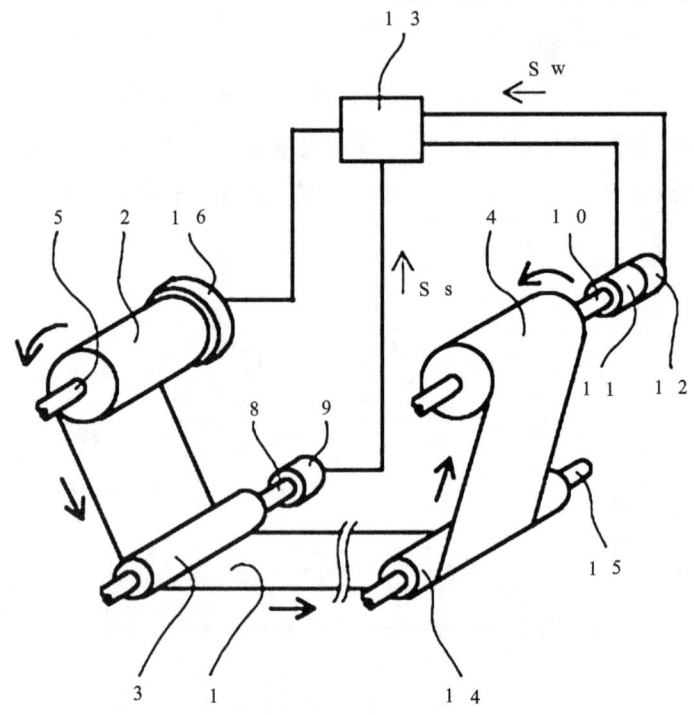

图 9-14　JP 特开 2004-296691A 模封设备结构图

转到非专利库中，采用读秀中文检索"张力测量＋电机＋扭矩"，获得相关文献《印刷过程自动化》，其公开了为了维持纸张张力恒定，而对伺服电机的旋转力矩检测，通过脉冲编码器测得交流数字伺服电机的速度和力矩信号，再反馈到工业控制器的技术内容（图 9-15）。

【案例小结】

在对领域的扩展存在认知局限性的情况下，通过内外网紧紧围绕发明点展开尝试性检索、扩展关键词和阅读是有效的检索途径。

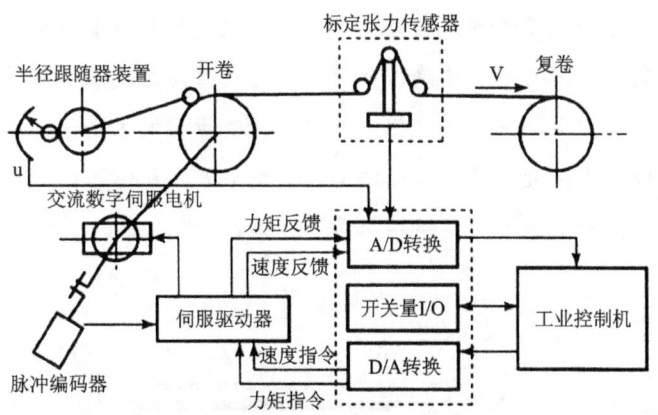

图 9-15　印刷过程自动控制中的检测装置

【案例 7】

发明名称：餐具清洗机

【相关案情】

本发明属于日本来华申请，涉及一种餐具清洗机（图 9-16）。解决的问题：在以往的餐具清洗机中，在运转初期清洗水中的洗涤剂即为高浓度，与水温高的情况相比，洗涤剂的清洗力低。并且，清洗运转的后半部分清洗水经加热器加热，水温高，由于与清洗水和污渍反应的时间有限，而使洗涤剂成分的浓度效果打了折扣，洗涤剂的清洗效果下降，不能以洗涤剂最大限度的清洗效果来清洗被清洗物。

本申请的主要权利要求：

权利要求 1. 餐具清洗机具备：清洗槽，其具备收纳被清洗物的餐具篮，并且在内底部具有积存清洗水的存水部；清洗喷嘴，其设置在清洗槽内向被清洗物喷射清洗水；以及加热器，其设置于存水部来加热清洗水；并且还具备：水位检测装置，其与清洗槽连通地设置来检测清洗水的水位；清洗泵，其将清洗水经由设置于存水部的排水口供给到清洗喷嘴并使清洗水在清洗槽内进行循环；供水阀，其向清洗槽内供水；以及控制装置，其控制清洗、漂洗、干燥各步骤。而且，控制装置进行如下控制：打开供水阀开始供水，当水位检测装置检测到清洗水达到规定的水位时关闭供水阀而结束供水，在使清洗泵进行动作之前利用加热器加热清洗水。由此，在使清洗泵进行动作之前，使清洗水的温度升高来提高洗涤剂的溶解速度，能够容易地获得高浓度且高温的清洗水。并且，通过使洗涤剂中的成分活性化，能够在清洗步骤的主清洗中从清洗泵开始动作时起就以高清洗效果清洗被清洗物。其结果是，能够不增加洗涤剂的量就能够实现具有高清洗力的餐具清洗机。

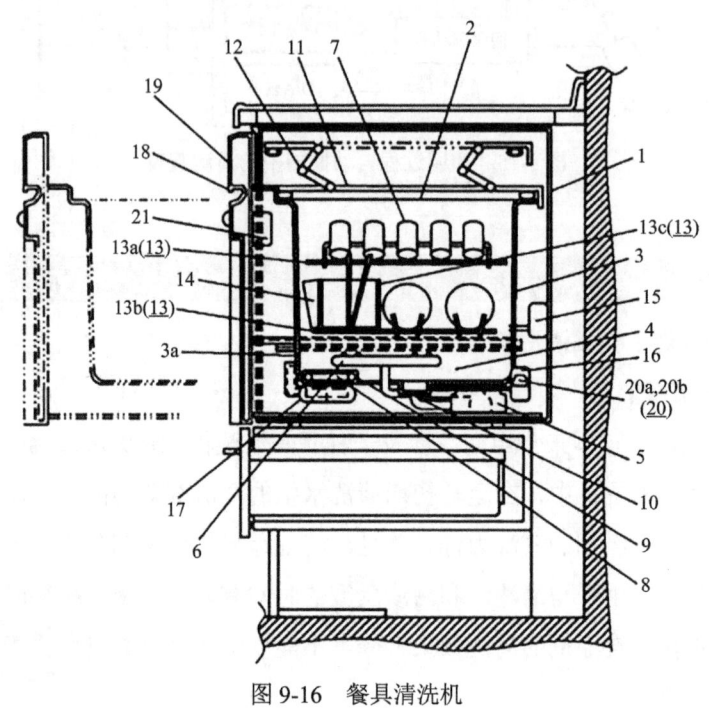

图 9-16　餐具清洗机

【检索策略分析】

本案的特点在于分类号较为精准，涉及 A47L15/14（在清洗室中有固定陶器篮筐和喷射装置的洗涤机）及其相应的上下位点组，如 A47L15/00（陶器或餐具的洗涤机或冲洗机）。结合上与其发明点水位检测、清洗水加热相关的中外文关键词，能够较快获得相关文献 CN2715690Y 和 US2008/0236630A1，评价一应权利要求的新颖性和创造性。

申请人在进行文件修改和意见陈述时，有意将说明书中的细节特征"在清洗槽内还设置有将投入的洗涤剂引导到加热器附近且与加热器相比靠近清洗水的流动方向的上游侧的位置的洗涤剂投入部"加入权利要求,并强调其作用为促进洗涤剂的溶解。而这一特征在CN2715690Y和US2008/0236630A1均未公开,必须进行补充检索。

该细节特征的补入,充分体现了日本专利申请文献实施例多而细、技术改进小而全的特点。针对申请人强调的结构特征"洗涤剂投入部将投入的洗涤剂引导到加热器的附近,且洗涤剂投入部与加热器相比靠近清洗水的流动方向的上游侧的位置"比较细致,故考虑选择全文数据库,并主要围绕技术效果"促进洗涤剂溶解"开展检索,并结合附图浏览的方式来提高文件筛选的效率。

在CNTXT数据库中限定技术领域A47L15/14,获得834篇结果的基础上,运用水和温、加热进行发明点表征,再运用体现效果特征的关键词效果高效、能力、溶解、洗涤、清洗和清洁进行进一步限定,在获得的百余篇结果中结合附图进行文献筛选,找到文献CN201732025U。其公开了相应特征"洗涤剂自动添加装置4加入定量的洗涤剂,加热管5工作,给洗涤液加热,运用加热后的洗涤液进行洗涤"的技术内容(图9-17)。

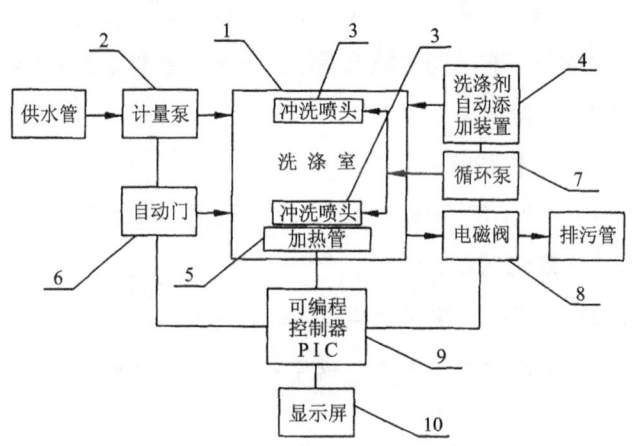

图9-17 CN201732025U结构框图

【案例小结】

申请人为了强化该发明和现有技术的区别所在,确保授权前景,通常会在权利要求中增加细节特征,在回案处理过程中这种情形尤其普遍。根据这样的撰写特点,针对其文字表述上比较烦琐和难以描述详尽的细节性结构特征,应选取适用的全文数据库。因为关于技术细节的内容一般不会出现在摘要或权利要求中,而更有可能记载在说明书实施例部分。在这种情况下,只检索摘要库就有可能造成漏检,可直接考虑使用全文数据库检索,按照先中文后外文的原则,并采用解决的技术问题、实现的技术效果代替技术特征,结合浏览效率较高的附图浏览方式进行文献筛选有利于迅速提升检索效率。

【案例8】

发明名称:用以改善发光二极体磊晶片的光激发光强度量测失真的量测系统与方法

【相关案情】

本发明涉及一种用以改善发光二极体磊晶片的光激发光强度量测失真的量测系统,如图9-18所示。现有技术中的发光二极体磊晶片在磊晶之后往往会有磊晶片翘曲的情形,因而造成光激发光光谱仪在测量发光强度时,由于光路偏移导致发光二极体发光量测结果产生误差,因此在发光强度的分布资料上,无法回馈给磊晶工程师正确、有用的资讯。本发明提供了一种量测系统,能够不受磊晶片翘曲影响,同时能准确取得发光二极体磊晶片的光激发光的发光强度与发光波长量测结果。

本申请的主要权利要求:

权利要求1.一种量测系统1,用以改善发光二极体磊晶片的光激发光的强度量测失真,该系统包含:

移动式平台3,用以支撑发光二极体磊晶片5;

雷射光源7,用以激发该发光二极体磊晶片5,以使该发光二极体磊晶片5产生光激发光;

光激发光光谱仪11,具有狭缝,其中该光激发光是经由该狭缝进入到该光谱仪内;

光感测器15,具有滤光片17以及开口,其中该光激发光透过该开口进入到该光感测器内,以及该开口的直径是大于该光谱仪的该狭缝的宽度;及控制器23,耦合至该移动式平台、该雷射光源、该光激发光光谱仪,以及该光感测器。

第9章 // 电学领域典型检索案例

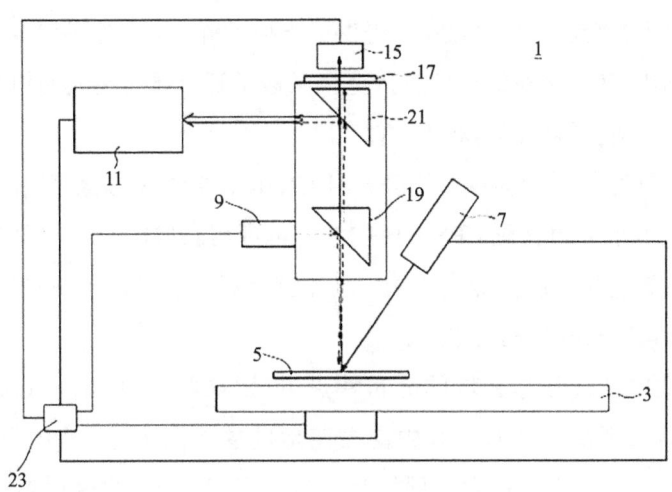

图 9-18 量测系统结构图

【检索策略分析】

本申请的发明构思在于,将发光二极体磊晶片装载于该移动式平台上,将光激发光导向该光激发光光谱仪以及该光感测器。本案分类员给出的分类号 G01M11/02、G01J1/00,其中各分类号类名:G01M11/00(光学设备的测试;其他类目未包括的用光学方法测试结构部件)、G01M11/02(光学性质的测试)、G01J1/00(光度测定法,如照相的曝光表)。

根据专利申请所属的技术领域、解决的技术问题、采用的技术手段和达到的技术效果确定检索要素:检索要素 1,光激发光强度量测,检索要素 2,移动式平台。

尝试在 CNABS 中针对申请人/发明人初步检索,利用 CPY 和百度检索,在中文专利库使用分类号 G01M11/00、G01J1/00、G01J3/00 与准确关键词磊晶、结晶得到的检索结果较少;在 VEN 中利用准确关键词表达 epitaxy、epitaxial 结合分类号检索,也未检索到对比文件。

德温特数据库(DWPI)对重要申请人进行了 4 个字母的编码,即公司代码 CPY,但是 CPY 字段除了使用 4 个字母表示公司代码外,对于申请量没有达到一定数量的公司,其 CPY 字段一般由四个字母加"-N"组成。检索中常会使用申请人、发明人入口在 CNABS 中进行检索以期获得与本申请相关的文献,却很少使用申请人入口在外文库进行检索,因为会导致对申请人的在先申请了解得不够全面。而 DWPI 中提供了一种了解申请人在各国专利申请的手段，可以利用 CPY 字段进行检索，更全面地了解重要申请人的相关申请，甚至也能更快捷地获得较好的对比文件。

在 DWPI 数据库中尝试利用公开号 CN103217271 检索获得本申请的相关信息，其中包括公司代码 CPY-ETME-N，再利用获取的公司代码在 DWPI 中检索，查阅该公司的相关专利申请，但未获得相关文献，表明 CPY 表达不准确或者该公司没有其他相关申请。

根据本申请及技术领域的分布特点可以得到以下信息：①本申请的一些撰写用语如"雷射光源"为中国台湾地区的常用表达；②中国台湾地区在激光、半导体等方面技术发展较为先进，考虑在 TWABS 中追踪检索。从 TW201329435A 中采用类似方法，挖掘出更多信息，包括公司代码 CPY-ETAM-N。利用该公司代码在 DWPI 中检索，获得一百多篇追踪文献，通过浏览得到一篇相关文献，即 KR20110078354A（发光二极体磊晶片的量测系统与方法，图 9-19）。

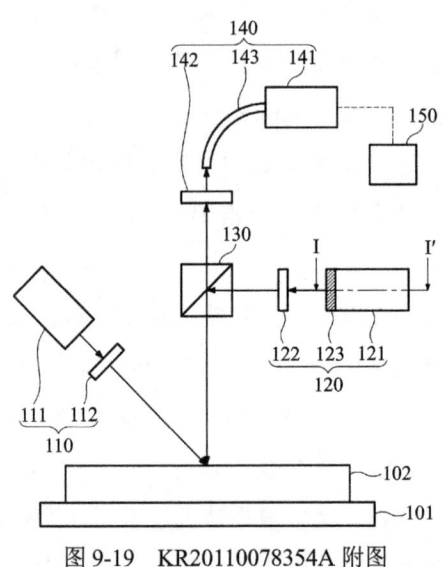

图 9-19　KR20110078354A 附图

可见，利用 CN103217271 获得的公司代码 CPY 为 ETME-N，而用 TW201329435A 获得的公司代码 CPY 为 ETAM-N。由上可知，① CPY 字段均以"-N"结尾，公司的申请量未达一定数量；②由于数据库加工等原因，公司代码表达上存在一定差异。

【案例小结】

在专利检索中，通常采用的方式就是利用分类号、关键词进行检索。但受限于自身对本领域技术知识掌握的局限性，我们对该领域的相关分类号、关键词难以掌握得非常准确和全面。这时，不妨尝试追踪检索这一快速高效的途径。例如，采用申请人和（或）发明人为入口进行检索，尤其是发明人或申请人为高校、科研院所时，可能会有较好的收获。

在操作过程中，申请人的名称又通常会存在多种表达，由此给追踪检索的全面性带来困难，因而在对申请人的追踪中，可借助 DWPI 数据库中的公司代码 CPY 字段进行检索。同时，应当考虑数据库加工的原因，应当将多个相关 CPY 比较扩展进行检索以期获得对比文件。

【案例9】

发明名称：一种 LTCC 基板通用测试夹具

【相关案情】

本发明涉及一种 LTCC 基板通用测试夹具（见图 9-20、图 9-21），其解决的技术问题：现有的测试方法是利用设备本身的测试夹具进行单片测试，每次测试一只基板，测试效率低；或针对每种产品制作专用的测试夹具实现连片测试，虽然提高了测试效率，但增加了生产成本，不适用于多品种、小批量 LTCC 产品的生产。采用的主要技术手段：卡槽内长条形的铁质金属条或直角形挡块的位置可以根据待测试基板的尺寸进行调整，通过磁铁的吸附，固定基板。

本申请的主要权利要求：

权利要求 1. 一种 LTCC 基板通用测试夹具，其特征是，包括一具有多个矩形卡槽的金属载板和置于卡槽内可移动的条形金属挡条和直角形的金属挡块；各卡槽的底部嵌入多个磁铁，磁铁嵌入后与卡槽底平面保持在同一平面上；待测试基板置入卡槽后，由卡槽的边沿及被磁铁吸附于卡槽中并可移动调节的金属挡条或金属挡块所夹持固定。

权利要求 7. 根据权利要求 6 所述的 LTCC 基板通用测试夹具，其特征是，根据基板的长、宽尺寸的不同对应选择 a、b 或 c 中的一种方式进行定位：其中，定位方式 a：采用一个金属挡块卡于基板的第一角的对角；定位方式 b：采用一个金属挡条卡于基板其中一条不抵靠于卡槽的边上；定位方式 c：采用两个金属挡条分别卡于基板的两条不抵靠于卡槽的边上。

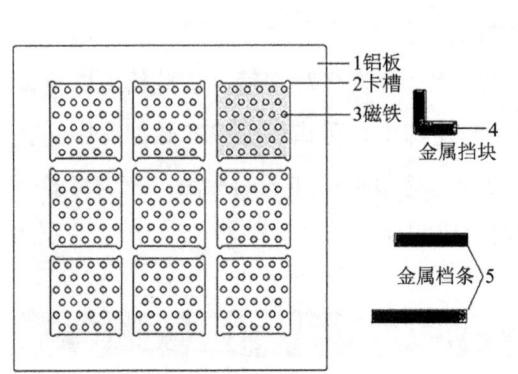

图 9-20 测试夹具主视图

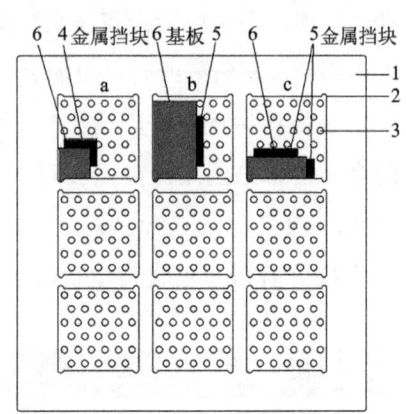

图 9-21 不同尺寸基板的固定方式

【检索策略分析】

本申请虽然属于测量领域，但其要求保护的是一种夹具，更多涉及机械结构。利用最能体现发明构思的关键词在 S 系统中进行表达，同在算符连接的检索项从内容上较 AND 算符更为紧密，能更好地表达发明的构思。并且考虑到磁铁配合金属使容置空间可以变化是为了实现不同尺寸基板的固定，可尝试在摘要或权利要求中检索，从先准后全的初衷出发，优先选择 CNABS 检索，采用关键词及同在算符 S 进行尝试，未获得有效对比文件。

本案的分类号为 G01R1/04，结合检索的情况，对分类号进行进一步扩展到 G01R（测量电变量、测量磁变量），B25B（不包含在其他类目中的用于紧固、连接拆卸或夹持的工具台或设备），H05K（印刷电路、电设备的外壳或结构零部件、电器元件组件的制造），并使用关键词"磁"的频次进行限定。上述检索或未获得对比文件或结果太多，无法浏览。若盲目转入 CNTXT 中采用关键词检索，则噪声更大。结合本案的发明构思可知，"磁 S 吸 S 槽"与"大小 or 规格 or 尺寸"能够表达夹具的工作方式，但是如何浏览数以千计的检索结果？

如何使对比文件从上千篇文献中脱颖而出？

Patentics 对海量的专利文档内容进行分析与自动理解，对词条进行集合处理，计算相互之间词义上的关系，而文档是多个词条的有机结合，Patentics 可以得到各个文档之间的相关度。输入"R/"即可根据输入的词、句子、段落、文章或专利号的意思，对检索结果排序。并且 Patentics 具有批量上传专利的功能，可将大量专利号一行一行复制到 txt 文件中上传（图 9-22）。

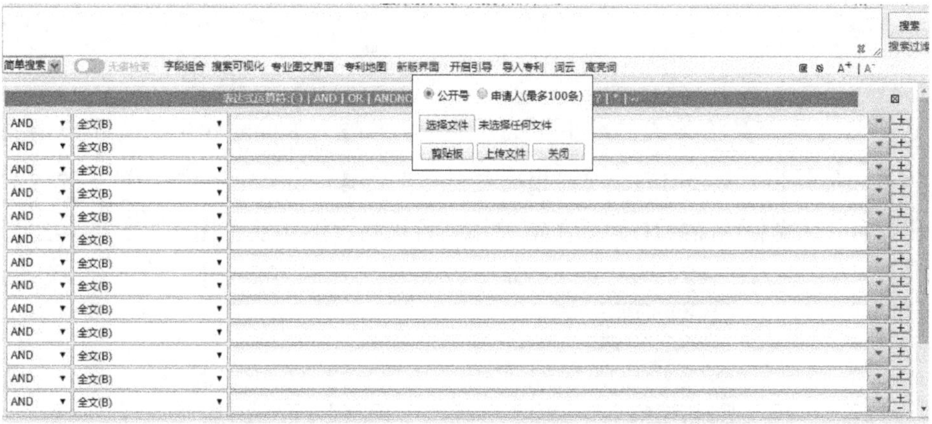

图 9-22　Patentics 上传专利

综合以上 Patentics 的功能，可以将 S 系统相关的检索结果导入 Patentics 中，将全部对比文件按照与本申请的相关度来进行排序，实现按照相关度的顺序浏览，对比文件排序靠前的概率较高，并且 Patentics 可以实现所有附图的浏览，可提高浏览和筛选的效率（图 9-23、图 9-24）。

S 系统（杂乱无章）	Patentics（与本申请相关度排序）
G	B 相关度 99%
C	E 相关度 95%
E	G 相关度 90%
F	A 相关度 85%
D	F 相关度 82%
B	D 相关度 80%
A	C 相关度 79%
...	...

图 9-23　S 系统结果导入 Patentics 中排序

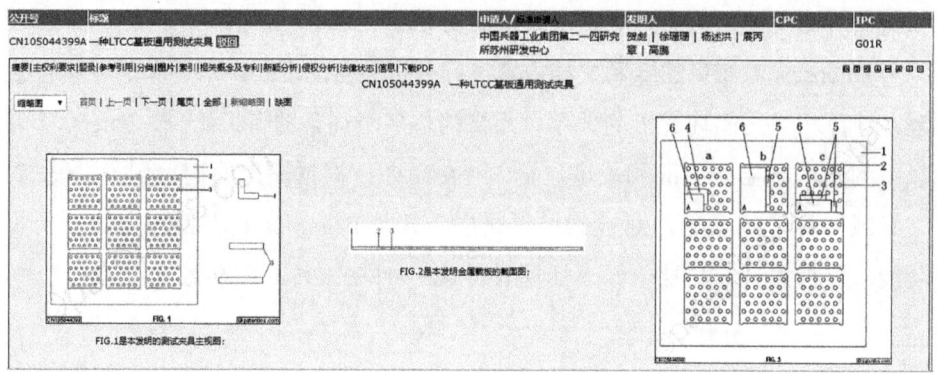

图 9-24　Patentics 附图显示

将 S 系统某检索式的结果中的所有 PN 号导入 Patentics 中，与本申请进行相关度排序，得到 1715 项按相关度排序的结果，采用附图浏览模式发现对比文件 1（CN201816992U）排在第 32 位（图 9-25、图 9-26、图 9-27、图 9-28）。

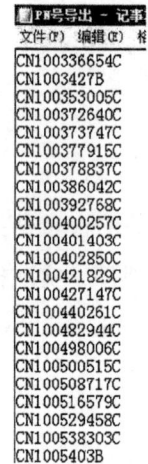

图 9-25　导出 PN 号

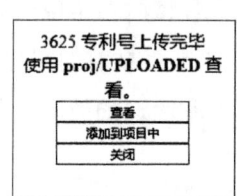

图 9-26　上传专利

图 9-27　按本申请相关度排序

第9章 // 电学领域典型检索案例

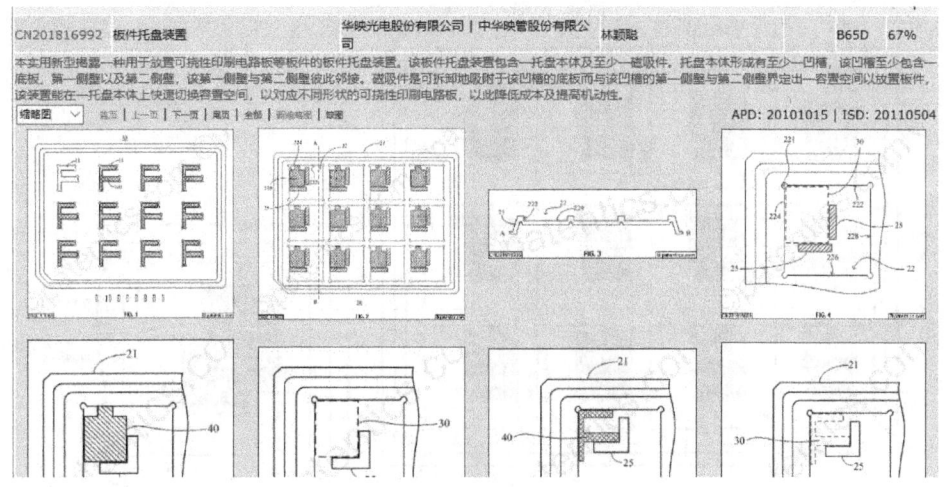

图9-28 按相关度浏览

对比文件1（CN201816992U）公开了一种板件托盘装置：板件托盘装置20包含一托盘本体21及至少一可移动的磁吸件25，托盘本体21形成有至少一凹槽22，凹槽为矩形。该凹槽22至少包含有一第一侧壁222、一第二侧壁224及一底板229，磁吸件25藉由磁力可拆卸地吸附于该底板229上。该底板229的材质是由磁铁所制成磁铁板，而该磁吸件25是由铁所制成的铁片。磁吸件25是为一L型橡胶磁铁，但本实用新型并不限该磁吸件25的数量或形状，亦可以两块长条型的橡胶磁铁实施，该至少一磁吸件25、该第一侧壁222及该第二侧壁224于该凹槽22内界定出一容置空间30，以容纳该板件110于该容置空间30内；板件托盘装置20还包含有一基准块40，该基准块40的形状与大小与该板件110相同，该磁吸件25邻接于该基准块40并吸附于该底板229，借以界定出该容置空间30，新型利用基准块40配合可移动的磁吸件25，由该磁吸件25邻接于该基准块40并吸附于该底板，以界定出对应该基准块40的容置空间30，以容纳不同形状的板件110于该容置空间30内。即对比文件1公开了待测板件置于凹槽中，并用磁吸件与凹槽的侧壁固定被测板件，并公开了权利要求7中的两种固定方式（见图9-29、图9-30）。

对于"各卡槽的底部嵌入多个磁铁，磁铁嵌入后与卡槽底平面保持在同一平面上"，在Patentics中使用Rdi/cn105044399得到对比文件2（CN102858095A），排序第67位，相关度73%。对比文件2（CN102858095A）

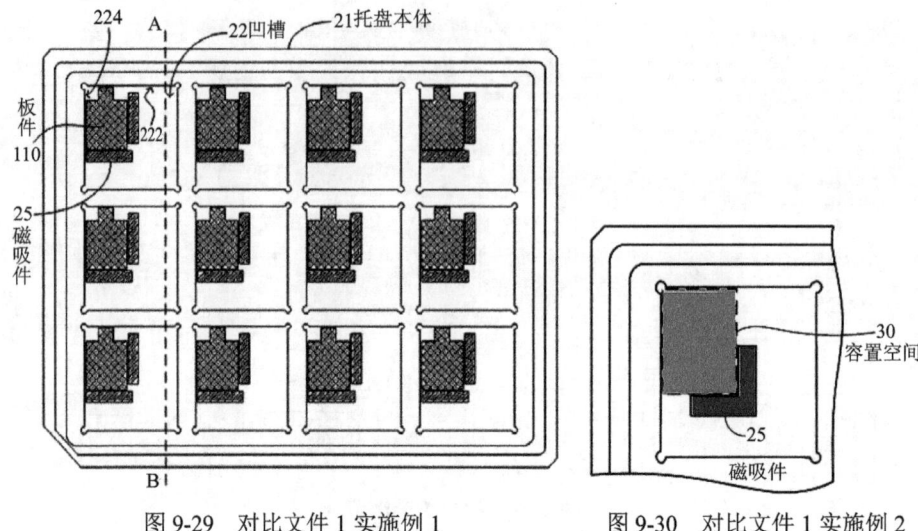

图 9-29 对比文件 1 实施例 1　　图 9-30 对比文件 1 实施例 2

公开了一种柔性线路板支撑治具：柔性线路板支撑治具包括铝合金材料制成的治具本体 1、磁铁 2 和导磁的钢片 3，治具本体 1 包括第一表面和第二表面。其中，磁铁 2 结合在第二表面的一侧，在第二表面上设置有多个呈点状分布的不贯穿治具本体的收容槽，该收容槽用于收容嵌入第二表面中的磁铁（图 9-31）。对比文件 1 和对比文件 2 结合可评述全部权利要求的创造性。

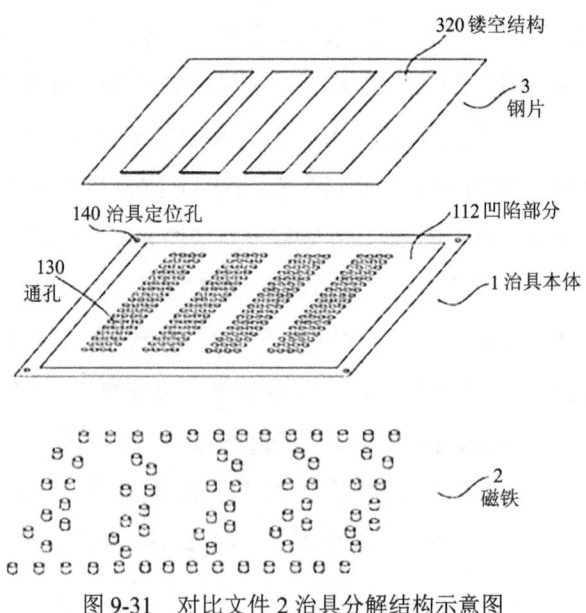

图 9-31 对比文件 2 治具分解结构示意图

S系统中可以准确进行关键词和分类号的表达，然而，本申请分类号为G01R1/04（外壳、支承构件、端子装置）。在检索时，容易想到将"夹具"扩展到"治具、工装"，但不会将其扩展到装置；分类号检索会在G01R（测量电变量、测量磁变量），B25B（不包含在其他类目中的用于紧固、连接拆卸或夹持的工具台或设备），H05K（印刷电路、电设备的外壳或结构零部件、电器元件组件的制造）中扩展，难以想到扩展到B65D85。从装置本身、分类号入手均存在困难。

由于S系统中对比文件1的分类号与本案完全不同，难以扩展到，关键词检索未能合理限定在可浏览的范围，而使用S系统联合Patentics存在一定的优势。对于"卡槽嵌入多个磁铁的检索"，S系统和Patentics旗鼓相当。因此，在检索中应当合理选择检索工具，根据具体的案情选择S系统或者Patentics，亦或是将二者联合使用。

【案例小结】

在专利检索中，坚持分类号结合关键词的常规检索思路或采用S系统、非专利检索等常规检索工具的基础上，还可以辅以一些独具特色的外部检索工具，起到提高检索效能的妙用。

例如，针对测量领域分类号分散的情况，可结合使用关键词进行检索。在检索结果较多不适合直接浏览时，可考虑借用商用检索软件Patentics等的语义排序功能，将检索结果导入Patentics进行排序，快速筛选出对比文件。

9.2 方法类权利要求

9.2.1 方法

对于电学领域中涉及方法的权利要求，通常根据摘要库和全文库的特点，合理结合CPC/FI-FT等分类号进行检索，并对申请人、重要相关文献进行追踪。由于限定较为具体，关键词使用较为重要，但当关键词不易表达扩展、检索噪声较大时，可通过中间文献获得较为专业、准确的关键词，打开思路主动联想，必要时还可参考 DWPI 英文摘要中的如技术手段、技术效果的英文表达，再配合同在算符等合适算符灵活运用。此外，还可采用专利/非专利语义检索进行试探性检索，提高检索效率。

具体地，对于数学公式或模型的案件，应关注非专利库的检索并充分追踪，同时考虑算法的技术路线，预期对比文件的方向，从而选取合适的关键词表达，注重非专利数据库优势的利用；而对于涉及图像编解码方法领域的标准类专利，应当准确站位本领域技术人员，首先考虑标准检索，通过准确定位相关标准检索方向，选择合适的标准数据库及专业关键词进行检索，并密切追踪申请人、发明人及提案中的参考文献，查找有价值的检索信息，高效获取合适的对比文件；通信编码解码类案件专业性较强，对于此类申请，应该先补充相关基础知识，在充分准确理解发明的基础上，选择合适分类号并结合准确的关键词进行检索。

【案例 10】

发明名称：在文本消息中呈现情感的方法

【相关案情】

本发明涉及呈现与一系列字符相关联的字体，以便能够检测到文本消息中的情感（图 9-32）。现有技术中，信息的发送者在通过短信或电子邮件发送给其他人的句子中尝试显示他们想要表达的情感，但接收文本的个人仍可能感到困惑和误解表情符号。同时，将文本置为某种字体会消耗时间，这取决于呈现在文本消息或电子邮件中的情感的数量。此外，对不同个人来说，记住字体的颜色表现讽刺还是愤怒或者快乐是困难的。

本申请的主要权利要求：

权利要求 1. 一种在文本消息中呈现情感的方法，其步骤包括：提供具有硬件、显示屏及带有短消息服务的操作系统的移动系统，所述短消息服务通过编程用来检测由一系列预定的字符组成的表情符号；利用所述操作系统接收文本消息；以集成到所述短消息服务的软件中的文本应用检查所述文本消息；利用所述文本应用检测在所述文本消息中的表情符号；对于与所述检测到的表情符号相关联的文本，在所述显示屏上显示具有改变的文本的所述文本消息；其中，当检测到所述表情符号时，所述表情符号之后的文本变成与所述表情符号相关联的预定的颜色。

【检索策略分析】

通过文本应用检测到字符，以使在显示屏幕上显示该文本信息时，与该表情符号相关联的文本发生改变。本案属于文本信息输入方法领域，由申请内容确定检索要素：检索要素1，

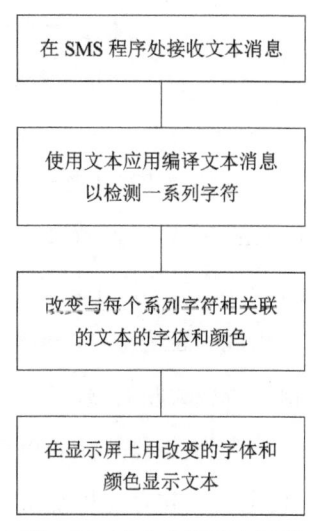

图9-32　在文本消息中呈现情感的方法流程图

文本消息中呈现情感；检索要素2，与该情感相关联的文本改变。本案分类号为G06F17/00（特别适用于特定功能的数字计算设备或数据处理设备或数据处理方法），其与本申请的技术领域比较接近，但不能较好地表达检索要素1。因此，采用关键词对检索要素1进行表达，但在中、外文数据库使用分类号g06f17+结合体现检索要素1和2的关键词"emotion+ or expression+ or sentiment+" "text+or message+ or character+" "color+ or colour+"进行检索，均未检索到对比文件。但检索到文献CN105183316A，其中采用"颜文字"来标识文字中的表情符号，在外网搜索引擎补充背景知识中对"颜文字"进行检索，发现其常用于日本的流行文化中，相关的准确英文表达为emoticon。emoticon是emotion icon的简称，相关的表达还包括表达绘文字的emoji。因此，继续尝试在VEN中检索，使用关键词"emotion+ or emoticon+ or emoji+ or sentiment+" "color+ or colour+"同在一句进行检索，检索到文献JP2008257507A，其给出了多个FT分类号。其中5B075/PQ23：

检索装置

　　检索结果的输出

.输出的内容

..着重显示

...色彩区别

采用该 FT 分类号（5B075/PQ23/FT）结合关键词（emotion+ or emoticon+ or emoji+ or sentiment+）在 VEN 中进行检索，得到对比文件 JP2004272807A。其公开了文本应用检查所述文本消息，来检测在文本消息中的由一系列预定字符组成的表情符号。当检测到表情符号时，所述表情符号相关的文本变成与表情符号相关联的预定颜色。

美国专利商标局审查员主要在美、日、欧及德温特数据库中进行检索，在对本案申请人和发明人追踪之后，采用 UC 分类号 455（远程通信）及关键词"（short s message s service）or sms""（emoticon+ s message）"结合 CPC 分类号 H04M1/72552（用于文本信息，如短消息、电子邮件）对检索要素 1 进行表达得到对比文件 2 US20050143108A。采用"font s color"和"text s emoticon? s message"对第 2 检索要素表达得到对比文件 2 US2009110246A1，对比文件 1 和 2 结合评价全部权利要求创造性。

【案例小结】

电学领域检索时，常存在关键词不易表达扩展、检索噪声较大的情况。本案启示可通过背景技术文献和互联网等渠道补充相关知识，获得较为专业、准确的关键词（可能为新造词语，甚至代表一种文化）表达，并关注相关文献及预期相关技术成熟国家或区域获取准确的、更为细分的 FT 分类号等，通过 FT 分类号和采用准确的关键词表达高效获取对比文件。

从本案检索过程可以看出，美国专利商标局审查员采用了部分要素的检索策略，采用了 UC 和 CPC 分类号相与的形式。在关键词的使用方面，审查员对相应的关键词进行了扩展，使用了准确的关键词"font s color"并且使用了同在算符对关键词进行表达，提高了检索效率。

【案例 11】

发明名称：控制移动设备的方法、存储实施该方法所用程序的记录媒介、分布应用程序的分布服务器及移动设备

【相关案情】

本发明涉及一种控制移动设备的方法（图 9-33）。现有技术中，移动设备具有输入单元，如用于执行各种功能的键盘，相应地，移动设备的体积也增大了。为了解决上述问题，移动设备通常采用触摸屏，因此，在需要输入字符时，使用者可通过触摸显示在触摸屏上的字符而输入字符。然而，常规的移动设备，当字符显示在触摸屏上时，除字符之外的图像不可显示，或者显示除字符之外图像的区域大大减小。

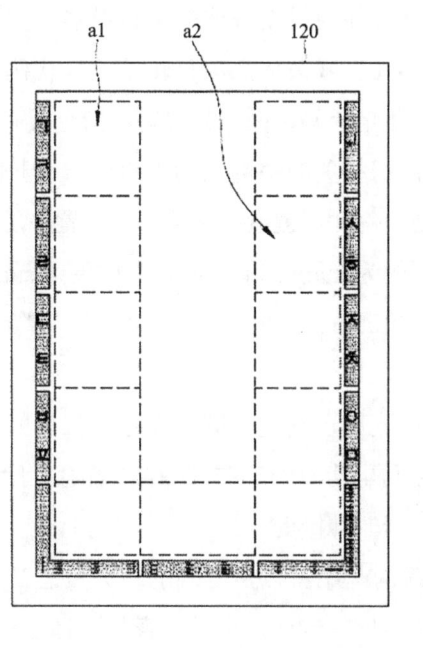

图 9-33　键盘示意图

本申请的主要权利要求：

权利要求 1. 一种控制移动设备的方法，其特征在于，包括：

在显示区域的边缘上显示字符布置窗；以及将所述显示区域划分成多个

区域，所述多个区域包括对应于包括在所述字符布置窗中的字符的区域和不对应于所述字符的区域；以及当触摸已发生在没有显示所述字符布置窗，且对应于包括在所述字符布置窗中的所述字符中的任一个字符的一区域上时，将所述触摸视为对应于所述触摸已发生的所述一区域的字符被输入的事件。

【检索策略分析】

本设计将计算机键盘布置于屏幕的边缘区域，通过触摸如 a1 和 a2 的区域来控制字符的输入，属于计算机图形交互方法领域。确定了 2 个检索要素，检索要素 1：控制移动设备的方法；检索要素 2：将键盘布置于屏幕的边缘区域，通过触摸如 a1 和 a2 的区域来控制字符的输入。

本案为 PCT 案件，国际检索报告中对比文件不合适，需要重新检索。本案的分类号为 G06F3/0488（使用触摸屏或数字转换器，如通过跟踪手势输入命令的），以及 G06F3/023（将零散信息项目转换成为代码形式的装置，如将键盘产生的代码译作字母数字代码、操作数代码、指令代码的装置）。

本申请与发明点最密切相关的关键词为"边缘"，但在英文库中检索时，关键词表达并不容易扩展。例如，键盘或字符按键布置在屏幕的边缘，关键词的表达基本上可以联想到的为 margin 和 edge。而如果用 surround 或者 around，这些词在含义上其实有点偏离本意，噪声较大。所以，需要扩展合适的关键词表达。

在通过常规检索并浏览后，发现一篇公开时间在后的由北京三星通信技术研究有限公司提出的专利申请 CN104978043A，查看其附图和说明书后，其发明构思和方案都与本申请非常接近。

考虑到 DWPI 数据库的一个特点是专利的相关信息都会由维护人员进行自行撰写，其英文表达通常比较专业，于是审查员选择查看了本申请在 DWPI 中的英文概要。发现其标题为"Keyboard for terminal device, has terminal device processing center provided with linear character key and touch display screen, where linear character key is arranged on edge or periphery of touch display screen"，其中边缘部分也采用 periphery 表达，翻译 periphery 也有"边缘、周边"的含义，故使用关键词"character?""screen or panel""periph+""touch+"

相与进行检索，命中一篇可以评述多个权利要求新颖性的对比文件（US2010/0245252 A1）。

对比文件1（图9-34）公开了一种控制移动设备的方法，包括在显示区域的边缘上显示字符布置窗；以及将所述显示区域划分成多个区域，所述多个区域包括对应于包括在所述字符布置窗中的字符的区域和不对应于所述字符的区域；以及当触摸已发生在没有显示所述字符布置窗，且对应于包括在所述字符布置窗中的所述字符中的任一个字符的一区域上时，将所述触摸视为对应于所述触摸已发生的所述一区域的字符被输入的事件，发明构思与本申请一致。

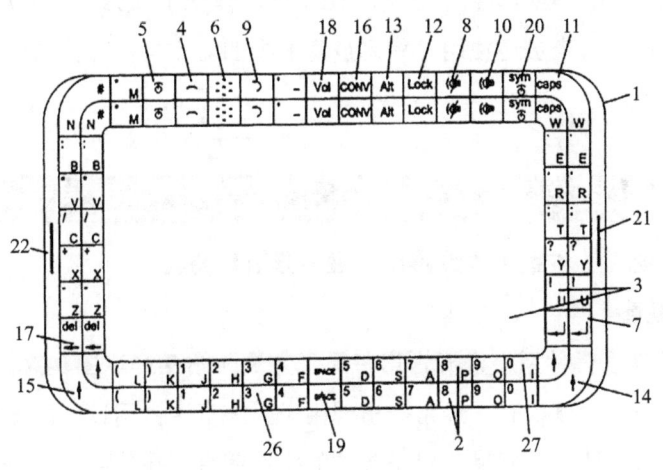

图9-34　对比文件1键盘示意图

美国专利商标局审查员使用了中国审查员检索到的对比文件1（US2010/0245252 A1），并采用CPC分类号G06F3/04886（通过将屏幕或者写字板分割为独立的控制区域，如虚拟键盘、菜单）配合关键词"character""virtual s keyboard""touch+"得到对比文件2（US2015100913 A1），美国专利商标局审查员结合对比文件1、2评价了部分从属权利要求的创造性。美国专利商标局审查员还引用了申请人提交的信息披露书（IDS，information disclosure statement）中的对比文件KR101039605B1，结合上述对比文件1、2评价了部分从属权利要求的创造性。

【案例小结】

对于 PCT 案件的审查，应不盲从他局的审查结论。在确定他局给出的对比文件不可用时，不仅要进行全面的中文检索，还要进行全面的英文检索。在使用本领域常用的表达方式未能获取对比文件时，要细致留意相关文献。考虑 DWPI 英文摘要表达较为专业，可以通过在 DWPI 数据库中检索扩展合适关键词，再通过进一步检索快速命中对比文件。

从本案的检索过程可以看出，美国专利商标局审查员采用了中国审查员检索到的对比文件，参考了同族的审查意见，并且针对从属权利要求采用 CPC 分类号和关键词检索到了合适对比文件，体现了较强的证据意识。最后，美国专利商标局审查员还使用了信息披露书中的对比文件评价创造性，使评述更具有说服力。

【案例 12】

发明名称：一种系统资源占用率显示方法及装置

【相关案情】

本发明涉及一种系统资源占用率显示方法（图 9-35、图 9-36）。现有技术中，用户在使用计算机时，经常会出现由于系统资源占用过多使计算机的运行速度变得较慢的情况。例如，对于系统的内存而言，在使用一段时间后，就会产生一些垃圾文件。这些垃圾文件会占用一定的内存，影响计算机的运行速度。但是，由于系统提示有限，在计算机的运行速度下降不是很明显时，用户难以察觉内存的占用情况，只有在计算机的运行速度下降很明显时，用户才有可能察觉内存占用过多，需要清理，但此时已经严重影响用户的使用。因此，如何能使用户随时可以掌握系统资源的占用情况显得尤为重要。

本申请的主要权利要求：

权利要求 1. 一种系统资源占用率显示方法，其特征在于，包括：

在电子设备运行过程中，检测该电子设备的系统资源占用率；

根据预设的算法，将所述系统资源占用率转化为用于表示水波图形特征的特征值；

根据所转化的用于表示水波图形特征的特征值，生成具有该特征值所表示的水波图形特征的水波图形；

向用户展示表示所述系统资源占用率的所述水波图形。

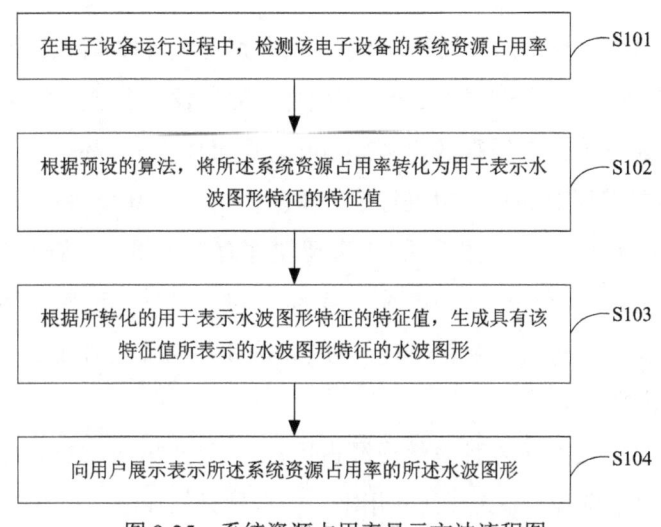

图 9-35　系统资源占用率显示方法流程图

图 9-36　水波图形

【检索策略分析】

本案将检测出的电子设备的系统资源占用率转化为水波图形的特征值，通过水波图形向用户展示系统资源占用情况，属于计算机内部资源显示方法相关领域。通过申请内容确定 2 个检索要素，检索要素 1：系统资源占用率显示方法；检索要素 2：将所述系统资源占用率转化为用于表示水波图形特征的特征值，并生成相应水波图形。本案的分类号为 G06F 11/32（备有机器运转情况的可视指示）。

权利要求采用的关键词（水波图形等）表达不常见，采用该表达在专利库中进行检索仅有少量的文献，即使在全文库中得到的文献量也很少。结合实际使用经验，在电脑上安装了360安全卫士后，会在桌面上显示一个表示系统内存使用情况的标识。通过互联网简单检索了解到，上述标识名称为"360加速球"或"360悬浮球"，于是尝试将"水波图形"表达扩展至"加速球""悬浮球""悬浮窗"。

本领域技术人员知悉，360安全卫士是北京奇虎科技有限公司（简称"360公司"）在2006年开始发行的安全杀毒软件，随后发布多款升级版本。图9-36所示的360加速球已使用很久，猜想360公司可能会有相应的专利申请，于是结合上述关键词对360公司进行追踪检索。由于360公司申请专利的申请人通常包括"奇虎科技有限公司""奇智软件有限公司"，结合CNABS库及CNTXT库的特点，利用CNABS库中有pa字段（奇虎、奇智）及CNTXT库进行全文检索（加速球、悬浮球、悬浮窗），获得对比文件1 CN103645950A（图9-37、图9-38）。

对比文件1公开了一种系统资源占用率显示方法，在电子设备运行过程中，检测该电子设备的系统资源占用率，根据预设的算法，将系统资源占用率转化为用于表示图形特征的特征值；根据所转化的用于表示图形特征的特征值，生成具有该特征值所表示的图形特征的图形；向用户展示表示系统资源占用率的图形。

【案例小结】

面对电学领域计算机相关案件关键词不易表达的情况，可立足本领域技术并结合生活实践，打开思路主动联系联想，寻找能够表达重要关键词（如"水波图形"）的本领域固有表达方式（如"加速球""悬浮球""悬浮窗"），并通过对本领域技术布局的了解与分析，以本领域的关键申请人为落脚点，适当扩展相关公司表达。通过追踪此方面技术，并充分考虑摘要库与全文库特点，准确快速获得有效的对比文件。

【案例13】

发明名称：时钟同步方法和数据处理系统

【相关案情】

本发明涉及一种时钟同步方法（图9-39）。现有技术中，数据处理系统要

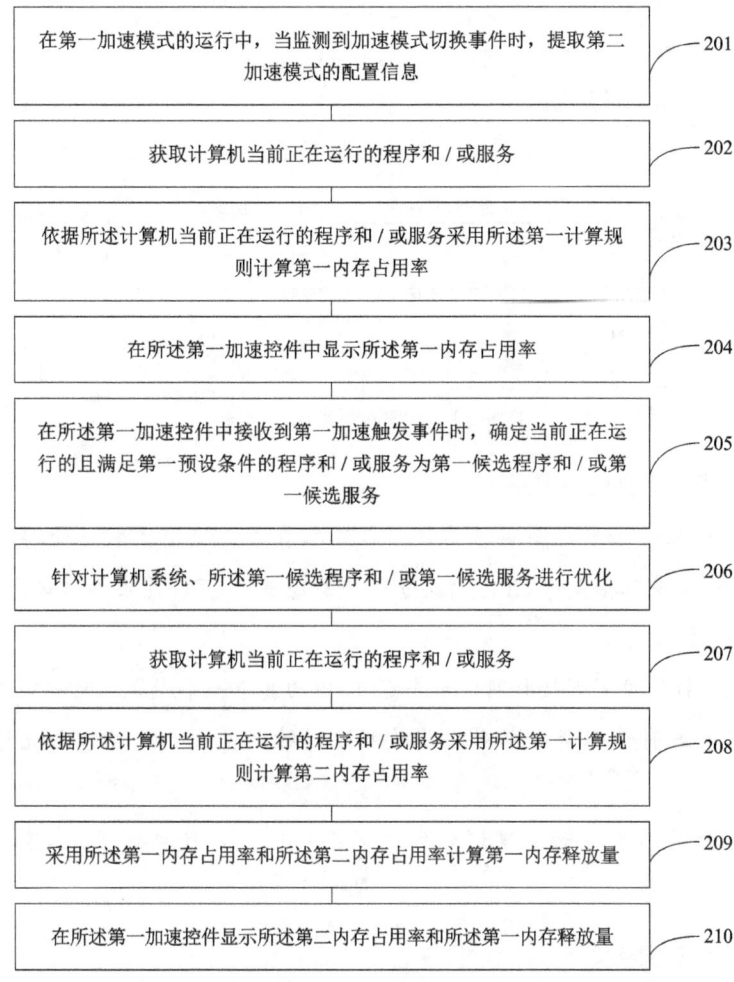

图 9-37　CN103645950A 方法流程图

图 9-38　CN103645950A 水波图形

求各个 CPU 基于时间对数据进行处理，各类数据获取都依赖于整个系统时钟进行工作。然而各个系统的 CPU 都有自己的时钟，如果这些时钟不一致就会出错，影响控制系统的正常工作，因此需要对数据处理系统中的各个 CPU 进行时钟同步。

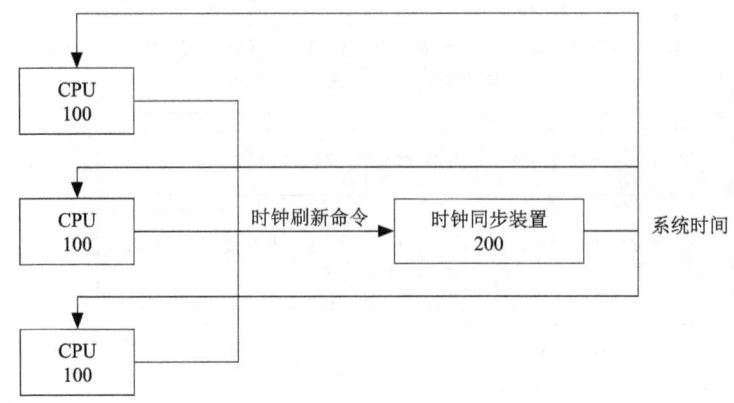

图 9-39 时钟同步方法示意图

本申请的主要权利要求：

权利要求 1. 一种时钟同步方法，其特征在于，应用于数据处理系统，所述数据处理系统包括多个 CPU 以及分别与所述多个 CPU 连接的时钟同步装置，所述方法包括：

所述时钟同步装置接收所述多个 CPU 中的其中一个发送的时钟刷新命令；

根据所述时钟刷新命令对当前的所述时钟同步装置保存的系统时间进行更新；

将更新后的系统时间发送到所述多个 CPU，以使所述多个 CPU 的时钟同步。

【检索策略分析】

本案中时钟同步装置接收所述多个 CPU 中的一个发送的时钟刷新命令，根据所述时钟刷新命令对当前的所述时钟同步装置保存的系统时间进行更新，将更新后的系统时间发送到所述多个 CPU，以使所述多个 CPU 的时钟同步。本案属于通信信号处理方法领域。根据申请内容确定 2 个检索要素，检索要素 1：时钟同步方法；检索要素 2：接收多个 CPU 中的其中一个发送的时钟刷新命令，根据时钟刷新命令对当前的时钟同步装置保存的系统时间进行更新并发送到多个 CPU。本案的分类号为 G06F1/12（不同时钟信号的同步）。本申请的发明点是一个流程性的描述，不易用关键词来表达，只能先从涉及包括多 CPU 结构的时钟（本领域常称为总线）可同步并含有刷新或更新功能的专利着手。

在CNTXT中采用"[(时钟 5d 同步)s 更新] and 总线 and [多个 5d（从 or 外围 or 系统 or cpu）]""时钟同步 and [多个 5d（从 or 外围 or 系统 or cpu）] and 总线 and [时钟 2d（更新 or 刷新）]"进行检索，通过全文浏览发现对于多CPU的时钟同步一般不采用本申请的更新方法。而与发明点相关的关键词时钟、同步、更新、刷新、总线、多个、系统、CPU、消息、命令、请求等，均属于本领域常用词语，表达较为丰富全面，不易进一步拓展。

当关键词不容易准确表达发明构思且难以扩展时，应及时调整思路，重点考虑使用分类号进行检索。考虑到CPC分类更为细分，与发明点关系可能更为密切，且中文库CPC分类号的使用频率不高，因此重点考虑在外文库使用CPC分类号进行检索。

通过浏览相关文献，发现较为准确的CPC分类号为G06F13/4282（涉及串行总线上的时钟同步）和G06F1/12（涉及不同时钟信号的同步），两者组合可体现本案发明点，因此同时使用上述两分类号相与进行检索得到一篇公开日在后的相关文献US2016140066 A1（公开日 2016.5.19）。其构思与本申请相近，具体方案也是串行总线上不同系统之间时钟同步的流程。

通过阅读该文献，发现两个关键词"slave timer""global timer"，可以从一定程度上体现总线上分布有多个从节点，每个从节点有各自的时钟，还设计有一个全局时钟，可以改变从节点的时钟。因此，在VEN中使用这两个关键词相与进行检索（((global or system) 2d timer?) and (slave 2d timer?)），得到一篇相关美国专利（US2002065940A1）。

该申请系统结构与本申请类似，也描述了总线上由一个系统时钟控制所有从节点的时钟，但是不涉及由其中一个从节点发送时钟刷新命令到系统时钟，从而更新所有节点的方案。继续对该申请进行追踪，得到一篇美国专利文献（US5822381A）。其结构与本申请类似，且也公开了从一个节点发送时钟刷新命令到系统时钟，从而更新所有节点的技术方案，可以基于该文献评述本申请的创造性。

【案例小结】

信号处理方法领域技术更新较快，当关键词不易准确表达和扩展时，应细致分析分类体系，尤其是细分的CPC，通过在外文库中利用CPC分类号作为切入口快速找到相关文献。即使对比文件不能评述新创性，也不能放弃任何一个线索。通过对相关文献的阅读，扩展能够体现本申请的发明点的准确关键词，基于该关键词检索以及追踪，以求得到有效对比文件。检索为不断动态调整，不断扩展思路的过程，直到检索到有效对比文件。

【案例14】

发明名称：一种计算光伏双面电池性能参数的方法

【相关案情】

本发明涉及一种计算光伏双面电池性能参数的方法。现有技术中，随着太阳能产业的持续发展，全球各大市场对光伏产品的要求更加严格。双面电池正反两面都可以接收辐照，在相同情况下，输出功率增多，并且双面电池对安装要求也不那么严格，具有更高的转换效率。这些优点引起了研究者们的广泛关注，但双面电池存在功率输出不易计算的难题。

本申请的主要权利要求：

权利要求1.一种计算光伏双面电池性能参数的方法，其特征在于，包括以下步骤：

1）通过室内实验，采用氙灯模拟太阳辐照，测量不同辐照下双面电池只在前端照明下的短路电流和开路电压，以及只在后端照明下的短路电流和开路电压；

2）根据测量数据，计算双面电池在双面照明下的短路电流；

3）根据测量数据，计算双面电池在双面照明下的开路电压；

4）计算双面电池在双面照明下的理想因子；

5）计算双面电池在双面照明下的功率和效率。

所述步骤2）中，双面电池在双面照明下的短路电流计算如下：

$$I_{sc-bi} = I_{sc-f} + xI_{sc-r}$$

其中，I_{sc-bi}为双面电池在双面照明下的短路电流，I_{sc-f}为标准条件下只在前端照明下的太阳电池短路电流，I_{sc-r}为标准条件下只在后端照明下的太阳电池短路电流，x为辐照比；

$$x = G_r/(G_f + G_r)$$

其中，G_r 和 G_f 是双面电池的背板辐照和正面辐照。

所述步骤3）中，双面电池在双面照明下的开路电压计算如下：

$$V_{oc-bi} = V_{oc-f} + \frac{(V_{oc-r} - V_{oc-f})\ln(R_{ISC})}{\ln\left(I_{sc-r}/I_{sc-f}\right)}$$

其中，V_{oc-bi}、V_{oc-f}、V_{oc-r} 分别为双面电池在双面照明下的开路电压、双面电池只在前端照明下的开路电压、双面电池只在后端照明下的开路电压，R_{ISC} 为相对电流增益，$R_{ISC} = 1 + x\dfrac{I_{sc-r}}{I_{sc-f}}$。

所述步骤4）中，双面电池在双面照明下的理想因子计算如下：

$$FF_{bi} = pFF - R_{ISC}\left(\frac{V_{oc-f}}{V_{oc-bi}}\right)(pFF - FF_f)$$

其中，FF_{bi} 为双面电池在双面照明下的理想因子，pFF 为双面电池的伪填充因子，FF_f 为双面电池只在前端照明下的填充因子。

所述伪填充因子是指双面电池在没有损失情况下的填充因子，所述伪填充因子计算如下：

$$pFF = \frac{\dfrac{I_{sc-r}}{I_{sc-f}}FF_f - FF_r\left(\dfrac{V_{oc-r}}{V_{oc-f}}\right)}{\dfrac{I_{sc-r}}{I_{sc-f}} - \dfrac{V_{oc-r}}{V_{oc-f}}}$$

其中，FF_r 为双面电池只在后端照明下的填充因子。

所述步骤5）中，双面电池在双面照明下的功率和效率计算如下：

$$P_{bi} = I_{sc-bi}V_{oc-bi}FF_{bi}$$

$$\eta_{bi} = \frac{I_{sc-bi}V_{oc-bi}FF_{bi}}{A_{module}(G_f + G_r)}$$

其中，P_{bi} 为双面电池在双面照明下的功率，η_{bi} 为双面电池在双面照明下的效率，A_{module} 为双面电池的面积。

【检索策略分析】

本申请核心技术在于通过室内实验测量双面电池单面照明下的性能参数，

求解双面电池照明下的性能参数，关键在于公式设计。本案属于电学领域光伏电池性能分析方法技术领域。根据发明内容确定检索要素1：光伏双面电池性能参数计算；检索要素2：室内实验测量双面电池单面照明下的性能参数。本案的分类号为H01L21/66（在制造或处理过程中的测试或测量）、H01L31/18（专门适用于制造或处理这些器件或其部件的方法或设备）、H02S50/15（使用光学方式，如使用电致发光）。

权利要求中存在大量公式，检索到现有技术均是直接采用电流表、电压表等直接测量出双面电池的参数，关键词难以表达，分类号不够准确。

初步检索时，针对关键词双面、太阳/光伏/PV、电池、输出、特性/性能、参数、测试/检测等和分类号H01L21+、H01L31+、H02S50+等，在专利库中和非专利库中均未检索到对比文件。因此，调整思路在CNKI中采用双面电池检索提取现有技术中期刊文献英文摘要中对应的英文关键词"bifacial"，并利用该关键词在IEEE中进行英文检索，得到一篇公开本申请部分公式的对比文件"A Study of Performance Characterization with Rear Light Source in conventional bifacial solar cells"，Soo Min Kim，Sang Hoon Jung 等，IEEE，第2723-2727页，2017年12月。通过对该对比文件的引证文件进行追踪，得到公开本申请发明构思的最接近现有技术对比文件1"A new method to charactertize bifacial solar cells"，Jai Prakash Singh，Timothy M.Walsh and Armin G.Aberle，Process in Photovoltaics:Research and Applications，第1-7页，2014年12月。

【案例小结】

电学领域中对于公式较多的专利申请，特别是发明点在于参数的计算，即公式的改进时，不能局限于专利申请本身的英文关键词。在专利库中未检索到合适对比文件时，应注意考量关键词的英文表达是否准确，可从非专利数据（如CNKI）入手，关注其中现有技术的英文摘要，查找准确的英文表达，并扩展至专业英文非专利库（如IEEE）中进行检索。同时，还应当注重引证文献和被引证文献的追踪，不放弃任何一条线索，以高效获得有效对比文件。

【案例15】

发明名称：风浪—涌浪混合模式动态海面电磁散射计算方法

【相关案情】

本发明涉及一种风浪—涌浪混合模式动态海面电磁散射计算方法。现有技术中，已有的一些数值计算方法如矩量法等在理论上能够有效处理海面散射问题，并且能够获得严格的精确计算，但是将其运用到动态海面这种大尺寸粗糙面散射的实际问题中时，往往因为庞大的计算量而难以在工程应用要求的有限时间内得到结果。另外，目前已有的一些方法并未考虑更加符合实际情况的风浪和涌浪并存的海面类型。

本申请的主要权利要求：

权利要求1.一种风浪-涌浪混合模式动态海面电磁散射计算方法，其特征在于，包括以下步骤：

S1：从风浪-涌浪混合模式海浪谱出发进行线性海面几何建模，该海浪谱由主波系统和副波系统两部分组成，$S(f_n) = \sum_{i=1}^{2} E_i S_m(f_m)$ 其中，

$S_{1n}(f_{1n}) = G_o A_r f_{1n}^{-4} \exp(-f_{1n}^{-4}) \gamma^{\exp[-(1/2\sigma^2)(f_{1n}-1)^2]}$ ， $S_{2n}(f_{2n}) = G_o f_{2n}^{-4} \exp(-f_{2n}^{-4})$ ，

$E_1 = (1/16) H_1^2 T_{p1}$ ， $E_2 = (1/16) H_2^2 T_{p2}$ ， $f_{1n} = T_{p1} f$ ， $f_{2n} = T_{p2} f$ ， $G_o = 3.26$ ，

$A_\gamma = \left[1 + 1.1(\ln\gamma)^{1.19}\right] / \gamma$ ， $\begin{cases} \sigma = 0.07, & f_{in} < 1 \\ \sigma = 0.09, & f_{in} > 1 \end{cases}$ ；

S2：采用非线性尖浪模型针对上述风浪—涌浪混合模式海浪进行几何建模；

S3：利用二阶小斜率近似方法计算风浪—涌浪混合模式海面电磁散射系数；

S4：基于上述风浪—涌浪混合模式海谱模型、非线性尖浪模型和二阶小斜率近似方法，可计算得到不同海况下的散射系数，并通过精确数值算法——多阶矩感应方法对经过二阶小斜率近似算法计算的基于风浪谱的线性海面电磁散射系数进行验证。

【检索策略分析】

本申请技术关键为基于风浪—涌浪混合模式海浪谱出发对海面进行几何建模。本案属于电学方面电磁散射建模方法领域，根据申请内主题确定检索要素1：风浪—涌浪混合模式动态海面电磁散射计算方法；检索要素2：海浪谱的公式。本案分类员给出的分类号为G06F 19/00（专门适用于特定应用的数字计算或数据处理的设备或方法（G06F 17/00 优先；专门适用于行政、商业、金融、管理、监督或预测目的的数据处理系统或数据处理方法入G06Q）。

申请涉及数学模型，易于申请人或发明人发表文章，所以，首先在CNKI中追踪发明人，得到其博士论文《动态海面电磁散射与多普勒谱研究》，聂丁，《中国博士学位论文全文数据库 基础科学辑》，第3期，第19-36、73-97页，2013年3月15日。与申请区别在于基于的海浪谱不同，海浪谱公式也不同。继续在CNKI、百度学术中用"风浪""涌浪""海浪谱""混合"等关键词检索，也未获取相关对比文件。此时，追踪发明人发表的外文文章，发现"Characterization of Electromagnetic Scattering From Water-Depth-Changed Nearshore Sea Surface"中公开的海浪谱公式和本案类似，但时间在本案申请日之后，追踪引证文献，提取到准确关键词"two peak""spectrum"。利用"two peak""spectrum"在百度学术中进行检索，"two peak spectrum model"为能够评述本案发明点的Y类对比文件，其公开了海浪—涌浪混合模式海浪谱的公式，能够结合评述本申请的创造性。

【案例小结】

电学领域常涉及数学公式或模型的案件，应关注非专利库的充分检索。对于涉及发明构思的表述不是本领域常规术语的情况，可以尝试从申请人发表的文章及其引用的文件中寻找有价值线索，多次追踪，获取准确的英文关键词表达，从而高效获得有效的对比文件。

【案例16】

发明名称：用于计算风电场发电量的方法和设备

【相关案情】

本发明涉及一种用于计算风电场发电量的方法。现有技术中，风电场的建设规模、经济效益及风险程度取决于早期风电场发电量的计算，而风电场发电量计算的多寡除了取决于各地区风资源分布的实际情况，还取决于发电量计算方法的适应性及精确性。一直以来，中国的东北、华北北部和西北地区都是中国风资源比较好的地区，但这些地区的风电消纳有限，因此经常出现弃风限电的现象，导致近年来风电场的开发越来越向人口密集、电力需求旺盛的地区靠拢，而这些地区内具有风能开发价值的区域往往地形和气象条件都很复杂。复杂的地形和气象条件给风电场风况的仿真，以及由此进行的机组选型和发电量的计算带来了巨大的误差。其中一个主要原因是，在复杂的地形、气候条件下，如果测风塔数据代表性不足，会给风电场风资源的评估带来巨大的误差。现实中，由于测风塔的建设及维护开支高，因此，在很多风电场测风塔数量不足是一个常见的现象，从而导致测风塔数据代表性不足，即测风塔数据不能够代表风电场场区的局地气候。

本申请的主要权利要求：

权利要求 1. 一种用于计算风电场发电量的方法，所述方法包括：

判断风电场场区的地形复杂度是否超过预定复杂度；

如果地形复杂度超过预定复杂度，则判断风电场场区内的测风塔数据代表性；

如果测风塔数据代表性不足，则对风电场场区的气象变量进行中尺度数值模拟；

提取中尺度数值模拟数据作为虚拟测风塔数据；

通过使用虚拟测风塔数据来计算风电场发电量。

【检索策略分析】

本申请关键技术在于，在地形复杂和测风塔代表性不足的情况下，提取中尺度数值模拟数据作为虚拟测风塔数据，通过使用虚拟测风塔数据来计算风电场发电量。本案属于风力发电计算方法技术领域，根据内容确定检索要素 1：用于计算风电场发电量的方法；检索要素 2：提取中尺度数值模拟数据作为虚拟测风塔数据。本案分类员给出的分类号为 G06F17/50［计算机辅助设计（静态存储的测试电路的设计入 G11C 29/54）］。

通过常规检索得到对比文件1（CN103514341A，公开日2014年01月15日），其公开了基于数值天气预报和计算流体动力学的风资源评估方法，涉及计算风电场发电量，公开了对风电场场区的气象变量进行中尺度数值模拟，提取中尺度数值模拟数据作为虚拟测风塔数据，通过使用虚拟测风塔数据来计算风电场发电量。

权利要求1所要求保护的技术方案与对比文件1公开的内容相比，区别技术特征在于：采用中尺度数值模拟方式进行计算之前会判断风电场场区的地形复杂度是否超过预定复杂度。如果地形复杂度超过预定复杂度，则判断风电场场区内的测风塔数据代表性。此特征成为下一步动态调整检索重点，因此可考虑采用关键词风电场、地形、复杂度、测风塔、代表性、中尺度进行检索，但均未得到可用对比文件（图9-40）。

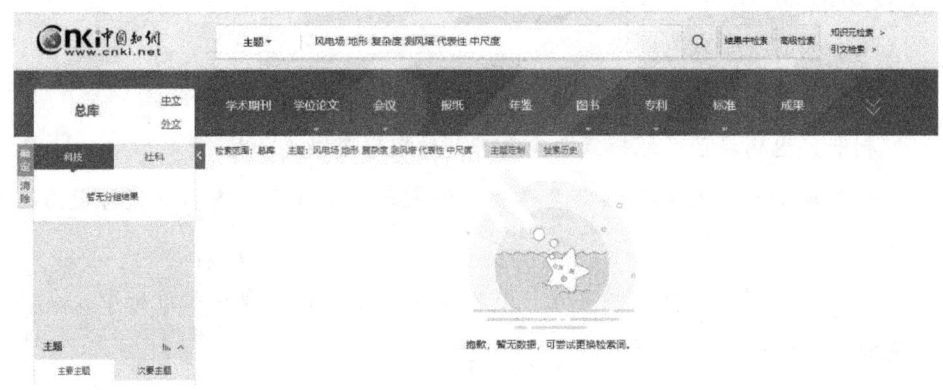

图9-40　CNKI主题检索

由于该特征较为具体，需要借助全文浏览才可能命中合适对比文件，但是，通常其浏览量将会较大，检索和筛选对比文件均存在难度（图9-41）。

此外，打开思路，尝试在CNKI检索入口中选择"知识元检索"，其可进行全文检索，只需要输入自然语言便可推荐相关文献，且浏览量较少，可以挖掘出较为相关的对比文献（图9-42）。

检索命中的文献显示出相关的记载内容，通过浏览这些内容快速筛选出合适的对比文件（图9-43）。

还可以进一步查看文献中更多的相关内容（图9-44）。

第 9 章 电学领域典型检索案例

图 9-41　CNKI 全文检索

图 9-42　CNKI 知识元检索

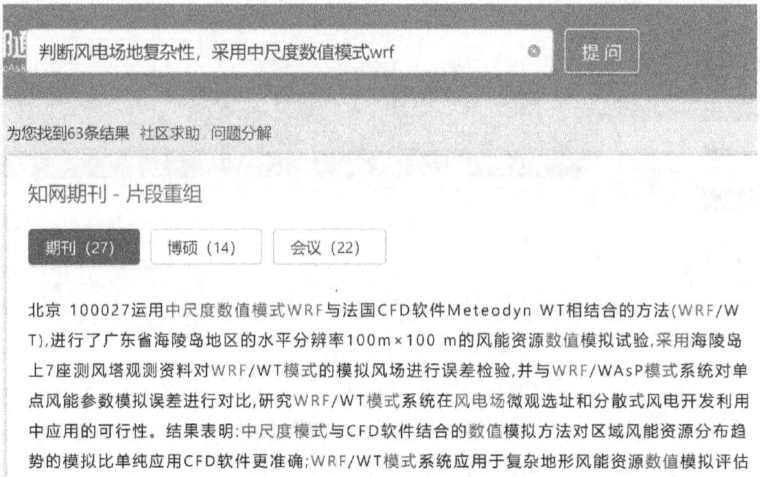

图 9-43　CNKI 知识元检索结果

图 9-44　对比文件 2 相关内容

对比文件 2（基于 WRF 和 CFD 模式结合的风能资源数值模拟实验研究）❶，方艳莹等，《第九届长三角气象科技论坛论文集》，第 1-7 页，公开日

---

❶ WRF：中尺度模式，CFD：计算流体力学。

2012年12月31日）公开了风电场数值模拟方法，并具体公开了如下技术特征：结果表明，WRF/WT模式系统应用于复杂地形风能资源数值模拟评估是可行的，它可以在没有测风塔观测或者测风塔资料较少的情况下，得到高分辨率的区域风能资源分布，为分散式风电发展规划的制定和风电场前期建设的选址提供科学依据。中尺度模式与CFD模式结合的数值模拟方法对区域风能资源分布趋势的模拟比单纯应用CFD模式更准确。可见对比文件2公开了对于复杂地形区域和在没有测风塔观测或者测风塔资料较少的情况下，采用中尺度模拟数值方法来进行风电场数值模拟将更加准确。

【案例小结】

针对电学领域权利要求中较为具体而又存在逻辑关系的技术特征，在逻辑关系难以使用关键词进行准确表达时，推荐在使用常规检索。明确检索重点后，考虑采用语义检索帮助准确命中对比文件，但是目前针对非专利的语义检索工具十分有限。本案中采用了CNKI中的"知识元检索"入口，可以用输入常用表达，从非专利文献中挖掘出对应的目标文献。此类方法对于需要全文检索，但对文献量较大、不易筛选的案件检索有一定帮助。

【案例17】

发明名称：向用户提供信息对象的方法和设备

【相关案情】

本发明涉及一种向用户提供信息对象的方法（图9-45）。现有技术中，LBS服务方法在获得移动终端的位置信息之后，需要在大量数据中进行搜索，获得移动终端所处位置附近的信息对象，并将获得的信息对象在排序后提供给移动终端。这种过程一方面需要较多的搜索时间，另一方面需要耗费较大的网络流量。

本申请的主要权利要求：

权利要求1.一种向用户提供信息对象的方法，包括：

划分多个网格式的地理区域，其中，每个地理区域具有各自的网格ID和经纬度范围，每个地理区域的网格ID和与该地理区域对应的信息对象相关联地存储在数据库中；

获取用户所处的地理位置的经纬度，以确定用户所处的地理区域；

基于用户所处的地理区域的网格 ID 从数据库中获取与该网格 ID 对应的信息对象；以及将获取的信息对象提供至所述用户的移动终端。

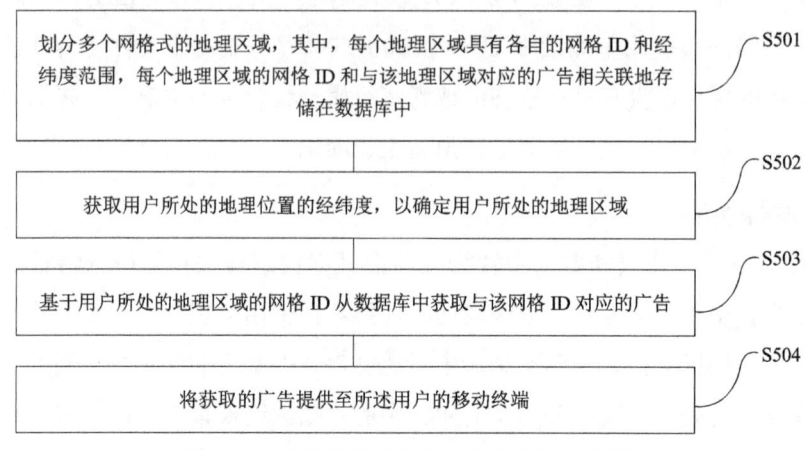

图 9-45　向用户提供信息对象的方法流程图

【检索策略分析】

划分多个网格式的地理区域，每个地理区域具有各自的网格 ID 和经纬度范围，每个地理区域的网格 ID 和该地理区域对应的信息对象相关联地存储在数据库中。本案属于计算机中信息对象的投放方法领域，根据申请内容确定检索要素 1：向用户提供信息对象的方法；检索要素 2：每个地理区域的网格 ID 和该地理区域对应的信息对象相关联地存储在数据库中。本案的分类号为 H04L29/08（传输控制规程，如数据链级控制规程）；G06Q30/02（行销，如市场研究与分析、调查、促销、广告、买方剖析研究、客户管理或奖励；价格评估或确定）。尝试利用上述分类号和关键词"网格，区域，划分，经纬，经度，纬度，地理，关联，相关，对应，映射；gird, region, latitude, longitude, geographic, correspond+, map+, relat+"在 CNABS、VEN 中均未检索到对比文件。

关注 CPC 分类号 G06Q30/02，发现其下四点组的 CPC 分类号 G06Q 30/0261：[基于用户位置（有针对性的广告）]，非常贴近本发明的应用环境。

基于此，利用上述分类号构建检索式：/cpc G06Q30/0261 and region and grid，获取现有技术 US2013054647A1，其摘要 "a database configured to manage latitude/longitude and a geohash as positional information about search objects; a generation block configured to generate a search reference point geohash indicative of a rectangular region including a search reference point specified by latitude/longitude…"，披露的技术手段，与发明构思的关键手段比较贴近。其中，使用了术语"geohash"，引起审查员关注，通过进一步查询该术语，确定其释义：geohash 是一种地址编码方法，它能够把二维的空间经纬度数据编码成一个字符串。它不是一个点，而是一个区域，可以用于附近地点搜索。由此可见，术语 geohash 是涉及发明构思的关键技术手段的专业术语。

审查员在 VEN 库使用关键词 geohash 进行检索，获取对比文件 D1:CN103888895A（同族为 US2015281903A1）。该对比文件披露了如下技术特征：该方法划分多个网格式的地理区域。其中，每个地理区域具有各自的网格 ID 和经纬度范围，获取用户所处的地理位置的经纬度，基于用户所处的地理区域的网格 ID，从数据库中获取与该网格 ID 对应的信息对象，将获取的信息对象提供至所述用户的移动终端。

【案例小结】

电学领域信息技术更迭快，相应专利申请发展较快。当此类案件发明构思采用通常关键词难以表达时，首先应该仔细分析相关联的 CPC 分类号，确定最为准确的 CPC 分类号，并结合最准确的关键词试探检索获得相关文献。涉及的文献或许量不大，可直接浏览。通过认真阅读文献可获得本领域涉及关键技术手段的专业术语表达，基于该专业术语高效检索获得有效对比文件。

【案例18】

发明名称：一种图像获取系统及方法

【相关案情】

本发明涉及一种图像获取方法（图 9-46）。现有技术中，当记者要对一些新闻热点或非法工厂等进行暗访时，需要通过手持录像装置进行录像。通常通过手持录像装置拍摄的画面,由于在拍摄过程中录像装置晃动易造成画面不清晰,不能准确捕捉到主要信息点,并且在播放时,由于画质不清晰,会使观众对该段录像的信服度有一定程度的降低。

本申请的主要权利要求:

权利要求1.一种图像获取方法,其特征在于,包括:

传感器采集用户看到的画面在用户的瞳孔所成的图像,并通过无线通信模块进行所述图像的传输;

处理装置将所述传输的图像进行还原处理,并将经过还原处理后的图像进行显示。

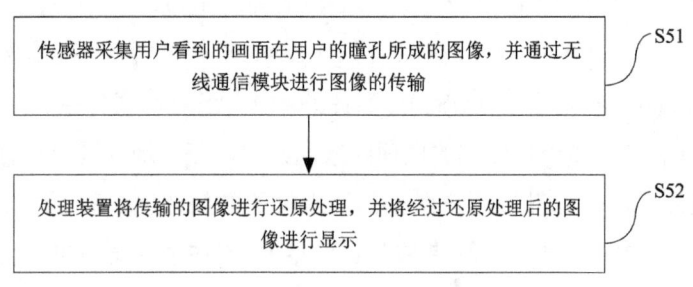

图9-46 图像获取方法流程图

【检索策略分析】

此案关键技术在于通过设置在眼镜上的传感器直接采集用户的瞳孔成像,并将瞳孔成像进行还原,之后将还原后的图像进行显示。本案属于通信方面图像获取方法领域,根据申请内容确定检索要素1:图像获取方法;检索要素2:采集用户的瞳孔成像。本案的分类号为H04N5/232(控制摄像机的装置,如遥控);G06F3/0484(用于特定功能或操作的控制,如选择或操作一个对象或图像,设置一个参数值或选择一个范围)、G06K9/62(应用电子设备进行识别的方法或装置);G08C17/02(用无线电线路)。

采用关键词采集、瞳孔、图像在CNTXT中进行初步检索,发现命中文献多涉及技术"采集眼睛成像以判断用户目光注视方向从而实现智能控制"或"采集眼睛成像分析生物特性如血管之类以判断是否有眼部疾病",而与本申请采集眼睛内部成像并进行放大的技术并未发现。

接着，审查员试图从人体眼睛成像的视觉原理，也即人眼看到物体的视觉原理出发，进行扩展关键词"视网膜、眼底、眼睛"，并加上"人眼视网膜成像实质是个反转的影像"，进行限定，也未检索到有效对比文件。

在 VEN、EPTXT、USTXT、WOTXT 采用关键词"cornea""retina""pupil""imag+""camera""glass+"进行了检索，得到的命中文献涉及眼睛成像的也均是"采集眼睛成像以判断用户目光注视方向从而实现智能控制"或是"采集眼睛成像分析生物特性如血管之类以判断是否有眼部疾病"。

仔细分析本申请背景技术中记载"当记者要对一些新闻热点或非法工厂等进行暗访时"，该技术在隐蔽拍摄中会取得比较好的技术效果，可以看出本申请所采用的技术手段跟其应用环境是密切关联的。

于是，基于学习科普背景知识的目的，在搜索引擎中进行相关技术检索。在关键词的选择上，考虑到互联网中信息多而繁杂，尽量选择较为专业的术语会事半功倍。于是，基于"采集用户眼底成像"这一层含义，选择关键词视网膜成像、瞳孔成像。同时，根据上述分析，本申请的发明构思与本申请的应用环境（隐蔽拍摄）是紧密相连的。于是，进一步采用应用环境限定，并对"隐蔽拍摄"这一层含义进行了关键词扩展：暗访、侦察、侦查。通过检索，发现一篇新闻（图9-47），命中关键词视网膜成像、侦察。

该新闻公开内容与本申请发明构思极其类似，公开时间为2004年，虽远早于本申请的申请日，但考虑到网页新闻的公开时间往往存在争议，且新闻内容只对产生的效果作了描述，对于相关技术手段并未描述清楚。但由此得到关键信息：研发团队所属机构为哥伦比亚大学。

考虑到虽然有研发团队人员姓名音译，但没有准确的英文，无法进行追踪，同时，该团队在多个会议或多个期刊均可能发表文章。又考虑到 Web of Science 为收录期刊和会议论文较为全面的引文数据库，同时，其可以进行机构的模糊匹配，于是，选择 Web of Science 数据库，以技术手段与研发团队作为检索入口进行检索，采用主题关键词和机构进行限定，检索式如下：

#1　4　TS=（eye and view* and cornea）AND OO=Columbia

命中结果如图9-48所示。

sina 科技时代　　新浪首页 > 科技时代 > 科学探索 > 正文

美国开发角膜成像技术 眼角余光用来抓坏人

http://www.sina.com.cn 2004年07月19日 15:25 荆楚网

荆楚网消息（楚天金报综合消息）人们眼角余光所见的影像往往模糊不清，最近，美国哥伦比亚大学的科学家研制出一种角膜成像技术，用电脑将眼角处模糊的影像还原成清晰的影像，从而为反恐和侦察服务。

用眼角余光“侦察”

据《新闻周刊》报道，美国哥伦比亚大学视觉图像中心的两名计算机与视觉处理专家研制出了这套视觉分析技术——“角膜成像系统”。借助于一部高清晰度数码相机、一套专门的软件能够将通常无法成像的角膜上的模糊影像一步步识别、纠正并强化，从而使原本不可能被识别的影像转化为清晰可识别的近距离特写。

“角膜成像系统”首先需要拍摄一张脸部特写，将数码照片下载到电脑中。随后，软件将眼部尤其是“角膜”部位单独识别并切割出来。由于眼球的形状限制，这时角膜部位捕捉到的影像位于视网膜成像的边缘部分，类似广角照相机照片的边缘，通常是扭曲、模糊的。

“角膜成像系统”将逐步纠正这种扭曲的影像，最终将角膜边缘影像“扭”到视网膜正中间，使眼角余光里模糊的影像变清晰。

瞟一眼可锁定“坏人”

图 9-47　搜索引擎中进行相关技术检索

命中的 3 篇均是与本申请构思相同的现有技术，选取其中一篇“Eyes for relighting”[1] 评述本申请创造性。该文献公开了传感器通过采集用户看到的画

[1] KO NISHINO，SHREE K NAYAR. Eyes for relighting[R]. SIGGRAPH '04 ACM SIGGRAPH 2004 Papers，20040812: 704-711.

面在用户瞳孔上所成的图像，处理装置将所述图像进行还原处理，并将经过还原处理后的图像进行显示。

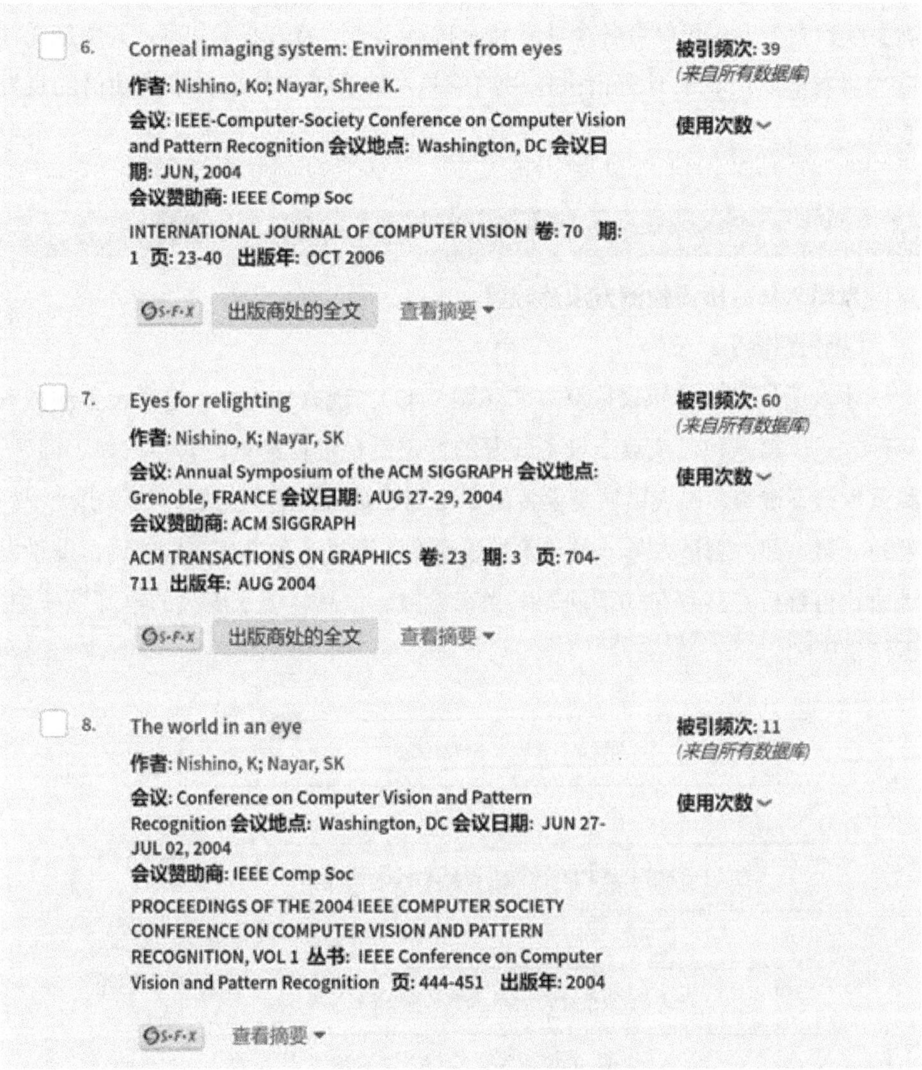

6. Corneal imaging system: Environment from eyes
作者: Nishino, Ko; Nayar, Shree K.
会议: IEEE-Computer-Society Conference on Computer Vision and Pattern Recognition 会议地点: Washington, DC 会议日期: JUN, 2004
会议赞助商: IEEE Comp Soc
INTERNATIONAL JOURNAL OF COMPUTER VISION 卷: 70 期: 1 页: 23-40 出版年: OCT 2006
S·F·X 出版商处的全文 查看摘要
被引频次: 39
(来自所有数据库)
使用次数

7. Eyes for relighting
作者: Nishino, K; Nayar, SK
会议: Annual Symposium of the ACM SIGGRAPH 会议地点: Grenoble, FRANCE 会议日期: AUG 27-29, 2004
会议赞助商: ACM SIGGRAPH
ACM TRANSACTIONS ON GRAPHICS 卷: 23 期: 3 页: 704-711 出版年: AUG 2004
S·F·X 出版商处的全文 查看摘要
被引频次: 60
(来自所有数据库)
使用次数

8. The world in an eye
作者: Nishino, K; Nayar, SK
会议: Conference on Computer Vision and Pattern Recognition 会议地点: Washington, DC 会议日期: JUN 27-JUL 02, 2004
会议赞助商: IEEE Comp Soc
PROCEEDINGS OF THE 2004 IEEE COMPUTER SOCIETY CONFERENCE ON COMPUTER VISION AND PATTERN RECOGNITION, VOL 1 丛书: IEEE Conference on Computer Vision and Pattern Recognition 页: 444-451 出版年: 2004
S·F·X 查看摘要
被引频次: 11
(来自所有数据库)
使用次数

图 9-48 Web of Science 数据库检索研发团队

【案例小结】

在通信图像获取方法领域，眼底成像技术具有更专业表达：视网膜成像。作为本领域技术人员，应该清晰确定此点，否则发明构思将被视为非常规且看似新颖。当常规检索无法获取有用信息时，应认真阅读分析说明书，确定应用场景这个关键环节。在内网检索未果时，应及时调整思路和方向，尝试利用搜索引擎进行非专利检索。有时一些早期新闻能够提供有价值检索信息，并能明确后续检索方向。可结合各个非专利库特点选择适当的非专利库，其中应关注重点研发团队，获取具有指引作用的信息，此类条件将取得事半功倍的良好效果。

【案例19】

发明名称：协议检测方法及装置

【相关案情】

本发明涉及一种协议检测方法（图9-49）。现有技术中，电源设备测试有两种方式。第一种，依赖于设备开发的特定后台进行测试，其存在如下问题：测试数据不透明，出现错误是设备出了问题还是后台解析问题，故障出处不好判断；第二种，测试人员一条一条生成命令，通过各种通信接口的调试助手发送协议再解析，其存在如下问题：当在参数、信息、记录庞大的电源系统中，工作量庞大。

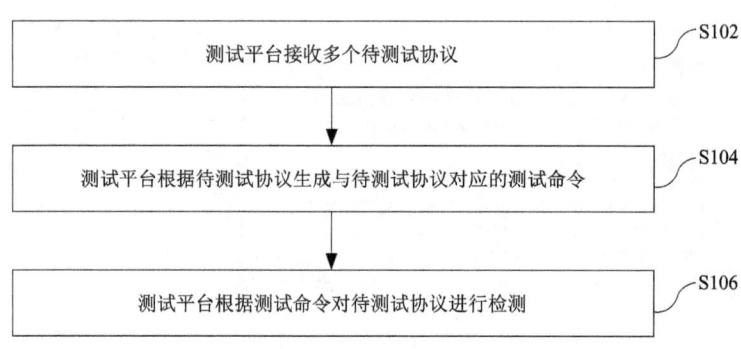

图9-49　协议检测方法流程图

本申请的主要权利要求：

权利要求1.一种协议检测方法，其特征在于，包括：

测试平台接收多个待测试协议，所述待测试协议包括协议文档和协议代码；所述协议文档是协议的原始描述，由描述协议命令码和数据段组成，能够屏蔽各种通信协议或同一协议不同版本的差异；

所述测试平台根据所述协议文档生成测试命令；

所述测试平台根据所述测试命令对所述待测试协议进行检测。

【检索策略分析】

本申请关键技术在于接收多个测试协议，并且可以将协议统一为通用的协议格式，然后根据通用的协议格式来生成测试命令，对协议进行检测。本案属于通信协议检测方法领域，根据申请内容确定检索要素1：协议检测方法；检索要素2：接收多个测试协议，并且可以将协议统一为通用的协议格式；检索要素3：生成测试命令。本案的分类号为H04L12/26（监视装置、测试装置），H04L12/24（用于维护或管理的装置）。

在初步检索时，尝试采用多、两、不同、协议、文档、描述、生成、测试、命令、指令及其英文表达等在中英文专利库中检索，均未检索到有效对比文件。

考虑到在本领域中，文档还可以表达成文件，协议还有更专业的表达"接口"，合理扩展为"接口"是准确体现发明构思的有效策略。在CNTXT中使用"((测试S（文件or文档)S生成S（命令or指令))AND((多or不同)S（协议or接口)S测试))"进行检索得到CN1866221A。该对比文件公开了一种软件接口测试方法，测试平台接收待测试软件接口，待测试接口包括软件接口文档，软件接口文档由描述软件接口命令和数据段组成，测试平台根据所述软件接口文档生成测试命令，测试平台根据所述测试命令对所述待测试软件接口进行检测，能够屏蔽各种软件接口的差异。

【案例小结】

对于电学领域涉及协议检测方法的案件，通常方案涉及具体的技术细节并且存在关键词难以表达的问题，需要站位本领域，加强专业技术积累，这点至关重要。在准确理解发明构思的基础上，合理联想关键技术手段的常用表达，并选择合适全文库进行检索，同时采用公开日期合理缩小浏览范围，有时可以获得意想不到的效果。

【案例20】

发明名称：物探仪及其图像切换方法

【相关案情】

本发明涉及一种物探仪图像切换方法（图9-50）。现有技术中，物探仪主要功能是数据采集，采集之后的数据予以第三方处理成图，主流数据处理软件大多都是国外进口，没有中文界面，而且现有的第三方，往往只能提供一种参考图（折线图/剖面图），无法同时提供两种参考图供用户任意切换，实现对比参考。本发明提供了一种物探仪及其图像切换方法，以实现物探仪对采集的数据进行快速成图及切换处理方式，从而摆脱第三方的诸多困扰。

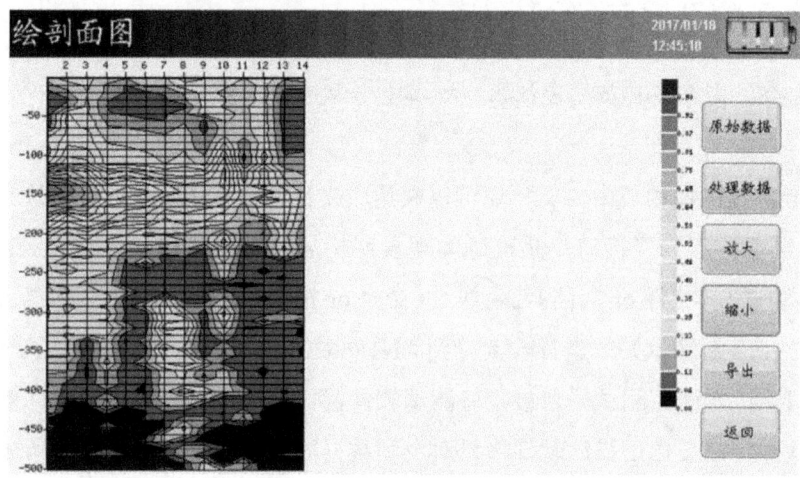

图9-50　剖面图界面操作示意图

本申请的主要权利要求：

权利要求1. 一种物探仪图像切换方法，其特征在于，包括：

获取待测区域地质深度与频率的转换关系；

确定目标剖面图中一组特定地质深度值所一一对应的频率值；

在用户对任一测点进行采样时，指示用户依据该组特定地质深度值所对应的各频率值逐一进行该测点相对应电场值的采样；

获取用户的成图请求，所述成图请求中携带图类型，所述图类型包括折线图和剖面图；

当所述成图请求的图类型为折线图时，根据测线不同测点相同频率下所对应的不同电场值生成折线图，所述折线图的横坐标为依次线性排列的测点、纵坐标为电场值、并对同一频率所对应测线上的相邻测点以折线连接并与其他频率下的连接折线差异化配色；或者当所述成图请求的图类型为剖面图时，根据采样数据进行插值处理，根据所有电场值中的最大值和最小值对采样和插值的各电场值进行配色，根据采样数据及其插值数据生成横坐标为依次线性排列的测点、纵坐标为地质深度、不同颜色对应不同电场值的目标剖面图。

【检索策略分析】

本申请的发明构思在于，对采集数据进行快速成图及切换，获取用户的成图请求，成图请求中携带图类型，而摆脱第三方的诸多困扰。本案的分类号为G01V3/08，其含义如下：G01V3/00，电或磁的勘探或探测，地磁场特性的测量，例如，磁偏角或磁偏差〔2，4〕；G01V3/08，通过被测目标或地质结构或通过探测装置产生或改变磁场或电场进行操作的（用电磁波的入G01V3/12）。确定基本检索要素，检索要素1：物探仪图像切换方法；检索要素2：获取用户的成图请求，成图请求中携带图类型。

用IPC分类号G01V3/08和/或关键词"剖面图 and（曲线图 or 折线图）""图像5D切换""电法"在中文专利摘要库进行初步检索，得到的结果少，无相关对比文件。

然后在非专利库进行检索，检索到的文献一般记载采用物探仪进行探测，获得电场数据，然后直接给出剖面图，对于图形具体怎么得到未详细记载。同时，现有技术中的剖面图与本申请中的剖面图类似，不同之处在于图中颜色的表征不同。现有技术常采用不同的颜色表征不同的电阻率值，而本申请用不同的颜色表征不同的电场值，现有技术中也未检索到本申请中折线图的绘制形式。

细致分析后，基于本领域技术积累，及时调整检索策略。通过重新梳理本申请，发现本申请的数据处理结果的示意图中除了涉及剖面图之外，还包括本申请未记载的放大、缩小及右上角的日期、时间、电量等模块，与实际使用的仪器的显示界面十分契合。因此，审查员大胆猜测，本申请可能已经制作成产品。此时，再反观本申请为个人申请，由于地球物理勘探是一个比较专业的领域，电法勘探数据量庞大，本申请中将各项数据处理及成图功能内置于勘探主机中，在真正实施起来，不仅需要本领域扎实的理论基础，还需要硬件制作的能力，对个人而言具有相当的难度。基于此考虑，猜测申请人可能为某高校研究团队或者公司的成员。因此，审查员迅速转变检索思路，希望通过追踪申请人找到一些线索。

由于本申请为个人申请，对申请人进行追踪，检索数量大，不便浏览。考虑到重名的人较多，而申请人的地址会相对固定，因此，利用CNABS中特有的检索入口国省名称"CNAME"进行限定，有效减少浏览数量，通过追踪申请人检索到外观专利CN303675744S（物探仪），该外观专利的后视图中有一个标志"PQWT"，引起审查员的兴趣。在百度中利用"PQWT"+"物探"进行检索，检索到PQWT为湖南普奇地震勘探设备研究院的产品。通过追踪文献中的特殊记载，完成了追踪对象由个人到公司的转变。

此后，在专利库对"湖南普奇地震勘探设备研究院"进行追踪，未得到有效证据。随后，在外网中继续对"湖南普奇地震勘探设备研究院"进行了解，在其官网中找到该研究院一系列产品介绍，该产品资料均为视频资料，且其推出的"找水仪"系列产品的视频资料中，公开了本申请的发明构思，即该公司推出的找水仪产品能够一键成图，不需要第三方软件成图，且能够完成折线图到剖面图的切换。但是，该官网的视频资料均缺少时间证明页。不过，从该视频资料中获取核心关键词"一键成图""找水仪"，对后续检索具有较大帮助。

考虑到这种已经面市的产品推广或销售时一般会提供产品说明书或操作说明，不排除存在第三方上传至其他视频网站的可能。因此，在常见的视频网站中采用"PQWT""一键成图""找水仪"等关键词检索，检索到的相关视频资料多设置观看密码，最终在"优酷视频"这个公信力较好的网站中利用"一键成图"+"找水仪"检索到一个2017年1月19日公开的视频资料，可作为对比文件1，用于评价权利要求1的创造性。

对比文件1公开了该找水仪为一种一键成图的天电找水仪，该找水仪突破了传统天电找水仪需要通过电脑制图的瓶颈。该找水仪在一条测线完成后能够自动绘制曲线图，并提供"绘剖面图"的接口，能够自动完成曲线图到剖面图的切换,且在图像的展示上,对比文件1也公开了对所获得的图像进行差异性着色等处理。

同时,对百度文库、道客巴巴等这类常出现技术手册的网站,以及出售产品的购物网站进行了追踪检索,但未检索到合适的对比文件。

【案例小结】

非专利文献的检索作为检索的重要部分,需要不断提升此方面的能力。本案在采用申请文件给出的分类号、关键词检索不到合适结果后,通过合理的分析,挖掘出了个体申请人背后的研发团队和相关的产品信息,由此获得了准确的描述该产品的核心关键词,最终通过该准确的关键词在常见的外网视频网站上找到了可以评述本申请创造性的对比文件。本案的检索过程通过合理预期申请人背后的研发团队及产品使用说明的公开方式,及时地调整关键词及检索入口,并使用 S 系统特殊字段高效地命中了对比文件,同时在使用网页、视频等作为证据时,注重证据公开时间的可靠性核实。

【案例 21】

发明名称:用于解码视频信号的解码方法

【相关案情】

本发明涉及一种用于解码视频信号的解码方法。现有技术中,在视频编码方面,当对图像进行编码并接着按照块为单元进行重建时,由于块单元预测和量化而导致块边界出现失真,块边界出现失真的现象被称为块伪影。在现有的视频编码标准(如 MPEG-1、MPEG-2 和 H.263)中,没有处理块伪影的情况下将重建的图像存储在基准图片存储器是允许的。因此,图像的主观视频质量劣化。而且,在运动补偿期间,参照包含块伪影的图像导致编码图像中累积的视频质量劣化,使图像的视频质量劣化的结果是缩减了编码效率。

本申请的主要权利要求:

权利要求 1. 一种用于解码视频信号的解码方法,所述解码方法包括如下步骤:

通过执行逆量化和逆变换来解码残留块;

产生预测块；

通过将所述预测块和所述残留块相加来对重建块的像素进行重建；以及根据所述预测块的预测信息对预测块之间的边界区域的像素及变换块之间的边界区域的像素执行解块滤波，其中，所述边界区域对应于8×8块之间的边缘。

【检索策略分析】

本申请关键技术在于，在预测块和变换块的边界，对两种边界的像素都进行滤波，以消除边界上的块伪影及根据预测块的预测信息来决定解块滤波器的强度，根据实际情况进行自适应滤波。本案属于通信图像编解码方法领域，根据申请内容确定检索要素1，用于解码视频信号的解码方法；检索要素2，通过将预测块和残留块相加来对重建块的像素进行重建；检索要素3，根据预测块的预测信息对预测块之间的边界区域的像素以及变换块之间的边界区域的像素执行解块滤波。本案的分类号为H04N19/117（滤波器，如用于前处理或后处理）、H04N19/136（输入视频信号特征或特性）、H04N19/159（预测类型，如帧内、帧间或双向的）、H04N19/86（涉及编码伪像的减少，如块效应的）。

本发明涉及HEVC（高效率的视频编码）中对于预测块PU和变换块TU的解块滤波，优先权日为2010年7月20日，而HEVC是在2010年开始命名、2013年发布的视频编码标准，本案申请日较早，权利要求涉及技术特征非常具体，在中英文摘要库中文献量非常小。此外，在中英文全文库中，关键词噪声大，优先权日之前相关文献数量很少，因此，及时调整检索方向，尝试转入非专利库中进行检索。

HEVC是由VCEG和MPEG开始发起视频压缩技术正式提案，相关技术由视频编码联合组（JCT-VC）审议和评估，其合作小组第一次会议于2010年4月召开，一共有27个完整的提案。在这次会议上，联合项目名称改为HEVC，JCT-VC小组把相关技术集成到一个软件代码库（HM），拟定了标准文本草案规范，并进行进一步实验，以评估各项功能。2012年2月，发布委员会草案（完整的标准草案）；2012年7月，发布国际标准草案。

因此，考虑直接从VCEG早期提出的草案入手检索，进行非专利检索。进入非专利检索平台JCT-VC文档管理系统，选取2010年4月15日在德累斯顿召开的会议，首先使用"deblock"在title中检索，没有相关结果（图9-51）。

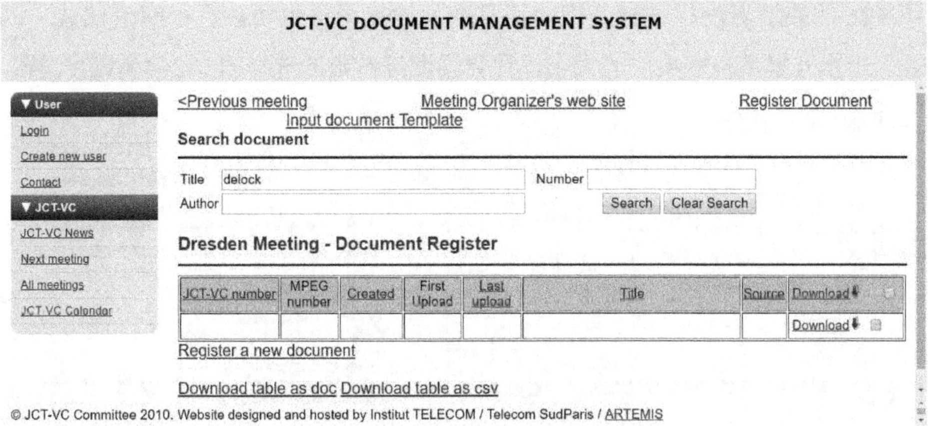

图 9-51 JCT-VC 文档管理系统检索

本案申请人为韩国 SK 电讯有限公司，追踪申请人在会议中提交的草案（图 9-52），得到韩国 SK 电讯有限公司在 2010 年提出的草案文件，该草案的作者为"Jeongyeon Lim（SK Telecom），Jinhan Song（SK Telecom）…"，本案发明人为"Jinhan Song，Jeongyeon Lim…"，草案作者和本案发明人有同样的两人，推断该草案文件和本案技术相关，使用"delock""filter""loop"在草案中检索（图 9-53）。在该草案第 2.5 小节环路滤波技术中，公开了自适应解块滤波的块边界检测和强度选择方法，其针对时域 H.264/AVC 解块滤波，即使本方案采用了增强宏块 EMB，32×32 的块边界也被当作 H.264/AVC

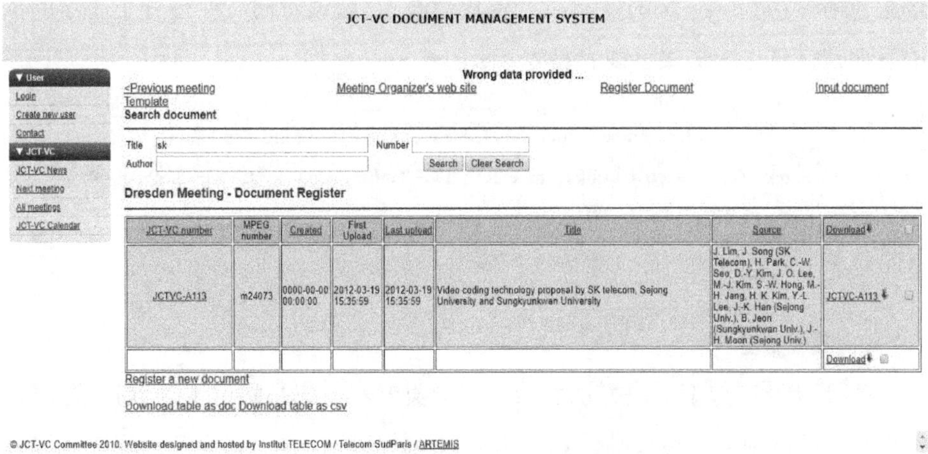

图 9-52 追踪申请人在会议中提交的草案

16×16的块边界一样进行处理，而且变换边界同样也要被进行解块滤波，以适用于本方案多种变换块的大小，边界强度等参数的选择同H.264/AVC一样。

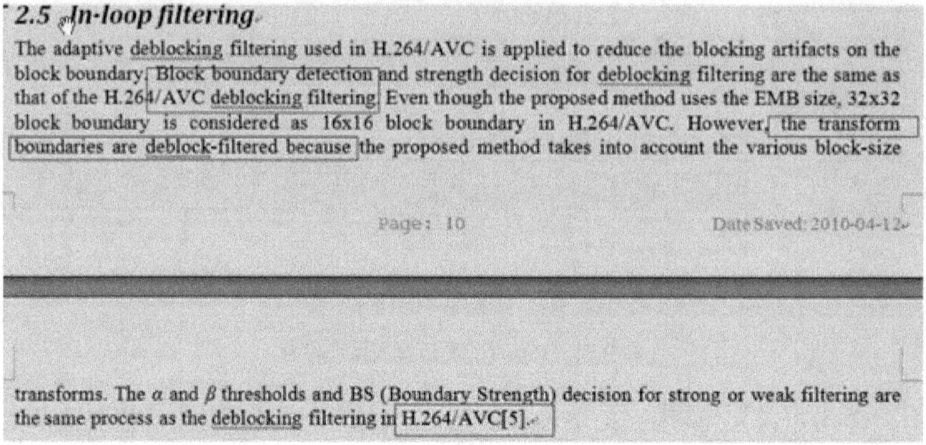

2.5 In-loop filtering

The adaptive deblocking filtering used in H.264/AVC is applied to reduce the blocking artifacts on the block boundary. Block boundary detection and strength decision for deblocking filtering are the same as that of the H.264/AVC deblocking filtering. Even though the proposed method uses the EMB size, 32x32 block boundary is considered as 16x16 block boundary in H.264/AVC. However, the transform boundaries are deblock-filtered because the proposed method takes into account the various block-size transforms. The α and β thresholds and BS (Boundary Strength) decision for strong or weak filtering are the same process as the deblocking filtering in H.264/AVC[5].

图9-53　使用"delock""filter""loop"在草案中检索

该草案未公开对于预测块边界的滤波，但该段结尾引用了参考文献（图9-54）。该参考文献公开了在基于H.264的编码中，解码块效应主要是由编码过程中的两大原因引起：①最重要的因素是在帧内/帧间预测中基于块的DCT变换（在变换块的边界产生块效应）；②另一个因素是运动补偿的预测方法中基于块的复制导致的（在预测块的边界产生块效应）。也就是说，DCT变换的块边缘和预测块的边缘会产生边界块效应。该文献还公开了"根据预测块的预测信息对其中边界区域的像素执行解块滤波"，即该对比文件公开了本案的核心发明点，可作为最接近现有技术。

[5] Peter List, Anthony Joch, Jani Lainema, Gisle Bjøntegaard, and Marta Karczewicz, "Adaptive Deblocking Filter", IEEE Trans. Circuits Syst. Video Technol, VOL. 13, NO. 7, JULY 2003.

图9-54　草案引用参考文献

【案例小结】

对于涉及图像编解码方法领域的标准类专利，应当站位本领域技术人员，首先考虑标准检索，通过准确定位相关标准检索方向，选择合适的标准数据库以及专业关键词进行检索，同时密切追踪申请人、发明人及提案中的参考文献，查找有价值检索信息，高效得到合适的对比文件。

【案例 22】

发明名称：一种极化码性能分析方法

【相关案情】

本发明涉及一种极化码性能分析方法。现有技术中基于二维核矩阵 G2 和多维核矩阵 G1 构造的极化码，其码长 N 不可相等，这为评估二维核矩阵构造的极化码与多维核矩阵构造的极化码及多维核矩阵构造的极化码之间的性能，造成了极大的麻烦。距离谱能够用来分析极化码的性能，但这种方法并不准确，而且无法具体地分析极化码的性能。

本申请的主要权利要求：

权利要求 1.一种极化码性能分析方法，其特征在于，包括以下步骤：

预设信道，建立所述信道的极化模型以得到所述信道的不同码长类型的极化码；

预设所述不同码长类型的极化码的码长数值、码长阈值和码长近似度阈值；

一般以码长类型为 $N = 2^n$ 的极化码为模板，选取所述不同码长类型的极化码中码长数值相近的两个码长数值，以计算码长近似度；

将所述选取的码长数值相近的两个码长数值视为码长相等，并进行仿真运算，以得到极化码的分析结果。

【检索策略分析】

通过以码长类型为 $N = 2^n$ 的极化码为模板，选取所述不同码长类型的极化码中码长数值相近的两个码长数值，以计算码长近似度，直接分析不同码长类型的极化码的性能。本案属于通信编码相关方法技术领域，根据申请内容确定检索要素 1，极化码性能分析方法；检索要素 2，选取所述不同码长类型的极化码中码长数值相近的两个码长数值，以计算码长近似度。本案的分类号为H04L1/00（检测或防止收到信息中的差错的装置）、H04L1/20（用信号质量检测器）、H03M13/13（线形码）。

初步检索时,由于本申请为高校申请,首先追踪到申请人及其团队的学术论文,但时间均不可用。检索发明构思"选取与二进制极化码码长近似度高的多维核矩阵极化码",也只能获得发明人/申请人论文,以及与发明构思无关的对比文件(图9-55)。

图9-55　CNKI中句子检索

而且"近似、接近"等词较为通用,且表达多样化,并不具有很好的过滤作用,会带来很大噪声。但由于二维核极化码较为相关,考虑从"多维核""高维核"入手继续检索,检索情况参见图9-56。结果数量少且日期不可用,大部分文献涉及的具体内容仅在于初步介绍和展望,且现阶段对于多维核极化码主要研究对象在于其构建。同时,也在IEEE等外网数据库扩展"non-binary"等词,检索未果。

这时,冷静思考,由于本申请对于技术问题和发明点的阐述专业性较强,需要相关的专业知识,首先在"读秀"初步检索极化码的码长特性及编码领域码长与性能的关联性,以保证对发明进行准确理解。故在读秀搜"码长 编码 性能",如图9-57所示。

图 9-56　CNKI 全文、主题检索

图 9-57　读秀检索

经检索获知：极化码的码长与核矩阵相关，二维核矩阵（即 2×2 矩阵）构建的极化码码长为 2^n，多维核矩阵的极化码码长为幂次，如三维核矩阵极化码码长为 3^n。由于编码方法领域码长直接关系到性能（通常同一种编码，码长越长性能越好，且针对单个码的分析经常会仿真出不同码长下的性能曲线），从而对于不同种类编码的性能横向对比需在等长条件下才能够客观得出，而现有技术的编码大多为倍数或可变长（如与极化码经常作比对的 LDPC），即如背景技术所说，可通过取公倍数等方式实现等长，故本申请技术问题实际上是，极化码的码长特性导致码长为 2^n 的二维核极化码与码长为 m^n 多维核极化码，在码长无法取等的情况下无法横向对比，而申请人将不同核矩阵构造的极化码称为"码长类型不同的极化码"。

深入分析发现，本申请的技术问题是由极化码码长的特殊性带来的，也正是极化码的这一特性，决定了其长度取值的有限性，即必然是幂次。且经检索发现，现阶段多维核极化码的构建主要集中在三维核极化码。

故动手分析计算，罗列出这两种类型极化码的长度集合，即 2^n 和 3^n 的可能取值。考虑到通常仿真选择码长几百到几千（码长太短无仿真必要，太长仿真运行时间过长通常不会选用），故只列举部分，如图 9-58 所示。

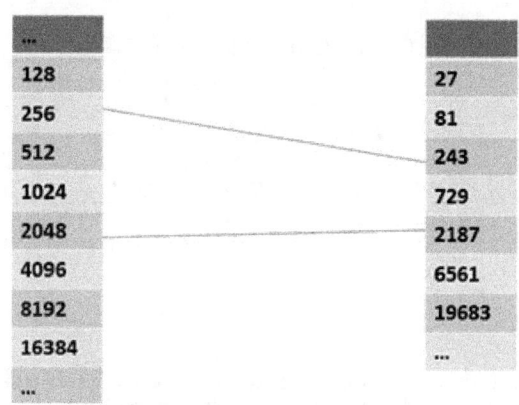

图 9-58　极化码长度集合分析

通过上述列举可以快速得出两组码长明显接近的情况——（256，243）；（2048，2187）。利用上述数值进行进一步限定前期检索结果，即可十分快速地获取评价本申请的对比文件《基于 FSO 系统极化码的改进译码方案研究》（图 9-59）。

对比文件 1 公开了将三维核码长为 2187 与二维核码长为 2048 的极化码进行性能分析：极化码由上面介绍的 3×3 的核心矩阵构造，极化码长度为（2187，1093）。作为参照，选取 2×2 的核心矩阵构造极化码，码长为（2048，1024），最大迭代次数设为 100，模拟的结果如图 9-58 所示。且如图，其和本申请一样是基于仿真误码率分析性能。

图 9-59 CNKI 句子检索中采用数值限定

【案例小结】

通信编码解码类案件专业性较强，对于此类申请，可以先对相关基础知识进行补充后，基于充分理解发明的基础上再结合合适的关键词进行检索。当涉及具体数值或特定实施方式的技术特征时，可站位本领域，深入全面了解原理并动手实践，计算推导出实施例无法避免的检索要素和数值，以及发明实质，通过具体编码等对浏览量进行合理限定，高效获得对比文件。

9.2.2 软硬结合

电学领域中，软硬结合类的情况属于方法类权利要求中常见情形。其中，对于应用性较强或已经商业化的技术方案，可以尝试对相关产品文档、手册、公众号文章、视频进行检索，开拓检索渠道；对于网络架构类案件，检索时需要多关注重要申请人和相关体现发明核心构思的关键词；而对于涉及商业方法的案件，应当首先明确其对现有技术作出的实质改进，以"三性"评判为主线，合理运用关键词并进行有效扩展表达；对于撰写抽象、不易准确把握发明构思的案件，需要结合技术发展背景，厘清技术发展脉络，并分析相关技术成熟区域；当预期对比文件为外文时，重点进行外文库检索，其中关键词扩展可采用语义检索相关文献获取准确关键词，还可尝试采用商用数据库的截词功能。语音识别模块领域，也是属于软硬结合类的常见情况，针对其分类号可优先选取相关度较高的分类号，而关键词扩展可通过背景技术查阅并结合本领域，以及生活知识综合判断和预判其常用表达。对于通信协议类案件，使用 3GPP 检索较为常见，其对关键词表达准确性要求较高，可以利用搜索引擎准确获取合适的表达，并通过时间范围限定，高效浏览筛选出有效对比文件。

【案例 23】

发明名称：基于触控板的输入方法、装置、系统及输入装置

【相关案情】

本发明涉及一种基于触控板的输入方法（图 9-60）。现有技术中，以虚拟现实的控制器为例，市场上的虚拟现实眼镜都是以一个手持触摸控制器为主要用户操作介质，而当用户戴上虚拟现实眼镜时，用户是看不到该手持触摸控制器的。此时，用户有两个难题需要解决：用户看不到控制器而输入文字需要"盲打"，用户因没有现实视野而容易错误触碰触摸屏产生错误指令。

本申请的主要权利要求：

权利要求 1. 一种基于触控板的输入方法，其特征在于，所述触控板包括中心键区和若干个外环键区，每一外环键区对应安装有一按压键盘，且每一外环键区对应一字符组合，所述基于触控板的输入方法包括步骤：

以预设的周期检测用户输入的触控信息；

当任意时刻检测到用户输入的第一触控信息时，计算所述第一触控信息所对应的位置，若所述第一触控信息所对应的位置位于任一外环键区，则进入预输入状态；

在预输入状态下，当任意时刻检测到用户输入的按压信息时，获得所述按压信息所对应的外环键区，并获得所述外环键区对应的字符组合；

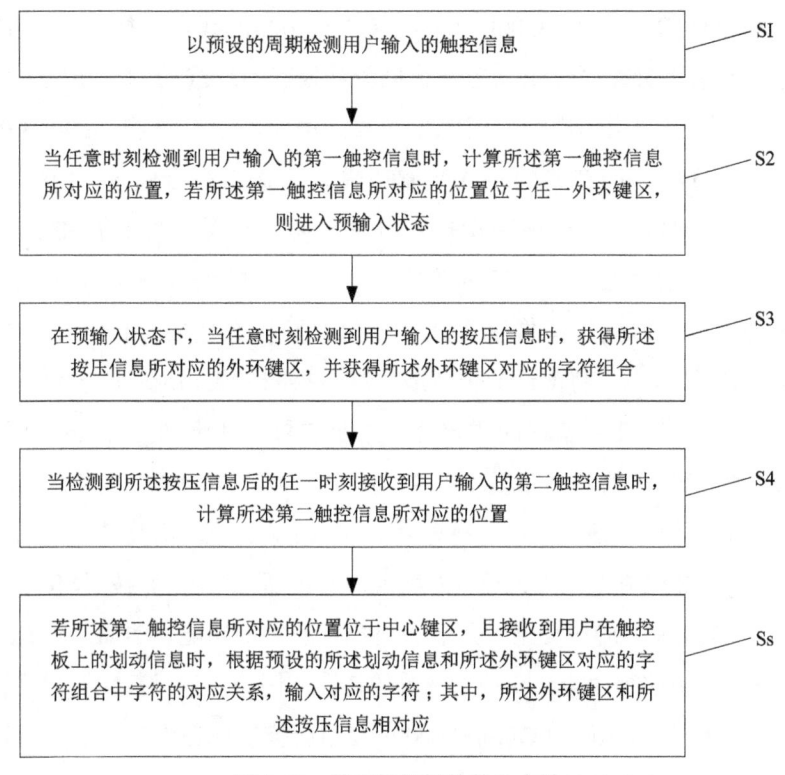

图 9-60　基于触控板的输入方法

当检测到所述按压信息后的任一时刻接收到用户输入的第二触控信息，计算所述第二触控信息所对应的位置；

若所述第二触控信息所对应的位置位于中心键区，且接收到用户在触控板上的划动信息时，根据预设的所述划动信息和所述外环键区对应的字符组合中字符的对应关系，输入对应的字符；其中，所述外环键区和所述按压信息相对应。

【检索策略分析】

①理解发明。通过触摸外环键区，进入预输入状态，然后通过按压外环键区，表示开始输入对应键区的字符并按压确认。②确定检索的技术领域。本案属于触控板输入方法领域。③确定基本检索要素。检索要素1：基于触控板的输入方法；检索要素2：通过触摸外环键区，进入预输入状态；检索要素3：通过按压外环键区，表示开始输入对应键区的字符并按压确认。本案

的分类号为G06F3/0354、G06F3/0488、G06F3/023，其含义如下。G06F3/00，用于将所要处理的数据转变成为计算机能够处理的形式的输入装置；用于将数据从处理机传送到输出设备的输出装置，例如，接口装置。G06F3/01，用于用户和计算机之间交互的输入装置或输入和输出组合装置（G06F3/16优先）〔8〕。G06F3/02··使用手动操作开关的输入装置，如使用键盘或拨号盘〔3，8〕。G06F3/023···将零散信息项目转换成为代码形式的装置，例如，将键盘产生的代码译作字母数字代码、操作数代码、指令代码的装置〔3，8〕。G06F3/03··将部件的位置或位移转换成为代码形式的装置〔3，8〕；G06F3/033···由使用者移动或定位的指示装置；其附加配件（以转换方式为特点的数字转换器G06F3/041）〔3，8，2013.01〕。G06F3/0354…检测设备或其操作部间平面或表面的2D相对运动，如2D鼠标、轨迹球、笔或定标器〔2013.01〕。G06F3/048··基于图形用户界面的交互技术[GUIs]〔8，2013.01〕。G06F3/0487…使用输入装置所提供的特定功能，例如，具有双传感装置的鼠标旋转控制功能，或输入装置的特性，例如，基于数字转换器检测压力的按压手势〔2013.01〕。G06F3/0488…使用触摸屏或数字转换器，如通过跟踪手势输入命令的〔2013.01〕。

分析发现，申请人的在先申请（CN103970278A）已经公开通过触摸键区进入预输入状态，但未公开通过按压键盘来进行确认。通过检索，检索到触摸键下面设置按压键防止误操作的对比文件（CN105653052A）。而上述文献公开的环形键区结构与本申请存在差异，权利要求1中还存在较多其他细节特征未被现有技术公开，需要进一步检索。

审查员在CNABS对发明人"胡竞韬"进行追踪得到一篇Y类文献CN103970278A，并采用IPC分类号g06f3/02+、g06f3/041、g06f3/048+，以及关键词"圆 or 环 or（拨号 2w 盘）""（触摸 or 触控）5w 键""（按 or 压）5w 键"进行了检索，在CNTXT中采用"（误操作 or 误触 or 误输入）""（圆 or 环 or（拨号））s 键盘""（按 or 压）5w 键"检索得到一篇Y类文献CN105653052A。在VEN中，采用IPC分类号g06f3/02+、g06f3/041、g06f3/048+ 及关键词"（ring or circle or round）s key""press""touch+"进行了检索，但未寻找到合适的对比文件。考虑到本案为个人申请，然后去百度搜索申请人，得到了新闻相关报道,从这些新闻报道中可以获知申请人相关的公司。转向专利库检索该公司,未发现相关专利文献。

继续通过搜索相关报道,报道里面出现"智能手表输入法 TouchOne"相关关键词,然后继续用"TouchOne"进行检索,得到一篇报道"TouchOne、一款可穿戴式'键盘',打造全新智能穿戴交互书式",(见图 9-61)。

图 9-61 搜索相关报道

阅读该篇报道,其中公开的内容与本申请的触控板上的分区结构基本一致,但是公开的内容不完整,但其中提及了如下信息:

项目:TouchOne

公司:Infiniti technology

网站:http://www.touchone.net

于是，前往该网站进行检索，发现 touchone.net 域名已经售出，暂时未得到相关介绍信息。

接下来，仔细阅读这篇报道，发现里面对申请人名字的撰写是"胡竟韬"，与申请人名字略有差异。于是，通过"胡竟韬 TouchOne"重新进行搜索，此时检索结果出现了很多相关报道。逐篇阅读，了解到申请人的该 TouchOne 项目曾经发布在一个众筹网站上（kickstarter.com）。进入该网站，该网站仅对 TouchOne 项目进行了简单介绍，并没有完整的内容。

接下来，继续阅读其他相关报道，得到一篇报道"一定要在智能手表上码字？至少得用 TouchOne 键盘吧"。这篇报道里有一个优酷视频的链接，点击链接可观看该产品的视频讲解。此外，这篇报道的评论中提到新浪科技上有完整视频。

于是，通过"新浪科技 TouchOne"找到了一个 3 分钟左右的产品宣传视频，里面涉及很多与本申请提到的特征的相关介绍，于是选择这篇报道作为对比文件（图 9-62）。

图 9-62　相关报道

对比文件 1（"一定要在智能手表上码字？至少得用 TouchOne 键盘吧"）公开的内容如图 9-63 所示：如果你要在智能手表上打字，TouchOne 应该算是目前最方便的智能手表键盘。TouchOne 的键盘环绕在智能手表表盘周围，且圆形和方形表盘都适用。TouchOne 共有 8 个按键，每个键可代表 3～4 个字母。

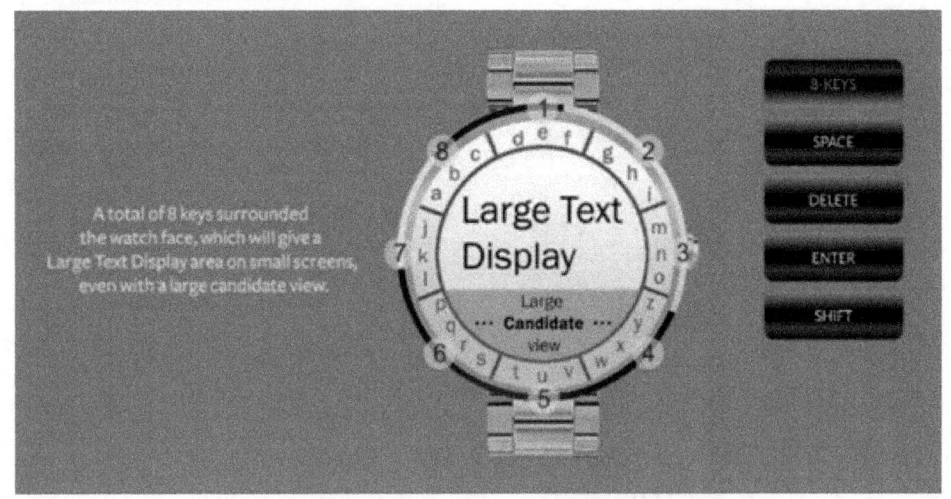

图 9-63　对比文件 1 智能手表

图 9-63 智能手表公开了触控板，包括中心键区和若干个外环键区，且每一外环键区对应一字符组合。

通过点击对比文件 1 上的优酷视频链接，可以跳转到视频，观看视频，从 35～45 秒和 1 分 16 至 1 分 24 秒的视频公开了在点击外环键区后，外环键区颜色加深，可在中心键区进行联想输入。并且还公开了按下外环键某个区域后，通过向不同方向划动手势，来输入划动方向对应的字符（相当于检测到用户输入的点击操作时，获得点击操作所对应的外环键区，并获得外环键区对应的字符组合；当检测到点击信息后的任一时刻接收到用户输入的第二触控信息，接收到用户在触控板上的划动信息时，根据预设的划动信息和外环键区对应的字符组合中字符的对应关系，输入对应的字符，外环键区和点击操作相对应）。

此外，当找到其产品相关视频后，通过直接在百度视频栏下搜索"touchone 输入法"，找到相关视频（图 9-64）。也就是说，当发现技术方案涉及相关产品时，除了检索相关文档，对于应用性较强的产品，还应该直接进行视频检索，确认是否存在相关的视频介绍。

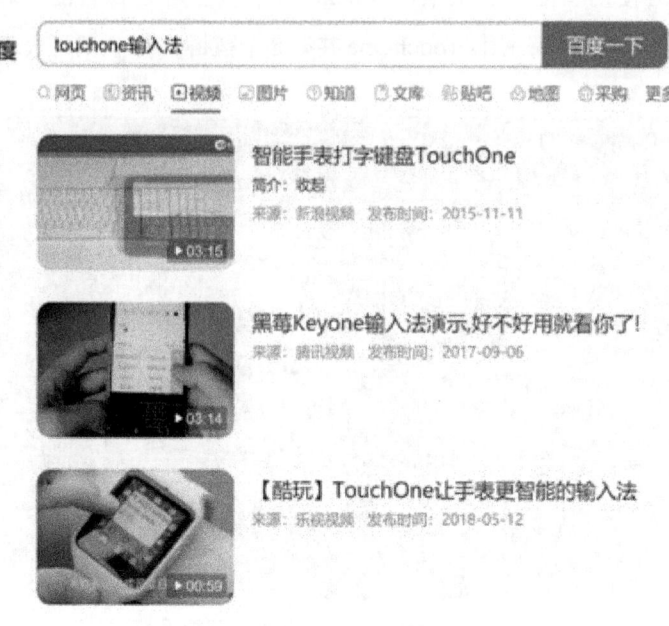

图9-64　百度视频栏下搜索到相关视频

【案例小结】

对于电学领域应用性较强的方案，应该先想到是否出现相关产品，可以先尝试检索非专利文献。当检索到相关内容的时候，一定要认真提取概括相关检索词，不放过任何一个关键词，不断尝试。检索到存在相关产品时，在得知产品名称后，一般情况下都要进行对相关文档的检索。有的还可能存在相关视频介绍，可以尝试直接去视频下检索相关信息，提高检索效率。此外，还应该注意申请人、发明人不同名称的表达。

【案例24】

发明名称：应用程序页面处理方法和装置

【相关案情】

本发明涉及一种应用程序页面处理方法（图9-65、图9-66）。现有技术中，用户要使用某个应用程序时，须先从网络下载应用程序安装包，在终端上将应用程序安装包解压缩，将解压缩出的各种文件放置到指定的安装目录下，在操作系统中注册该应用程序，并生成该应用程序的图标，后续用户就可以点击该图标启动该应用程序并使用。目前，这种应用程序的安装和使用都需要经过一系列耗时较长的步骤，非常烦琐，导致应用程序的使用效率比较低。

本申请的主要权利要求：

权利要求1.一种应用程序页面处理方法，所述方法包括：

通过子应用程序逻辑层单元并根据第一页面的逻辑代码，获得所述第一页面的初始页面数据并发送至与所述第一页面对应的第一子应用程序视图层单元；所述子应用程序逻辑层单元和所述第一子应用程序视图层单元在母应用程序所提供的环境中运行，所述母应用程序运行于操作系统上；

通过所述第一子应用程序视图层单元并根据所述第一页面的初始页面数据渲染所述第一页面，并向所述子应用程序逻辑层单元反馈初始渲染完成通知；

通过所述子应用程序逻辑层单元接收到所述初始渲染完成通知后，获取页面更新数据，将所述页面更新数据发送至所述第一子应用程序视图层单元；

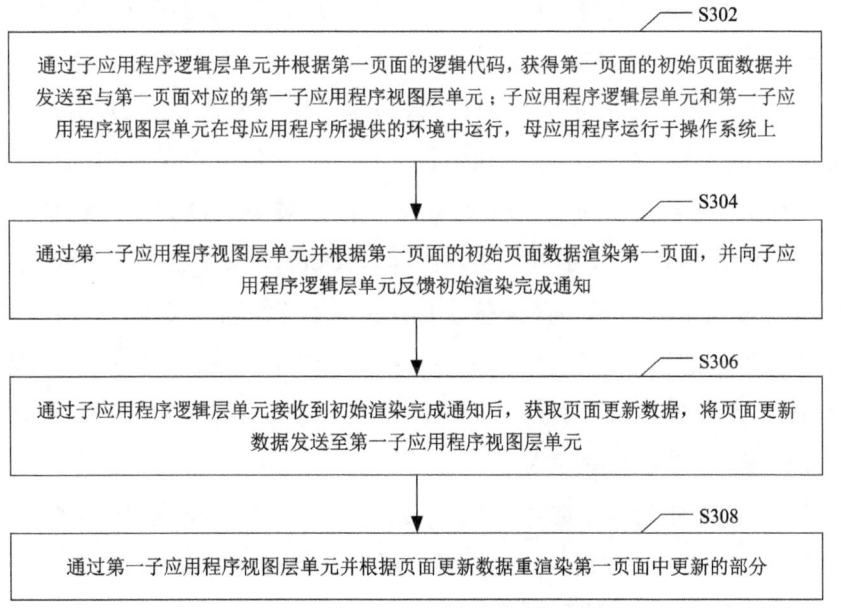

图9-65　应用程序页面处理方法流程

通过所述第一子应用程序视图层单元并根据所述页面更新数据重渲染所述第一页面中更新的部分。

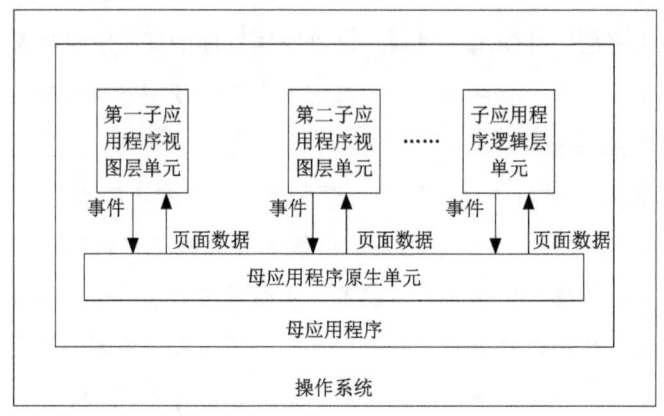

图 9-66　逻辑层单元的关系示意图

【检索策略分析】

本申请关键技术在于终端上运行操作系统，操作系统上运行母应用程序。通过母应用程序，获取与子应用程序标识对应的代码包。根据该代码包，在母应用程序提供的环境中，运行子应用程序逻辑层单元和第一子应用程序视图层单元。本案属于计算机页面处理方法技术领域，基本检索要素包括检索要素 1：应用程序页面处理方法；检索要素 2：通过母应用程序获取与子应用程序标识对应的代码包并运行。本案分类员给出的分类号为 G06F9/445，其含义如下：G06F9/00 程序控制装置，例如，控制器（用于外部设备的程序控制入 G06F 13/10）〔4〕、G06F 9/06·应用存入的程序的，即应用处理设备的内部存储来接收程序并保持程序的、G06F 9/44··用于执行专门程序的装置〔3〕、G06F 9/445···程序的装载或启动、审查员在 CNABS 中使用关键词"小程序""应用软件""应用程序""不 3d 安装"进行初步检索，未得到相关文献。

在 CNTXT 中使用分类号和"（or 微，小，轻）2w（or 应用，程序）""（or 母，主，父）3w（or 应用，程序）""线程""页面 s（or 渲染，显示，绘制）"等关键词进行检索，未得到相关文献。

在 VEN 中使用 CPC 分类号 G06F9/44578、G06F9/4451 和关键词"APP OR APPLICATION?""SUB?app or sub?application""view? or page?"进行检索，没有检索到合适对比文件。虽然检索结果中有子应用寄生于母应用程序的技术方案，但是大多偏向于顶层操作层面，而本申请技术方案是基于底层的实现技术。

这时需要及时调整思路。依据日常技术积累，分析已有的检索结果，无须下载 App 的现有技术可归纳如下（图 9-67）。而通过阅读本申请说明书实施例，确定本申请实质是利用双线程技术来实现小程序的快速响应（图 9-68）。因此，通过在外网网页中搜索小程序相关报道，小程序是由腾讯公司依托微信所开发的轻量级应用。在此之前，百度也提出过轻应用的概念，但百度的轻应用是基于 web 开发，而腾讯开发的小程序是基于安卓操作系统，运用到操作系统中的底层机制，如线程。由于百度和腾讯二者的技术路线不同，从本案申请人（腾讯）的竞争对手（百度）找到可用对比文件的可能性较小。

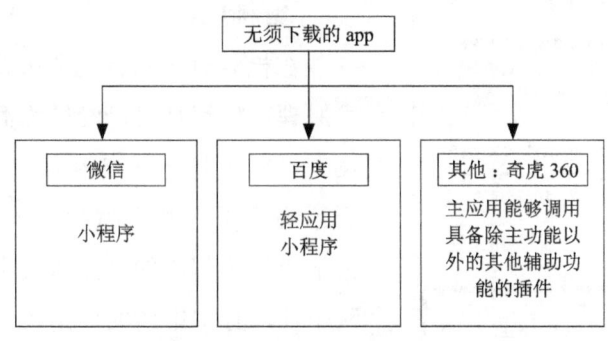

图 9-67　无需下载 APP 的现有技术

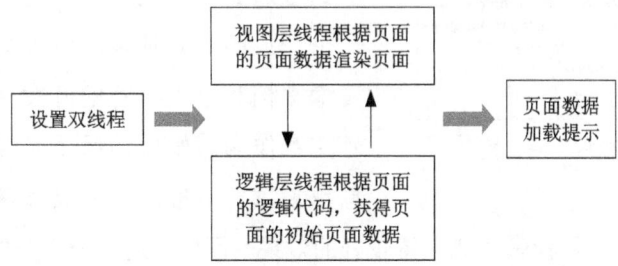

图 9-68　本申请利用双线程技术来实现小程序的快速响应

此时，将检索方向调整为查找腾讯公司公开的技术内容，在腾讯小程序官网上可以得到开发手册，但是没有公开日期。腾讯最初披露小程序也多是通过微信官方公众号入口进行发布，微信公众号作为信息发布的新媒体，其相关技术文章也很多，因此可以考虑申请人自身和第三方开发者里通过微信公众号推文的形式公开的。所以在微信提供的搜索入口中通过关键词"小程序 线程 2016"得到了如图9-69所示的公众号推文（对比文件）。

"https://www.jianshu.com/p/fe7a8737680f"，微信小程序原理，Kamidox，第1-5页，2016年11月5日。

对比文件1公开了终端上运行操作系统，操作系统上运行母应用程序，通过母应用程序获取与子应用程序标识对应的代码包，根据该代码包在母应用程序提供的环境中运行子应用程序逻辑层单元和第一子应用程序视图层单元的方法，且公开时间可用。

图9-69 微信搜索入口搜索

【案例小结】

在检索时，应首先分析技术方案的技术原理，特别是对已经转为商用的技术方案，可以选择产品名称作为检索关键词，而不局限于专利文献的记载。回到本案，由于最初小程序的开发者集中在几个互联网企业，且本申请的申请人也是最早推出小程序概念的腾讯，所以在专利库中检索不到合适的对比文件。但是小程序毕竟是一个开放的开发环境，所以很大可能存在技术文档和个人撰写的开发手册，且公众号文章作为新媒体传播个人观点和技术信息越来越普遍应用，所以选择在微信中提供的检索入口进行检索，能取得较好的效果。因此，对于使用程序尤其底层程序的专利申请，有时可以多关注公众号发布的文章。

【案例 25】

发明名称：聊天交互方法、装置及其电子设备

【相关案情】

本发明涉及一种聊天交互方法（图 9-70）。现有技术中，在现有群聊过程中，需要对群组内的某个成员进行一些事项提醒或者查询某些事项或者数据时，只能由用户自己手动进行，或者通过其他不同的移动应用功能获取相应信息后再重新加入到群聊中。用户在群聊过程中交互操作较为烦琐，不便于交流与沟通。

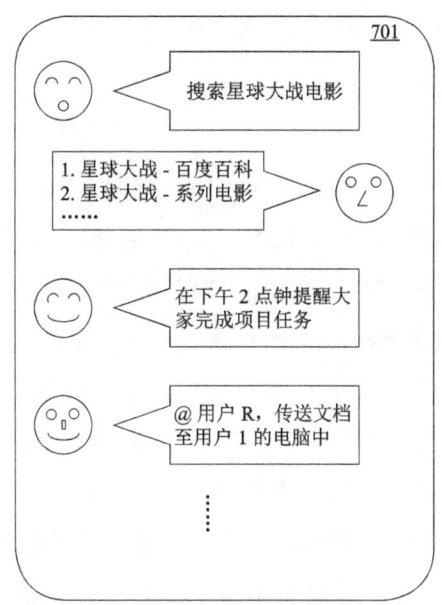

图 9-70　可语言交互的机器人结构框图

本申请的主要权利要求：

权利要求 1. 一种聊天交互方法，其特征在于，包括：

获取用户在聊天对话框中输入的指令语句；所述聊天对话框用于两个或者多个用户的交互；

执行所述指令语句。

【检索策略分析】

本申请关键技术在于其他群组成员只需要发送相关的指令语句（如事项

提醒、查询等）给群组中的独立运行用户，该独立运行用户会执行相关的指令，其他群组成员即可实现自己的需求。本案属于即时通信方法领域，根据申请确定检索要素1：聊天交互方法；检索要素2：获取用户在聊天对话框中输入的指令语句并执行。本案分类员给出的分类号为H04L12/58（消息交换系统）、H04L12/18（用于广播或会议的）。本申请为PCT，国际检索报告中给出了两篇X文献，认为可以评述所有权利要求的创造性。然而，经过分析，上述两篇对比文件仅公开了群组成员在对话框中发送订阅的指令，后台程序自动执行订阅指令，并没有公开给群组中的独立运行的用户发送指令，进而让独立运行的用户执行事项提醒或查询数据，即上述两篇X文献仅能评述部分权利要求的创造性，不能评述体现发明点的其他权利要求。

考虑到通知书的有效性和全面性，需要对本申请的发明构思进行进一步检索。

首先，审查员提取与发明构思相关的关键词群组、群聊、聊天、对话框、指令，以及相关的分类号H04L12/58、H04L51/04，在CNABS和CNTXT中进行检索，但检索到的文献噪声较大，未检索到体现发明构思的对比文件。

此后及时调整检索思路，重新审视本申请，分析本申请背景技术中记载的"只能由用户自己手动进行"。本申请中是由"独立运行的用户"自动执行指令，通过商业检索工具输入本申请的公开号对本申请进行语义检索，发现关键词机器人、助手、秘书，结合本领域知识和经验，将上述关键词进一步扩展到自动问答、自动应答。因此，扩展即时通信领域为群组、群聊、讨论组，扩展"独立运行的用户"为助手、秘书、机器人、自动应答、自动问答，在CNABS中用"聊天 s（窗口 or 对话框）、机器人 or 助手 or 秘书 or（自动 5d（搜索 or 查询 or 提醒 or 提示 or 问答）））"进行检索，但未检索到体现发明构思的对比文件。

根据上述分析，一方面，上述关键词（聊天、群聊、机器人、自动问答）在通信领域中较为普遍，识别度和精准度不高，而且检索时噪声很大，对比文件不好筛选。另一方面，基于在专利库中的初步检索，发明构思体现在群组中的"独立运行的用户"执行定时提醒或查询数据功能，难于使用关键词表达进行检索。

因此，及时梳理检索思路，快速进行调整。基于在互联网中的检索，了解到微软小冰是一个比较流行的聊天机器人，首先对其进行检索，发现微软互联网工程院在2014年就提出了微软小冰技术方案，是一个人工智能对话机器人。但对微软公司提出的中英文专利进行检索，并未检索到可用的对比文件。

进一步扩展检索思路，现有技术中应该会存在类似微软小冰的聊天机器人。因此，在百度中进行检索，结果如图9-71所示。检索发现还有类似的图灵机器人，接着，对图灵机器人进行检索，确定图灵机器人开放平台是北京光年无线科技旗下的智能聊天机器人开放平台。通过图灵机器人开放平台，用户可快速构建自己的专属聊天机器人并为其添加丰富的机器人云端技能。因此，在专利库中针对北京光年无线科技公司的即时通信领域中的自动问答文献进行检索，发现北京光年无线科技公司的相关自动问答的文献多数都在本申请的申请日后，没有找到公开发明构思的对比文件。

图9-71　百度检索聊天机器人

此时，继续调整检索思路。重新审视图灵机器人相关技术，发现通过图灵机器人开放平台，用户可快速构建自己的专属聊天机器人并为其添加丰富的机器人云端技能，即图灵机器人是一个基础平台，用户可以借助图灵机器人开放平台，技术人员可以构建专属的聊天机器人。因此，通过在搜索引擎中使用图灵机器人+群聊进行检索，发现一篇相关文献（图9-72）。

图 9-72 百度检索图灵机器人 + 群聊

检索出的 CSDN 博客内容与本申请非常相关，公开了使用 @ 的方式给机器人发送指令，但是没有明确给机器人发送搜索指令，并且机器人反馈搜索结果也没有公开定时执行指令，即没有完全公开本申请的发明构思，需要继续进行检索。

考虑到 CSDN 是国内最专业的 IT 技术社区，用户通常会上传技术相关的资料，此博客作者应属于技术爱好者，可能会发表其他相关文章。因此，进入上述文章作者 liuwons 的 CSDN 个人空间进行搜索，得到一篇名称为"用 wxBot 和图灵机器人 API 实现微信群聊机器人"的文章（图 9-73）。

文章中详细介绍了其开发的微信群聊机器人的过程，公开了使用 @ 的方式给机器人发送指令，明确公开了给机器人发送搜索指令，并且机器人反馈搜索结果，但是没有公开定时执行指令，即没有解决本申请的第一个技术问题。

此时，一方面，考虑到一些技术专家通常会在一些技术社区或平台中分享相关代码或技术构思；另一方面，本申请的技术构思属于比较新颖的技术，目前研究聊天机器人的大公司都没有申请相关专利，因此，考虑在互联网中侧重创新的技术平台进行检索。经过对互联网中权威技术社区进行分析，决定在 V2EX 技术社区进行检索。V2EX 是一个专业的技术创意社区，包含各类技术相关的讨论，是一个关于分享和探索的地方，可帮助会员们解决具体技术问题，会员也可以在这里发布作品。因此，在 V2EX 中，使用上述文章作者 liuwons 的名字进行检索，找到作者发表的文章，并通过此文章给出的 GitHub 地址，找到此作者在开源网站 GitHub 中关于 wxbot 项目的所有代码资料，包括源代码、帮助文档、群聊的前端图片和后台图片（图9-74）。

图9-73　CSDN追踪作者个人空间

GitHub是一个开源软件平台，通过Git进行版本控制的软件源代码托管服务，由GitHub公司使用Ruby on Rails编写而成，用户可以免费创建公开的代码仓库。GitHub作为免费的远程仓库，如果是个人的开源项目，可以放到GitHub上。GitHub的项目中涉及的文档，每次修改和上传都会形成一条新的记录，并被完整保存下来。检索得到对比文件1：《wxbot》，liuwons，V2EX & github，https://github.com/liuwons/wxBot，20160307。

其公开了一种聊天交互框架，聊天对话框用于两个或者多个用户的交互，通过获取用户在聊天对话框中输入的指令语句，执行指令语句。

【案例小结】

在中文关键词比较常见、对应的扩展比较多的情况下，在CNABS中检索噪声比较大时，可通过检索工具语义检索功能检索相关文献，获取与本申请技术方案相关的准确关键词表达，进一步在互联网中检索技术发展状况，了解类似重要技术,并追踪检索重要研究人员,开拓思路。对于较新的电学领域交互技术,可尝试在 CSDN 博客及流行的技术社区中进行检索,以期得到评述全部发明构思的对比文件。

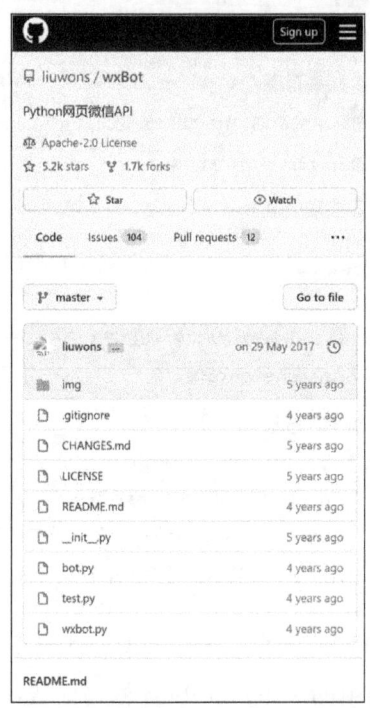

图 9-74　GitHub 中关于 wxbot 项目的代码资料

【案例 26】

发明名称:一种中继终端重选的方法及设备

【相关案情】

本发明涉及一种中继终端重选的方法(图 9-75)。现有技术中,在移动通信系统中,D2D(Device-to-Device,终端直通技术)是指邻近的终端可以在近距离范围内通过直连链路进行数据传输的方式。在通信过程中,源 UE 和目标 UE,以及中继 UE 都是可以移动的。因此,无论对于用户到用户中继,还是用户到网络中继,源 UE 会遇到重新选择能够为源 UE 和目标 UE 提供数据传输服务的中继 UE 的问题,但目前尚未针对该问题给出相应的解决方案。

本申请的主要权利要求：

权利要求1.一种中继终端重选的方法，其特征在于，包括：

控制节点根据中继终端重选触发条件为源终端进行中继终端重选判决，所述控制节点为所述源终端或源中继终端；

若所述控制节点判定进行中继终端重选，则为所述源终端确定候选中继终端列表；

所述控制节点根据获取到的辅助信息从所述候选中继终端列表中为所述源终端确定目标中继终端。

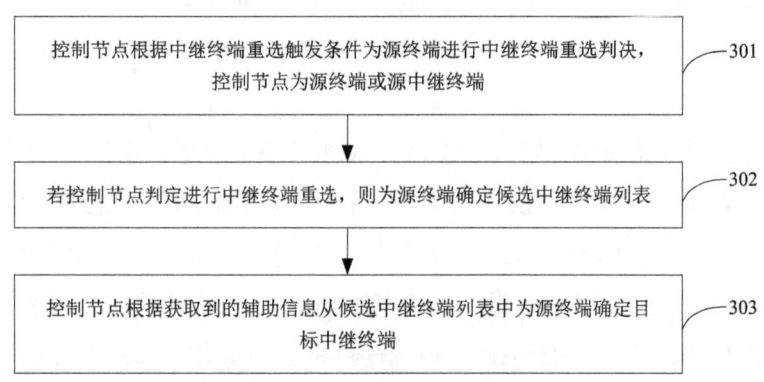

图9-75 中继终端重选方法流程图

【检索策略分析】

本申请关键技术在于，当源终端、目标节点、源中继终端在移动的过程中，当源中继终端不再适合作为中继终端时，通过中继终端重选，为源终端重新选择中继终端。本案属于移动通信技术领域，根据申请确定检索要素1：中继终端重选的方法；检索要素2：控制节点根据获取到的辅助信息从候选中继终端列表中为源终端确定目标中继终端。本案的分类号为H04W36/06（在服务接入点内重选通信资源）、H04W36/24（通过特定参数触发重选）。

审查员在CNABS中通过申请人追踪并未检索到可用对比文件。在CNABS中使用"（D2D or 近距离）s（中继 or relay）"未得到相关文献。在专利库，即使限定范围很大但文献量仍然较少，可以确定关于D2D的中继通信在申请日附近的时间才开始研究，D2D的中继终端重选是一项较新的研究议题。

考虑到第二代合作伙伴计划、中继、重选为典型长期演进技术案件，申请人也有可能存在相关提案，因此，转入3GPP中使用申请人和关键词进行检索。3GPP组织中，电信科学技术研究院简称为"CATT"，本申请发明点相关关键词英文表达为"D2D""relay""reselect"，因此使用"D2D""relay""reselect""CATT"进行检索，但是未发现较相关提案。

考虑到可能相关提案是其他公司的，因此去除"CATT"，继续检索发现几篇关于D2D中继重选的提案，提到UE可以进行中继重选，但是并未提到具体中继重选的细节。此时，可能考虑到关键词扩展不充分，对关键词进行分析：Relay和Reselect是本领域准确度非常高的专业词汇，几乎无其他形式表达。那么，最有可能扩展的是D2D，接下来需要找出D2D在3GPP中其他专业表达。

利用外网搜索引擎，输入"D2D、3GPP"进行搜索，在第一个页面发现了这样一篇文章《3GPP的D2D成长之路》。该文章的结尾提到"D2D又名Prose"（图9-76），即D2D另一种表达即为ProSe。同时，在该页面另一篇题为《LTE D2D sidelink ProSe近距离通信技术》文章中也提到了（图9-77）。更加肯定了ProSe为D2D通信在3GPP中别名。因此，用"prose"替换"D2D"继续在3GPP检索，将与本申请相关提案会议时间聚焦到2014年（图9-78）。

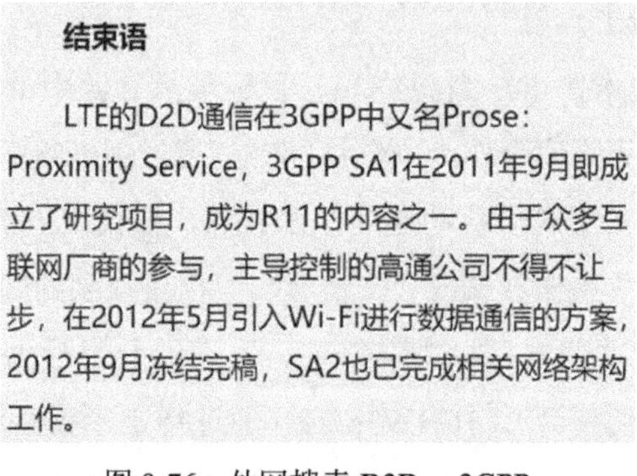

结束语

LTE的D2D通信在3GPP中又名Prose：Proximity Service，3GPP SA1在2011年9月即成立了研究项目，成为R11的内容之一。由于众多互联网厂商的参与，主导控制的高通公司不得不让步，在2012年5月引入Wi-Fi进行数据通信的方案，2012年9月冻结完稿，SA2也已完成相关网络架构工作。

图9-76 外网搜索D2D、3GPP

【LTE】【D2D】【sidelink】ProSe近距离通信技术  (2017-06-13 21:55:38)

标签：d2d prose 近距离通信 lte 接口　分类：D2D/ProSe/sidelink/SL

一、Proximity Services (ProSe)

Proximity Services (ProSe) 是一种基于3GPP通信系统的近距离通信技术

3GPP ProSe服务有如下功能
- EPC-level ProSe Discovery;　EPC级的ProSe发现功能
- EPC support for WLAN direct discovery and communication;　WLAN发现和直连功能
- Direct discovery;　直连发现功能，例如终端发现周围有可以直连的终端
- Direct communication;直连通信，例如与周围的终端进行数据交互
- UE-to-Network Relay，终端到网络的中继功能。例如A在无网络服务区，B在有网络的服务区，而A与B距离较近，那么A可以通过B进行中继与网络进行通信。

ProSe的一种网络架构如下。终端(UE A)与终端(UE B)之间的通信接口叫PC5接口

图 9-77　外网搜索 D2D、3GPP

图 9-78　3GPP 中搜索 prose、relay、reselect

在搜索结果第一页的提案与本申请都较为相关,并且有关 D2D 中继提案的讨论主要集中在 2014 年的 S2 会议中(图 9-79)。

图 9-79　D2D 中继有关提案讨论

在上述提案中还是未定位到可以评述本申请的对比文件，而关键词表达很准确，均是3GPP词汇，问题可能出现在表达词汇的形式上。为了屏蔽关键词表达词汇差异，决定进入3GPP提案的会议目录中去寻找。因为3GPP自带的FTP目录下，都会通过议题列表形式汇总会议各个议题概要，目前已经确定D2D中继重选的提案在2014年，那么只要关注2014年的几次会议就可能定位到对比文件。

接下来，进入3GPP提供的FTP目录，进一步发现在该申请日前的2014年的会议共有4次（图9-80）。

```
TSGS2_101_Taipei              2014/01/27 14:41
TSGS2_101bis_Los_Cabos        2014/03/01 10:24
TSGS2_102_Malta               2014/03/31 8:22
TSGS2_103_Phoenix             2014/07/04 12:08
TSGS2_104_Dublin              2014/07/14 13:30
```

图 9-80　申请日前的 2014 年会议

每一次会议都会提供一个议题列表，如图9-81所示，下载该议题列表。

在下载的议题列表目录title栏使用"relay"过滤，直接定位近距离中继重选的议题（图9-82）。

在 S2-142594 提案中找到了可以评价本申请创造性的内容，如图 9-83 所示。

发起终端，例如，发起通信的公共安全 UE，通过近距离 UE-UE Relays 建立与目标公共安全 UE 的通信路径；在发起终端和目标终端建立起通信路径后，发起终端和目标终端可以在通信过程中重选中继，这可能是由于发现了更好的 ProSe UE-UE 中继或当前的 ProSe UE-UE 中继不可用而触发的；近距离 UE-UErelay 可以向公共安全 UE 提供状态信息进行中继选择，发起终端基于可用近距离 UE-UE 中继提供的信息和接收信号强度，从多个可用的近距离 UE-UE 中继中选择一个。

【案例小结】

当涉及通信协议申请时，在 3GPP 检索时对关键词表达准确性要求较高。在不能准确站位本领域技术人员确定关键词表达时，很难发现对比文件。可以利用搜索引擎去获取 3GPP 准确的表达，然后在 3GPP 中进行检索，通过确定该议题位于 3GPP 会议中的大概议题时间范围，并且通过会议议题内容进行筛选，克服关键词表达形式差异，从而快速定位对比文件。

www.3gpp.org / ftp / tsg_sa / WG2_Arch / TSGS2_102_Malta

sort by name/desc	sort by date/desc	sort by size/desc
Agenda	2014/03/20 6:36	
Docs	2017/11/07 19:27	
Invitation	2013/12/05 7:04	
Report	2014/07/23 14:47	
Templates	2014/03/10 10:02	
ftp-TdocsByAgenda.htm	2014/04/01 5:56	858,9 KB
ftp-TdocsByTdoc.htm	2014/04/01 5:56	835 KB
S2-102_Agenda.htm	2014/04/01 5:56	16,5 KB
SA2-102_Index_2014.zip	2014/04/02 11:46	1214,8 KB
TdocsByAgenda.htm	2014/04/01 5:56	828,2 KB
TdocsByTdoc.htm	2014/04/01 5:57	804,2 KB

图 9-81　会议议题列表

S2-142373	P-CR	Approval	eMBMS Broadcast relay support in ProSe UE-to-Network relays
S2-142374	P-CR	Approval	Cell ID announcement in ProSe UE-tO-Network. relays
S2-142390	[CR]	Approval	23.401 CR2724: GW configuration of MME Relaying function
S2-142594	P-CR	Approval	Considerations about ProSe UE-UE Relays
S2-142611	P-CR	Approval	Solution for ProSe UE-Network and ProSe UE-UE Relays
S2-142614	P-CR	Approval	Solution for Network Mode Operation via Relay (NMO-R)
S2-142616	P-CR	Approval	Solution for Direct Mode Operation via Relay (DMO-R)
S2-142852	P-CR	Approval	eMBMS Broadcast relay support in ProSe UE-to-Network relays
S2-142853	P-CR	Approval	Considerations about ProSe UE-UE Relays
S2-142924	P-CR	Approval	eMBMS Broadcast relay support in ProSe UE-to-Network relays

图 9-82　近距离中继重选的议题

After the communication path between the initiator and the target is established, the initiator and the target can re-select a relay for the communication. This may be triggered by a better ProSe UE-UE Relay is discovered or the current ProSe UE-UE Relay is not available. For example, the current ProSe UE-UE Relays disables its relay function because of the running out battery.

Proposal 1: ProSe UE-UE Relays can provide status information to public safety UEs to assist the relay selection, such as CPU load, battery usage.

Proposal 2: The initiator selects one from the multiple available ProSe UE-UE Relays based on the information provided by the available ProSe UE-UE Relays and the received signal strength.

Proposal 3: The initiator and the target can re-selects a ProSe UE-UE Relays after the communication path between them is established.

图 9-83　S2-142594 提案内容

第 10 章

化学领域典型检索案例

10.1　产品类权利要求

10.1.1　组合物

在化学领域，产品的表征方式多样，如组成、制备方法、结构参数、性能参数及用途特征。常见的结构参数有比表面积、粒径、孔径、孔容、形貌、酸量、X射线衍射数据、晶胞参数等；常见的性能参数有活性、选择性、收率、寿命等。因此，现有化学领域的产品权利要求，通常的撰写方式：仅采用组成特征进行限定，采用组成+结构进行限定，采用组成+制备方法进行限定，采用组成+用途进行限定，或者采用上述方式中的组合进行限定。以组成+用途限定的产品权利要求类型为例，检索时，一般首先需要分析用途特征是否隐含了产品具有特定的组成和（或）结构。若隐含了，则应当在基本检索要素中体现该用途限定；若未隐含，一般也会将该用途特征作为检索要素，这主要是出于提高检索效率，以及后续创造性Y类文献的检索和对产品用途权利要求的检索，通过后续再根据得到的检索结果进行适当调整。

具体地，通常可以依据组成特征和用途特征来提取、获得若干个检索要素，再将每个检索要素进行表达组合在一起，构成检索块，通过块与块的组合进行检索。检索通常包括以下步骤：①理解、分析技术方案，根据组成和用途特征来提炼出若干个检索要素进行检索，将每个检索要素的不同表达方式（如分类号和关键词）组合进行块检索，即进行全要素检索；②若经过检索未获得有效对比文件,则首先考虑省略用途特征检索要素,进行部分要素检索;③若还未找到有效对比文件,可进一步省略某些常规组分进行检索。不过在具体检索操作时,步骤②和步骤③可以根据方案的实际情况进行顺序上的调整,以便获得更优的检索效率。下面结合具体案例进行阐述。

【案例1】

发明名称:一种Ni基三元组分煤催化气化催化剂及其制备和用途

【相关案情】

我国煤炭的利用以直接燃烧为主,不仅能源利用率低,而且造成粉尘、酸雨、温室效应等污染问题。煤气化技术在高效、清洁利用煤炭资源方面有重要作用,但传统的煤气化过程反应温度高,生成气净化困难,能耗大,对设备要求高。正处于实验室研究阶段的各种新型煤气化技术被称之为第三代煤气化技术,其中包括煤的催化气化技术。与传统煤气化技术相比,该技术的显著优势为在获得高的气化反应速率的同时,能使气化温度显著降低(600~900℃),使煤的温和气化得以实现。煤催化气化技术不仅降低了气化过程的能耗及对气化炉设备材料的要求,而且利于气化过程的脱硫、除尘。因此,煤的催化气化技术越来越受到国内外研究者的重视。大量的研究结果表明,碱金属化合物尤其是钾、钠的碳酸盐,碱土金属及过渡金属的盐都是催化气化很好的催化剂。目前,已开发的双组分催化剂有 $NaCl-Na_2SO_4$、$LiF-Li_2CO_3$、$NaCl-Na_2CO_3$、$KCl-K_2CO_3$,三组分体系的复合催化剂有 $Li_2CO_3-Na_2CO_3-K_2CO_3$、$Na_2SO_4-NaCl-Na_2CO_3$。据报道,甲烷化反应是煤制天然气的主要反应,金属镍(Ni)是甲烷化催化剂中最常用的活性组分。然而,以Ni为基质的煤催化气化制天然气的多元催化剂鲜有报道。

因此,本领域迫切需要开发出一种新型高效的以Ni为基质的复合煤催化气化催化剂。该催化剂不仅能够提高气化效率,而且能够加速天然气的生成,推进煤催化气化制天然气向工业化迈进。

本发明以沉积沉淀法将多种有效活性组分沉积于碳基材料上,主催化剂的有效成分为Ni,作用是促进甲烷化反应;所添加的一种B组分主要是为了加速水煤气变换反应,提高 H_2 含量,以便与碳发生反应生成甲烷;另一种C

组分主要是为了吸收气化中产生的酸性物质，如 CO_2、H_2S 等。该作用对气化工艺有利，同时该组分还具有的显著作用是钝化煤中存在的矿物质，如高岭土，从而起到避免催化剂失活的效果。这为后续催化剂的回收和循环利用提供了有效保障，从而使煤催化气化制天然气实现工艺化生产，解决现有技术中存在的问题。

本申请的主要权利要求：

权利要求1. 一种三元组分煤催化气化催化剂，其特征在于所述的催化剂中包含A组分、B组分、C组分及煤基材料。A组分中的金属物种在催化剂中的质量分数为1%～10%，B组分中的金属物种在催化剂中的质量分数为0.5%～2%，C组分中的金属物种在催化剂中的质量分数为0.5%～2%，催化剂中的其余成分主要为煤基材料，催化剂的粒径为60目～100目；其中，所述的煤基材料为褐煤、烟煤、焦炭、石油焦或无烟煤中的一种；A组分为$Ni(NO_3)_2$、$NiCl_2$、$NiSO_4$、$Ni(Ac)_2$中的一种或多种组合；所述B组分为可溶性的锰盐、铬盐或锌盐。C组分为可溶性钙盐、钡盐、镁盐或铈盐。

【检索策略分析】

本申请关键技术在于将催化剂三元活性组分锚定于煤基材料上，煤基材料上表面功能团与催化剂组分有较强相互作用力。在气化反应中，与单组分相比，三元组分具有更低的熔点，易转变为液态，能够快速渗透到煤基材料的孔隙中，同时有效组分A中Ni具有较强的甲烷化能力。B组分呈现出较好的水煤气变换能力，增加了氢气的产生，有利于碳与氢气直接发生反应生成甲烷。另外，C组分能吸收体系产生的CO_2，打破平衡控制，有利于后续的气体净化，C组分还具有钝化煤中的高岭土等矿物质的作用，避免催化剂的失活，这为后续催化剂的回收和循环利用提供了有效支撑。权利要求1要求保护一种三元组分煤催化气化催化剂，其中限定了催化剂的组成和含量，体现了本发明解决技术问题的关键技术手段。

本申请分类员给出的分类号如下：B01J31/28（包含氢化物，配位配合物或有机化合物的铂系金属、铁系金属或铜催化剂），B01J27/25（包含硝酸盐的催化剂），B01J31/32（包含氢化物，配位配合物或有机化合物的锰、锝或铼的催化剂），C10L3/08（合成天然气的生产）。其中，B01J31/28、B01J31/32、

B01J27/25均属于催化剂组成的相关分类号,能一定程度上表达催化剂的组成。C10L3/08则是应用分类位置,即涉及生产合成天然气,该分类号相对比较准确,可以较好地代表本申请的技术领域。

结合上述分析及原始记载可以发现,本案例涉及一种煤催化气化催化剂,包括4种组分,其初步判断是以A组分Ni为主催化剂,添加B组分和C组分作为助催化剂。煤基材料主要起到支撑体作用,即作为载体。结合上述催化剂组合物检索策略,首先在检索时,需要判断上述组分是否都需要作为检索要素。

具体地,首先在专利库中对申请人/发明人进行追踪检索,以及通过简单的试探性检索以更好地了解现有技术。通过初步检索知晓,Ni元素是煤催化气化的常用活性组分。同时发现,煤基材料作为载体的现有技术文献非常少。因此,初步判断应将煤基材料确定为检索要素之一。

同时,根据前述申请文件对于多组分的作用阐述,预期若是存在X文件的话,应同时包括上述4种组分。因此,初步确定检索要素为"煤气化催化剂""A组分""B组分""C组分""煤"。在中文专利库中,对要素"煤气化催化剂"采用分类号C10L3/08(合成天然气的生产)进行表达,对其余要素采用关键词进行表达,对各要素表达相与进行全要素检索(技术领域+4种组分)。还分别采用催化剂组成分类号(B01J31/28、B01J31/32、B01J27/25),结合技术领域煤气化的关键词进行检索。经过初步检索,并未获得合适X类对比文件。

此时,按照前述的检索步骤,调整检索思路。该催化剂涉及组分较多,可能现有技术中很难获得一篇公开全部组分的X类型文献,因此,调整后希望可以检索获得两篇Y类型对比文件。另外,若是检索Y类型对比文件,通常考虑到结合启示问题,需要两篇文献的技术领域比较接近,因此,调整检索时,优先采用保留用途特征,而省略催化剂某些组分。预期最接近的现有技术:相同技术领域,公开了Ni、煤基材料;另外一篇文献则公开:相同技术领域,包括A组分和B组分,同时A、B组分所起的作用与本申请相同,即给出了技术启示。

依据上述检索思路,经检索获得对比文件1(CN103566937A),其公开了一种煤催化气化催化剂。该催化剂中金属组分 Ni 的含量占碳基材料质量的 2%～8%，催化剂的粒径在 60 目～ 100 目。所述的碳基材料（煤基材料）为褐煤、烟煤、焦炭、石油焦或无烟煤中的一种。对比文件 2（CN103706370A），公开了一种煤制天然气高温甲烷化催化剂，包括载体、活性组分和助剂，载体为 CeO_2、Al_2O_3 和 ZrO2 的复合物，活性组分为 Ni，第一助剂为碱土金属氧化物 CaO 和 MgO 中的一种或两种；第二助剂为过渡金属氧化物 Cr_2O_3 和 MnO 中的一种或两种；并指出以碱土金属氧化物 CaO 和 MgO 中的一种或两种为第一助剂，改善载体的表面酸性，抑制催化剂的积碳。以 Cr_2O_3 和 MnO 中的一种或两种为第二助剂，有助于提高 NiO 颗粒的分散性，促进 NiO 的还原，进而提高催化剂的活性。通过阅读发现，对比文件 2 中 A、B 组分所起的作用与本申请相同，因此，可以采用对比文件 1 和对比文件 2 作为有效对比文件。

【案例小结】

从上述案例可以看出，以组成 + 用途限定的产品权利要求类型为例，检索时，一般首先需要分析用途特征是否隐含了产品具有特定的组成和 / 或结构。若隐含了，则应当在基本检索要素中体现该用途限定；若未隐含，一般也会将该用途特征作为检索要素，这主要是出于提高检索效率，以及后续创造性文献的检索和对产品用途权利要求的检索，通过后续再根据得到的检索结果进行适当调整。

【案例 2】

发明名称：低含水率脱水污泥超临界水气化制氢用复合催化剂及其应用

【相关案情】

本发明属于脱水污泥超临界水气化制氢用复合催化剂领域。污水厂污泥作为污水处理的终端产物，其产量逐年增加。同时，污泥含水率较高，成分复杂，不仅含有大量的有机质、氮磷等营养盐，还含有致病菌、重金属及持久性有机污染物等，处理不当会造成严重的环境危害。因此，如何实现污泥的无害化、减量化、资源化成为研究者们关注的焦点。因超临界水气化处理技术可直接湿污泥进料而无需预干燥处理，同时可将污泥中的有机物质转化为氢气等清洁能源进行利用，备受学者的普遍关注。然而，在使用低含水率脱水污泥直接进行超临界水气化处理过程中，会生成焦炭并抑制气化，存在产气量和产氢量较低的问题，难以进行能源化利用。因此，选择或开发合适的催化剂提高产氢量是技术应用的关键，而目前缺乏适用于低含水率脱水污泥的高效产氢催化剂。

本发明的目的是克服现有技术的不足，提供一种低含水率脱水污泥超临界水气化制氢用复合催化剂及其应用。该复合催化剂在低含水率脱水污泥超临界水气化制氢过程中具有良好的应用前景，可在低温条件下实现高效催化，制取富氢气体。

本申请的主要权利要求：

权利要求1. 低含水率脱水污泥超临界水气化制氢用复合催化剂，其特征在于，包括按照质量份数计的如下原料：活性镍50～75份、固碳剂25～50份；还包括不超过20质量份的碱金属盐；其中，所述固碳剂为NaOH、KOH、Ca（OH）$_2$、CaO、CaSiO$_3$或Na$_2$SiO$_3$中的一种；所述活性镍为雷尼镍或还原镍粉中的一种；其中所述碱金属盐为K$_2$CO$_3$、Na$_2$CO$_3$或NaHCO$_3$中的一种。

【检索策略分析】

本申请涉及一种脱水污泥超临界水气化制氢用复合催化剂，该催化剂是针对低含水率脱水污泥产氢量较低的问题所开发的复合催化剂，能有效促进气化，提高气化效率，减少焦炭含量，催化效率高，操作简单。通过该复合催化剂的使用，在5%添加量条件下，可生成高达88%的富氢气体，有效提高了氢气化效率，催化效果显著。该复合催化剂可在较低反应温度下（400℃）催化低含水率脱水污泥产氢，催化效率高，大大节省成本。因此，该复合催化剂的组成是本申请的关键技术手段。权利要求1要求保护一种低含水率脱水污泥超临界水气化制氢用复合催化剂，其中限定了催化剂的组成和含量，体现了本发明解决技术问题的关键技术手段。

首先，本申请分类员给出的分类号：B01J25/02（雷内镍催化剂），B01J23/755（包含镍或镍氧化物或镍氢氧化物的催化剂），C01B3/32（用气态或液态的有机化合物与气化物反应），C02F11/00（污泥的处理、其装置）。其中，B01J25/02、B01J23/755属于催化剂组成的相关分类号，能一定程度上表达催化剂的组成。C01B3/32、C02F11/00则是涉及本申请的应用领域，该分类号相对比较准确，可以较好地表示本申请的技术领域。

结合技术方案及申请文件可以发现，本案例涉及一种脱水污泥超临界水气化制氢催化剂，包括3类组分：镍、固碳剂和碱金属盐，初步判断是以镍为主催化剂，固碳剂和碱金属盐作为助催化剂。检索第一步，提取检索要素，需要通过站位本领域判断上述组分是否都需要作为检索要素。

基于申请文件，申请人强调的是多种催化剂组分的复合，预期若是存在X文件的话，应同时包括上述3类组分。同时，结合催化剂组合物检索策略，通常包括用途特征的产品，一般会首先将用途也作为检索要素，以便提高检索效率。因此，初步确定检索要素为水气化制氢、镍、固碳剂和碱金属盐。对要素"水气化制氢"采用分类号（C01B3/32、C02F11/00）进行表达，对其余要素采用关键词（镍/Ni，固碳剂/NaOH/KOH/Ca(OH)$_2$/CaO/CaSiO$_3$/Na$_2$SiO$_3$/氢氧化钠/氢氧化钾/氢氧化钙/氧化钙/硅酸钙/硅酸钠，碱金属盐/K$_2$CO$_3$/Na$_2$CO$_3$/NaHCO$_3$/碳酸钾/碳酸钠/碳酸氢钠）进行表达，先采用全要素检索（技术领域+3类组分）进行检索。但经过初步检索，并未获得合适X类对比文件。再进行部分要素检索组合和调整，在专利库中均未获得合适对比文件。

本申请为高校申请，考虑到高校申请通常会将研究成果以论文形式公布，因此，为了提高检索效率，此时转入非专利数据库进行检索。首先是对发明人进行追踪，具体选择ISI web of Knowledge数据库，对发明人追踪检索获得对比文件1：Influence of NaOH and Ni catalysts on hydrogen production from the supercritical water gasification of dewatered sewage sludge[1]。其公开了一种脱水污泥超临界水气化制氢用催化剂，其包括还原镍粉和NaOH（对应于固碳剂）。其中，NaOH的质量含量依次可为1.25%（质量分数）、1.67%（质量分数）、2.50%（质量分数），镍的质量含量对应依次为3.75%（质量分数）、3.33%（质量分数）、2.50%（质量分数）。其中，脱水污泥的含水量为77.05%（质量分数）、77.91%（质量分数）、87.75%（质量分数）、88.51%（质量分数）、86.29%（质

---

[1] M. Gong, W. Zhu, H.W. Zhang, et al. Influence of NaOH and Ni catalysts on hydrogen production from the supercritical water gasification of dewatered sewage sludge[J]. International journal of hydrogen energy, 2014, 39:19947-19954.

量分数）（低含水率脱水污泥）。同时，还可获得另外一篇对比文件2：Direct gasification of dewatered sewage sludge in supercritical water. Part 1: Effects of alkali salts[1]，该篇文献公开了一种用于脱水污泥超临界水气化制氢的催化剂，具体可为 NaOH、KOH、K_2CO_3、Na_2CO_3、$Ca(OH)_2$，并指出 NaOH、KOH、K_2CO_3、Na_2CO_3 可以抑制焦炭生成，有利于提高水气变换反应、脱水污泥水解，提高水中可溶性有机物的量，从而增加氢气收率。经过浏览阅读，可以发现对比文件1是相同的技术领域，且已经公开了其中的两类组分（镍和固碳剂），唯一区别技术特征就是本申请还包括碱金属盐。而恰好对比文件2公开了碱金属盐也可以用于该领域的催化剂，且所起作用也是可以增加氢气收率。因此，可以将上述两篇文献组合对申请进行创造性评述。

另外，ISI web of Knowledge 数据库关于作者追踪有不同的检索入口，一种如图10-1所示，但使用该入口检索时，由于作者姓名的输入方式有多种，如结合本案例，有 Gong m.，Gong miao，m Gong，miao gong 等，因此，在输入框输入时需要输入多种形式，工作量比较大。

图 10-1　ISI web of Knowledge 数据库作者检索入口

另外，ISI web of Knowledge 数据库中还有一个专门的作者检索入口，具体选择数据库 Web of Science 核心合集，下面有一个作者检索。其中，对于作者姓名有一个整理汇总，这样就不用输入很多作者姓名的不同形式，具体如图10-2所示。因此，实际检索时，在进行发明人追踪时，采用专门的核心合集中的作

---

[1] Z.R. Xu, W. Zhu, M. Gong, et al. Direct gasification of dewatered sewage sludge in supercritical water. Part 1: Effects of alkali salts[J]. International journal of hydrogen energy, 2013, 38:3963-3972.

者检索入口进行追踪更为简便，因为这样可以省略不同名字的撰写表达。

图 10-2　ISI web of Knowledge 数据库作者检索入口

另外，在非专利库中检索时，也可以直接在非专利数据库百度学术中进行检索，具体根据上述检索要素分析。首先也是采用全要素进行检索，选用关键词：Ni、NaOH、hydrogen、supercritical water gasification、sewage sludge，也同样可以检索获得对比文件 1 和对比文件 2，百度学术中对比文件出现在第 1 页，前两篇为对比文件，检索十分高效，具体参见下图 10-3。

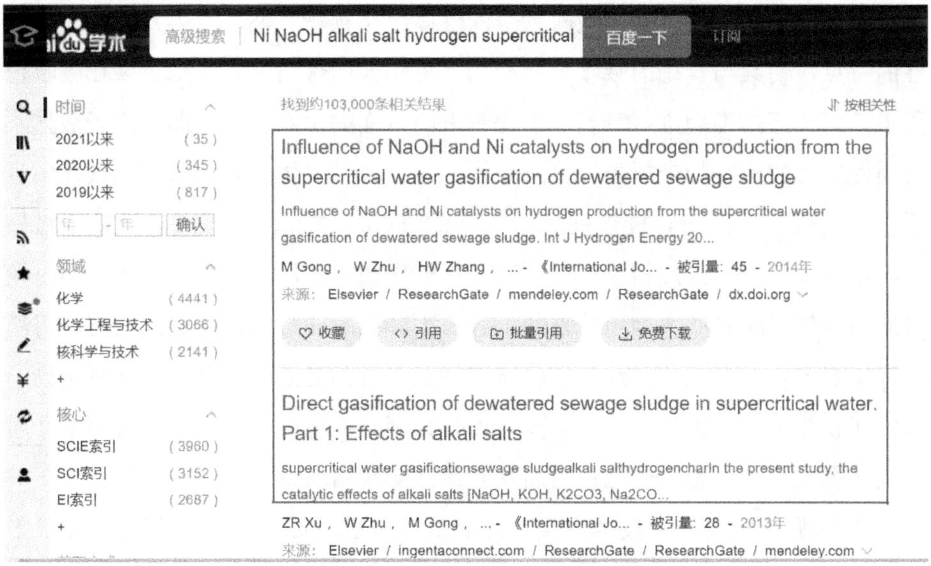

图 10-3　百度学术检索示例

【案例小结】

实际检索时，对于涉及高校申请的案件，选择检索策略时应首先注重申请人、发明人的追踪检索。若运用得当，可以大大提高检索效率。另外，发明人追踪时，存在不同的检索数据库和检索入口，也应根据数据库的特点进行选择，具体如在英文数据库 ISI web of Knowledge 中进行追踪检索时，可选择使用其核心合集下的作者检索专门入口，因其进行作者名字表达的统一后台标引，检索更高效便利。

【案例3】

发明名称：一种硅胶固载功能化离子液体吸附剂、制备方法及应用

【相关案情】

本发明涉及一种硅胶固载功能化离子液体吸附剂、制备方法及应用，属于材料领域和气态污染物治理技术领域。硫化氢（H_2S）是存在于沼气、天然气及炼厂气中的有害成分，腐蚀设备、输送管路，影响后续加工过程，对环境造成极大的污染。近年来，随着环保要求的日益严格以及科学的日益发展，对去除有害气体的吸收剂性能的要求也日益严格，要求吸收剂具有吸收效率高、成本低、可再生循环利用、绿色环保等优点。在发展"低碳经济"的大背景下，离子液体已经作为一种新的吸收剂引入气体净化领域。离子液体几乎没有挥发性的特点，使其与传统的吸收溶液相比具有先天的优势。这主要体现在吸收过程中，离子液体不会进入气相，由此带来两方面的优点：一方面，离子液体不会因为自身的挥发带来损失；另一方面，净化后的气体及解吸得到的气体中也不会含有吸收液组分，能够得到较纯净的气体。然而，离子液体通常价格昂贵、粘度较高，作为液相脱硫剂，其存在转移损失和压力损失等缺点，同时较大的用量使得脱硫成本提高，限制了其在工业上的应用。针对这些问题，将离子液体通过各种方法负载到特定载体材料上，得到的固载化离子液体兼具离子液体和载体材料的优势，用于分离过程时有利于提高气体吸收与脱吸速率，增大气体吸收量，更易工业化，因而具有良好的应用前景。

本发明是通过以下技术方案实现的：一种硅胶固载功能化离子液体吸附剂，其特征在于吸附剂含有功能化离子液体和硅胶，其中功能化离子液体占硅

酸酯质量的 1%～10%，即功能化离子液体固载于硅胶凝胶形成的硅胶孔中，形成硅胶固载功能化离子液体吸附剂。

本申请的主要权利要求：

权利要求 1. 一种硅胶固载功能化离子液体吸附剂，其特征在于，所述吸附剂含有功能化离子液体和硅胶，其中功能化离子液体占硅酸酯质量的 1%～10%，即功能化离子液体固载于硅胶凝胶形成的硅胶孔中，形成硅胶固载功能化离子液体吸附剂；其中，所述功能化离子液体包括咪唑型金属基离子液体和有机胺型金属基离子液体，其结构如下：

咪唑型金属基离子液体的结构式：

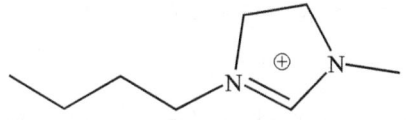

MX^-　　　(M=Fe,Cu,Zn,Mn,Co；X=Cl,Br)

有机胺型金属基离子液体的结构式为：

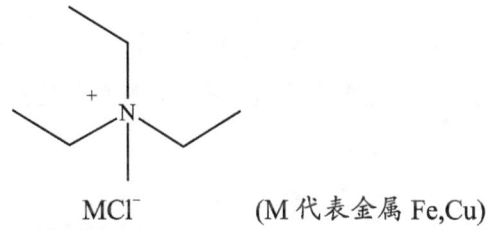

MCl^-　　　(M 代表金属 Fe,Cu)

【检索策略分析】

该技术方案的撰写方式是化学组合物典型的组成限定型。此类型技术方案进行检索时，通常包括以下检索步骤：①通过根据组成来提炼出检索要素进行检索，将每个检索要素的不同表达方式（如分类号和关键词）进行组合进行块检索；②若还未找到有效对比文件，可进一步省略某些组分，进行检索。

本案技术方案的提出是为了解决现有离子液体液相吸收剂成本高、粘度大、工艺操作困难等问题，该吸附剂是通过结合离子液体和硅基材料的双重特性，采用超声水浴处理粘度高的离子液体的溶胶凝胶过程，从而制得吸附剂，该吸附剂在脱除硫化氢方面表现出高效的吸附性能，且再生简单，生产成本低，有利于工业化应用推广。综上，可以得出本案采用的关键技术手段是将硅胶和离子液体复合。

因此，实际检索时，基于对技术方案的理解，提取的检索要素是硫化氢吸附、离子液体、硅胶。首先，在专利库中采用全要素进行检索，并未获得有效对比文件。再次采用部分检索检索，去除技术领域硫化氢吸附，也未获得有效对比文件。再次调整检索思路，基于目前检索结果，发现上述两种离子液体种类均是本领域用于吸附硫化氢的常规离子液体，但现有技术中并未有该技术方案中特定种类的离子液体与硅胶的复合。考虑到现有技术中可能存在其他种类离子液体与硅胶的复合，且硅胶所起的作用与本技术方案中所起的作用相同，则可以通过两篇对比文件进行创造性评述。按照该检索思路进行检索，在非专利库获得3篇有效对比文件：

D1，有机胺型铁基离子液体的 H_2S 吸收和再生性能；[1]

D2，[bmim]$FeCl_4$ 离子液体催化氧化硫化氢的研究；[2]

D3，硅胶固载咪唑离子液体的制备及二氧化碳吸附性能。[3] 综上，可以分别采用 D1+D3，以及 D2+D3 针对上述两种离子液体种类进行创造性评述。

【案例小结】

对于组成限定的化学组合物权利要求，通常检索重点是针对具体组成进行检索，优先进行全要素检索，再进行部分要素检索。不过，应格外注意根据检索结果合理预期对比文件内容，方能高效进行部分要素组合。

【案例4】

发明名称：一种包含酯类增塑剂的 PVC 组合物

【相关案情】

增塑剂是增加材料的柔韧性、揉曲性、可塑性或流动性的添加剂。增塑剂通常用来将塑料的热塑性范围改变至更低的温度，从而在更低的加工和使用温度范围下获得所需的弹性性质。目前，软质/半软质 PVC 制品是增塑剂的主要消费方向。当前，主流增塑剂根据化学结构可分为脂肪族二元酸酯类，苯

---

[1] 马云倩,王睿.有机胺型铁基离子液体的 H_2S 吸收和再生性能[J].高等学校化学学报,2014,35(4): 760-765.
[2] 王建宏,朱玲.[bmim]$FeCl_4$ 离子液体催化氧化硫化氢的研究[J].天然气化工（C1化学与化工）,2012,37(6): 29-32.
[3] 张虎,朱佳媚,何凯哥,等.硅胶固载咪唑离子液体的制备及二氧化碳吸附性能[J].现代化工,2011,31(11):45-48.

二甲酸酯类（包括邻苯二甲酸酯类、对苯二甲酸酯类），苯多酸酯类，苯甲酸酯类，多元醇酯类，柠檬酸酯类，聚酯类等多种。然而，这些产品或者由于环境激素破坏内分泌系统而对人体有害，或者加工性、耐寒性、挥发减量、迁移损失、热稳定性等方面在改善产品物理性能上具有局限。现有技术中酯类增塑剂的烷基醇碳原子数一般为 9 个以下，并且以使用单一烷基醇合成酯为主流，少数复配使用烷基醇时平均碳原子数也小于 9 个，其原因在于 9 个以上碳原子烷基醇合成的酯类增塑剂虽然挥发性降低，但力学性能不好。此外，增塑剂领域虽然有半经验的理论，但可预期性不强，这也是制约增塑剂开发的瓶颈。本申请使用平均碳原子数为 9～12 个的烷基醇合成酯类增塑剂时，所得 PVC 组合物的力学性能、耐寒性能、低挥发性能等具有显著的改善。

本申请的权利要求 1：

权利要求 1. 一种 PVC 组合物，其包括如下组分：PVC 100 份，热稳定剂 3～8 份，酯类增塑剂 20～60 份，辅助增塑剂 5～10 份，加工助剂 2～5 份，光稳定剂 0.5～5 份，抗冲改性剂若干，所述酯类增塑剂通过使下述（a）与（b）反应获得：

（a）醇混合物，由具有平均碳数为大于 10 至小于 12 的醇的混合物的反应而制得，所述平均碳数通过下式确定：

$$C_n = \frac{\sum_{i=j}^{i=z} X_i Cn_i}{\sum_{i=j}^{i=z} X_i}$$

其中 X_i 是醇（i）的摩尔份数；Cn_i 代表醇（i）中的碳原子数；j 是所述酯的醇基中的最低碳数并且必须至少为 8；z 是醇中的最高碳数并且最多为 15；且至少是 4 种以上的烷基醇混合，优选至少 5 种以上的烷基醇混合；

（b）多元羧酸或其酸酐，所述多元羧酸选自由苯六甲酸、偏苯三酸、均苯四酸、苯连三酸、均苯三酸、萘三甲酸、蒽三甲酸、联苯三甲酸及其混合物及上述酸的位置异构体组成的组。

【检索策略分析】

本申请所要解决的技术问题是现有增塑剂在加工性、耐寒性、挥发减量、迁移损失、热稳定性等方面存在不足，采用的关键技术手段是使用平均碳原子数为 9～12 个的烷基醇合成酯类增塑剂，且该增塑剂用于含氯树脂组合物（特别是 PVC 组合物）时具有改进的力学性能和耐寒性能，特别是具有较低的挥发性能，如软化温度可以在 −42～−48℃，175℃、60min 挥发量为 1.2%～2.5%，175℃、60min 挥发量为 3.2%～4.8%。

本申请分类员给出了如下分类号：C08L27/06（氯乙烯的均聚物或共聚物）、C08L91/00（油、脂肪或蜡的组合物；其衍生的组合物）、C08L33/04（酯的均聚物或共聚物）、C08K13/02（有机和无机配料）、C08K5/12（环状多羧酸的有机配料），但上述分类号并未涉及增塑剂。

根据本申请所属的技术领域、解决的技术问题、采用的技术手段和达到的技术效果确定检索要素如下，检索要素 1：酯类增塑剂；检索要素 2：碳原子数为 9～12 个的烷基醇混合物；检索要素 3：多元羧酸或其酸酐。

审查员在中文库和外文库中进行检索。首先在中文库中利用关键词"增塑"表达技术领域，与 C08L33/04、"烷基醇""羧酸或酸酐"相与进行检索，并未得到合适对比文件。但通过对现有技术的检索发现，增塑剂的合成通常分入 C07C69，C07C67 下，然后在分类表中查找到分类号 C07C69/76（酯化的羧基连接六元芳环碳原子的羧酸酯的增塑剂）和 C07C67/08（羧酸或对称酐与有机化合物的羟基或氧-金属基反应的增塑剂），在 S 系统中的外文数据库（Virtual or Logical Database，简称 VEN）中将 IPC 分类号 C07C67/08 和 C07C69/76 进行相或构建块，然后将 "Volatile weight loss" "migration" 和 "cold resistance" 相或构建块，两者相与得到 44 个结果，浏览可获得对比文件 JP2017048308A。

【案例小结】

本申请的检索对象是一种包含酯类增塑剂的 PVC 组合物，通常分类员会从整体上给出以 PVC 为主要组分的分类号，但本案的核心发明构思在于酯类增塑剂，审查员经过浏览得到了更为准确的分类号，然后基于该分类号进行检索并利用相关性能效果限定将结果数缩限在合理的范围内。另外，对于此类案件，通常还可以采用统计的方法来确定更为准确的分类号，进而进行针对性的检索。

【案例5】

发明名称：高温自修复型漆面防护膜涂层、制备方法及使用方法

【相关案情】

现有技术中的漆面保护膜主要包括传统的 PVC 塑料片、升级型的 OPVC 塑料布、PU 单层聚酯薄膜及单层 TPU 聚氨酯涂层。虽然上述保护膜材料具有各自的优点，例如，传统的 PVC 塑料片质感柔软，材质比较厚且价格便宜；升级型的 OPVC 塑料布柔软度增强，具备透光性，材质变薄，可以抵抗轻微划擦；PU 单层聚酯薄膜可以局部修复轻微划擦，具备一定延展性；单层 TPU 聚氨酯材质具有较好的力学性能和物理性能，但是上述保护膜对于刮擦的损伤修复能力较弱，无法应对较为严重的损伤。

本申请的权利要求1：

一种高温自修复型漆面防护膜涂层，包括以下重量份数的原料组分：丙烯酸树脂基体 50～95 份；丙烯酸树脂用固化剂 0.5～35 份；含有液态丙烯酸树脂的微胶囊 3～40 份；催化剂 0.1～3 份。其损伤修复原理：当涂层由于刮擦在其内部产生微裂纹后，微裂纹扩展破坏微胶囊的囊壁或者通过高温加热破坏囊壁，微胶囊中的液态丙烯酸树脂被释放出来填充到裂纹中，高温下与在催化剂的引发和催化作用下发生聚合反应，粘结裂纹，达到修复的目的。

【检索策略分析】

本申请所要解决的技术问题是现有的单层 TPU 聚氨酯材质保护膜对于刮擦损伤的修复能力较弱，无法应对较为严重的损伤。所采用的关键技术手段是加入含有液态丙烯酸树脂的微胶囊，该微胶囊在微裂纹的扩展下被破坏，其中的丙烯酸树脂被释放出来，在高温下聚合，以起到粘结裂纹，达到修复的目的。

本申请的分类员给出的分类号为 C09D133/08（以丙烯酸酯的均聚物或共聚物为成膜物质的涂料组合物），C09D133/10（以甲基丙烯酸酯的均聚物或共聚物为成膜物质的涂料组合物），C09D133/12（以甲基丙烯酸甲酯的均聚物或共聚物为成膜物质的涂料组合物），C09D133/14（以含有卤、氮、硫或除羧基氧之外氧原子的酯为成膜物质的涂料组合物），C09D143/04（以含硅单体的均聚物或共聚物为成膜物质的涂料组合物）。

根据本申请所属的技术领域、解决的技术问题、采用的技术手段和达到的技术效果确定检索要素如下，检索要素1：自修复涂层；检索要素2：含有聚合物单体的微胶囊；检索要素3：催化剂；检索要素4：固化剂。

审查员首先核实了本申请的分类号，发现其均为表达出通过微胶囊、催化剂和固化剂来修补裂纹的技术构思，在中文库中采用"微胶囊""催化剂"和"固化剂"与IPC分类号C09D（涂料组合物）相与检索，并未得到合适的对比文件，但相关文献给出了分类号B29C73/22，查询相关CPC分类号的定义可知：

B29C73/00 用塑料或塑性状态物质制成的制品的修整，例如用本小类或B29D小类所涉及的技术或成型生产的制品（｛轮胎内壁部分的入B60C5/142；｝轮胎的翻新入B29D30/54；修补管子或软管泄漏的装置入F16L55/16）

B29C73/16 · 自动修整或自封装置或剂｛（轮胎上或内部包含自动修整或自封装置或自密封剂入B29D30/0685）｝

B29C73/163 · · ｛密封组合物或剂，例如，与促进剂结合｝

B29C73/22 · · 制品含有包括自封组分的元件，例如，当制品损坏时，释放出粉末

审查员基于上述CPC分类号的含义判断，含有引发剂或催化剂的自修复塑性材料可入B29C73/163，含有微胶囊的自修复塑性材料可入B29C73/22。同时，从本申请的背景技术了解到，自修复涂膜也是一种具有塑性状态的物质。考虑到CPC的多重分类原则，在VEN数据库中采用上述两个CPC分类号相与，之后再用"coat+"或"paint?"进行缩限，得到37个结果，浏览可获得对比文件US2007/0166542A1。

【案例小结】

本案的检索对象是一种自修复涂层，审查员在涂料领域并未检索到合适的对比文件，后通过浏览找到了相关应用领域的分类号，然后基于此扩展至CPC分类号进行检索，且采用多角度的CPC相与进行检索，大大提高了检索

效率。从该检索过程也可以看出,在平时进行检索的时候,除了使用技术领域的分类号外,还应该将检索范围扩展至应用领域或功能领域。

【案例6】

发明名称:涂料组合物和涂布有所述涂料组合物的涂装金属板、金属容器和金属盖

【相关案情】

金属容器或金属盖的有机涂膜可防止由于内容物等引起的金属基体的腐蚀,并且,金属容器经受如缩幅加工、焊接加工或盖的卷边加工等机械加工,具有易开盖的金属盖(以下,可称为"EOE")还进行如开槽加工(scoring)或铆接加工等严格的加工。因此,用于金属容器或金属盖的涂料组合物需要优异的耐腐蚀性和加工性。为了满足上述要求,现有技术中提出了各种聚酯系涂料组合物。然而,对于聚酯涂料而言,聚酯树脂玻璃化转变温度的下降不能满足如耐腐蚀性、耐刮擦性、耐粘连性和耐蒸煮性等金属容器或盖所要求的涂膜性能。为了解决该技术问题,本申请提供一种包含混合聚酯树脂、交联剂和固化催化剂的涂料组合物,所述混合聚酯树脂包含有 2~50mg KOH 和 35~100℃的玻璃化转变温度(T_g)的聚酯树脂(A),以及具有 0~50mg KOH 和 -20~25℃的玻璃化转变温度的聚酯树脂(B)的混合物。

本申请的权利要求1:

一种涂料组合物,其包含混合聚酯树脂、交联剂和固化催化剂,所述混合聚酯树脂包含具有 2~50mg KOH 和 35~100℃的玻璃化转变温度(T_g)的聚酯树脂(A)与具有 0~50mg KOH 和 -20~25℃的玻璃化转变温度(T_g)的聚酯树脂(B)的混合物。

【检索策略分析】

本申请所要解决的技术问题是现有聚酯涂料中聚酯树脂玻璃化转变温度的下降不能满足如耐腐蚀性、耐刮擦性、耐粘连性和耐蒸煮性等金属容器或盖所要求的涂膜性能;采用的关键技术手段是通过两种聚酯树脂的搭配使用,得到一种耐经时脆化性、加工性、耐腐蚀性、耐刮擦性、耐粘连性和耐蒸煮性优异的涂料组合物。

本申请的分类员给出的分类号为C09D167/00〔基于由主链中形成1个羧酸酯键的反应得到的聚酯的涂料组合物（基于聚酯-酰胺的入C09D177/12；基于聚酯-酰亚胺的入C09D179/08）；基于此种聚合物衍生物的涂料组合物）〕，B05D7/14（对金属的涂覆，如车身），B05D7/24（涂布特殊液体或其他流体物质），B32B15/09（含有聚酯的由金属组成的层状材料），B65D25/00（其他种类或形式的刚性或半刚性容器的零部件），B65D25/14（衬里或内部涂层），C09D7/12（包含其他添加剂的涂料组合物），C09D161/06（以酚醛树脂为成膜物质的涂料组合物），C09D161/20（以醛或酮只与含有氢连接到氮上的化合物的缩聚物为成膜物质的涂料组合物）。

根据本申请所属的技术领域、解决的技术问题、采用的技术手段和达到的技术效果确定检索要素如下，检索要素1：涂料；检索要素2：具有2～50mg KOH和35～100℃的玻璃化转变温度（Tg）的聚酯树脂（A）；检索要素3：具有0～50mg KOH和−20～25℃的玻璃化转变温度（Tg）的聚酯树脂（B）。

审查员通过查阅IPC分类号C09D167/00及其关联的CPC分类号发现，其组合码Csets分类号中存在C08L67/00和C08L2666/18，分别表示聚酯树脂组合物以及聚合物共混物中另一种物质为聚酯树脂。因此，在SIPOABS数据库中采用上述分类号进行检索，首先利用Csets分类号C09D167/00（以聚酯树脂为基体的涂料）、C08L67/00（聚酯树脂组合物）、C08L2666/18（聚合物共混物中另一种物质为聚酯树脂）相与，然后利用T_g进行缩限得到19个结果，经浏览可获得对比文件US6184311B1。

【案例小结】

审查员在本案的检索过程中直接通过IPC分类号查阅获取Csets组合码，然后通过组合码的组合来表示本申请权利要求1所要求保护的组合物。由该检索过程可知，对组合物发明而言，根据组成成分采用Csets分类号进行检索，能够准确表达关键词难以表达的检索要素，也能够大大提高检索效率。

【案例7】

发明名称：一种低温固化水性玻璃涂料及其制备方法

【相关案情】

目前玻璃涂料大多为溶剂型涂料，应用时需使用对人体和环境有害的苯、甲苯、二甲苯等含苯溶剂；另外，有的涂料的粘接强度低，对各种玻璃材质产品的附着力较小，故而不适用玻璃材质产品的应用。而目前市面上水性改性环氧树脂涂料却存在耐水差、施工固化温度高的缺点。本申请研究一种水性环保型玻璃用低温涂料，是陶瓷高温彩釉与水性涂料相互结合的产物，是两个不同领域中的技术有机融合的新成果。该涂料在常温下可直接喷涂在玻璃制品表面，实现热固化，形成高品质的封釉玻璃制品。本发明的具体技术方案如下："一种低温固化水性玻璃涂料，其特征在于：由下述原料按质量百分比制备而成：改性水性环氧树脂15%～60%，水性聚氨酯树脂0～10%，氨基树脂0～10%，颜填料0～35%，助剂0～2%，余量为稀释剂；"

"其中所述改性水性环氧树脂是由下述原料按质量百分比制备而成：混合溶剂 10.0%～30.0%，环氧树脂15.0%～40.0%，混合单体5.0%～30.0%，引发剂0.01%～1.0%，中和剂0.1%～5.0%，氨基改性硅烷0.1%～5.0%，水10.0%～30.0%；所述混合单体为丙烯酸类、不饱和酰胺、乙烯基类中至少两种。"

本发明具有以下有益效果：

权利要求1.本发明制备的水性玻璃涂料，可以在常温下直接喷涂在玻璃制品的表面进行热固化，即可生产出高品质的封釉玻璃制品。

权利要求2.本发明制备的改性水性环氧树脂的稳定性强，可以稳定存放一年；并且具有良好的常温自交联特性，可以无需或者少量添加氨基树脂、改性胺等固化剂即可获得综合性能极佳的涂料涂层。

权利要求3.由于本发明中采用含功能基团的丙烯酸酯单体接枝环氧树脂，接枝单体中引入多种官能团，这些官能团不仅可以实现环氧的水性化，而且具有良好的常温自交联性质，提高涂料的稳定性。另外，本发明制备的水性玻璃涂料与以往的水性玻璃烤漆相比，可以降低施工温度10～40℃。

权利要求 4. 本发明水性玻璃涂料是以氨基改性硅烷扩链接枝型环氧树脂，引入硅氧烷基团，极大提高涂层与玻璃的附着力。另外，扩链之后的高分子量环氧树脂具有优异的力学性能。

权利要求 5. 本发明的涂料配方中没有添加任何对环境有害的苯类产品，所以其对环境友好，对人体无害。

本申请的权利要求 1：

一种低温固化水性玻璃涂料，其特征在于：由下述原料按质量百分比制备而成：改性水性环氧树脂 15%～60%，水性聚氨酯树脂 0～10%，氨基树脂 0～10%，颜填料 0～35%，助剂 0～2%，余量为稀释剂；

其中所述改性水性环氧树脂是由下述原料按质量百分比制备而成：混合溶剂 10.0%～30.0%，环氧树脂 15.0%～40.0%，混合单体 5.0%～30.0%，引发剂 0.01%～1.0%，中和剂 0.1%～5.0%，氨基改性硅烷 0.1%～5.0%，水 10.0%～30.0%；

所述混合单体为丙烯酸类、不饱和酰胺、乙烯基类中至少两种。

【检索策略分析】

本申请的发明构思有两点：①利用丙烯酸类单体和氨基改性硅烷对环氧树脂进行改性，实现环氧树脂的水性化以及提高了涂料附着力；②添加了水性聚氨酯树脂和氨基树脂，提高了涂料耐寒性和稳定性。分类员给出的分类号如下：C09D151/08（接枝到由只包括碳-碳不饱和键的反应之外得到的高分子化合物上的树脂为成膜组分的涂料组合物），C09D175/04（以聚氨酯为成膜物质的涂料组合物），C09D161/32（以改性的胺-醛缩合物为成膜物质的涂料组合物），C09D7/12（包含其他添加剂的涂料组合物）。根据本申请所属的技术领域、解决的技术问题、采用的技术手段和达到的技术效果确定检索要素如下，检索要素 1：涂料；检索要素 2：改性环氧树脂；检索要素 3：水性聚氨酯树脂；检索要素 4：氨基树脂。

首先，审查员在 CNABS 数据库中采用全要素检索相与进行检索并未得到合适的对比文件。此时，考虑到改性环氧树脂是一个较为重要的点，因而在 CNABS 采用关键词"环氧树脂""丙烯酸""偶氮"和"硅烷"相与，并利用 IPC 分类号 C09D161 和 C09D163 进行所限，得到 38 个结果，经浏览得到 Y

类文献 CN101633814A。

CN101633814A 公开了一种利用改性水性环氧树脂作为成膜物质的涂料，因此，接下来需要检索含有聚氨酯树脂和氨基树脂的涂料，且可以提高涂料稳定性和耐寒性的对比文件。经阅读发现，说明书第 17 段中出现了"增进涂饰的接着性"，该"接着性"与本领域常用的表达方式"附着性"存在差异。为了解"接着性"表达方式的来源，查阅资料发现"接着性"是日文的表达方式，如图 10-4 所示。

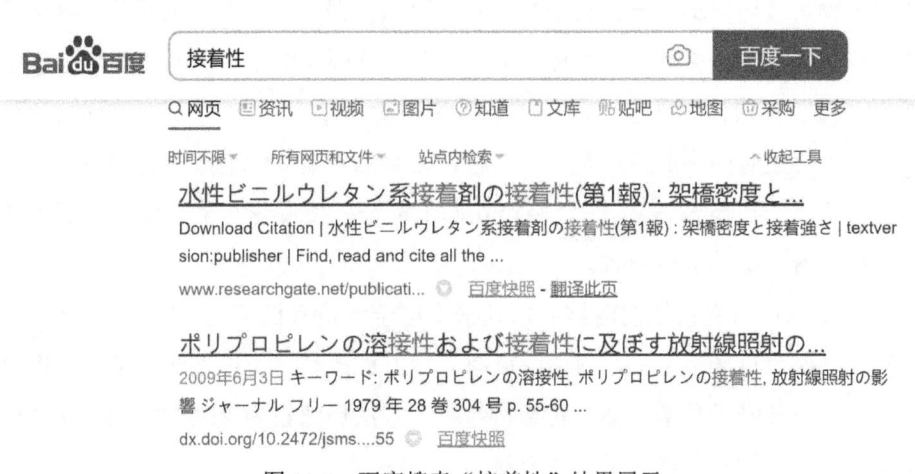

图 10-4　百度搜索"接着性"结果展示

基于以上结果，猜测日文文献中可能存在相关的对比文件，因此利用 FT 分类号进行检索。经查询可知，分类号 4J038/DB37 是以丙烯酸改性环氧树脂为成膜物质的涂料的分类号，与本申请中涂料采用丙烯酸类单体对环氧树脂改性一致，进而利用该分类号进入 SIPOABS 数据库检索，利用 FT 分类号 4J038/DB37 和关键词 "amino resin" 相与，结果数为 15，得到对比文件 JP 特开平 7-242854。

【案例小结】

本申请检索的对象是涉及两个发明点的组合物，审查员在未得到合适 X 文献的基础上，准确将检索策略调整至检索可以结合的对比文件。同时，在检索过程中发现说明书中较为生僻的表达后，基于此准确的扩展至合适的 FT 分类号进行检索，快速获取可以用于结合的 Y 类文献。

【案例8】

发明名称：一种羟基瓜环—氧化石墨烯复合材料及其制备方法

【相关案情】

本发明涉及一种具有较好铀酰离子吸附能力的羟基瓜环—氧化石墨烯复合材料，并提供一种简易的、原位合成羟基瓜环—氧化石墨烯复合材料的方法。

瓜环是继冠醚、环糊精、杯芳烃之后备受瞩目的一类新型高对称性的大环化合物。瓜环内部有一个疏水的空腔，可以根据空腔的大小选择性的容纳尺寸、形状匹配的有机分子、气体小分子和其他客体小分子。因此，瓜环在分子催化、分子识别、离子通道、染料吸附和药物缓释等领域得到了广泛的应用。同时，瓜环空腔两端的开口是由 n 个极性较强的羰基环绕而成，它们可以与多种金属离子通过氢键、离子-偶极相互作用键合，使瓜环在重金属离子后处理等领域有着广泛的应用前景。

由于瓜环只有较低的溶解度，几乎不溶于水及有机溶剂，因此应用受限。羟基瓜环作为瓜环衍生物，其溶解度有着较好的改善，可以溶解于部分有机溶剂中。但目前基于羟基瓜环的复合材料制备方法仍然较为烦琐，因此，有必要发展一种简单的制备羟基瓜环复合材料的方法。

本发明通过在室温条件下，使羟基瓜环与氧化石墨烯在一定的有机溶剂中原位合成，制备出羟基瓜环/氧化石墨烯复合材料。该方法具有操作简单、方便、快捷等优点，能够有效解决现有方法所存在的操作较为繁琐的问题，满足工厂化生产的需求。同时，所制备的复合材料中，羟基瓜环与氧化石墨烯具有氢键相互作用，瓜环以分子形态通过氢键固定于氧化石墨烯表面，具有较好的吸附铀酰离子的能力。本发明的制备方法简单、快捷、操作方便，所制备的材料具有较好的铀酰离子吸附能力，具有潜在的应用价值。

本申请主要的权利要求：

权利要求1：一种羟基瓜环/氧化石墨烯复合材料，其特征在于，包括如下质量百分比的组分：

羟基瓜环　　　　1%～20%；

氧化石墨烯　　　余量；

所述羟基瓜环与氧化石墨烯通过氢键相互作用相连，所述羟基瓜环以分子形态分散于氧化石墨烯表面。

2. 根据权利要求1所述羟基瓜环/氧化石墨烯复合材料的制备方法，其特征在于，包括如下步骤：

（1）将通过hummers方法制备的氧化石墨烯超声分散于有机溶剂中，得到第一溶液；

（2）将向第一溶液中加入羟基瓜环，并在室温下搅拌10～50小时，得到第二溶液；

（3）将第二溶液进行离心分离，得到固体，并将得到的固体洗涤，洗涤后干燥，即得羟基瓜环/氧化石墨烯复合材料；

其中，加入的羟基瓜环与氧化石墨烯的质量比为1∶0.5～10；

【检索策略分析】

本申请要解决的技术问题是针对现有基于羟基瓜环的复合材料的制备方法较为繁琐的问题，提供一种羟基瓜环—氧化石墨烯复合材料及其制备方法。本发明通过在室温条件下，羟基瓜环与氧化石墨烯在一定的有机溶剂中原位合成，制备出羟基瓜环—氧化石墨烯复合材料。该方法具有操作简单、方便、快捷等优点，能够有效解决现有方法所存在的操作较为烦琐的问题，满足工厂化生产的需求。权利要求1要求保护一种羟基瓜环—氧化石墨烯复合材料，并未限定其制备方法，未全部体现其发明构思。权利要求2则要求保护其制备方法，完全体现了本案的发明构思。检索时，通常首先对保护范围最宽的独立权利要求进行检索。因此，首先对独立权利要求1进行检索，确定的检索要素为要素1∶羟基瓜环；要素2∶氧化石墨烯。

具体检索过程及分析如下：本申请的申请人为中国工程物理研究院材料研究所，通常对于高等院校、研究所等，其主要致力于基础研究，工业化研究偏少。大部分学术成果发表在期刊文章中，且高水平文章是研究人员研究水平的体现，因此他们也很重视，通常会选择在学术刊物上发表文章。因此，对于高校、研究所申请人，一般优先对申请人进行追踪检索，首先检索中文和英文期刊数据库，主要以发明人为检索入口，检索其个人学术文章，追踪相关文献。

本申请的发明人为邵浪，任一鸣，因此，选择在 web of science 中通过作者入口进行检索。输入 Shao L，同时辅以关键词 Perhydroxy-CB（羟基瓜环），即可获得有效对比文件 Perhydroxy-CB[6] decorated graphene oxide composite for uranium（VI）removal。❶ 该文献公开了一种羟基瓜环—氧化石墨烯复合材料，具体公开了：GO 由石墨薄片（Alfa Aesar）使用浓 H_2SO_4，$KMnO_4$ 和 H_2O_2 作为氧化剂进行合成（Hummers 法）。CB [6]（$C_{36}H_{36}N_{24}O_{12} \cdot 5H_2O$）购自太原爱思威达化工技术有限公司有限公司（中国）。HO-CB [6] 是由 CB [6] 与 $K_2S_2O_8$ 在水中反应合成的。将 0.10g GO 分散在 150mL DMSO 中并超声处理 1 小时以形成 GO 悬浮液。随后，将 0.20g 的 HO-CB [6] 溶于另一个 150mL 的 DMSO 中，然后加入 GO 悬浮液中，得到的混合物在 6000r/min 下离心 30 分钟，并依次用 DMSO，水和乙醇冲洗固相产物。离心和冲洗再循环数次。所得产物在 60℃的真空烘箱中干燥 24 小时。之后，获得 HO-CB[6]/GO 材料。其可以用于来评述本申请的新创性。

【案例小结】

申请人、发明人是一项专利申请文件必不可缺少的著录项目信息，当然，部分专利申请可能会选择不公告发明人。而申请人、发明人信息是可以直接利用且有用的检索信息，因为申请人或发明人很可能会在专利申请之前以其他形式进行了专利申请相关内容的公开。这种情形对于高校、研究所尤为突出，因此，可以通过直接追踪申请人、发明人，深入挖掘该申请人的技术信息、竞争对手、合作对象等相关信息，从而获得有效的中间信息，以便后续检索。另外，也有利于通过对申请人、发明人追踪检索，更好地了解本申请以及现有技术的技术发展脉络，还可以了解申请人和发明人所习惯的技术表述方式，以便更加深入地了解发明实质，为检索提供技术支撑。因此，申请人、发明人是常规的检索要素之一。申请人、发明人追踪检索常用的数据库有专利数据库（CNABS、DWPI 等）以及非专利库（CNKI、万方、Web of science，百度，谷歌等）。

---

❶ Lang Shao et al.,《J Radioanal Nucl Chem》, 第 311 卷, 第 627-635 页。

通常会根据申请人、发明人的既有特点采取不同的追踪策略，例如，针对不同类型的申请人通常会选择不同的检索策略。具体地，对于高校的申请，高校、科研院所的发明创造通常会以文章发表形式予以披露，且该类发明创造侧重研究型，以申请人或发明人作为检索要素，首先应先选择中文或英文期刊数据库，以主要发明人为检索要素，在搜索引擎中获得发明人的个人学术履历，追踪相关文献，再在专利库中追踪检索申请人和发明人之前的专利申请，如果没有获得合适对比文件，再开始检索其他必检数据库。对于研究所申请，如中国科学院下属研究所的申请，中国科学院很多研究所的网站主页上都有"科研成果"一栏，包含了研究所发表的科技论文、专利、专著以及会议论文，并设有查询入口，可以通过论文题目、论文作者、发表年度等入口查询其发表的期刊论文，通过申请号、发明人、专利名称以及申请日期等入口查询专利，通过会议名称和作者查询会议论文，通过著作名称、主编、编著人员、出版社和出版时间查询专著。对于大型公司的申请，首先检索中文专利数据库，再检索外文专利库，最后再检索非专利数据库，当然也可以根据案例具体情况进行调整；在检索过程中首先检索本申请的申请人和发明人，以理解其专利技术和发明改进点，很可能会通过追踪获得可单篇评述本方案的新颖性或创造性文件，或者最接近现有技术。另外，在对该领域熟悉的情况下，适当检索与其有竞争关系的公司的申请，然后再辅以技术特征检索，可获得较高的检索效率。

【案例9】

发明名称：废气净化催化剂的制备方法和使用该催化剂的废气净化方法

【相关案情】

本发明涉及一种废气净化催化剂的制备方法和使用该催化剂的废气净化方法。相关技术中研究了各种废气净化催化剂，以净化由内燃机如柴油机或具有低比燃料消耗的贫燃发动机排出的气体中的有害组分（如一氧化碳）和烃，并提出使用各种金属氧化物作为载体的废气净化催化剂，但存在低温下对CO或HC的氧化活性不足的问题。

本申请指出可使用以下方法使催化剂在低温下对一氧化碳（CO）和烃（HC）有足够的氧化活性，所述方法包括在氧化铝载体的表面上形成二氧化硅层；将由铂和钯形成的活性金属颗粒负载在二氧化硅层的表面上；将具有特定粒度的细粒与所有活性金属颗粒的比调整为特定比；将具有特定钯含量比的细合金颗粒与所有细粒的比调整为特定比。

本申请的主要权利要求：

权利要求1. 废气净化催化剂，其特征在于包含：

氧化铝载体；

在氧化铝载体表面上形成的二氧化硅层；和

由铂和钯形成的活性金属颗粒，铂和钯负载在二氧化硅层上，其中：

具有2.0nm或更小粒度的细粒与所有活性金属颗粒的比根据颗粒的数目为50%或更高，细粒包含在活性金属颗粒中，且

具有10原子%至90原子%的钯含量比的细合金颗粒与所有细粒的比根据颗粒的数目为50%或更高，细合金颗粒包含在细粒中。

【检索策略分析】

本申请所要解决的技术问题是现有废气催化剂在低温下对CO或HC的氧化活性不足。采用的关键手段是在氧化铝载体的表面上形成二氧化硅层；将由铂和钯形成的活性金属颗粒负载在二氧化硅层的表面上；将具有特定粒度的细粒与所有活性金属颗粒的比调整为特定比；将具有特定钯含量比的细合金颗粒与所有细粒的比调整为特定比。权利要求1要求保护一种废气净化催化剂，其中限定了在氧化铝载体的表面上形成二氧化硅层；将由铂和钯形成的活性金属颗粒负载在二氧化硅层的表面上，以及具有特定粒度的细粒与所有活性金属颗粒的比和具有特定钯含量比的细合金颗粒与所有细粒的比，体现了本发明解决技术问题的关键技术手段。

审查员针对独立权利要求1，先选择在US数据库中，从具体的应用领域、催化剂、催化剂制备方法角度的分类号去表达技术领域。具体采用的CPC分类号如下。

该废气处理应用领域的分类号为：B01D53/944［利用氧化催化剂同时除去一氧化碳，碳氢化合物或碳（三效催化剂）］；F01N3/103（仅用于HC和CO

的氧化催化剂);包括分离领域CPC2000系列B01D2258/012(柴油机和稀薄燃烧型汽油机)。

催化剂的分类号:B01J23/44(钯催化剂),B01J23/42(铂催化剂),B01J21/12(包含二氧化硅和氧化铝的催化剂),B01J35/023(以尺度为特征的催化剂,例如粒度),B01J35/0013(以胶体为特征的催化剂)。催化剂的分类号还包括分离领域CPC2000系列:B01D2255/9022(两层催化剂),B01D2255/2092(铝催化剂),B01D2255/30(二氧化硅催化剂),B01D2255/1021(铂催化剂),B01D2255/1023(钯催化剂)。

催化剂制备方法的分类号:B01J37/0248(浸渍颗粒涂层),B01J37/0242(涂覆后浸渍),B01J37/0219(涂覆液含有有机化合物)。

考虑到该领域通常会从上述几个角度进行分类,因此,审查员直接采用上述分类号进行"or"运算表达废气催化剂技术领域。接下来,审查员采用关键词表达体现发明构思的特殊的催化剂组成和结构(palladium or pd)with(alloy or alloyed)with(particle or nanoparticle)and(silica or "sio.sub.2" or silicon dioxide)with(layer or coat or coating)and(alumina or "al.sub.2o.sub.3")with(support or carrier),并将上述结果与技术领域分类进行相与运算,同时还通过日期进行了缩限。

接下来,转入EPO,JPO和德温特数据库中进行检索,直接采用上述关键词进行检索,发现只有1篇文献,文献量过少,又重新转入US数据库中进行检索。此时,舍弃了技术领域的分类号表达,直接用关键词来表达技术领域,最终采用(palladium or pd)with(alloy or alloyed)with(particle or nanoparticle)and(silica or "sio.sub.2" or silicon dioxide)with(layer or coat or coating)and(alumina or "al.sub.2o.sub.3")with(support or carrier)and exhaust gas进行检索,获得对比文件(JP特开平11-19521A),此时终止了检索。

【案例小结】

本案检索对象为一种废气净化催化剂。检索人员初始检索时,优先使用分类号来表达技术领域,且由于该领域分类的不确定性,检索人员一开始就对该领域常分的分类方向,从各角度扩展分类号,进行领域表达。同时,针对发明构思特定催化剂的组成和结构,选择使用关键词进行表达,且考虑到检索高效需求,适当运用 with 算符来提高检索效率。

从本案检索过程可以看出,美国专利商标局审查员对于 CPC 的运用比较多,且采用多个分类号。可以看出,美国专利商标局审查员对于 CPC 分类体系很熟悉,可以扩展到很多相关的分类号。从检索过程中还可以看出,检索策略有优先使用分类号表达技术领域,发明点在无合适分类号时用关键词表达,随后根据检索结果技术领域也进行了关键词的表达,采用了关键词与关键词相与的检索方式。这与我国的检索策略是相似的。

在关键词的使用方面可以发现,美国专利商标局检索系统也不具备自动扩展功能,如合金化表达 alloy or alloyed,颗粒表达 particle or nanoparticle and,涂层表达 coat or coating,但我国通常可以通过算符进行相关扩展表达,但此案美国专利商标局审查员并未使用相关算符。

【案例 10】

发明名称:压缩天然气燃烧系统尾气氧化催化剂

【相关案情】

本案涉及压缩天然气燃烧系统尾气氧化催化剂。具体讲,涉及一种在现有的浸渍了含有铂及钯等贵金属成份的压缩天然气稀燃发动机尾气净化用催化剂中,再含浸特定成份的辅助催化剂,从而抑制催化剂惰性化的压缩天然气稀燃发动机尾气净化用催化剂。

在包括车辆发动机在内的燃烧系统上,用压缩天然气(CNG)作为燃料,具有环保、经济效益高,由于排放的有毒物质[HC、CO、PM(微粒物质)]少而几乎没有尾气气味,几乎不产生烟气等优点。本申请中,燃烧系统包括车辆发动机,根据情况的不同,为了与汽车即动态燃烧系统进行区分,也将除车辆之外的燃烧系统称为静态燃烧系统。

目前,在燃料稀薄环境下运转的 CNG 发动机中的 CNG 尾气净化催化剂,采用浸渍了含有铂及钯的贵金属成份的压缩天然气汽车尾气净化用催化剂。天然气主要成分甲烷的氧化净化效率虽然达到了满意的水准,但是采用上述催化剂会导致产生催化剂耐久性问题,即催化剂产生惰性化现象。

本发明的目的在于通过添加辅助催化剂从而改变贵金属尤其是钯的电子状态，以达到抑制惰性化的效果。本发明人发现，将经判断认为对钯的电子状态产生影响的辅助催化剂成份添加到浸渍有钯的支撑体中，从而使惰性化物质容易释放。具体讲，对于将含浸有钯的第 1 氧化铝、含浸有铂的第 2 氧化铝及二氧化铈成分浸渍于陶瓷载体内的压缩天然气燃烧系统尾气氧化催化剂来说，向含浸有钯的第 1 氧化铝中含浸从由钡、镍、镧、铯及钇构成的组中选择的辅助催化剂，有了惊人的发现，即 CNG 稀燃发动机催化剂的惰性化得到了抑制。

本申请的权利要求 1：

权利要求 1. 一种空气过剩条件下压缩天然气汽车或静态燃烧系统尾气氧化活性改善催化剂，其特征在于：

对于压缩天然气汽车或静态燃烧系统尾气氧化催化剂来说，其陶瓷载体内浸渍了含浸有钯的第 1 氧化铝、含浸有铂的第 2 氧化铝及二氧化铈成份，所述第 1 氧化铝内浸渍有从由钡、镍、镧、铯及钇构成的组中选择的辅助催化剂。

权利要求 2. 根据权利要求 1 所述的空气过剩条件下压缩天然气汽车或静态燃烧系统尾气氧化活性改善催化剂，其特征在于：

添加的所述辅助催化剂为钯的 1～100%（质量分数）。

权利要求 3. 根据权利要求 1 所述的空气过剩条件下压缩天然气汽车或静态燃烧系统尾气氧化活性改善催化剂，其特征在于：

分别含浸于氧化铝中的钯及铂的重量份比率为 10∶1 至 1∶1。

【检索策略分析】

本申请所要解决的技术问题是，现有 CNG 尾气净化催化剂采用浸渍了含有铂及钯的贵金属成份的压缩天然气汽车尾气净化用催化剂，上述催化剂会导致催化剂产生耐久性问题，即催化剂产生惰性化现象。本申请采用的关键技术手段是向含浸有钯的第 1 氧化铝中含浸从由钡、镍、镧、铯及钇构成的组中选择的辅助催化剂。通过以上手段，使 CNG 稀燃发动机催化剂的惰性化得到抑制。权利要求 1 限定的技术内容体现了本发明解决技术问题的关键技术手段。

审查员针对独立权利要求 1，首先在美、日、欧及德温特数据库中进行检索，采用从具体的应用领域，催化剂组成，催化剂制备方法角度的分类号去表达技术领域，具体采用的 CPC 分类号如下。

废气处理该应用领域的分类号：F01N3/20（专门适用于催化转化；{操作方法或催化转化器的调节}）；F01N3/10（对排气的有害成分进行加热转化和催化转化）；F01N3/2825（陶瓷载体催化剂（F01N3/2832，F01N3/2835 优先）}）；

催化剂的分类号：B01J23/62（.... 与镓、铟、铊、锗、锡或铅结合的铂系金属催化剂）；B01J23/44（钯催化剂），B01J23/42（铂催化剂），B01J35/04（小孔结构、筛、栅、蜂窝状物催化剂）；

催化剂制备方法的分类号：B01J37/04（混合制备）。

审查员直接用上述分类号进行"or"运算表达废气催化剂技术领域。接下来，审查员采用载体的关键词（substrate same ceramic）进行相与运算，再与活性组分铂、钯、铈相与 [（platinum or pt）and（palladium or pd）and（cerium or ceria or ce）]，再与改性元素钡、镍、镧、钐及钇 [（barium or ba or nickel or ni or lanthanum or la or samarium or sm or yttrium or y）] 进行相与云散，此时文献依然有 1062 篇。审查员考虑到从属权利要求限定了催化剂组分质量比例，因此，又将上述结果与质量比例 [（ratio with（platinum or pt）with（palladium or pd）]进行相与检索，此时文献量为 332 篇。又继续限定了载体种类[（support or carrier）same（alumin$2 or al2o3 or "al.sub.2o.sub.3"）same（platinum or pt）same（palladium or pd）]，还限定了静态燃烧（"lean burn engine" or "static combusiton"），获得 53 篇文献。此时，审查员开始从中间文献获得其他发明人，再后，开始使用 UC 分类号，具体采用的是如下分类号：423/213.5（VIII 族元素催化剂），502/302（镧系元素（即原子序数 57 至 71）催化剂），502/330（含 I 族金属（即碱，Ag，Au 或 Cu）和第 VIII 族（即铁或铂族）催化剂），502/333（钯催化剂），502/335（镍催化剂），502/339（钯或铂催化剂）。将上述分类号与关键词相与检索，采用的关键词和后续的检索过程与使用 CPC 分类号时完相同，最终获得有效对比文件（US7923407B2）。

【案例小结】

本案检索对象为一种空气过剩条件下压缩天然气汽车或静态燃烧系统尾气氧化活性改善催化剂，其附加技术特征部分限定了催化剂的具体组成。其为用途限定的产品权利要求，检索人员在检索此类权利要求时，检索过程中限定了用途（空气过剩条件下压缩天然气汽车或静态燃烧）。但需要注意的是，当限定了用途特征的检索结果无合适对比文件时，还应注意需要舍弃该特征，进行扩展检索。

可以看出，美国专利商标局审查员非常重视分类号的使用和扩展，除了使用 CPC 分类，还使用了 UC 分类号。从此案可以看出，本案存在更为准确的 UC 分类号，如 502/302〔镧系元素（即原子序数 57 至 71）催化剂〕，但审查员在使用过程中习惯将所有分类号进行 or 运算，不太注重分优先层级。

使用关键词的时候，检索人员会根据检索结果的文献数量，选择是否使用其他算符进行限定。如当检索结果过多时，会考虑使用 with、same 字段。但此案中，分类体系调整使用后，后续使用的其他要素的关键词完全一样，并未进行扩展。

10.1.2　化合物

化学领域中的产品类发明中，除了前面讲述的组合物类产品权利要求，化合物也是一类常见类型。常见的化合物又分为无机化合物和有机化合物，还可分为固定化合物，或者通式变量化合物，如马库什化合物。马库什化合物通常包括多个变量基团，从而涵盖了多个并列技术方案。对于化合物产品型权利要求检索而言，需要首先判断检索该化合物是否为现有已知，从而准确判断发明点具体是一种新化合物的提出，还是化合物的制备方法，或者化合物的用途等。不过实际检索中，对于化合物新颖性检索和创造性检索最大的不同，在于新颖性检索时不需要考虑化合物的应用领域，而创造性检索则需要考虑化合物的应用领域。

对于通式化合物，通常表现形式包括化学名称、分子式、结构式等，虽然国际纯化学和应用化学联合会对有机化合物制定了统一的命名规则，但实际的命名方式包括普通命名法、衍生命名法、系统命名法等。另外，通式化合物有时还存在多个俗名、商品名、牌号等。命名多样性导致化学名称表达存在繁杂性和多样化，因此，在化学领域，仅从化学名称入手，很难保证检索全面。这也是通式化合物检索中常常遇到的检索难题。

然而，STN系统是目前全球常用的国际信息检索系统，由美国化学文摘社（CAS）和德国卡尔斯鲁厄经营的跨国检索数据库组成，目前已收录超过200个科学和技术数据库，内容涉及化学、化工、生物化学、生物工程、生物遗传、农业和食品化工、医用化学、地球化学和材料科学等领域。其收录了160多个国家、56种语言、14 000多种科技期刊、技术报告会议、新书，还包含27个国家和2个国际专利组织（EPO、WIPO）发表的专利。STN中的化学数据库主要是由CAS提供的，其是世界上最大的化学信息提供商。化学物质登记数据库（Registry）和化学文摘数据库（CAplus）是其最重要的两个数据库。CAplus由于质量高、竞争力强，现已成为世界上发行量最大、影响面最广的自然科学检索工具，是公认的检索化学、化工领域文献的最权威的文摘检索工具，被誉为世界检索工具知网。

1965年，CAS建立了CAS化学物质登记系统，CAS登记号由XXXXXXXXX-XX-X三部分组成，第一部分2~9位，第二部分2位，第三部分1位。CAS登记号与物质存在一一对应，类似于人的身份证号，是唯一编号。因此，在检索时准确无噪声，即STN数据库给出了一种高效的检索方式。此外，STN数据库对于化合物还有结构式标引、化学名称标引等。STN的检索功能虽然强大，但实际使用过程中应注意其收录文献范围。例如，不收录和标引中文文献，部分非英文文献标引也存在不全面不准确的问题，偶尔也会存在漏标情况。因此，采用STN数据库并未获得有效对比文件时，也不易直接结束检索，还需在其他数据库进行补充检索。同时，对于未提供化学名称，仅以结构式表达的物质，同样也是优先选择STN数据库进行检索。下面结合具体案例进行阐述。

【案例11】

发明名称：一种离子液体交联聚合物负载纳米钯金属催化材料及其制备方法与应用

【相关案情】

在硝基芳烃化合物液相加氢工艺中加氢催化剂起着核心作用，目前已报道的催化剂主要有两类：一是镍催化剂体系，负载在二氧化硅载体上的Ni/SiO$_2$催化剂、改进型纳米镍和非晶态合金镍催化剂等。但是，催化剂中具有活性的成分为骨架镍，骨架镍在空气中易着火，同时反应中副产物较多。二是将铂、钯、铑和金等贵金属负载在氧化铝、活性炭、氧化钛及高分子等载体上的贵金属催化剂。尽管该催化剂具有催化加氢活性高、寿命长等优点，但该催化剂采用分步浸渍法分别将铂的可溶盐溶液和助剂浸渍到载体上，经干燥、煅烧和还原等步骤获得，存在制备过程繁琐、组分复杂等劣势。

针对现有的在硝基芳烃化合物液相催化加氢制芳香胺基化合物反应中催化剂大都存在以下一点或者几点问题：催化活性低、选择性差、反应条件苛刻、催化剂制备流程复杂、成本高等不足之处。因此，开发设计制备过程简单、催化性能优异、反应条件温和且可重复使用的催化剂，依然是硝基芳烃化合物液相催化加氢制芳香胺化合物领域的研究热点之一。

本发明的目的是针对现有技术中存在的不足，提供一种制备方法简单、反应条件温和、催化活性和选择性较高且能够循环利用的离子液体交联聚合物负载纳米钯金属催化材料。本发明充分发挥离子液体交联聚合物中所包含的离子液体片段不仅可以作为催化活性中心的配体，而且也可以作为催化活性中心的溶剂协助固载钯，同时还可以通过对离子液体片段阴阳离子的修饰调节催化剂活性中心周围的微反应环境的多重功能，从而得到咪唑环卡宾结构稳定的零价钯纳米颗粒多相催化剂。

本申请主要的权利要求：

权利要求1. 一种离子液体交联聚合物负载纳米钯金属催化材料，其特征在于该催化材料简称P（DVB-DIIL）-Pd，其结构如下所示，

【检索策略分析】

本申请的发明构思在于采用特定的离子液体交联聚合物负载纳米钯金属催化材料作为催化剂在硝基芳烃液相催化加氢制备芳香胺基化合物中应用。根据专利申请所属的技术领域、解决的技术问题、采用的技术手段和达到的技术效果确定检索要素如下，检索要素1：离子液体交联聚合物负载；检索要素2：钯。

本申请涉及大环结构检索，如前所述，STN对于有机化合物有专门标引（CAS号和结构式标引），可以大大提高检索效率，因此，优先选择在STN数据库中进行检索。具体检索思路如下：

Fil Caplus

S CN107486240/PN

L1　　　1 CN107486240/PN

D ALL

从而获取到离子液体的CAS号为1300636-15-0；Pd的CAS号为7440-05-3。

再针对上述得到的Pd和离子液体的CAS登记号结果集转入CAplus数据库中进行相与运算，具体如下：

Fil Reg

=> s 1300636-15-0/rn

L2　　　1 1300636-15-0/RN

=> s 7440-05-3/rn

L3　　　1 7440-05-3/RN

=> Fil Caplus

=> s l2 and l3

　　　　6 L2

　　203337 L3

L4　　　1 L2 AND L3

=> s l2

L5　　　6 L2

=> d 1-6

共获得 6 篇检索结果，其中，经核实第 4 篇文献 Palladium nanoparticles immobilized onto supported ionic liquid-like phases（SILLPs）for the carbonylative Suzuki coupling reaction[1]，可评述本申请技术方案的新颖性。

【案例小结】

化学有机化合物通常表现形式为化学名称、分子式、结构式等，虽然国际纯化学和应用化学联合会对有机化合物制定了同一的命名规则，但实际的命名方式包括普通命名法、衍生命名法、系统命名法等。且有机化合物有时还存在多个俗名、商品名、牌号等。命名多样性导致有机化合物的化学名称表达存在繁杂性和多样化，因此，在化学领域，仅从有机化合物的化学名称入手，很难保证检索全面。这也是有机化合物检索中常常遇到的检索难题，而 STN 数据库给出了一种高效的有机化合物检索方式。

【案例 12】

发明名称：一种非公度超点阵的纳米畴结构导致超低热导的制造方法

【相关案情】

通常降低热导的方法为加强声子的散射来降低声子的平均自由程，如通过引入点缺陷、纳米结构和高密度晶界来散射声子，然而这些方法不能大幅度降低声子的平均自由程因而不能大幅降低材料的晶格热导，只能使材料的晶格热导接近于卡希尔（Cahill）提出的最低理论晶格热导。

本申请提供了一种无公度超点阵的纳米畴结构导致超低热导的制造方法，其是利用黝铜矿（$Cu_{12}Sb_4S_{13}$）天然的分相机制，加入过量的 Cu（$Cu_{12+x}Sb_4S_{13}$），使贫铜和富铜相同时存在。贫铜和富铜相结构相似，晶格常数相近，材料内部出现结构的周期性调制，从而实现无公度超点阵的纳米畴结构，最终实现块体材料中的超低热导。

本申请的权利要求 1：

一种无公度超点阵的纳米畴结构导致超低热导的制造方法，其特征在于，所述无公度超点阵的纳米畴结构导致超低热导的制造方法包括以下步骤：

---

[1] Nianming Jiao et al.,《RSC Adv.》，第 5 卷，第 26913-26922 页。

步骤一，将原料按化学计量比 $Cu_{12+x}Sb_4S_{13}$ 在具有氩气保护环境的手套箱中配好并真空封与石英管中；

步骤二，置于马沸炉中，用 2235 分钟升温到 650℃；

步骤三，研磨所得样品并冷压成型，真空封于石英管中，置于马沸炉中，并在 450℃ 退火，所得样品经 SPS 快速烧结技术制成致密性良好的块材。

【检索策略分析】

本申请通过在黝铜矿中引入无公度超点阵的纳米畴结构，首次在块体材料中实现全温区的超低热导，远低于 Cahill 模型中的理论最低晶格热导。与没有无公度超点阵的纳米畴结构的母体材料相比，晶格热导在高温区由 $0.6Wm^{-1}K^{-1}$ 降低至 $0.25Wm^{-1}K^{-1}$，低温区效果也显著。

本申请给出的分类号如下：C04B35/547（以硫化物或硒化物为基料的陶瓷），C04B35/62（准备制造陶瓷产品的无机化合物的加工粉末的形成工艺）。

根据本申请所属的技术领域、解决的技术问题、采用的技术手段和达到的技术效果确定检索要素为：$Cu_{12+x}Sb_4S_{13}$。

审查员知晓 STN 的 Registry 数据库是常用的检索物质的数据库，由于 $Cu_{12+x}Sb_4S_{13}$ 是一个分子式，因而在其中通过指定元素比进行检索，具体检索过程如下：

=> FIL REG

=> S CU>12 AND SB=4 AND S=13

   2903 CU>12

   1848 SB=4

   1608 S=13

L1 2 CU>12 AND SB=4 AND S=13（* 两种满足 $Cu_{12+x}Sb_4S_{13}$ 的物质 *）

=> FIL HCA

=> S L1

L2 8 L1

浏览结果后得到相关文献 "Crystal structures of synthetic tetrahedrites

Cu12+δSb4S13 and Cu14-δSb4S13",其中公开了 $Cu_{12+\delta}Sb_4S_{13}$,但主要涉及晶体结构,未提及具体的成型方法,不适合作为对比文件。

对上述文献进一步分析,并未获得有效的关键词、参考文献等信息。查询其作者发现,Makovicky Emil 和 Skinner Brian J 对 $Cu_{12}Sb_4S_{13}$ 化合物进行了一系列的研究,因而进一步在百度学术中对作者进行了追踪,如图 10-5 所示,得到对比文件 "Studies of the sulfosalts of copper. Ⅵ. low-temperature exsolution in synthetic tetrahedrite solid solution, $Cu_{12+x}Sb_4S_{13}$"。

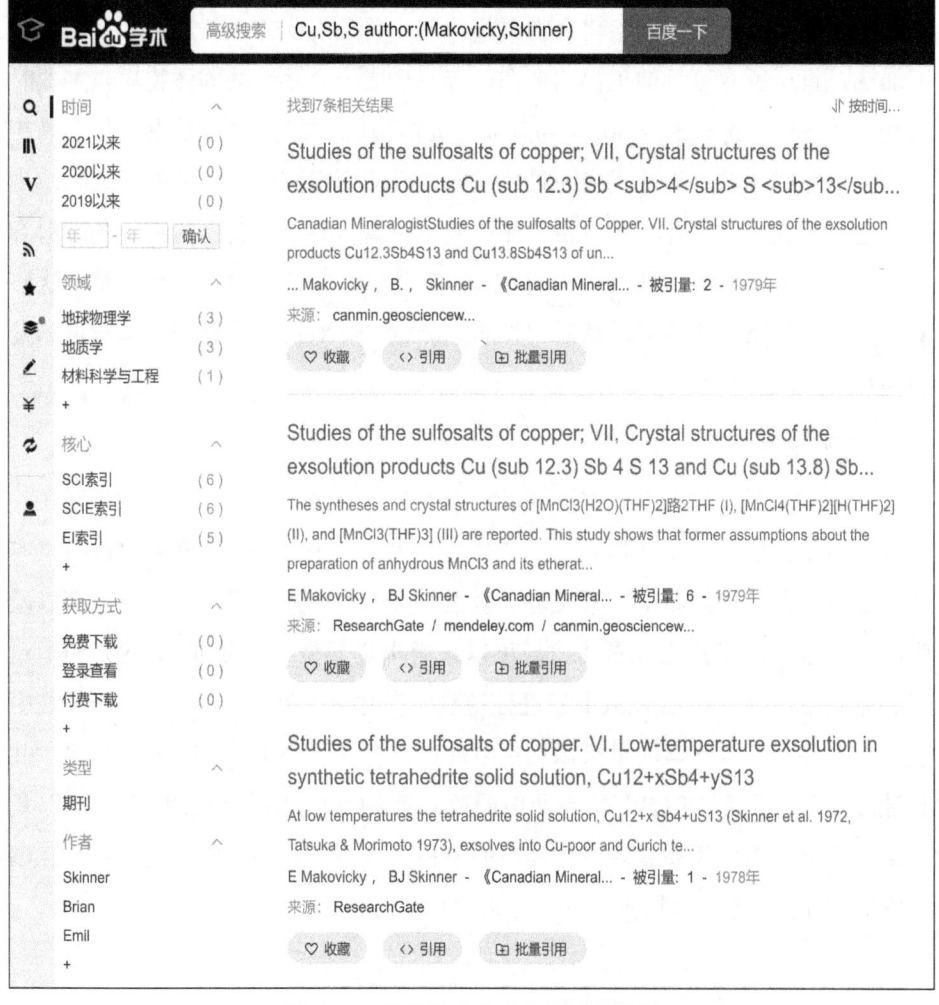

图 10-5　百度学术中检索过程及结果

该文献公开了一种 $Cu_{12+x}Sb_4S_{13}$ 的制备方法，其中具体公开：当共存 Sb 缺乏时，室温下的复合物是 $Cu_{12.33}Sb_4S_{13}$ ～ $Cu_{13.9}Sb_4S_{13}$（即一种无公度超点阵的纳米畴结构导致的超低热导），该复合物是利用 Studies of the Sulfosalts of Copper III. Phases and Phase Relations in the System Cu-Sb-S（1972）得到的材料在 400℃下退火制得，而 Studies of the Sulfosalts of Copper III. Phases and Phase Relations in the System Cu-Sb-S（1972）中化合物的制备所使用的方法与 Studies of the Sulfosalts of Copper I. Phases and Phase Relations in the System Cu-As-S（1971）所描述的方法相同，即通过在密封的、抽真空的石英管中使它们的元素成分反应来制备化合物。具体地，首先将配方量的原料在反应温度下加热，直至所有可见的硫都结合在一起并形成一个连续的固体物质，加热时间为高于 500℃的一天或 300℃的几周。此阶段的大部分物料是由于相邻晶粒之间的反应或晶粒外缘的反应而导致内部未反应而得到的不均衡的混合物。为了促进反应完全，打开装料设备并在丙酮下研磨，然后重新密封在新的装料容器中，通常只需要一次研磨。所有在 400℃及以下制备的物料，均在第一次研磨两周后进行第二次研磨，然后进行顽固测试，即对比文件公开了本申请的发明构思。

【案例小结】

本申请的检索对象为一种无机化合物，对于元素组成和/或比例可以在一定范围内变化的无机化合物而言，STN 检索系统的 Registry 数据库可以提供有效的检索。在该数据库中，不仅可以检索化合物中存在元素的数目，还可以检索特定元素。除了指定元素比，还可以采用指定元素（/ELF 或 /ELS）和指定元素个数（/ELC 或 /ELC.SUB）进行检索。其中，"/ELF"是在知道分子式中的各元素并且期望元素的量可以变化时使用，各元素必须以 Hill 顺序写出，并且通过空格分隔；"/ELS"是当期望明确物质的某些元素时使用；"/ELC"是当期望指定单组份物质或多组分物质的一种组分中元素的总数时使用；"/ELC.SUB"当期望指定整个物质中各个元素的总数时使用。

【案例13】

发明名称：三氮唑化合物及其在农业中的应用

【相关案情】

现代农业生产中，需要经常使用各类农药用于确保作物的健康生长，由于长时间频繁地使用农药，导致作物上的部分病害对现有的农药产生抗药性，使现有农药的防治效果降低。为了解决抗药性问题，本申请开发具有防治作物病害的新型化合物，其结构式如下：

本申请的权利要求1：

一种化合物，其为具有式（I）所示的化合物或式（I）所示的化合物的立体异构体、氮氧化物及其盐：

其中，

R^1 和 R^2 各自独立地为氢、C_{1-6} 烷基、C_{2-6} 烯基、C_{2-6} 炔基、C_{3-8} 环烷基、3-10元杂环基、C_{6-10} 芳基、5-10元杂芳基、C_{3-8} 环烷基C_{1-6} 烷基、3-10元杂环基C_{1-6} 烷基、C_{6-10} 芳基C_{1-6} 烷基或5-10元杂芳基C_{1-6} 烷基；或 R^1、R^2 和与之相连的N原子一起形成3-10元杂环基或5-10元杂芳基；其中，所述的 C_{1-6} 烷基、C_{2-6} 烯基、C_{2-6} 炔基、C_{3-8} 环烷基、3-10元杂环基、C_{6-10} 芳基、5-10元杂芳基、C_{3-8} 环烷基C_{1-6} 烷基、3-10元杂环基C_{1-6} 烷基、C_{6-10} 芳基C_{1-6} 烷基和5-10元杂芳基C_{1-6} 烷基任选被1、2、3、4或5个 R^m 取代；

各 R^m 独立地为氟、氯、溴、碘、羟基、氰基、硝基、氨基、羧基、C_{1-6} 烷基、卤代C_{1-6} 烷基、C_{1-6} 烷氧基或卤代C_{1-6} 烷氧基；

Y 为氢、氟、氯、溴、碘、羟基、氰基、硝基、氨基、羧基、C_{1-6} 烷基、C_{2-6} 烯基、C_{2-6} 炔基、卤代 C_{1-6} 烷基、卤代 C_{2-6} 烯基、卤代 C_{2-6} 炔基、C_{6-10} 芳基、卤代 C_{6-10} 芳基、C_{6-10} 芳基 C_{1-6} 烷基或卤代 C_{6-10} 芳基 C_{1-6} 烷基;

n 为 0、1 或 2;

–X– 为 –S– 或 –NR^5–;

R^5 为氢、C_{1-6} 烷基、–C(=O)–C_{1-6} 烷基、–C(=O)–O–C_{1-6} 烷基、C_{1-6} 烷氧基、C_{1-6} 烷氧基 C_{1-6} 烷基、C_{2-6} 烯基、C_{2-6} 炔基、C_{3-8} 环烷基、3-10 元杂环基、C_{6-10} 芳基、C_{6-10} 芳基 C_{1-6} 烷基、C_{3-8} 环烷基 C_{1-6} 烷基或 3-10 元杂环基 C_{1-6} 烷基;

m 为 0 或 1;

R^3 和 R^4 独立地为氢、氟、氯、溴、碘、羟基、氰基、硝基、氨基、羧基、C_{1-6} 烷基、C_{2-6} 烯基、C_{2-6} 炔基、卤代 C_{1-6} 烷基、卤代 C_{2-6} 烯基、卤代 C_{2-6} 炔基或 C_{3-8} 环烷基;

或 R^3 和 R^4 与之相连接的碳原子形成 C=O;

Het 为 5-10 元杂芳基;其中,所述的 5-10 元杂芳基任选地被 1、2、3、4、5 或 6 个 R^A 取代;

其中,各 R^A 独立地为氟、氯、溴、碘、羟基、氰基、硝基、氨基、羧基、–NHC$_{1-6}$ 烷基、–N(C$_{1-6}$ 烷基)$_2$、–NR^{B}C(=O)OC$_{1-6}$ 烷基、–NR^{B1}C(=O)C$_{1-6}$ 烷基、–NR^{B1}C(=O)C$_{3-8}$ 环烷基、–C(=O)OC$_{1-6}$ 烷基、–C(=O)OC$_{3-8}$ 环烷基、–OC(=O)C$_{1-6}$ 烷基、–OC(=O)C$_{3-8}$ 环烷基、–OC(=O)NR^{B2}R^{B3}、C_{1-6} 烷基、C_{2-6} 烯基、C_{2-6} 炔基、C_{1-6} 烷氧基、卤代 C_{1-6} 烷基、卤代 C_{2-6} 烯基、卤代 C_{2-6} 炔基、卤代 C_{1-6} 烷氧基、C_{3-8} 环烷基、C_{3-8} 环烷基 C_{1-6} 烷基、C_{6-10} 芳基、C_{6-10} 芳基 C_{1-6} 烷基或 C_{6-10} 芳氧基;其中,各 R^A 任选地被 1、2、3、4 或 5 个 R^C 取代;

其中,R^B、R^{B1}、R^{B2} 和 R^{B3} 各自独立地为氢或 C_{1-6} 烷基;

各 R^C 独立地为氟、氯、溴、碘、羟基、氰基、硝基、氨基、C_{1-6} 烷基、C_{1-6} 烷氧基、卤代 C_{1-6} 烷基或卤代 C_{1-6} 烷氧基。

【检索策略分析】

审查员在 CNKI 等数据库利用关键词进一步了解现有技术,从农药相

关领域的硕博论文、综述类文献中了解更多的现有技术，发现在该领域存在

[结构图] 类似物，杂芳环会出现 [结构图] 类似结构。回到本

申请，本申请中对 Het 的限定为 [多个杂芳基结构图]

[多个杂芳基结构图]

[多个杂芳基结构图]

[多个杂芳基结构图]

。分析杂芳基的结构，基于现有技术，发现上

述基团中如 [结构图] 可能会存在互变异构体 [结构图]，或者存在取代基时会出

现 [结构图] 结构，因此，STN 标引极大可能是存在上述方式的。

进一步调整结构，进行检索。

[结构图]

---- 表示单双键均可，R_2=N、S、O、C。

获得化合物 [结构式]、[结构式],

若基团 [结构式]、[结构式] 中 N 上甲基取代可替换为 H，则基团可

为 [结构式]、[结构式]，便满足本申请的限定。核实上述化合物所在

文献，发现该文献 WO9741113 给出通式 [结构式]。其中，A 可为

[结构式]、[结构式]，R_3、R_6 可选自 H，即满足上述

构想，且文献 WO9741113 公开的化合物也是用于植物的杀真菌剂，领域相同，可以用来评述本申请的创造性。

此外，由于本申请请求保护的三唑化合物属于 complex III 抑制剂类，而在现有技术的 complex III 抑制剂中，还可以包含其他杂环，构想在现有技术中三氮唑环可能属于可变的范围，具体化合物中没有包含三氮唑结构，然而通式结构中给出了可为三氮唑的技术启示。

在 marpat 库中进行检索 [结构式] $R_1=S、N$

得到文献 CN1051729A 同样也是植物杀真菌剂领域，其公开了

化合物 [结构式], 且文献给出了通式结构

[结构式: R³R⁴N-SO₂-杂环-R², X 为 CR₆ 或 N], 给出了可以为三氮唑的技术启示,

满足上述构想,可以用来评述本申请的创造性。

【案例小结】

本申请的检索对象为化学结构式,虽然可能存在关键词不好表达等问题,然而关键词检索能够帮我们更好地了解现有技术,尤其是在 STN 并未标引的中文非专利文献中存在大量的综述类文章。进一步了解现有技术后,即便是在 STN 数据库进行结构检索,也有助于调整检索策略,更高效检索。虽然在结构检索中,STN 数据库相较于其他数据库具有绝对优势,但仍然不应该过度依赖结构检索,将结构检索与关键词等检索相结合,能够提高检索效率。

【案例 14】

发明名称:复分解催化剂及使用该催化剂的反应

【相关案情】

本案涉及烯烃复分解反应和适用于该反应的复分解催化剂。烯烃复分解(烯烃易位)是一种在烯或烯烃基团之间的反应,在形式上,亚烷基在烯烃或烯烃基团之间交换。复分解反应的实例包括交叉复分解,即在两种不同烯烃之间反应从而形成新的烯烃或新的多种烯烃;环状二烯的开环复分解,其也可在聚合条件下进行;二烯烃的环闭合复分解;具有内部烯属双键的烯烃的乙烯醇分解,以形成具有末端烯属双键的烯烃;通过同型复分解反应自末端烯烃形成内部烯烃。后者的反应可以被认为是两个相同的烯烃之间的交叉复分解。更普遍地,任何两个相同的烯烃可以在同源交叉复分解反应中反应。

其他用作复分解反应中的催化剂的基于 Mo 和 W 的化合物可从 US6、121、473、US2008/0119678 和 US2011/0015430 中获知。

这些催化剂相对于烯烃或多种烯烃，通常以较高的摩尔量或必须以较高的摩尔量应用于复分解反应中，以实现作为原料使用的烯烃的足够程度的转化。已经知道相对于应用的烯烃（摩尔率催化剂：烯烃），摩尔率高至1：500是必要的，以实现30%或更多的转化。且因为这些催化剂相对昂贵，所以在工业规模上相对昂贵，因此经常缺乏工业实用性。

本申请目的是提供一种在复分解反应中制备烯烃的方法，以及用作复分解催化剂的化合物。该化合物相对于应用的烯烃的摩尔量以尽可能低的摩尔量来执行复分解，并且仍使其具有高转化率，同时任选提供一种具体的立体选择性，且进一步任选不仅用于增加同源复分解反应中的Z-异构体的形成，而且还可有利地催化其他复分解反应，如具有内部烯烃键的烯烃的交叉（cross）复分解或乙烯醇分解。因此，该方法和化合物应为能在相对于待反应的烯烃以小于1：500的摩尔比率时，使复分解反应的转化率为至少30%（该转化率和摩尔比率被认为能在工业规模进行有利的反应）。

本申请的权利要求1：

权利要求1. 一种用于催化自第一烯烃和第二烯烃以复分解反应制备烯烃的复分解反应催化剂，该化合物具有以下通式：

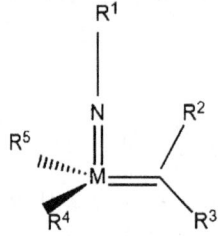

其中，

M ＝ Mo 或 W；

R_1 为芳基，杂芳基，烷基，或杂烷基；任选取代的；

R_2 和 R_3 可为相同或不同的，且为氢，烷基，烯基，杂烷基，杂烯基，芳基，或杂芳基；任选取代的；

R_5 为烷基，烷氧基，杂烷基，芳基，芳基氧基，杂芳基，甲硅烷基，甲硅烷氧基，任选取代的；和

R_4 为基团 R_6-X-，其中，

X＝O 且 R_6 为芳基，任选取代的；或

X＝S 且 R_6 为芳基，任选取代的；或

X＝O 且 R_6 为（R_7, R_8, R_9）Si；其中 R_7, R_8, R_9 为烷基或苯基；任选取代的；或

X＝O 且 R_6 为（R_{10}, R_{11}, R_{12}）C，其中 R_{10}, R_{11}, R_{12} 为独立地选自苯基，烷基；任选取代的；

或 R_4 和 R_5 连接在一起，且分别通过氧结合至 M。

【检索策略分析】

本申请所要解决的技术问题是，现有催化剂相对于烯烃或多种烯烃的摩尔量通常以较高的摩尔量或必须以较高的摩尔量应用于复分解反应中，以实现作为原料使用的烯烃的足够程度的转化。本申请采用的关键技术手段是选择了一种新的化合物作为催化剂，从而解决上述技术问题。权利要求1限定的技术内容体现了本发明解决技术问题的关键技术手段。

此案关键技术手段涉及一个大环化合物，且存在多个变量基团，美国专利商标局审查员针对独立权利要求1，首先选择在STN数据库中进行检索，这与我局审查策略相同。因为大环化合物，尤其是存在较多变量基团的化合物，由于其化学名称很难表达，且命名存在很多不一致的地方，若直接通过关键词检索往往存在很大的难度。对于化学领域，由于STN数据库对大环化合物的独特标引，可以尝试在STN数据库中通过结构式检索，以提高检索效率。因此，美国专利商标局审查员在STN中进行了结构式检索。首先，对该具体结构式进行了构建和绘制，由于该结构涉及多个变量基团，在STN数据库中对于变量基团可以通过创建G-Groups指定变量基团（如图10-7所示出的G1、G2基团），绘制建立结构后，进入REG数据库上传该结构，并将获得的结果转入Caplus数据库中进行检索。最初是运用STN数据库中的role字段将该化合物限定为催化剂进行检索，之后使用了发明人限定检索，再辅以其他关

键词进行限定检索，具体使用的关键词有复分解催化剂（metathesis catalysts，metathe? Cataly？），具体检索过程示意如图10-6所示。

最终，在L44检索式的67篇结果中获得有效对比文件US2011/0077421A1。

```
Structures uploaded into STN REGISTRY

Uploading L1b.str
```

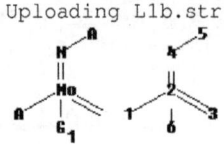

```
chain nodes :
2  3  4
ring/chain nodes :
1  5  6  7  8
chain bonds :
2-3  2-4  4-5
ring/chain bonds :
1-2  2-6
exact/norm bonds :
1-2  2-6  4-5
exact bonds :
2-3  2-4

G1:[@1],[@2]

G2

Match level :
1:CLASS  2:CLASS  3:CLASS  4:CLASS  5:CLASS  6:CLASS  7:CLASS  8:CLASS

Uploading L2.str
```

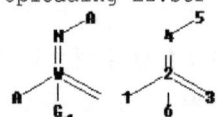

```
chain nodes :
2  3  4
ring/chain nodes :
1  5  6  7  8
chain bonds :
2-3  2-4  4-5
ring/chain bonds :
```

```
1-2   2-6
exact/norm bonds :
1-2   2-6   4-5
exact bonds :
2-3   2-4


G1:[@1],[@2]

G2

Match level :
1:CLASS  2:CLASS  3:CLASS  4:CLASS  5:CLASS  6:CLASS  7:CLASS  8:CLASS
```

Structure search history: metathesis catalysts

```
=> d stat query L44
L1              STR
```

```
O 1   S 2
G1:[@1],[@2]
G2




Structure attributes must be viewed using the Structure Drawing program.
L2              STR
```

```
O 1   S 2
G1:[@1],[@2]
G2
```

```
Structure attributes must be viewed using the Structure Drawing program.
L4       1708 SEA FILE=REGISTRY SSS FUL (L1 OR L2)
L10       660 SEA FILE=HCAPLUS SPE=ON  ABB=ON  PLU=ON  L4 (L)(CAT/RL)
L23        19 SEA FILE=HCAPLUS SPE=ON  ABB=ON  PLU=ON  ONDI L?/AU
L24      1141 SEA FILE=HCAPLUS SPE=ON  ABB=ON  PLU=ON  VARGA J?/AU
L25         8 SEA FILE=HCAPLUS SPE=ON  ABB=ON  PLU=ON  BUCSAI A?/AU
L26       233 SEA FILE=HCAPLUS SPE=ON  ABB=ON  PLU=ON  TOTH F?/AU
L27        24 SEA FILE=HCAPLUS SPE=ON  ABB=ON  PLU=ON  LORINCZ K?/AU
L28       170 SEA FILE=HCAPLUS SPE=ON  ABB=ON  PLU=ON  HEGEDUS C?/AU
L29        19 SEA FILE=HCAPLUS SPE=ON  ABB=ON  PLU=ON  ROBBE E?/AU OR ROBE
                 E?/AU
L30       168 SEA FILE=HCAPLUS SPE=ON  ABB=ON  PLU=ON  FRATER G?/AU
L31         1 SEA FILE=HCAPLUS SPE=ON  ABB=ON  PLU=ON  L23 AND L24 AND L25
                 AND L26 AND L27 AND L28 AND L29 AND L30
L33      9279 SEA FILE=HCAPLUS SPE=ON  ABB=ON  PLU=ON  "METATHESIS CATALYSTS"
                 +NT,PFT,LT,OLD/CT
L40        67 SEA FILE=HCAPLUS SPE=ON  ABB=ON  PLU=ON  L4 (L)(L33 OR
                 "METATHESIS CATALYST" OR METATHE? CATALY?)
L41        55 SEA FILE=HCAPLUS SPE=ON  ABB=ON  PLU=ON  L40 AND L10
L42         6 SEA FILE=HCAPLUS SPE=ON  ABB=ON  PLU=ON  (L40 OR L41) AND (L23
                 OR L24 OR L25 OR L26 OR L27 OR L28 OR L29 OR L30 OR L31)
L43        56 SEA FILE=HCAPLUS SPE=ON  ABB=ON  PLU=ON  (L41 OR L42)
L44        67 SEA FILE=HCAPLUS SPE=ON  ABB=ON  PLU=ON  (L40 OR L41 OR L42 OR
                 L43)
```

图 10-6 STN 数据库中检索过程部分截取

【案例小结】

本案检索对象为包括多个变量基团的大环化合物。美国专利商标局审查员在检索此类权利要求时，优先选择使用了 STN 数据库，这与我局的检索策略是相同的。当然，若通过 STN 数据库检索未获得合适对比文件，还需要采用其他常规检索方式进行补充。不过，对于 STN 数据库检索，由于其数据库自身特殊的检索字段和检索表达，对于未参与该数据库培训的人员来说，在实际运用中存在一定的检索难度。对于化学领域的相关从业人员，也可以通过其他商业数据库，如 web of science 进行类似的结构式检索。

【案例 15】

发明名称：(甲基)丙烯酸酯化合物及其制造方法

【相关案情】

已知，化学结构中包含金刚烷的（甲基）丙烯酸酯化合物具有高透明性、耐热性，能够用于光学材料、防反射涂料、光半导体反射材料、粘接剂、光致抗蚀剂等。近年来的光刻工艺中正向微细化发展，ArF 准分子激光光刻正在向浸液曝光，进而向双重图案化曝光持续改进。另外，对作为次世代光刻技术而受到注目的利用极端紫外线（EUV）的光刻、电子束的直接描绘也持续进行着各种开发。用于微细化的光刻工艺的开发正在持续进行，随着电路宽度的缩小，曝光后由光产酸剂产生的酸的扩散导致的对比度劣化的影响进一步加深。为了控制酸扩散，现有研究提出了增大光产酸剂的结构的方法、包含具有光产酸剂的单体的树脂，还提出了用现有方法延长抗蚀剂聚合物的悬垂部分来阻碍酸的扩散通路的方法。

本申请提供通式（1a）的化合物以及高收率地制造通式（1a）的化合物的方法，还提供了以通式（1a）的化合物为原料的树脂以及以该树脂为原料的感光性树脂组合物。

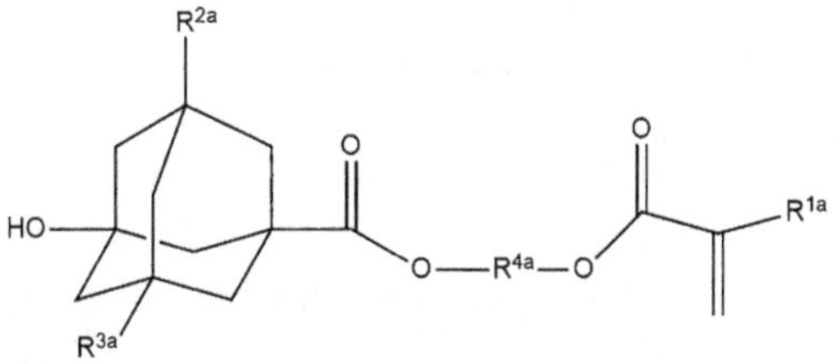

（1a）

本申请的权利要求 1：

一种通式（1）所示的（甲基）丙烯酸酯化合物，

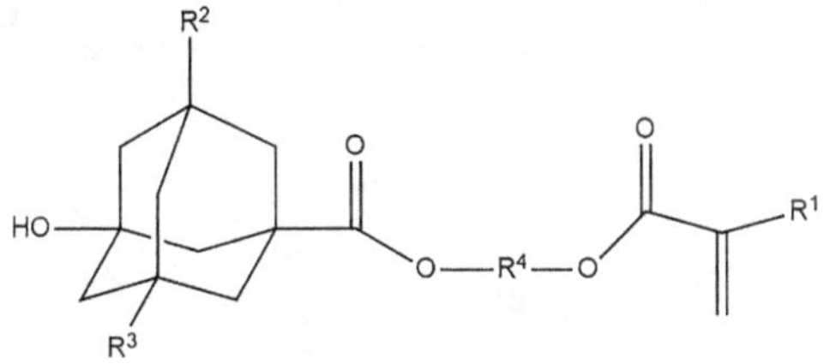

（1）

式（1）中，R_1 表示氢原子或甲基；R_2 和 R_3 任选各自独立地相同或不同，表示氢原子、羟基、碳数 1～10 的环状或直链、支链状的烷基、芳基、环烷基、碳数 1～10 的烷氧基、芳氧基、碳数 2～6 的酰氧基、或卤基；R_4 表示碳数 2～5 的直链或支链状的亚烷基。

【检索策略分析】

本申请要解决的技术问题是提供一种通式（1）所示的（甲基）丙烯酸酯化合物，并基于该化合物获得一种感光性树脂组合物，其检索关键在于通式（1）的化合物。美国专利商标局审查员首先对申请人、发明人以及相关文献进行追踪，然后利用 SciFinder@ 数据库进行检索，检索过程中绘制了多个与权利要求 1 化合物相似的结构式，并限定了具体的技术领域进行检索，最终获得了 X 文献 US6391520B1，具体的检索过程如图 10-7 所示。

```
Answer Type:              Substances
Result Count:             9
Retrieve reference information in 1 substance (ID 4)
    From ID:              3
    Answer Type:          References
    Result Count:         4
Detailed display
    From ID:              4
    Type:                 Monomer for photoresist resin composition having acrylate polymer of
                          adamantane derivative
Detailed display
    From ID:              
    Type:                 Monomer for photoresist resin composition having acrylate polymer of
                          adamantane derivative
    Type:                 Chemoselective glycosylation of carboxylic acid with glycosyl ortho-
                          hexynylbenzoates as donors
Detailed display
    From ID:              
                          Chemoselective glycosylation of carboxylic acid with glycosyl ortho-
```

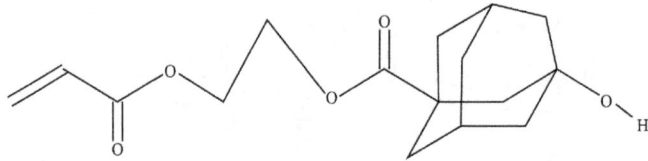

```
Answer Type:              Substances
Result Count:             7
Retrieve reference information in 1 substance (ID 10)
    From ID:              9
    Answer Type:          References
    Result Count:         3
Detailed display
    From ID:              10
    Type:                 Chemoselective glycosylation of carboxylic acid with glycosyl ortho-
                          hexynylbenzoates as donors
Detailed display
    From ID:              
                          Chemoselective glycosylation of carboxylic acid with glycosyl ortho-
                          hexynylbenzoates as donors
    Type:                 Alicyclic ester mixtures, manufacture thereof, (meth)acrylic copolymers
                          therewith, and photosensitive resin compositions therefrom
Detailed display
    From ID:              
                          Alicyclic ester mixtures, manufacture thereof, (meth)acrylic copolymers
                          therewith, and photosensitive resin compositions therefrom
    Type:                 Alicyclic (meth)acrylate ester compound and production method therefor
```

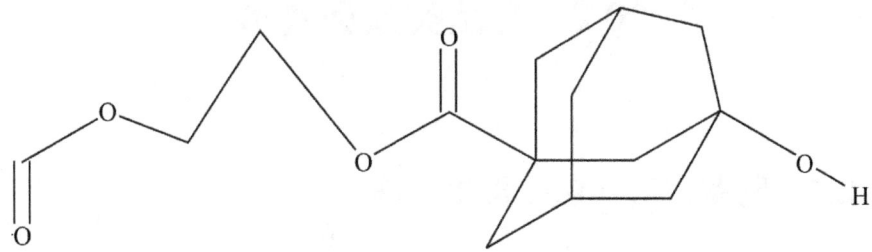

```
Answer Type:            Substances
Result Count:           22
Retrieve reaction information in 1 substance (ID 18)
   From ID:             17
   Product
   Answer Type:         Reactions
   Result Count:        48
Detailed display
   From ID:             18
   Type:                reaction 3 (of 48)
Detailed display
   From ID:             reaction 3 (of 48)
   Type:                answer 4 of 48
Detailed display
   From ID:             answer 4 of 48
   Type:                answer 5 of 48
Detailed display
   From ID:             answer 5 of 48
   Type:                answer 6 of 48
Detailed display
   From ID:             answer 6 of 48
   Type:                answer 7 of 48
Detailed display
   From ID:             answer 7 of 48
```

图 10-7　SciFinder@ 数据库中检索过程部分截取

【案例小结】

本案检索对象为结构式限定的化合物，对于这类权利要求的检索，通常会采用 STN 或者 SciFinder@ 进行检索，检索的主要手段就是绘制相同或相近的结构式，然后与领域、用途等关键词相与进行检索。

10.2 方法类权利要求

10.2.1 制备方法（包括再生方法）

化学领域的制备方法发明，其权利要求一般采用涉及工艺、物质及设备的方法特征来进行限定。通常包含两类，一种是常规的制备方法，即按照一定比例和顺序加入和混合各个组分来制备组合物或混合物。这种情况下，各组分在混合过程中一般不发生化学反应，即各组分间通常是物理混合。另一种则是合成方法，即各种组分在一定温度、时间等工艺条件下，通过组分间的化学反应制备得到最终产品。

制备方法基本检索要素的确定，一般也是分为两种情况：①对于一般的方法权利要求，即各组分通过物理共混来制备产品时，且方法并未带来突出贡献时，其基本检索要素与产品权利要求相同；如果制备方法中特定的加工工艺导致产品性能有别于现有技术，那通常将加工工艺作为基本检索要素进行检索。②对于制备过程中，组分间会发生化学反应的方法权利要求而言，需要考虑制备过程中设备、温度和时间等因素的影响，并将关键步骤作为基本检索要素。同时，加工过程中的主要组分也需要作为基本检索要素。下面将结合具体案例进行阐述。

【案例16】

发明名称：一种外墙保温用抹面砂浆的制备方法

【相关案情】

本申请涉及外墙保温砂浆技术领域。建筑外墙对于减轻室内热负荷，防止外围护结构龟裂和内部结露都是有利的，同时可以保护主体结构，减少热应力，避免热（冷）桥的产生，具有明显的技术优点，是当前国内外建筑围护保温隔热的主流技术。目前，国内的外墙保温体系主要有保温材板和保温砂浆，保温板材虽然具有导热系数低、保温隔热性能好等优点，但施工难度大，技术要求高，且成本高、强度低。

本申请要解决的技术问题：提供一种外墙保温用抹面砂浆的制备方法，制备得到的砂浆可用于建筑物墙面，能够根据温度变化自动调温，储能性能好、热工性能好、物化性能稳定、节能效果显著。

本申请的主要权利要求：

权利要求1．一种外墙保温用抹面砂浆的制备方法，其特征在于：包括以下步骤：

（1）取聚乙二醇加热熔化后，依次加入正十八烷和组分A，在氮气保护下，控制温度为60～65℃，边搅拌边滴加六亚甲基二异氰酸酯和山梨醇，滴加结束后继续搅拌5min，然后真空脱除气泡，将混合物倒入模具中，并置入烘箱固化后冷却脱模，得到组分B；

所述组分A由以下方法制得：取醇胺基硅油和马来酸酐混合后搅拌均匀，加入对甲苯磺酸和丙酮，在90℃下搅拌反应3h，再将反应产物在110℃下抽真空，并于0.04MPa的真空度下反应1h，最后加入质量浓度为10%的碳酸氢钠溶液调节pH至7，再与硫酸化牛蹄油按照1∶0.4的摩尔比进行复配；

（2）取组分B加入加热釜中，持续加热使组分B熔融成为液体后，加入膨胀珍珠岩，并在保温状态下搅拌混合并抽真空，最后放料、降温、过筛得到组分C；

（3）按重量百分比取河沙30%～50%、水泥20%～35%、橡胶颗粒10%～15%、DM200再分散乳胶粉3%～6%、甲基纤维素0.3%～0.9%、改性硅烷增水剂0.2%～0.6%以及组分C 6%～12%，先将河沙、水泥、橡胶颗粒、DM200再分散乳胶粉、甲基纤维素和改性硅烷增水剂混合并搅拌均匀，然后加入组分C，混合均匀后即得外墙保温用抹面砂浆。

【检索策略分析】

本申请的发明构思在于，在外墙抹面砂浆制备过程中添加相变储能材料。

对于本案，由于原始说明书中未对技术方案的原理进行阐述，因此导致发明构思的理解和检索关键词的选取方面存在困难。因此，先进行尝试性检索，根据对本申请技术方案整体构思的初步理解，初步确定基本检索要素：

1.抹面砂浆；2.相变储能材料。并分别查找获取了要素1和2的分类号，具体如下：

抹面砂浆的分类号信息：C04B28/00（含有无机黏结剂或含有无机与有机黏结剂反应产物的砂浆、混凝土或人造石的组合物，例如多元羧酸盐水泥），C04B28/04（硅酸盐水泥）。

相变储能的分类号信息为C09K5/00（传热、热交换或储热的材料，如制冷剂；用于除燃烧外的化学反应方式制热或制冷的材料），C09K5/06（……相态变化是由液体到固体或相反），C09K5/14（……固体材料，如粉末或颗粒）。

由于只能从技术方案整体上把握其构思应当为在水泥砂浆组合物中添加了一种相变储能材料组合物C，但除了宽泛的水泥、砂浆和相变、储能之外，无法提取其他具体的关键词，因而先采用要素1和要素2的分类号C04B28和C09K5相与进行尝试检索，获得相关文献1：CN101555119A。文献1公开了一种用于建筑物墙面围护结构的抹面砂浆，其公开了与本案组分类似的水泥砂浆组合物，且在砂浆组合物中添加了一种由十八烷蜡和膨胀珍珠岩制备得到的无定型相变储能材料。该文献可作为最接近的现有技术，其与本案权利要求1的主要区别在于，权利要求1采用了一种特殊方法制备得到的组分C，替代了文献1中的无定型相变储能材料。因此，继续检索的重点应在于组分C。

对于形成组分C的各原料通过初步分析，进行组合尝试性检索。具体地，将十八烷、聚乙二醇、膨胀珍珠岩相与检索，主要是通过先在CNABS中进行检索，文献量很少，只有18篇，并未检索到相关对比文件，之后又转入CNTXT中，并对制备组分C的各原料通过同段算符"p"进行检索，如"聚乙二醇p异氰酸酯p硅油p酸酐p珍珠岩，聚乙二醇p十八烷p异氰酸酯p珍珠岩""聚乙二醇p异氰酸酯p醇p硅油p酸酐p甲苯磺酸p丙酮""聚乙二醇p十八烷p异氰酸酯p硅油p酸酐"进行试探性检索。

但通过上述尝试检索，均未找到合适对比文件，且噪声较大、相关度不高。反思检索过程，究其原因在于对技术方案的理解不够深入。对于检索对象，由于并不确定制备组分C的各原料哪一个属于关键组分，检索组合时较为盲目。

因此，此时继续检索主要是为了站位本领域技术人员，了解相变储能材料的现有技术，以便后续检索有针对性。具体思考如下：现有技术中，相变储能材料是什么？相变储能材料有哪些类型？本申请添加的相变储能材料属于何种类型？其相对现有技术的改进点何在？

基于上述思考，选择在中国知网 CNKI，通过以下检索式了解现有技术。

①主题："相变储能"+"膨胀珍珠岩"；
②主题："相变储能"+"聚乙二醇"；
③主题："相变储能"+"十八烷"；
④主题："相变储能"+"异氰酸酯"。

经检索可知，相变储能材料是利用自身相态变化时能量的吸收或释放的特性来实现能量存储和温度调节的物质，就是在温度高于材料相变点时发生相变吸收热量。当温度下降，低于相变点时发生逆向相变放出热量，从而实现能量的存储和温度的调节。

按照相变形式，相变储能材料主要包括固—气相变材料、液—气相变材料、固—液相变材料、固—固相变材料。十八烷是石蜡的一种，石蜡是最常用的固—液相变材料，具有相变潜热高、来源广、价格低的优点，但易漏液，稳定性不高，相变次数增加后效果变差；以聚乙二醇为软段、异氰酸酯和多元醇的物质为硬段，合成的聚氨酯固—固相变材料是近年发展较快的一种相变储能材料，其相变体积变化小，可加工成任意形态，但相变焓较低，相变温度范围较窄；此外，还有特殊制备方法（如微胶囊法、多孔介质吸附法等）得到的复合型相变储能材料。而目前文献 1 中的无定型相变储能材料为一种以膨胀珍珠岩为吸附材料，以石蜡为相变储能材料的多孔介质法制备得到的复合相变储能材料。

基于上述现有技术的了解，本申请和对比文件 1 的技术方案应分别理解为：本申请是通过十八烷石蜡和聚氨酯固—固相变储能材料复合得到组分 B，再以膨胀珍珠岩为吸附材料，以组分 B 为相变储能材料，采用多孔介质吸附法得到相变焓高、相变温度宽、稳定性好的复合相变储能材料，即组分 C，将组分 C 添加到水泥砂浆组合物中，得到外墙保温用抹面砂浆。文献 1 中则是以膨胀珍珠岩为为吸附材料，以十八烷蜡为相变储能材料，采用多孔介质吸附法得到的相变储能材料,添加到类似的水泥砂浆组合物中的抹面砂浆。因此,权利要求1以相变储能材料组分B替代了D1中的十八烷蜡。基于对本申请技术方案的理解,针对发明构思进行检索,快速准确提取关键词组合,采用C09K5/IC和聚乙二醇p(异氰酸酯 or 聚氨酯)p(石蜡 or 十八烷)在CNTXT中相与检索,获得文献2:CN103224601A。文献2公开了和权利要求1中组分B相同制备方法的高相变焓、宽相变温度的石蜡/聚氨酯固—固复合双相变储能材料。且由文献2进一步可知,权利要求1中组分A为一种有机硅表面活性剂。在此基础上,在CNTXT中,构建检索式"硅油p马来酸酐p对甲苯磺酸p丙酮",在53篇文献中获得文献3:CN101921398A,其公开了一种相同原料和制备方法得到的性能优良的有机硅表面活性剂。采用上述文献1、2和3可以结合评述本申请的创造性。

【案例小结】

对于包含多组分的组合物权利要求,尤其是对于其中很多组分都不明晰其作用的时候,应该通过检索提高站位本领域技术人员能力,梳理分析技术方案的发明构思,抓取关键技术手段,从而做到针对性检索,而不被其他非主要组分迷惑。

【案例17】

发明名称:一种解决低温SCR脱硝催化剂SO_2中毒的方法

【相关案情】

本申请涉及一种解决低温SCR脱硝催化剂SO_2中毒的方法。我国的大气污染主要是SO_2、氮氧化物、粉尘颗粒等污染性气体的超标排放。其中氮氧化物可直接刺激人体肺部,引起呼吸系统疾病,同时也是形成光化学烟雾和酸雨的一个重要原因。因此,控制并减少氮氧化物排放是保护大气环境的重要措施。选择性催化还原技术具有高效、经济、实用的特点,已经成为脱除氮氧化物的关键技术,在国际上得到了大量工业化应用,高效、高活性、长寿命催化剂的制备是该技术的核心。大量的催化剂都显示了良好的低温脱硝性能,然而,低温下SO_2引起的催化剂的中毒,是目前困扰低温脱硝催化剂应用的关键。即使在经过脱硫装置后，烟气中残留的少量 SO_2，一方面与还原剂氨气发生反应，生成硫酸铵盐，堵塞催化剂的孔洞并覆盖催化剂的活性位，降低催化剂的活性；另一方面 SO_2 与催化剂中的金属氧化物活性成分直接反应，生成金属硫酸盐，引起催化剂的 SO_2 中毒。从大量文献来看，由于已经明确催化剂表面金属硫酸盐和硫酸铵盐的生成是低温 SCR 脱硝催化剂 SO_2 中毒的原因，因此，现有研究主要是从防止催化剂表面这两种硫酸盐的生成入手。例如，利用 CeO_2 首先与 SO_2 反应生成硫酸铈，暂时保护活性成分 MnO_X 不与 SO_2 反应，就可以短时间内抑制 SO_2 引起的催化剂中毒。而实际上，大多数的低温活性催化剂的催化性能足以催化 SO_2 氧化生成 SO_3，因此，抑制催化剂表面硫酸盐的生成难以实现，即催化剂的低温 SO_2 中毒问题实质上未得到解决。

本申请解决低温 SCR 脱硝催化剂 SO_2 中毒的方法，其是利用碱性气体与沉积在催化剂表面的金属硫酸盐反应，以置换出金属氧化物，恢复催化剂活性，并利用 NO_2 或者 NO 及 O_2 使沉积在催化剂表面的铵盐低温分解，避免催化剂被覆盖。

本申请的主要权利要求：

权利要求 1. 一种解决低温 SCR 脱硝催化剂 SO_2 中毒的方法，其特征在：利用碱性气体与沉积在催化剂表面的金属硫酸盐反应，以置换出金属氧化物，恢复催化剂活性；并利用 NO_2 或者 NO 及 O_2 使沉积在催化剂表面的铵盐低温分解，避免催化剂被覆盖；催化剂表面金属硫酸盐、以及铵盐的生成和分解达到动态平衡，从而解决低温 SCR 脱硝催化剂 SO_2 中毒的问题。

【检索策略分析】

本发明的发明构思：利用碱性气体（如 NH_3）与沉积于催化剂表面的金属硫酸盐反应，置换出金属氧化物，恢复催化剂活性，并利用 NO_2 或者 NO 及 O_2 使沉积于催化剂表面的铵盐低温分解，避免催化剂被覆盖。权利要求 1 已经记载了上述关键手段，体现了本发明解决技术问题的关键技术手段。

本申请分类员给的 IPC 分类号为 B01J23/92（包含列入 B01J23/02 至 B01J23/36 各组的金属，氧化物或氢氧化物的催化剂的再生或再活化），B01J23/94（包含铁系金属或铜、以及它们的氧化物或氢氧化物的催化剂的再生或再活化），B01J23/96（包含贵金属、及其氧化物或氢氧化物的催化剂的再生或再活化），B01J38/08（采用氨或它的衍生物气体进行催化剂的再生或再活化），B01J38/14（控制氧化气体中的氧含量气体处理进行催化剂的再生或再活化）。

可以看出，给出的分类号部分涉及不同催化组成的催化剂再生（如B01J23/92、B01J23/94、B01J23/96），较好地体现了技术领域；部分涉及具体的再生手段（B01J38/08、B01J38/14），很好地体现了发明构思。

根据专利申请所属的技术领域、解决的技术问题、采用的技术手段和达到的技术效果确定检索要素如下，检索要素1：脱硝催化剂 SO_2 中毒再生，检索要素2：采用碱性气体，检索要素3：利用 NO_2 或者 NO 及 O_2。

经过上述分类号核查，发现分类号 B01J23/92、B01J23/94、B01J23/96 涉及不同催化组成的催化剂再生，不过依据目前权利要求记载的技术方案，并未具体限定再生对象催化剂的具体种类。上述分类号是初审分类员依据本申请说明书记载的催化剂种类进行的分类，较好地体现了技术领域。但考虑到权利要求实际的技术方案，后续检索中需要根据实际检索结果对上述分类号进行调整。另外，B01J38/08（采用氨或它的衍生物气体进行催化剂的再生或再活化）完整地体现了检索要素2，且也是本申请的关键技术手段之一。对于要素3，并未找到合适的分类号。因此，首先采用上述分类号 B01J23/92、B01J23/94、B01J23/96 与 B01J38/08（采用氨或它的衍生物气体进行催化剂的再生或再活化）分类号相与检索，此时仅有13篇文献，并未获得有效对比文件。如前所述，权利要求1并未具体限定再生对象催化剂的具体种类，而是一个更为上位的SCR催化剂，因此，对再生处理对象进行扩展，舍弃上述分类号，考虑到SCR催化剂关键词的准确性，直接对再生处理对象脱硝催化剂采用关键词（SCR or 脱硝）表达。即选择将分类号 B01J38/08 和再生处理对象关键词两个要素进行相与运算，得到12篇文献，即可获得有效对比文件 CN107233932A，其公开了一种用于SCR催化剂的脱硫方法，并具体公开了：用包含还原剂的气体流处理所述SCR催化剂第一处理时间并且在第一处理温度下进行，接着将所述催化剂加热至第二处理温度保持第二处理时间，所述第二处理温度和第二处理时间足以使硫从所述SCR催化剂的表面解吸附并增加所述SCR催化剂的NOx转化活性。还原剂包括氨或氨前体。具体地，当在220℃的入口温度下以 60 000 / 小时的空速暴露于 300ppm 的 NO、300ppm 的 NH_3、按体积计 10% 的 O_2、按体积计 5% 的 H_2O、其余为 N_2 的进料气体混合物中时，所述处理步骤后的所述金属促进的分子筛催化剂的脱 NO_x 效率为至少 70%。在低温下将基于氨的还原剂引入"中毒的" SCR 催化剂组合物中促进分子筛中的金属硫酸盐物质与氨或其前体的离子交换以形成硫酸铵物质，所述硫酸铵物质可在低于 600℃ 的温度下从催化剂中分离并释放分子筛中的金属，以恢复其对 NO_x 转化的催化活性。

此外，本领域技术人员还知晓，SCR 催化剂主要是用于净化废气，因此，尝试使用脱硝催化剂的应用技术领域分类号进行扩展检索，即通过 B01D53/86：通过催化方法净化废气和上述再生分类号 B01J38/08 相与运算，获得 10 篇文献，同样可以获得上述对比文件。

【案例小结】

众所周知，IPC 分类的主要目的是便于技术主题的检索，IPC 分类的原则是将同样的技术主题都归在同一分类位置上。因此，分类号是经过人工处理之后获得，某种程度上来讲，首先确定分类号对于一些技术领域的检索是必要环节，尤其是关键词不太好确定的时候。具体地，采用分类号进行检索时，若可以找到表达发明构思合适准确的分类号，往往可以大大提高检索效率，从而克服关键词表达过于多样，或者不好表达的弊端。

【案例18】

发明名称：一种基于膜分散的结晶方法

【相关案情】

结晶方法有很多种且仍有结晶新工艺和新技术不断涌出。以下是结晶技术经常采用的方法：将需要结晶的物质溶解在一种溶剂中（以下称为溶剂一），再加入另一种溶剂（以下称为溶剂二，在本发明中也称为分散剂），使需要结晶的物质在两种溶剂的混合过程中溶解度逐步降低，析出晶体，通过不同溶剂对不同杂质溶解能力不同的原理，达到同时去除不同类型杂质的目的。但是，加入分散剂时，由于分散剂对需要结晶的物质溶解度很低，分散剂与结晶溶液接触的局部区域需要结晶的物质溶解度急剧下降，迅速沉淀而不是结晶出来，其中包裹大量杂质。此外，有些杂质溶解度与需要结晶的物质溶解度差距较小，也在分散剂与结晶溶液接触的局部区域沉淀下来污染成品。

为了解决该问题，经常使用的一种方法是降低加入分散剂的速度，使沉淀出来的需要结晶物质或杂质重新缓慢溶解，再使需要结晶物质在此前产生的晶体表面缓慢生长，但此方法导致结晶时间大幅度延长，部分晶体生长缓慢的产品要数天甚至更长的时间才能得到容易分离、质量合格的产品。另一种方法是采用类似莲蓬头的方式，在加入分散剂时将分散剂尽可能分散成小液滴，使局部溶解度快速降低的区域减小，但这种方法效果有限。

本发明采用膜方法来加入分散剂进行结晶，可以得到晶型更好且容易分离的晶体，提高了结晶成品的质量，对分子量较大的产品还可起到提高结晶操作速度的效果。

本申请的主要权利要求：

权利要求1.一种结晶方法，是在含有待结晶物质的溶液中加入分散剂，使待结晶物质在溶液中的溶解度降低，从而结晶出来。其特征在于，所述分散剂通过膜分散的方法均匀地分散到含有待结晶物质的溶液中。

【检索策略分析】

本申请解决技术问题采用的关键技术手段：本申请通过溶析结晶法使结晶物质在两种不同溶剂的混合过程中溶解度逐步降低，从而析出晶体，以膜分散，提高分散效果又避免析出杂质。权利要求1已经记载了上述关键手段，体现了本发明解决技术问题的关键技术手段。

本申请分类员给出的分类号为B01D9/02（从溶液中结晶），可以看出该分类号属于结晶分离领域，符合本申请的技术领域，但并未真正体现发明构思。根据专利申请所属的技术领域、解决的技术问题、采用的技术手段和达到的技术效果确定检索要素如下，检索要素1：结晶；检索要素2：膜分散。

初步检索主要是选择在CNABS数据库从分类号B01D9/ic（结晶）来表达要素1，用关键词[膜 and（分散 or 溶解度）]表达要素2，将其相与检索，并未获得有效对比文件；转入CNTXT数据库中，采用类似思路进行检索，不过对要素的关键词进行了更多扩展，如结晶 or 析出 or 絮凝 or 成核，同时还从技术效果角度（溶解度变化）对关键词进行了扩展检索。

但经上述试探性检索，没有获得有效的对比文件。浏览文献时，发现获得的文献大多是液膜结晶装置、膜式结晶等，与本申请技术方案差别很大。

尝试改变检索思路，考虑先检索背景技术中提到的通过喷淋或莲蓬头的方式来分散加入的分散剂，若是现有技术中有通过喷淋的方式加入分散剂进行结晶的文献，再找到膜的分散效果比喷淋分散效果更优的文献，就可以使用这样 2 篇文献相结合评述该技术方案的创造性。

但按照上述检索思路，在 CNABS 和外文专利库中进行部分要素检索，发现直接使用结晶领域分类号和关键词膜进行检索，文献量过大；引入分散的效果表达，也未获得有效对比文件。

重新分析和反思检索过程，初步判断"分散剂"可能不是本领域的专业技术术语，虽然检索中对其进行扩展，采用了分散，但分散在只是一种作用或效果的表述方式，也不是本领域的专业术语，且很容易引入噪声。因此，尝试寻找分散剂是否存在更优的技术术语表达。

百度百科中分散剂的定义：在分子内同时具有亲油性和亲水性两种相反性质的界面活性剂。可均一分散那些难于溶解于液体的无机、有机颜料的固体及液体颗粒，同时也能防止颗粒的沉降和凝聚，形成安定悬浮液所需的两亲性试剂。基于该定义，发现其与本申请中分散剂的定义不完全相同，同时，辅以专利数据库的检索结果来看，也证实了该猜测，申请文件中记载的分散剂不是本领域的常规叫法，因此，基于发明构思，从申请人定义的分散剂的原理上进行发散检索。在 CNKI 中，先尝试检索到手段（膜）和效果（溶解度变化）都有的文献，但没有获得可用对比文件。此时舍弃分散剂以及膜来检索，尝试获得背景技术中分散剂一般如何定义或命名，期待获得更为准确的检索表达。

CNKI124（结晶 and 溶解度 and 溶剂 and 溶液）/ 主题 and（颗粒 or 微粒）/ 全文，检索得到文献《溶析结晶法制备聚合物微粒的研究》，该文献提到了溶析结晶法，出现了溶剂和反溶剂。继续浏览检索到的文献，发现较多文献，如《难溶性药物微粉颗粒的制备及其性能研究》《反溶剂重结晶法制备超细喜树碱及其性能研究》等都提及使用待结晶物—溶剂—反溶剂体系，对待结晶物进行结晶的手段，与申请文件中记载的分散剂作用完全相同，此时，确定反溶剂应该是本领域中较为通用的技术术语。

考虑到反溶剂可能不同中文文献中记载的表达差异较大，不同的申请人可能依然存在不同的表述方式，如本申请表述的分散剂，而在英文中表达方式相对单一（antisolvent or anti-solvent），因此，优先选择在外文专利库中进行检索。通过 B01D9/00/IC 和 antisolvent? 相与检索，从 19 篇文献中筛选获得了有效对比文件 US2006182808A1。

【案例小结】

实际检索过程中，对于技术术语在关键词表达上存在困难。例如，发现申请文件中记载的技术术语"膜分散"并不能准确反映本申请的发明构思，采用上述关键词无法获得有效对比文件时，应通过检索不断促进发明理解，通过不断检索获取更为准确的技术术语表达，从而获得对比文件。

【案例 19】

发明名称：一种应用于高容量锂离子电池负极微孔铜箔的制备方法

【相关案情】

目前，锂离子电池工业中最常用的负极材料是石墨、硅碳包覆、石墨烯材料等高容量电池，负极集流体通常是铜箔，在铜箔两面涂布负极材料，形成负极。由于涂布工艺的技术限制，涂布在铜箔两面的负极材料厚度往往不一致，甚至相差很大。使用锂离子电池时，铜箔两面的负极材料分别与相应位置的正极材料发生电化学反应，通常较薄的负极与正极发生电化学反应至全部消耗的时候，反应也随之停止；同时，较厚的负极仍然继续参与反应以提供电能。但是，此时提供的电能较少，在一定程度上降低了电池的工作效率，因而往往不能满足人们的实际需要，并且造成资源浪费。

在目前的技术中，有一种用多孔铜箔制作的电池，该电池中的铜箔可连通铜箔两侧的反应池，具体是在负极材料较薄一侧的反应池中，当负极材料完全消耗后，通过通孔将另一侧的反应材料迁移过来，实现铜箔两侧的反应池同时反应。但是，目前的通孔铜箔的制作设备存在一定缺陷。现有制备多孔铜箔的设备有两种，一是模具，使用模具对铜箔进行打孔，缺点是模具要求精度高，且模具很容易损坏，造成制造成本高；二是激光成孔，成本高，且不利于后续涂布。为了克服上述缺陷，本申请提供了一种应用于高容量锂离子电池负极微孔铜箔的制备方法，该制备方法包括生箔机架上设有电解槽，所述电解槽内有阳极板，所述阳极槽通过铜排与电源的正极连接，所述阳极槽上方设有与电源负极连接的阴极辊，其特征在于所述阳极板上密布众多针点。

本申请的权利要求1：

一种应用于高容量锂离子电池负极微孔铜箔的制备方法，该制备方法包括生箔机架上设有电解槽，所述电解槽内有阳极板，所述阳极槽通过铜排与电源的正极连接，所述阳极槽上方设有与电源负极连接的阴极辊，其特征在于所述阳极板上密布众多针点。

【检索策略分析】

本申请要解决的技术问题是现有的铜箔制备方法中存在模具要求精度高、易损坏以及激光打孔成本高的缺点，所采用的关键技术手段在于使用密布众多针点的阳极板，因电镀的尖端效应，造成靠近钛辊端的针尖点由于电流密度增大，铜原子沉积阻碍，造成空穴。

本申请给出的分类号为 C25D5/04（用移动电极电镀），C25D5/18（使用调制电流、脉冲电流或换向电流的电镀），C25D5/48（电镀表面的后处理），C25D17/12（电解镀覆用电解槽的结构件、或其组合件的形状或类型），H01M4/66（电极材料的选择），H01M4/80（多孔板，如烧结基板的电极）。

根据本申请所属的技术领域、解决的技术问题、采用的技术手段和达到的技术效果确定检索要素如下，检索要素1：极微孔铜箔；检索要素2：密布众多针点的阳极板。

审查员通过本申请说明书记载内容得知，对于机理解释部分使用的"尖端效应"和"氢离子还原电位"均是理论研究中所用表达，因此调整检索思路以"tip effect"和"overpotential"为切入点，舍弃宏观的效果、技术领域等词汇，如"多孔""电极箔"等，调研基础研究里金属微观沉积过程中尖端效应是如何发生的。在 STM（扫描电镜）探针电沉积的理论研究中，发掘在使用探针的微观沉积过程中，除了尖端效应引起电流密度分布不均、过电势，还伴随有"遮蔽效应"。进一步对"遮蔽效应"进行追踪，了解其机理是阴极上表面电解液流动受到阻碍而形成的非平面沉积。

通过对上述微观机理的现有技术研究可知，本申请中原始记载"阴极表面上某些点的电沉积过程受到障碍"这样含糊的记载实际上对应的为"遮蔽效应"，因此确认本申请实质上解决的是阴极表面电解液流动受到阻碍形成的多孔问题。基于此，审查员重新确定检索方向，提取关键词"障碍"，利用"扩散""流动""阻碍""障碍""空隙""空穴"与"针""放电密度"相与得到 62 个结果，经浏览可得对比文件 CN104674313A。

【案例小结】

本申请主要是针对技术原理进行检索，然而原始申请文件中原理的介绍较为抽象，一些专业基础研究词汇的表达并不准确，审查员通过充分理解相关的现有技术，将微观机理与宏观现象建立合理联系，进而准确拓展关键词。

【案例 20】

发明名称：一种快速响应的石墨烯纤维及其制备方法

【相关案情】

石墨烯具有高断裂强度和杨氏模量，电学性能优异。石墨烯具有共轭结构，表现出丰富的化学性质，可以通过不同的化学反应来进行表面修饰，得到一系列化学衍生物。石墨烯材料具有超高热导率，实验值达到 5000 瓦/米·度，可以作为优异的电热材料。传统电热材料如镍铬合金，存在成本高、密度大、质量重，易变形和加工工艺复杂等缺点，不适用于不规则的底物；而石墨烯材料柔韧性好，质量轻，制作工艺简单，加热速率快，热响应温度高，可以用于各种形状的底物，并且可以制作智能人体发热织物，用于红外治疗等，有希望替代传统电热材料广泛应用。

本申请针对石墨烯纤维响应速度不足的技术问题，提供了一种快速响应的石墨烯纤维，该纤维为由石墨烯纳米片组成的双阿基米德螺旋结构，片层间距为 0.336nm，纤维的碳氧比为 52.66～98，XRD 衍射峰位置为 26.4°。

本申请的权利要求 2：

一种快速响应的石墨烯纤维的制备方法，其特征在于，它的步骤如下：

(1) 制备厚度为 0.8～50μm 的氧化石墨烯膜；

(2) 以 0.1～1℃/min 的速率升温到 500～800℃，保温 0.5～2h，再以 1～3℃/min 的速率升温到 1000～1300℃，保温 0.5～3h，然后以 5～8℃/min 的速率升温到 2000～3000℃，保温 0.5～4h；

(3) 将步骤 3 热处理后的石墨烯膜裁剪成石墨烯条，将石墨烯条一端固定，另一端与转速为 50～250 r/min 的转子相连，沿径向卷绕 1～5min 时间后，得到快速响应的石墨烯纤维。

【检索策略分析】

本申请的关键技术手段在于通过对石墨烯进行高温处理，大量的含氧官能团被除去，共轭结构得到恢复，导电性能得到很大的提高。进一步通过卷绕，使得石墨烯纤维的内部空隙逐渐被挤出。又因石墨烯纤维具有紧密的卷绕结构，电阻变小，从而使石墨烯纤维具有更好的电热效应。

本申请给出的分类号为 D01F9/12（碳纤维；专用于生产碳纤维的设备）；D01D5/42（利用切割薄膜成狭幅带子或长丝，或利用薄膜的原纤维化）。

根据本申请所属的技术领域、解决的技术问题、采用的技术手段和达到的技术效果确定检索要素如下，检索要素 1：石墨烯的制备；检索要素 2：高温处理；检索要素 3：卷绕。

审查员通过阅读说明书附图发现，本申请卷绕后的石墨烯纤维如图 10-8 所示。

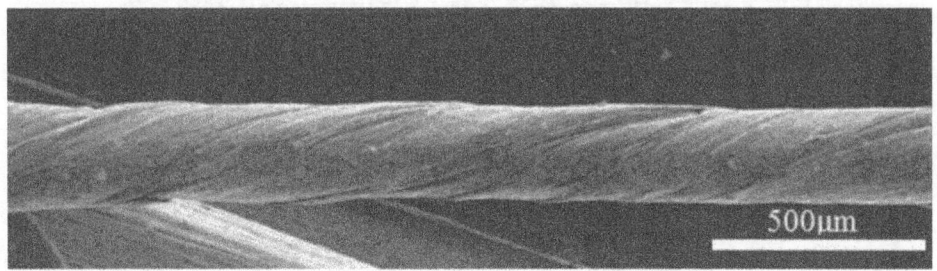

图 10-8　本申请卷绕后的石墨烯纤维 SEM 图

根据该图的形貌以及本领域技术人员的普通技术知识，该形状类似于纺织织造中的加捻后的形状，加捻后的形状如图 10-9 所示。

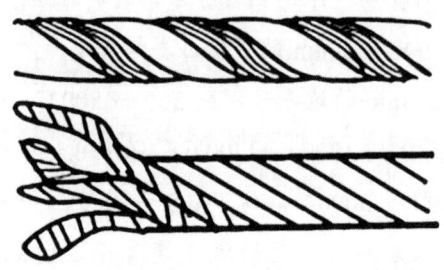

图 10-9　本申请卷绕后的石墨烯纤维加捻后的形状

然后根据翻译或者分类号中查找最准确的关于加捻的表达，发现加捻均采用 twist 的基础表达，在百度学术中检索：Twist and graphene and fiber，通过时间限定在第 3 页中能找到本申请的对比文件 1：Super-stretchable Graphene Oxide Macroscopic Fibers with Outstanding Knotability Fabricated by Dry Film Scrolling。该对比文件公开了与本申请相似的石墨烯材料，且采用的制备方法也与本申请类似，可以用于评述权利要求 1 的创造性。

【案例小结】

本申请的检索对象是特定制备方法得到的石墨烯纤维，其中涉及产品形状或者限定特定方法得到特定结构。此时，仅由申请文件中给出的关键词范围很小，或者关键词较为生僻，难以进行关键词扩展。审查员应当站位本领域技术人员，在本领域中找到比较通俗的表达进行替换。

【案例 21】

发明名称：一种多孔结构 ZSM-5 分子筛脱硝催化剂的制备方法

【相关案情】

沸石分子筛催化剂目前由于成本低、催化转化效率高等特点被广泛应用在氮氧化物选择性催化脱除方面。反应中产生的副产物通常会堵塞微孔分子筛的孔道，造成反应物分子无法接近活性位点而失活，同时传统分子筛的颗粒尺寸较大，反应物和产物分子存在扩散限制效应。具有微孔和介孔孔道的分子筛既保留了微孔分子筛的有序晶体结构，又具有较大的介孔孔径，有可能降低甚至消除上述两方面的不利影响。常规制备多级孔结构分子筛往往采用选择性脱除铝或溶硅的方法，这两种方法都会因为骨架原子的去除而造成分子筛结构的破坏，同时溶硅过程很难进行，需要在苛刻的条件下才能得到介孔沸石分子筛。硬模板法虽然也常用来合成多级孔结构分子筛，但合成的多级孔结构分子筛机械稳定性较差，介孔或大孔结构容易坍塌，不能满足SCR催化剂的应用要求。因此，本申请提供一种新的一步水热合成多级孔ZSM-5分子筛的制备方法，具有温度窗口宽，选择性高副产物少等特点，将其运用氨选择性催化还原时，其催化活性以及选择性均能很好的满足氨选择性催化还原技术的需要。

具体技术方案如下：

权利要求1：一种多级孔结构ZSM-5分子筛催化剂的制备方法，其特征在于包括以下步骤。

（1）长链模板剂的制备：4.7g 4, 4'-联苯二酚和3.0g氢氧化钾在氮气的保护下溶于300mL无水乙醇中，然后加入30.5g 1, 6-二溴己烷，85℃回流20h，待反应体系充分冷却后过滤并用热的无水乙醇和去离子水反复洗涤3～4次，再用冷的无水乙醇洗涤，充分真空干燥后得中间体1；取4.3g中间体1和29.2g N, N, N' N'-四甲基-1, 6-己二胺溶于200ml体积比为1：1的乙腈和甲苯混合溶液中，并于65℃下反应24h，旋蒸移除溶剂后用冷的无水乙醚洗涤3～4次除去未反应的物质，真空干燥8h得到中间体2；取4.2g中间体2和4.1g 1-溴己烷在150ml乙腈中95℃下回流24h，旋蒸移除溶剂，用冷的无水乙醚洗涤3～4次，真空干燥8h得长链模板剂$CH_3-(CH_2)_5-(CH_3)_2N^+-(CH_2)_6-N^+-(CH_3)_2-(CH_2)_6-O-C_6H_4-C_6H_4-O-(CH_2)_6-N^+-(CH_3)_2-(CH_2)_5-CH_3(4Br^-)$；

所述的中间体1为：$Br-(CH_2)_6-O-C_6H_4-C_6H_4-O-(CH_2)_6-Br$；

所述的中间体2为：$(CH_3)_2N-(CH_2)_6-N^+(CH_3)_2-(CH_2)_6-O-C_6H_4-C_6H_4-O-(CH_2)_6-N^+(CH_3)_2-(CH_2)_6-N(CH_3)_2 2Br^-$；

（2）多级孔结构Na-ZSM-5分子筛的制备：分别取0.6g上述制得的长链模板剂、9.9g去离子水、0.02g偏铝酸钠于烧杯中，60℃下水浴加热，在搅拌下快速滴入2.08g正硅酸四乙酯；60℃下搅拌8h，然后转入15ml反应釜中150℃下旋转晶化4天，所得晶化物过滤、洗涤、干燥，550℃焙烧6h，得多级孔结构的 Na-ZSM-5 分子筛；

(3) 取 10g 的氯化铵、1g Na-ZSM-5、30ml 去离子水在烧杯里混合，待氯化铵完全溶解转入烧瓶，在 80℃搅拌 24h，随后过滤、洗涤、干燥、550℃焙烧 6h，得 H-ZSM-5 分子筛。

【检索策略分析】

本申请的发明构思在于，借助合成的一种新的特定长链模板剂来一步水热合成多级孔结构的 ZSM-5 分子筛，保证合成的 ZSM-5 分子筛结构未遭到破坏，从而制备得到一种性能良好的脱硝催化剂。

本申请分类员给的分类号为：B01J29/46，包含铁族金属或铜的分子筛的催化剂〔2〕；B01J37/10，在水（如蒸汽）存在下热处理的制备或活化方法。

针对上述独立权利要求，根据专利申请所属的技术领域、解决的技术问题、采用的技术手段和达到的技术效果确定检索要素如下，检索要素 1：ZSM-5；检索要素 2：长链模板剂 $CH_3-(CH_2)_5-(CH_3)_2N^+-(CH_2)_6-N^+-(CH_3)_2-(CH_2)_6-O-C_6H_4-C_6H_4-O-(CH_2)_6-N^+-(CH_3)_2-(CH_2)_5-CH_3(4Br^-)$。

根据上述检索要素可以看出，要素 2 涉及该特定的长链模板剂，由于该长链模板剂涉及一个复杂的有机物质，其化学名称关键词表达时存在较大难度，因为没有一个很普适的名称，且由于物质复杂性，部分文献可能也不会给出该物质的具体名称，而仅给出其结构式，或者是以合成原料或合成制备方法来进行限定。因此，用关键词表达要素 2 时，扩展方向很多，且扩展很容易遗漏，导致检索效率不高。而如前所述，考虑到 STN 中 Caplus 的数据标引特点和优势，优先选择选择 STN 数据库进行检索。具体检索过程如下：

FIL CAplus

S CN106732756/PN

L1 1 CN106732756/PN

D ALL

即可获得长链模板剂的 CAS 号为 1619232-77-7。

FIL REG

S 1619232-77-7/RN

L2

```
FIL CAplus
S L2
=> s l2
            2 1619232-77-7
            0 1619232-77-7D
L3          2 1619232-77-7/RN
            (1619232-77-7（NOTL）1619232-77-7D )
D     1-2
```

经检索，共获得2篇文献，第1篇为本申请，第2篇为可用X文件，即 Template synthesis of the hierarchically structured MFI zeolite with nanosheet frameworks and tailored structure❶，公开日为2014年6月24日。发现该文献研究了多种长链模板剂合成介孔MFI（即ZSM-5）结构分子筛。其中，与本申请对比发现，对比文件1采用的模板剂 $C_{6-6-diphe}$ 结构式与本申请采用的模板剂相同，可用来评述本申请的创造性。

【案例小结】

对于技术方案中涉及有机化合物的检索时，由于有机化合物命名的复杂性、多样性和不统一性，导致其在采用关键词表达时，通常会存在表达不准确、不全面和容易遗漏等问题。例如，本案的长链模板剂，该物质的化学名称很难获得和表达，而对于化学领域而言，美国化学文摘社（CAS）建立了化学物质登记数据库，为化学物质提供一一对应的CAS登记号。实际检索时，采用CAS登记号检索，可规避掉化学名称表达的繁琐和困难，大大提高检索效率。

【案例22】

发明名称：纳米纤维表面的皮芯复合纤维及其制备方法

【相关案情】

目前，纤维广泛应用于纺织、包装、医疗卫生、汽车、电子电器、安全

---

❶ Baoyu Liu et al, New J.Chem, 第38卷, 第4380-4387页。

防护、环境保护等领域，而随着社会进步，人民生活水平提高，对纤维的差别化、功能化需求越来越高。皮芯复合纤维的产生促进了纤维差别化的发展，皮芯复合纤维是由皮层和芯层两种组分构成，可以使纤维兼具皮层和芯层两种材料的部分性能，赋予纤维更多性能组合。目前，市场上应用较为广泛的皮芯结构纤维为中空纤维、超细纤维、人造羊毛以及耐火纤维。由于皮芯纤维具有柔韧性强、力学性能优、生产成本低等特点，研究者逐渐将皮芯纤维应用在电极材料、传感器以及水处理等领域。但是，传统的皮芯结构的纤维表面都是光滑平整的，存在比表面积小的缺点，无法较好地实现传感、导电、吸附的功能。为解决以上问题，本发明提供一种纳米纤维表面的皮芯复合纤维及其制备方法，纳米纤维表面的皮芯复合纤维具有较大的比表面积且兼具较好的机械性能。所采用的技术方案：纳米纤维表面的皮芯复合纤维，包括芯层，它还包括包裹在芯层外表面的纳米纤维皮层，所述纳米纤维皮层是由纳米纤维丝堆叠组成，所述纳米纤维丝的平均直径为100～500nm；所述芯层为聚丙烯、聚乙烯、聚酯和聚酰胺中的一种；所述纳米纤维皮层为聚丙烯、聚乙烯、聚酯和聚酰胺中的一种；所述芯层的直径为0.05～5mm。具体结构如图10-10所示。

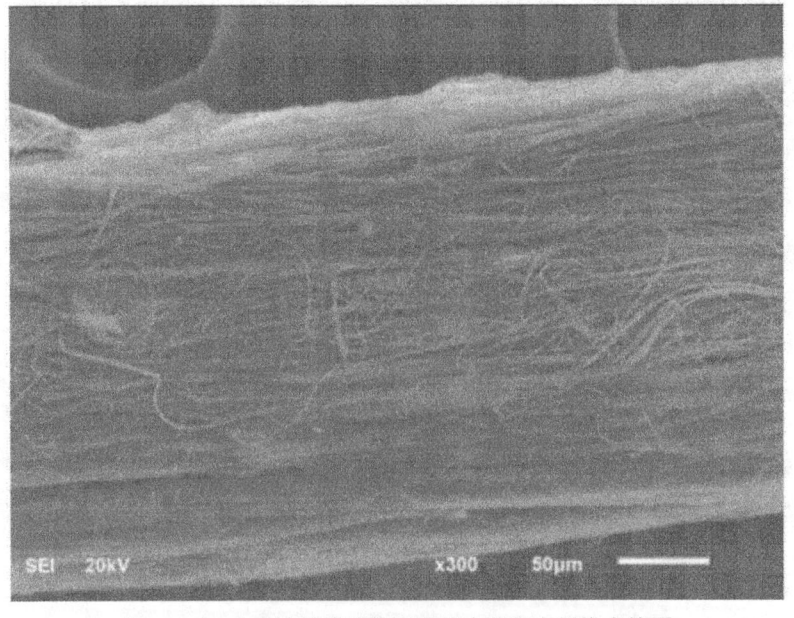

图10-10　本申请纳米纤维表面的皮芯复合纤维电镜图

本申请的权利要求3：

一种纳米纤维表面的皮芯复合纤维的制备方法，其特征在于：包括以下步骤：

（1）制备皮芯复合纤维：

称取皮层原料：按质量比，称取皮层聚合物：醋酸丁酸纤维素为1∶9～2∶3，混合均匀得到皮层原料；

将皮层原料与芯层原料投入双组份皮芯型复合纺丝机中熔融纺丝，皮层原料经双组份皮芯型复合纺丝机中的双螺杆挤出，芯层原料经双组份皮芯型复合纺丝机中的单螺杆挤出，得到由芯层与皮层组成的皮芯复合纤维；所述皮层聚合物为聚丙烯、聚乙烯、聚酯和聚酰胺中的一种，所述芯层原料为聚丙烯、聚乙烯、聚酯和聚酰胺中的一种；

（2）制备纳米纤维表面的皮芯复合纤维：

将皮芯复合纤维浸泡在丙酮溶液中，利用丙酮萃取皮层中的醋酸丁酸纤维素后，皮层形成纳米纤维皮层，干燥后，得到纳米纤维表面的皮芯复合纤维。

【检索策略分析】

本申请所要解决的技术问题是传统的皮芯结构的纤维表面都是光滑平整的，存在比表面积小的缺点，无法较好地实现传感、导电、吸附的功能。本申请关键技术手段在于通过皮芯结构设计，并具体以纤维丝为皮层结构，实现纤维在保持一定强度的基础上具有优异的吸附特性。

本申请分类员给出的分类号为D01F8/02（用纤维素、纤维素衍生物或蛋白质造丝），D01F8/06（至少有一种聚烯烃为其成分的纤维丝），D01F8/12（至少有一种聚酰胺为其成分的纤维丝），D01F8/14（至少有一种聚酯为其成分的纤维丝）。

根据本申请所属的技术领域、解决的技术问题、采用的技术手段和达到的技术效果确定检索要素如下，检索要素1：复合纤维；检索要素2：皮芯结构；检索要素3：纤维丝。

审查员了解到皮芯纤维研究最为广泛的国家是日本，而日本又具有独特的分类体系，因此，在日文数据库中进行检索。在 JPABS 中采用 FT 分类号 4L041/BA21 和ポリエステル（聚酯）相与得到 497 个结果，该文献量难以阅读。此时，审查员重新阅读本申请的说明书发现，本申请实际上是皮层为纳米纤维丝，从而具有优良的吸附效果，这才是本申请的发明重点，而现在的问题则变成如何准确的表达"纳米纤维丝"。进一步对本申请进行分析，虽然其实现良好的吸附效果来自于皮层结构为纳米纤维丝，但是，并不是所有的纤维丝在皮层均能够实现良好的吸附效果，而是需要尺寸结构更为小的纤维丝。从权利要求 1 中对纤维丝的直径的描述也可以看出，其限定范围在 100～500nm，因此，直接用纤维尺度的表达替换纤维自身的表达。在上述检索结果的基础上，再采用ナノ（纳米）进行缩限，得到 JP 特开 2009-150005A 文献，其公开了以聚酯为芯，纳米纤维丝为皮层的复合纤维，结构如图 10-11 所示。

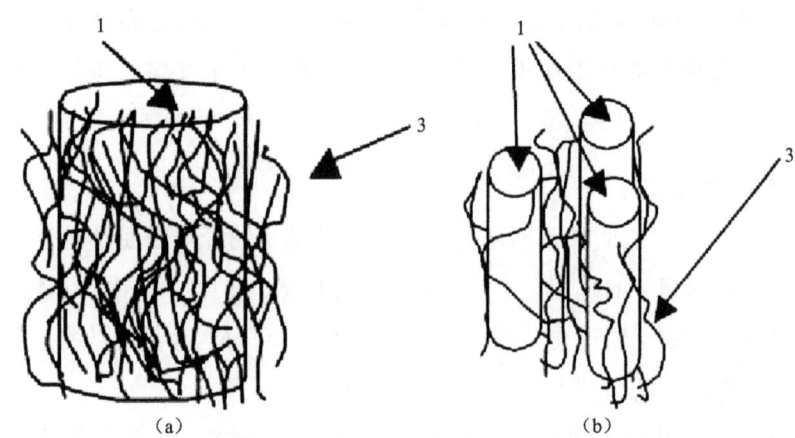

图 10-11　JP 特开 2009-150005A 文献复合纤维的结构示意图

【案例小结】

本申请的检索对象是一种复合纤维，审查员根据本领域的判断知晓其属于日本研究较为成熟的领域，首先在日文库中进行检索，在发现结果数过大的时候，重新阅读说明书相关内容，选择合适的关键词进行缩限，直接高效获得对比文件。

【案例23】

发明名称：逐层自组装包含光吸收或光稳定化合物的高分子电解质的方法和制品

【相关案情】

日光，尤其是紫外线辐射（UV），能够引起有机材料诸如聚合物膜和涂层的劣化。劣化可导致颜色改变以及光学（如形成雾度）和机械性能变差。抑制光致氧化劣化对于强制要求长期耐久性的户外应用而言是重要的。例如，聚对苯二甲酸乙二醇酯对 UV 光的吸收从 360nm 左右开始，在低于 320nm 时显著增加，而在低于 300nm 时非常显著。聚萘二甲酸乙二醇酯强烈吸收 310～370nm 范围的 UV 光，吸收尾部延伸至约 410nm，并且吸收最大值出现在 352nm 和 337nm 处。链裂解发生于存在氧气的情况下，且主要的光致氧化产物为一氧化碳、二氧化碳和羧酸。除了酯基团的直接光解外，还必须考虑氧化反应，其经由过氧化物自由基同样形成二氧化碳。除了由紫外光造成的劣化之外，聚合物（如 PEN（聚萘二甲酸乙二醇酯）可由于暴露于 400～490nm 波长范围内的蓝光而劣化。

本申请提供了一种保护基底免受光照引起的劣化的方法，该方法包括提供基底以及将通过逐层自组装沉积的多个层设置在基底上。所述层的至少一部分包含分散在高分子电解质内的有机光吸收化合物、有机光稳定化合物或它们的组合。

本申请的权利要求1：

一种保护基底免受光照引起的劣化的方法，包括：

提供包含有机聚合物材料的基底；

在所述基底上设置通过逐层自组装沉积的多个层；

其中所述层的至少一部分包含分散在高分子电解质内的有机光吸收化合物、有机光稳定化合物，或它们的组合。

【检索策略分析】

本申请所要解决的技术问题是现有的保护基底在光照情况下容易劣化的问题，采用的关键技术手段是在基底上通过逐层自组装沉积多个层，该层至少一部分包含分散在高分子电解质内的有机光吸收或有机光稳定化合物,权利要求 1 的制备方法体现了本申请解决技术问题的关键技术手段。检索员根据权利要求 1 提炼出两个检索要素:逐层自组装和有机光吸收/光稳定化合物。

检索员在日文库中进行检索,在限定 FT 主题码 4F100（层状材料）下,采用"层""组装"以及说明书中层的具体物质"TX"进行检索,命中了 68 篇文献,并从中筛选出两篇 Y 类文献 JP2003-094546A 和 JP2003-205568A。该检索式中,检索员使用的 FT 主题分类号是层状材料,体现了权利要求 1 的技术领域,而逐层自组装以及有机光吸收/光稳定化合物则用关键词进行表达。

检索员省略逐层自组装后,进一步在主题码 4F100 下采用 FI 分类号 B32B27/18@A（使用特殊添加剂的层状材料）,以及说明书中具体的共聚物和 TX 进行检索,获得一篇 Y 类文献 JP2003-048391A。同时,检索员还在主题码 4J038（涂料组合物）下采用 FI 分类号 C09D133/00+CG01（以丙烯酸聚合物为成膜物质的涂料）,以及有机光吸收化合物的上下位概念（包括说明书中具体的聚合物和牌号）进行检索,获得另一篇 Y 类文献 JPH09-241327A。

最后,检索员针对外文库进行检索,首先采用了 CPC 分类号和 IPC 分类号 B32B27/18（使用特殊添加剂的层状材料）与关键词"层"和"TX"相与,随后又分别用 B32B27/00、C09D133/00、C08F220/02（丙烯酸树脂的合成）等分类号和具体的有机光吸收化合物相与进行检索。

【案例小结】

本案的检索对象是一种制备方法,检索人员在检索此类方法权利要求的时候,将方法所涉及的关键步骤和关键组分为两个基本检索要素,并采用分类号和关键词进行表达各特征的组合。检索人员在获得涉及"逐层自组装"的 Y 类文献后,就将检索重心放在检索涉及光吸收化合物的涂层或层状材料这一类可以结合的对比文件。

本案检索人员在关键词的扩展方面较为全面,由于权利要求 1 给出的具体物质比较上位,除了使用了"光吸收"和"光稳定"等关键词外,检索人员几乎将说明书中涉及的含有机光吸收化合物的所有具体物质均进行了检索。

在使用分类号进行检索的时候,检索人员主要是在层状材料和涂料两个技术领域内进行检索，并采用较为准确的分类号来表达层的具体物质。另外，除了使用层状材料和涂料两个技术领域之外，检索人员还将有机光吸收化合物扩展到具体的聚合物合成领域。

【案例24】

发明名称：表面改性方法和表面改性体

【相关案情】

用于医疗、保健用途或其他用途的基盘、过滤器、通道、管及其他装置具有以下缺陷：使用期间在体内或体外接触血液或生物体液，血液或生物体液中的蛋白质和细胞黏附或吸附到装置的表面，因此削弱了装置的原有功能。同时，需要对特定细胞（如癌细胞）进行选择性吸附和回收，以捕捉并应用于诊断或治疗。然而，令人遗憾地，其难以选择性地吸附这些特定细胞。

本申请为了解决上述技术问题，将硫化橡胶或热塑性树脂进行表面改性，使其具有对蛋白质和细胞显示出低吸附性或选择性吸附性和优异的耐久性的化学固定的表面，而不是存在如由于涂层的分离或剥离而导致性能降低的缺陷的涂层。该方法能够在所述物体的表面上固定亲水聚合物，因而不仅获得对蛋白质和细胞的低吸附性或对特定蛋白质或特定细胞的选择性吸附性，而且还可以赋予其重复使用后的耐久性，从而充分地抑制了低黏附性或选择性黏附性的恶化。

本申请的权利要求1：

一种表面改性方法，其用于对由硫化橡胶或热塑性树脂制得的物体进行表面改性，所述方法包括：

步骤1，在所述物体表面上形成聚合引发点；

步骤2，使用300～400nm波长的紫外光进行辐照，使亲水性单体从所述聚合引发点开始，进行自由基聚合，以使聚合物链在所述物体的表面上生长。

【检索策略分析】

本申请解决技术问题的关键技术手段是在物体表面形成聚合引发点，然后利用紫外光辐照使亲水性单体进行聚合，得到聚合物链，进而实现对蛋白质和细胞的低吸附或选择性吸附。权利要求1中限定了形成聚合引发点以及紫外光辐照的具体步骤，体现了本发明解决技术问题的关键技术手段。

审查员主要在美、日、欧和德温特数据库中进行检索，在对申请人、发明人以及相关文献进行追踪后，审查员采用CPC分类号C08J7/16（用可以聚合的化合物对高分子物质成型的制品进行化学处理）、C08J7/18（用波能或粒子辐射进行处理）、C08J7/123（用波能或粒子辐射进行处理）和B01D39/00（用于液态或气态流体的过滤材料）、B01D39/16（有机材料的过滤材料）和C08F291/00（由单体接到属于高分子化合物上聚合而得到的高分子化合物）、C08F291/02（接到高弹体上）、C08F291/18（接到辐照过的或氧化的高分子上）、C08F291/185（在辐照或高分子的氧化过程中不存在单体），以及UC分类号210/502.1（包含吸附组分的材料）相或构造成块，表达了具体的表面改性方法、材料的应用领域等。接下来，审查员采上述块与"紫外""辐射""树脂或橡胶"以及"单体"和"亲水"进行相与，浏览209篇文献得到X文献（WO2012/165525），得到该文献后审查员终止检索。

【案例小结】

本案检索对象为一种改性方法，其构思在于利用紫外光引发亲水性单体并在热塑性树脂或橡胶表面进行聚合。审查员在整个检索过程中主要针对步骤2进行检索，并未涉及在物体表面上形成聚合引发点。其原因可能是审查员认为步骤2存在的情况下，必然或多或少会涉及步骤1的过程。

从本案的检索过程来看，美国专利商标局审查员除了使用CPC分类号进行检索外，仍然习惯使用UC分类号进行检索，并且将CPC分类号与相应的UC分类号通过"或"的方式构造成块用于表达检索要素。但该方式将准确的分类号与不太准确的分类号同时进行检索，并未体现出分类号的优势，这也是最终得到的结果较多的原因。另外，从审查员使用的分类号可以看出，美国专利商标局审查员除了使用具体的特征对应的分类号外，还会采用应用领域的分类号进行检索，体现了检索的全面性。

在关键词的使用方面，在分类号已经涵盖本申请构思的基础上，美国专利商标局审查员采用的关键词均涉及具体细节，如紫外、辐照、亲水、单体等，但部分关键词的使用稍显简单，并未进行适当扩展。

参考文献
REFERENCE

[1] 陈志君. JPO 专利检索资源最新情况介绍 [J]. 科技创新与应用，2019（23）:26-27.

[2] 欧洲专利局官方网站 [EB/OL].（2018-9-18）[2020-06-08].https://www.epo.org/about-us/governance.html.

[3] 国家知识产权局专利局专利审查协作北京中心. 化学领域文献实用检索策略 [M]. 北京：知识产权出版社，2011.

[4] 黄懈，何思佳. JPO 检索系统简介及法条辨析 [J]. 中国发明与专利，2019，16（S2）：188-192.

[5] 焦文，杨晨. 日本专利信息服务平台（J-PlatPat）检索功能简介 [J]. 专利代理，2019（02）:102-112.

[6] 人民网—知识产权频道. 欧洲专利局简介 [EB/OL].（2015-5-15）[2020-06-08].http://ip.people.com.cn/n/2015/0515/c396228-27007793.html.

[7] 王侠，刘娟，任斌，等. 美国专利审查员检索思路分析及其启示 [J]. 中国发明与专利，2014（4）：92-95.

[8] 王树玲，欧洲专利检索和审查过程解析 [J]. 审查业务通讯第 12 卷增刊（二），2016:28-40.

[9] 中华人民共和国国家知识产权局. 专利审查指南 2010（2019 年修订）[M]. 北京：知识产权出版社，2020.

[10] 中华人民共和国中央人民政府网. 国家知识产权局就 2019 年主要工作统计数据及有关情况举行新闻发布会,http://www.gov.cn/xinwen/2020-01/15/content_5469519.htm.

[11] 中华人民共和国中央人民政府网.《国家知识产权局职能配置、内设机构和人员编制规定》, http://www.gov.cn/zhengce/2018-09/11/content_5320979.htm.

[12] Guidelines for Examination in the European Patent Office[M]. Munich: European Patent

Office (EPO), 2019.

[13] United States Patent and Trademark Office. Manual of Patent Examining Procedure[EB/OL]. [2020-10-25]. https://mpep.uspto.gov/RDMS/MPEP/current#/current/d0e18.html.

[14] United States Patent and Trademark Office. FY2018 Performance and Accountability Report [R/OL]. [2020-10-25]. https://www.uspto.gov/sites/default/files/documents/USPTOFY18PAR.pdf.

[15] United States Patent and Trademark Office. FY2019 Performance and Accountability Report[R/OL]. [2020-10-25]. https://www.uspto.gov/sites/default/files/documents/USPTOFY19PAR.pdf.

[16] United States Patent and Trademark Office. Seven Step Strategy[EB/OL]. [2020-10-25]. https://www.uspto.gov/learning-and-resources/support-centers/patent-and-trademark-resource-centers-ptrc/resources/seven.

[17] Word Intellectual Property Organization.Word Intellectual Property Indicators 2020,https://www.wipo.int/edocs/pubdocs/en/intproperty/941/wipo_pub_941_2012.pdf